高等学校土木工程专业系列教材

BIM 技术应用：Revit 建模基础教程

刘　芳　姜业超　张　艽　主　编
蔡应心　副主编

中国建筑工业出版社

图书在版编目（CIP）数据

BIM技术应用：Revit建模基础教程/刘芳，姜业超，张芃主编；蔡应心副主编．—北京：中国建筑工业出版社，2022.11（2023.12重印）
高等学校土木工程专业系列教材
ISBN 978-7-112-27704-9

Ⅰ．①B… Ⅱ．①刘… ②姜… ③张… ④蔡… Ⅲ．①建筑设计-计算机辅助设计-应用软件-高等学校-教材 Ⅳ．①TU201.4

中国版本图书馆CIP数据核字（2022）第141528号

本书依托实际工程项目案例进行编写，较为完整地展示了从“场地设计”到“建筑、结构设计”全过程的内容，实战意义和实用价值较高。

全书共分为10章，主要内容包括：BIM理论基础、Autodesk Revit软件介绍及基础操作、工程项目三维设计应用、工程项目环境设计、项目基准模型创建、项目结构主体模型创建、项目建筑构件模型创建、工程项目模型的应用、工程项目模型的表现与成果输出、自定义构件的创建及应用。

为方便教师教学，本书提供丰富的学习资源，包括教学课件、教学使用的全套图纸和示范教学视频，索取方式如下：

1. 邮箱：jckj@cabp.com.cn；
2. 电话：（010）58337285；
3. 建工书院：http://edu.cabplink.com；
4. 也可联系作者获取，电子邮箱：54331594@qq.com，316090849@qq.com。

本书适合应用技术型本科高校建筑学、土木工程、工程造价等相关专业学生学习使用；同时，也适合相关专业从业人员自学使用。

* * *

责任编辑：王予芊
责任校对：李美娜

高等学校土木工程专业系列教材
BIM技术应用：Revit建模基础教程
刘　芳　姜业超　张　芃　主　编
蔡应心　副主编
*
中国建筑工业出版社出版、发行（北京海淀三里河路9号）
各地新华书店、建筑书店经销
霸州市顺浩图文科技发展有限公司制版
建工社（河北）印刷有限公司印刷
*
开本：787毫米×1092毫米　1/16　印张：18¼　字数：456千字
2022年6月第一版　2023年12月第四次印刷
定价：**49.00**元（赠教师课件）
ISBN 978-7-112-27704-9
（39820）

前　言

2021年10月，《中共中央　国务院关于完整准确全面贯彻新发展理念　做好碳达峰碳中和工作的意见》中明确提出，我国到2030年实现"碳达峰"，到2060年实现"碳中和"的发展目标。2022年3月11日，住房和城乡建设部发布《"十四五"建筑节能与绿色建筑发展规划》提出，建筑碳排放是城乡建设领域碳排放的重点，通过提高建筑节能标准，实施既有建筑节能改造，优化建筑用能结构，推动建筑碳排放尽早达峰，将为实现我国碳达峰碳中和做出积极贡献。

BIM技术的发展对于推动建筑节能减排有着重要意义：首先，BIM模型凭借其信息化、参数化的特点，可以提升建筑设计的准确性，为建筑节能减排提供良好的基础；第二，BIM技术可以有效模拟施工过程，提高施工组织效率，减少建筑施工阶段的碳排放；第三，BIM模型中所集成的大量信息数据，可结合物联网技术，实现建筑构件的精准检查与控制，从而减少建筑运维阶段的碳排放。综上所述，BIM技术有利于降低建筑物全生命周期的碳排放。

当前，国内各高校的土木建筑类专业都已相继开设了BIM建模及应用等相关课程。黑龙江东方学院是国内最早将BIM课程写入人才培养方案，并且在建筑学、土木工程、工程造价等相关专业全面开课，推广"全员学BIM"的本科应用技术型高校之一。十二年来，教学团队不断总结教学实践与课程建设经验，以实际工程项目案例为依托，选择国内普及度最高的Revit软件作为基础工具，开发了这本教材，力求帮助广大学生和读者有效提升实践能力。

本书由黑龙江东方学院和哈尔滨商业大学的教学团队联合编写，刘芳、姜业超、张芃主编，蔡应心副主编，张剑锋主审。全书共10章，其中第1、9、10章由张芃编写；第3、4、5章由刘芳编写；第7章由姜业超编写；第2、6、8章由蔡应心编写。

由于编者水平有限，在编写过程中难免有各种疏漏或错误，恳请广大同行和读者批评指正，谢谢！

目　　录

第1章

BIM理论基础

1.1 BIM 概念
1.2 BIM 发展历程
1.3 BIM 的特点与作用
1.4 BIM 平台相关软件简介
1.5 BIM 的研究热点与发展方向

1.1 BIM概念

BIM是建筑信息模型（Building Information Modeling）的简称。这里引用美国国家BIM标准（NBIMS）对BIM的定义，定义由三部分组成：

1. BIM是一个设施（建设项目）物理和功能特性的数字表达；

2. BIM是一个共享的知识资源，是一个分享有关这个设施的信息，为该设施从概念到拆除的全生命周期中的所有决策提供可靠依据的过程；

3. 在设施的不同阶段，不同利益相关方通过在BIM中插入、提取、更新和修改信息，以支持和反映其各自职责的协同作业。

1.2 BIM发展历程

1.2.1 BIM的起源

“BIM”一词最早于1975年由Eastman提出，提倡采用计算机技术解决和管理建筑生产中存在的问题。20世纪70年代末至80年代初，在欧洲，特别是英国，类似BIM的研究与开发工作在逐步进行。当时，美国通常称之为“建筑产品模型（Building Product Model）”，而欧洲的芬兰称其为“产品信息模型（Product Information Model）”。

“Building Information Modeling”一词在1986年罗伯特·艾什发表的一篇论文中被使用，这篇论文描述了今天我们所知的BIM论点和实施的相关技术。

自2002年起Autodesk公司提供管理建筑物理与功能特性的工具之后，BIM的概念开始受到重视，尤其在近10年内得到快速的发展与广泛的应用。

1.2.2 BIM在我国的发展

早在2010年，清华大学参考NBIMS，结合调研提出了中国建筑信息模型标准框架，并且创造性地将该标准框架分为面向IT的技术标准与面向用户的实施标准。随后我国政府发布了多项相关产业政策、规划纲要等文件，引导BIM产业不断向前发展。较早期的规划纲要可以追溯到2011年5月，住房和城乡建设部发布的《2011—2015建筑业信息化发展纲要》中明确指出，在施工阶段开展BIM技术的研究与应用，推进BIM技术从设计阶段向施工阶段的应用延伸，降低信息传递过程中的衰减；研究基于BIM技术的4D项目管理信息系统在大型复杂工程施工过程中的应用，实现对建筑工程有效的可视化管理等。这拉开了BIM在中国应用的序幕。

此后我国几乎每年都会出台相关的政策。2015年8月27日，中华人民共和国住房和城乡建设部发布《工业化建筑评价标准》GB/T 51129—2015，自2016年5月1日起实施（被《装配式建筑评价标准》GB/T 51129—2017替代）；2016年12月2日，发布《建筑信息模型应用统一标准》GB/T 51212—2016，自2017年7月1日起实施；2017年5月4日，住房和城乡建设部发布《建筑信息模型施工应用标准》GB/T 51235—2017，自2018年1月1日起实施。

2020年后相继出台的政策内容摘引如下：

2020年7月3日，住房和城乡建设部联合国家发展和改革委员会、科学技术部、工业和信息化部、人力资源和社会保障部、交通运输部、水利部等13个部门联合印发《关于推动智能建造与建筑工业化协同发展的指导意见》提出，加快推动新一代信息技术与建筑工业化技术协同发展，在建造全过程加大建筑信息模型（BIM）、互联网、物联网、大数据、云计算、移动通信、人工智能、区块链等新技术的集成与创新应用。

2020年8月28日，住房和城乡建设部、教育部、科技部、工业和信息化部等9部门联合印发《关于加快新型建筑工业化发展的若干意见》。意见提出，大力推广建筑信息模型（BIM）技术。加快推进BIM技术在新型建筑工业化全寿命期的一体化集成应用。充分利用社会资源，共同建立、维护基于BIM技术的标准化部品部件库，实现设计、采购、生产、建造、交付、运行维护等阶段的信息互联互通和交互共享。试点推进BIM报建审批和施工图BIM审图模式，推进与城市信息模型（CIM）平台的融通联动，提高信息化监管能力，提高建筑行业全产业链资源配置效率。

2021年10月21日，中共中央办公厅、国务院办公厅印发《关于推动城乡建设绿色发展的意见》：推动建筑信息模型深化应用，推进工程建设项目智能化管理，促进城市建设及运营模式变革。明确了城乡建设绿色发展蓝图。通过加快绿色建筑建设、转变建造方式，积极推广绿色建材，推动建筑运行管理高效低碳，实现建筑全寿命期的绿色低碳发展，将极大促进城乡建设绿色发展。

2022年3月1日，住房和城乡建设部在《“十四五”建筑节能与绿色建筑发展规划》指出，加强高品质绿色建筑建设；推进绿色建筑标准实施，加强规划、设计、施工和运行管理。

不仅政府部门高度关注BIM行业的发展，社会机构也围绕着BIM培训、考试、技能等级评定和证书发放等相关领域做了大量工作。比如，“全国BIM技能等级考试”，该考试是由中国图学学会发起，联合中华人民共和国人力资源和社会保障部教育培训中心共同开展的考评工作，该考评工作从2012年开始，至今已成功举办19期考试，参加考试人数超过20万人次。为了对该技能培训提供科学、规范的依据，中国图学学会组织了国内有关专家，制定了《BIM技能等级考评大纲》（以下简称《大纲》）。《大纲》将BIM技能分为三级，一级为BIM建模师；二级为BIM高级建模师；三级为BIM应用设计师。现阶段，只开设了一级、二级考试。

2020年10月30日，中国图学学会官方网站发布消息：中国图学学会与人力资源和社会保障部教育培训中心联合开展的计算机辅助设计（CAD）和建筑信息模型（BIM）培训项目合作因协议到期，不再续签，已于2020年9月28日终止合作。由中国图学学会发起并每年组织的“全国CAD技能等级考试”和“全国BIM技能等级考试”以及相关考评工作今后将正常举办。

1.3 BIM的特点与作用

1.3.1 可视性

可视性即“所见所得”的形式，传统建筑设计一般采用天正CAD软件绘制建筑平、立、剖图纸，是用二维的方法来表达三维的空间，对于非专业从业人员而言，较难看懂并理解，即使是专业设计师，也很难百分之百地避免绘图错误。传统建筑行业的三维表达主要依靠“效果图”，但效果图一般仅包含外观形式、材质、色彩等信息，建筑内部的空间、结构、构造、管线等重要信息则无法得到有效展示。而 BIM 模型是用三维的方法来表达三维的空间，即使是非专业人士也能够较为容易地通过 BIM 模型来理解建筑之中包含的信息。

与效果图仅能展示外观形式不同，BIM 模型提供了从外观形式到内部材料、构造做法、管线敷设线路等信息的整体展示手段。这在很大程度上能够解决建筑初步设计阶段，甲方多次修改方案同时又过度依赖效果图所造成的前期成本过高的问题。项目设计、建造、运营过程中的沟通、讨论、决策都在可视化的状态下进行。

总之，通过 BIM 模型，几乎可以得到建筑物所包含的所有重要的专业信息。

1.3.2 信息化

BIM 模型具有可视性的特点，但这并不意味着 BIM 模型只是一个供人们观察的“空壳”，相反，BIM 模型当中集成了大量的信息，其内涵相当丰富。

对于建筑设计专业而言，BIM 模型中包含了构件尺寸、构造做法等信息；对于结构设计专业而言，其中包含了结构形式、材料型号、强度等信息；对于设备专业而言，其中包含了管线位置、孔洞尺寸、管径大小、管线材料等信息；对于造价专业而言，其中包含了工程量信息；对于施工企业和运管企业，其中包含了生产厂商、生产日期等信息……理论上 BIM 模型可以集成绝大部分建筑物所包含的信息，满足各方的使用需求。

1.3.3 参数化

1.3.3.1 参数化设计

如今随着我国经济实力的不断发展增强，人们对于建筑物外观的需求，早已不再限于传统的以矩形为主创造出来的“方盒子”或其组合。曲面建筑、异形建筑越来越多地被设计和建造出来。BIM 模型参数化设计的特点，可以有效解决传统设计软件在应对曲面和异形建筑时的无力。参数化在处理复杂的形式时，通过自己设定形式输入和输出之间的参数化关系，为设计师提供一个精确控制模型的平台，使设计从视觉直观走向量化理性且经济可行。参数化设计使建筑师“出方案”的速度极大地加快，只要建立了参数化模型，就可以迅速做出几十个、上百个方案，有利于建筑师在大量草图当中选择适宜的方案，有效地节省了草图设计的时间。

1.3.3.2 参数化模拟

BIM 模型除了可以实现“所见即所得”，还可以模拟人们看不见的东西。在设计阶段，BIM 可以对如：节能分析、紧急疏散、日照分析、热能传导等进行模拟，模拟结果可以反过来指导方案设计；在招标投标和施工阶段可以进行 4D 模拟（三维模型加项目的发展时间），也就是根据施工的组织设计模拟实际施工，从而确定合理的施工方案来指导施工。同时还可以进行 5D 模拟（基于 4D 模型加造价控制），从而实现成本控制；后期运营阶段可以模拟日常紧急情况的处理方式，例如地震人员逃生模拟及消防人员疏散模拟等。

1.3.4 协同性

所谓协同性，首先是指 BIM 模型不仅能够实现可视化，还可以实现模型与平、立、剖图纸之间的协同调整。BIM 模型建好之后，建筑平、立、剖图纸即可实现自动生成，当设计师发现模型某处有问题并进行调整，平、立、剖图纸也会同时自动协同调整，反之亦然。在传统的建筑设计方法之下，平、立、剖图纸是相对孤立的，效果图更是独立于建筑设计图纸以外，一旦设计师发现问题，就可能需要调整所有图纸，效率很低，相比之下，BIM 模型凭借其“协同化”的特点，优势较为明显。

其次，BIM 模型不仅仅局限于建筑设计师使用，结构工程师、设备工程师、造价师等所有项目相关人员均可使用。并且，可以通过中央服务器实现协同操作、即时联动，大家在一个模型里协同工作，极大地减少了各专业之间相互沟通协调的工作量，提高了工作效率。

1.3.5 全周期性

一个设计项目大体上可以分为三个阶段：设计阶段、施工阶段、运维管理阶段。传统建模软件工具，如 3ds Max、SketchUp 等，一般仅限于在设计阶段使用，而对施工阶段和后期运维阶段则难以起到有效作用。而 BIM 模型可以凭借其信息化和参数化的特性，在施工阶段进行施工模拟，帮助施工企业找到最优施工组织方案，在提高生产效率、节约成本和缩短工期方面发挥重要作用；在运维阶段携带大量建筑相关信息，帮助运管企业高效地实施后期管理。例如，BIM 模型除了能够展示门窗的样式以外，还能集成生产厂商、生产日期、型号、维护注意事项，甚至于售后维修电话等门窗相关信息。

同时，建筑碳排放是城乡建设领域碳排放的重点，BIM 技术可以有效推动建筑“绿色化”进程，推动建筑碳排放尽早达峰，将为实现我国碳达峰、碳中和做出积极贡献。

1.4 BIM 平台相关软件简介

常用的 BIM 建模软件有：

Autodesk 公司的 Revit 建筑、结构和设备软件；Bentley 建筑、结构和设备系列；芬兰 Tekla 公司开发的 Tekla 钢结构设计软件；芬兰普罗格曼有限公司的 MagiCAD 软件；广联达公司开发的算量软件 GCL；GRAPHISOFT 公司开发的 ArchiCAD；美国 Robert McNeel & Assoc 开发的 Rhino 软件等。

本书重点介绍 Revit 软件：

Revit 是 Autodesk 公司一套系列软件的名称。Revit 系列软件是专为建筑信息模型（BIM）构建的，可帮助建筑设计师设计、建造和维护质量更好、能效更高的建筑，常用于民用建筑。Autodesk Revit 作为一种应用程序，它结合了 Autodesk Revit Architecture、Autodesk Revit MEP 和 Autodesk Revit Structure 软件的功能。

1.5 BIM 的研究热点与发展方向

BIM 技术在未来的发展必须结合先进的通信技术和计算机技术才能够提高建筑工程行业的效率，预计将有以下几种发展趋势：

1. 移动终端的应用。随着互联网和移动智能终端的普及，人们现在可以在任何地点和任何时间来获取信息。而在建筑设计领域，将会看到很多承包商，为自己的工作人员都配备这些移动设备，在工作现场就可以进行设计。

2. 无线传感器网络的普及。现在可以把监控器和传感器放置在建筑物的任何一个地方，针对建筑内的温度、空气质量、湿度进行监测。然后，再加上供热信息、通风。信息、供水信息和其他的控制信息。这些信息通过无线传感器网络汇总之后，提供给工程师，就可以对建筑的现状有一个全面充分的了解，从而对设计方案和施工方案提供有效的决策依据。

3. 云计算技术的应用。不管是能耗，还是结构分析，针对一些信息的处理和分析都需要利用云计算强大的计算能力。甚至，我们渲染和分析过程可以达到实时的计算，帮助设计师尽快地在不同的设计和解决方案之间进行比较。

4. 数字化现实捕捉。这种技术可以对于桥梁、道路、铁路等进行扫描，以获得早期的数据。未来设计师可以在一个 3D 空间中使用这种沉浸式、交互式的方式来进行工作，直观地展示产品开发的未来。

5. 协作式项目交付。BIM 是一个工作流程，是基于改变设计方式的一种技术，也是改变了整个项目执行施工的方法，它体现了设计师、承包商和业主之间合作的过程。

6. BIM 与 VR 技术。BIM 与 VR 可实现数据模型与虚拟影像的结合，在虚拟建筑表现效果上进行更为深入的优化与应用。主要用途可以体现在：VR 样板间看房，设计方案的决策制定，施工方案的选择优化，虚拟交底等方面。

第 2 章

Autodesk Revit软件介绍及基础操作

本教材以 Autodesk Revit 2018 版本软件（简称 Revit 2018），结合实际工程“某老年医疗护理院”项目，实操讲解 Revit 2018 软件基础应用。

2.1　软件概述
2.2　主要名词概念
2.3　软件工作界面介绍及功能讲解
2.4　软件建模环境设置

2.1 软件概述

2.1.1 Revit 概述

2.1.1.1 Revit 的功能

Revit 软件可帮助建筑、工程和施工（AEC）团队创建高质量的建筑和基础设施。使用 Revit 可实现如下功能：

1. 依据参数化准确性、精度和简便性的特点，在三维环境中对形状、结构和系统进行建模；

2. 随着项目的变化，对平面图、立面图、明细表和剖面进行即时修订，从而简化文档编制工作；

3. 使用专业工具组合和统一的项目环境为多规程团队提供支持。

2.1.1.2 Revit 2018 的应用特点

在本章节中主要介绍 Revit 2018 软件的基本构架关系和它们之间的有机联系，介绍 Revit 2018 作为一款建筑信息模型软件所具备的基本应用特点，介绍 Revit 2018 的用户界面和一些基本操作命令工具，掌握三维设计制图的原理。

1. BIM 支持建筑师在施工前更好地预测竣工后的建筑，使他们在如今日益复杂的商业环境中保持竞争优势。软件专为建筑信息模型（BIM）而构建，是以从设计、施工到运营的协调、可靠的项目信息为基础而构建的集成流程。通过采用 BIM 技术，建筑公司可以在整个流程中使用一致的信息来设计和绘制创新项目，并且还可以通过建筑外观的可视化来进行更好的沟通，模拟真实性能以便让项目各方了解成本、工期与环境影响。

2. 建筑行业中的竞争极为激烈，Revit 2018 可以充分发挥专业人员的技能和经验，消除各种庞杂的问题。

3. Revit 2018 能在项目设计流程前期探究最新颖的设计概念和外观，并能在整个施工文档中传达设计理念。

4. Revit 2018 可以自由绘制草图，快速创建三维形状，交互地处理各个形状；可以利用内置的工具展现复杂形状的概念，为建造和施工准备模型。随着设计的持续推进，能够围绕复杂的形状自动构建参数化框架实现从概念模型到施工文档的整个设计流程都在一个直观环境中完成。

2.1.2 Autodesk Revit 2018 软件特点

2.1.2.1 软件交互性的改进

1. 可以链接 NWD/NWC 文件

Navisworks 软件，基本上可以兼容大家常用的三维文件格式。Revit 在链接 NWD/NWC 文件后，相当于 Revit 可以支持更多格式的文件，可以更方便进行多软件的设计协调。

在“插入”面板下，多了一个“协调模型”按钮，可以和链接 Revit 一样，链接进来 NWD、NWC 的模型。同时，还可以进行重新加载、卸载和删除等操作。

在“可见性/图形替换”里，多出了一个“协调模型”按钮，可以调整 NWD/NWC 模型的透明度，便于区分 Revit 本身的模型。

2. 可以直接导入 Rhino 模型

2018 版本的 Revit 对于导入项目文件中的 SAT、3DM 格式的几何形体可以进行如下操作：

1）可以识别其“面”，在其上放置基于“面”的族。

2）可以指定导入几何形体的类别。有了类别属性，就可以方便控制可见性，利用明细表来统计，此外还可以添加字段进行标注。

3）对于导入的几何形体，可以方便地捕捉几何形体的边、面进行尺寸标注。

4）导入的几何形体与绘图者自建的几何形体非常相似。

在“插入”-“导入 CAD”的支持格式中，多了 Rhino 的 3dM 格式。

2.1.2.2 建筑建模增强功能

1. 多层楼梯

Revit 2018 之前的版本中，只有满足标高间距是同样尺寸的标准层，才可以使用创建多层楼梯。新版本的 Revit 中可以根据标高自动创建多层楼梯，同时还可以分别调整每层楼梯的参数。

创建好一层楼梯后，选择楼梯，在上下文选项卡里，会出现【选择标高】的命令，通过框选需要绘制楼梯的标高，就可以自动生成多层楼梯。

2. 扶手增强功能

多层楼梯对应的多层扶手可以通过点击“多层楼梯”，给多层楼梯统一创建扶手来实现。扶手可以识别更多的主体，包括屋顶、楼板、墙体，以及地形表面。

2.1.2.3 机电设备增强功能

1. 电气电路的路径编辑

在 Revit 2018 之前的版本中没有查看线路长度的功能，更无法自行调整线路的具体走向。在 2018 版本中可以通过选择在同一个回路中的电气设备，生成电路，在电路的属性中，可以查看线路的长度。具体操作如下：

选择电路，增加了“线路编辑”的选项，可以控制线路的标高、走向长度等。并且在每次编辑线路路径时，Revit 都会自动更新线路长度。线路长度主要用于计算电路中的电压降，这对调整导线尺寸非常重要。

2. 泵族的参数添加

流量和压降参数，已经连接到泵的参数里面，并且软件会在后台自动计算。

3. 管网系统与设备分析连接下的水力计算

选取管道系统，点击分析连接就可以添选相应设备。

4. 空间的新风信息

Revit 2018 的空间信息中增加了“新风信息”。

在【建筑/空间类型设置】中给“建筑类型”和“空间类型”设置新风信息。对于空间分区，可以从空间类型读取新风信息，也可以自定义分区的新风信息。

2.1.2.4 预制零件模块增强功能

1. MEP 预制构件的多点布线

这个功能是指 Revit 软件中可以像绘制普通管线一样绘制预制构件，Revit 自动生成弯头、三通等预制构件的连接件。

【预制零件】的命令，是在 2016 版本中加入的，与普通的管线是完全隔离的两个模块，模块之间不能转换；2017 版本中加入了普通管道转换成预制构件的功能；此次 2018 版本的更新，无疑再次提高了预制构件的绘制效率。

2. 预制零件的倾斜管道

可以绘制带坡度的预制管道，同时还可以统一调整连接的预制管道的坡度。

2.1.2.5 其他增强功能

1. 增加了组、链接文件明细表

在明细表类别字段里，增加了“Revit 链接”和“模型组”，可以创建模型组合链接文件的明细表。

2. 增加了特殊字符

在 Revit 2018 版本中输入文字注释时，可以通过点击右键，轻松插入特殊字符。同时调出的“Windows Character Map”特殊字符对话框可以保持不间断显示，不会因结束文字输入或者复制完文字而关闭。

3. 全局变量增强

Revit 2017 版本增加了全局变量功能，让 Revit 在项目环境中也可以添加参数，控制构件的尺寸。但 Revit 2017 只能添加线型标注，Revit 2018 增加了半径和直径标注，同时可以通过全局参数，控制草图绘制的图元，如楼板等。

4. 结构专业更完善

增加了更多的钢结构连接：“Steel Connections for Revit”附加模块已添加了 100 多种新的钢结构连接详图。

1）钢结构连接支持自定义框架族：为更好地整合结构连接，Revit 2018 可以分析自定义框架图元并生成该图元的结构剖面几何图形参数。钢结构连接可更加便利地通过内部框架图元进行部署。

2）连接中的钢图元优先级：指定钢结构连接中的主要图元以及次要图元的顺序。

3）结构剖面几何图形属性：“类型属性”对话框和“族类型”对话框会将用于为结构框架图元创建预制几何图形的参数进行编组。此外还添加了其他参数，以便在放置连接时更好地定义结构剖面形状并帮助分析自定义框架图元。

4）自由形式混凝土对象中的钢筋放置：可以将钢筋放置在具有复杂几何图形（例如弯曲桥墩和屋顶板）的混凝土图元中。

5）多项钢筋分布改进功能：为提高详细设计的工作效率，现可沿曲面（包括自由形式对象）分布多个钢筋集。

6）已导入混凝土图元中的钢筋放置：可以强化从 SAT 文件或 InfraWorks 导入的混凝土图元。

7）三维视图中的图形钢筋约束：现可在三维视图中使用图形钢筋限制编辑器，用画布中的工具来更为精确地放置钢筋。

2.2 主要名词概念

2.2.1 建模

在 Revit 2018 软件创建的模型中，所有的图纸、二维视图和三维视图以及明细表都是同一个虚拟建筑模型的信息表现形式。在处理建筑模型时，Revit 2018 会将项目的所有表现形式中的信息汇集在一起，实现任何位置（模型视图、图纸、明细表、剖面和平面中）更改后的信息自动协调。

对于 Revit 2018 软件来说，建模分为两种类别，一种是建项目，即整合在一起建筑信息模型；另一种是建族，即单体构件或构件集模型，其中包括体量模型。

2.2.2 项目及项目样板

2.2.2.1 项目（*.rvt）

*.rvt 格式是 Revit 2108 软件创建的建筑信息模型的默认保存文件格式，在创建项目时，需要选择专业对应的“项目样板”。如建筑专业的设计师创建建筑信息模型，操作方法有以下几种：

1. 打开 Revit 2018 软件，在界面项目下点击【建筑样板】，完成项目的创建，如图 2-1 所示。

2. 打开 Revit 2018 软件，在界面项目下点击【新建】，弹出“新建项目对话窗”，如图 2-2 所示。

3. 选择合适的项目样板，并确定保存文件为项目或是项目样板，点击确定完成项目的创建。

图 2-1 软件默认样板界面

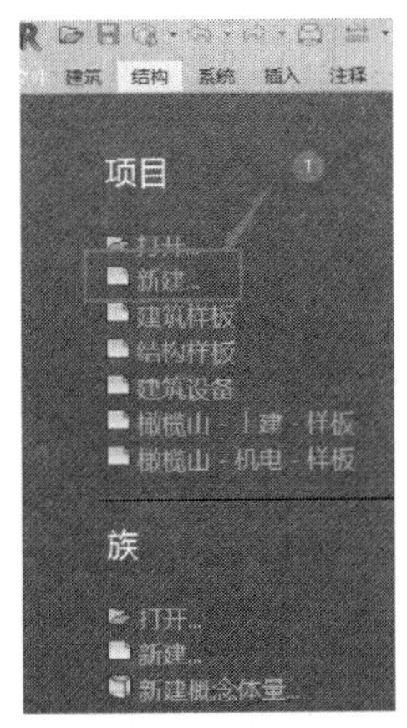

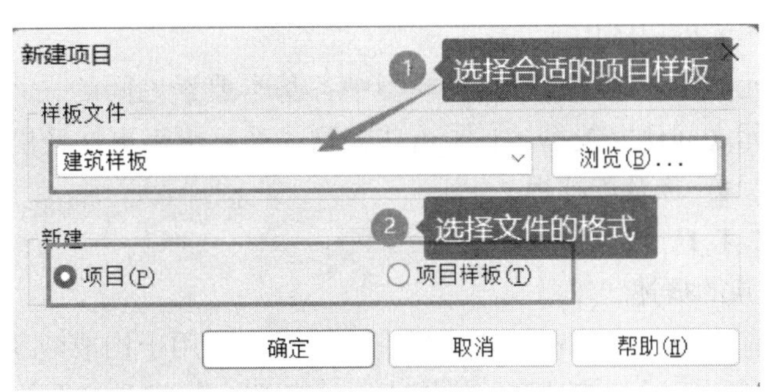

图 2-2 新建项目对话框

其他专业设计师可参照建筑专业设计师操作方法，选择对应的项目样板完成项目的创建。

2.2.2.2 项目样板（*.rte）

项目样板为 Revit 2018 软件自带的初始项目文件，软件以项目样板格式与项目进行区分，在设计师创建项目时按专业进行选择，软件自带的样板有建筑样板、结构样板、构造样板、机械样板等。

项目样板也是设计师通过 Revit 2018 软件创建的，在保存项目文件时，设计师可以选择保存的项目格式为项目（*.rvt）格式，或是项目样板（*.rte）格式，如图 2-3 所示。

2.2.3 图元

图元，即图形元素，是 Revit 软件三维信息模型的基本元素，Revit 软件共有五种图

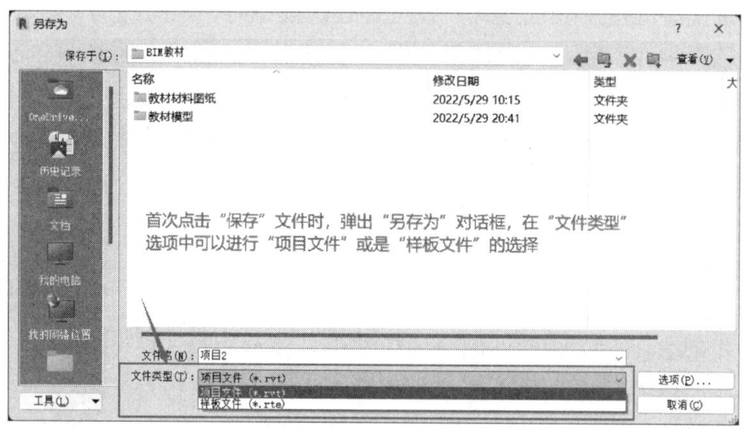

图 2-3 软件另存为窗口

元要素：

1. 主体图元：墙、楼板、屋顶、天花板、场地、楼梯、坡道等。
2. 构件图元：门、窗、家具、植物等三维模型构建。
3. 注释图元：尺寸标注、文字注释、标记和符号等。
4. 基准面图元：标高、轴网、参照平面等。
5. 视图图元：楼层平面、天花板投影平面、三维视图、立面图、剖面图等。

主体图元和构件图元（如墙、窗和梁）是三维图元，可以将这些图元视为建筑中存在的构件，它们显示在所有视图中。其他图元（如标记、尺寸标注或其他注释）仅显示在放置这些图元的视图中。

图元是用于维护三维信息模型中各基本要素之间的关系。例如，将屋顶附着到墙时，会在图元之间建立关系。有了这些关联关系，可以更加轻松地更改模型。

2.2.4 族及族样板

2.2.4.1 族（*.rfa）

1. 族的概述

所有添加到 Revit 2018 项目中的图元（从用于构成建筑模型的结构构件、墙、屋顶、窗和门到用于记录该模型的详图索引、装置、标记和详图构件）都是使用族创建的。

通过使用预定义的族和在 Revit 2018 中创建的新族，可以将标准图元和自定义图元添加到建筑模型中。通过族还可以对用法和行为类似的图元进行某一级别的控制，以便用户轻松地修改设计，更高效地管理项目。

族是一个包含通用属性（称为参数）集和相关图形表示的图元组。属于一个族的不同图元的部分或全部参数可能有不同的值，但是参数（其名称与含义）的集合是相同的。族中的这些变体称为族类型或类型。

2. “族”名词解释和软件的整体构架关系

1）“族”——Revit 中有三种族：内建族（仅项目使用）、系统族（基本建筑图元）、标准构建族（可重复利用）。

2）软件的整体构架关系：Revit 软件是一个有机的整体，图元、族、模型、项目之间是相互影响，互相关联的。所以我们在应用软件进行设计，参数设计及修改时，需要从软件的整体构架关系来考虑。

2.2.4.2 族样板（＊.rft）

族样板是指 Revit 2018 软件在创建族时，选择的具有现实意义的族样板文件。族与族样板的关系如同项目和项目样板之间的关系。

2.2.5 参数

参数定义模型中图元的尺寸、形状、位置、材质及其他信息。参数化建模是指项目中所有图元之间的关系，这些关系可实现 Revit 提供的协调和变更管理。这些关系可以由软件自动创建，也可以由设计者在项目开发期间创建。

Revit 2018 中参数分为：实例参数和类型参数，在第 10 章 10.5 中有详细的讲解。

2.3 软件工作界面介绍及功能讲解

Revit 2018 主界面大致包括应用程序菜单、快速访问工具栏、功能区、绘图区域、窗口和视图控制栏等区域，如图 2-4 所示。

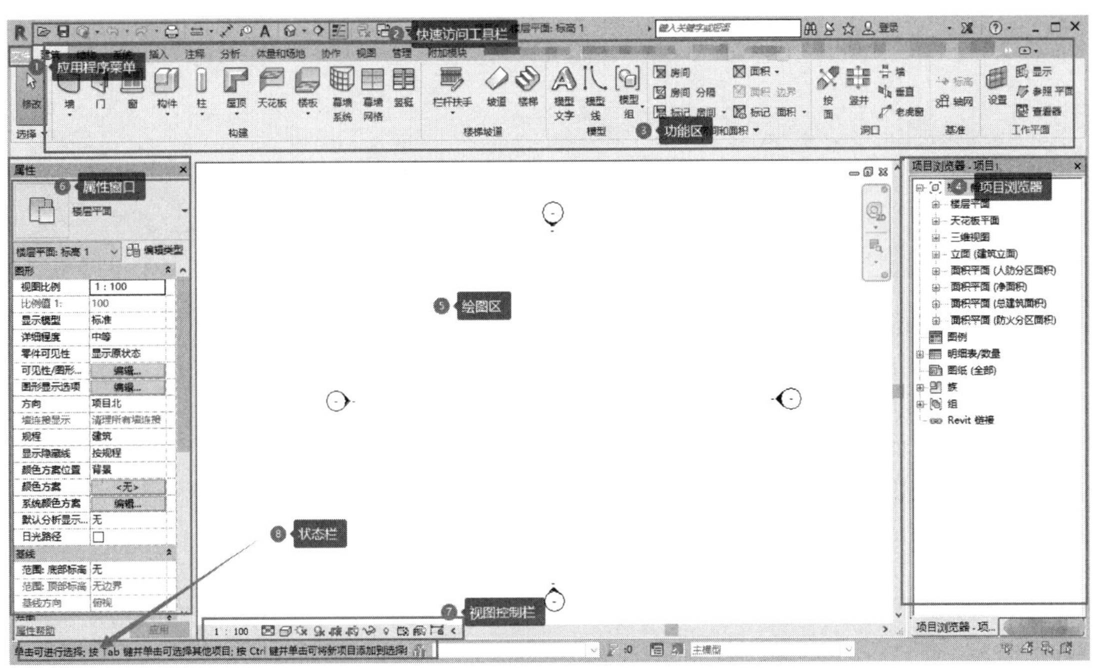

图 2-4 Revit 2018 软件工作界面

Revit 2018 软件界面窗口布局设置步骤：点击“视图”选项卡下“窗口”面板中【用户界面】命令，对界面窗口进行显示与否设置，如图 2-5 所示。

2.3.1 应用程序菜单

应用程序菜单有新建、打开、保存、另存、导出、打印等，如图 2-6 所示。

2.3.2 快速访问工具栏

可以对快速访问工具栏中的命令进行向上/向下移动命令、添加分隔符、删除命令编辑，如图 2-7 所示。

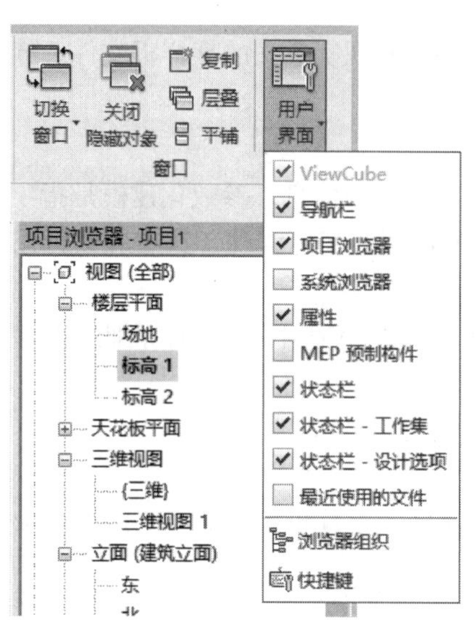

图 2-5 用户界面设置

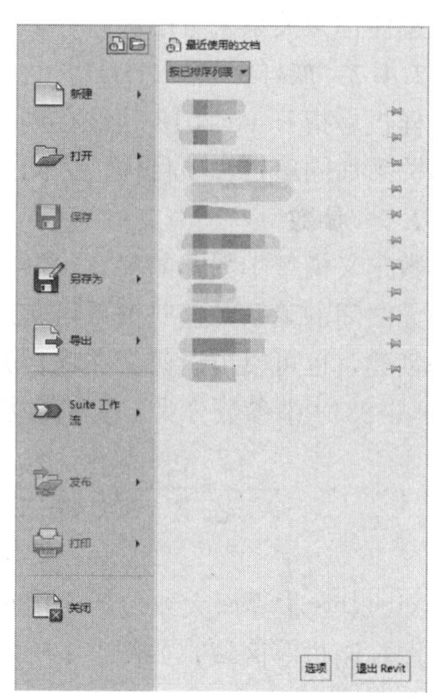

图 2-6 应用程序菜单

图 2-7 快速访问工具栏

2.3.3 功能区

用户界面功能区设置如图 2-8 所示。

功能区按钮分三种类型：

1. 按钮：如【墙】命令，单击可调用工具。
2. 下拉按钮：如【墙】命令后包含一个下拉箭头，用以显示附加的相关工具。
3. 分割按钮：调用常用的工具，或显示包含附加相关工具的菜单。
4. 上下文功能区选项卡：

激活某些工具或者选择图元时，会自动增加并切换到一个“上下文功能区选项卡”，其中包含一组只与该工具或图元的上下文相关的工具。

例如，单击【墙】工具时，将显示“放置墙”的上下文选项卡，其中显示三个面板：

1）选择：包含“修改”工具。

2）图元：包含“图元属性”和“类型选择器”。

3）绘制：包含绘制墙草图所必需的绘图工具。

退出该工具时，功能区上下文选项卡即会关闭，如图 2-9 所示。

2.3.4 全导航控制盘（View Cube）

全导航控制盘（View Cube）是一个三维导航工具，它把查看对象控制盘和巡视建筑控制盘上的三维导航工具组合到一起。View Cube 可指示模型的当前方向，用户可以随意

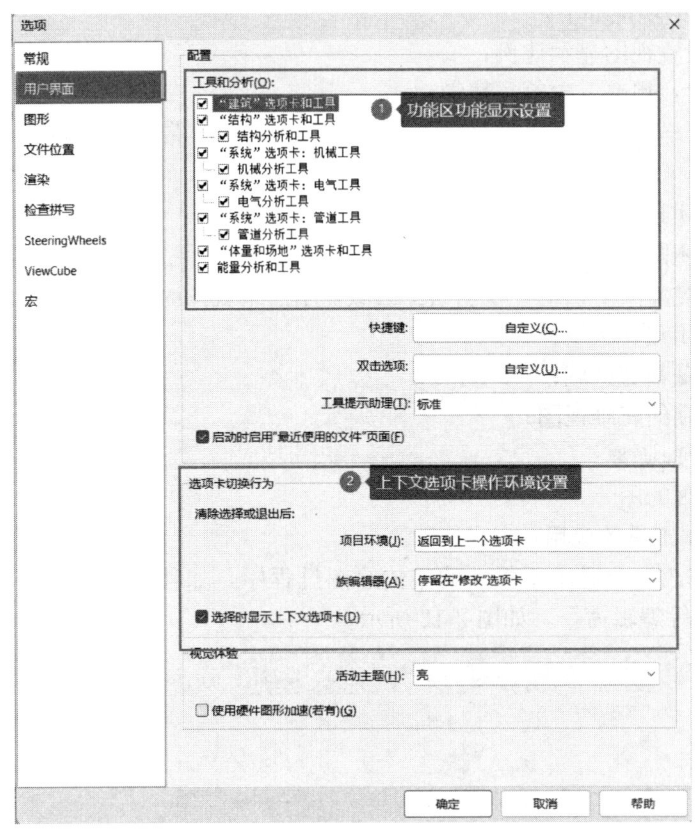

图 2-8 用户界面功能区设置

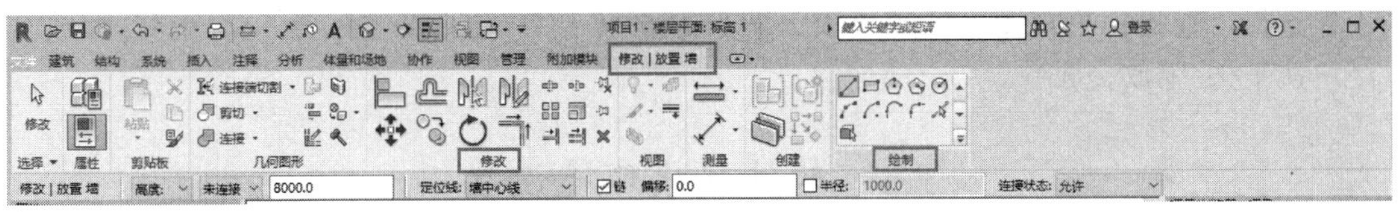

图 2-9 功能区上下文选项卡

调整视点查看各个对象以及围绕模型进行漫游和导航，如图 2-10 所示。全导航控制盘（大）和全导航控制盘（小）经优化，适合有经验的三维用户使用。

注意：显示其中一个全导航控制盘时，按住鼠标中键可进行平移，滚动鼠标滚轮可进行放大和缩小，同时按住 Shift 键和鼠标中键可对模型进行动态观察。

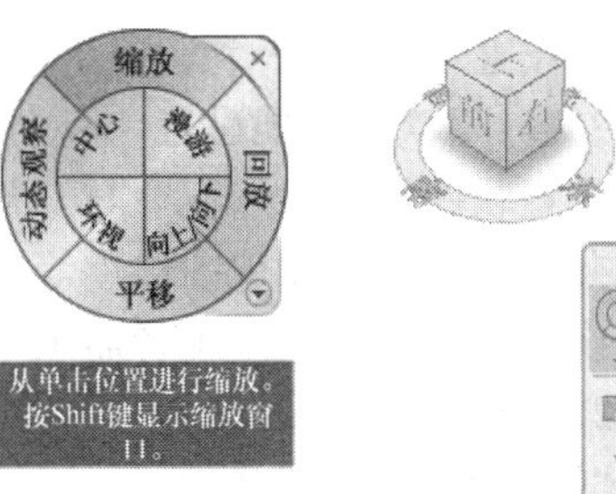

图 2-10 全导航控制盘和 View Cube

2.3.5 视图控制栏

视图控制栏界面如图 2-11 所示。

1 : 100

图 2-11 视图控制栏

视图控制栏的功能如下：

1. 比例：设置视图显示比例；

2. 详细程度：粗略、中等、精细；

3. 模型图形样式：单击可选择线框、隐藏线、着色、带边框着色、一致的颜色和真实 6 种模式；

4. 打开/关闭日光路径；

5. 打开/关闭阴影；

6. 显示/隐藏渲染对话框，仅当绘图区域显示三维视图时才可用；

7. 打开/关闭裁剪区域；

8. 显示/隐藏裁剪区域；

9. 锁定/解锁的三维视图；

10. 临时隐藏/隔离；

11. 显示隐藏的图元。

2.3.6 基本工具的应用

1. 常规的修改命令适用于软件的整体绘图过程中，如移动、复制、旋转、镜像、对齐、修剪、偏移等编辑命令，如图 2-12 所示。

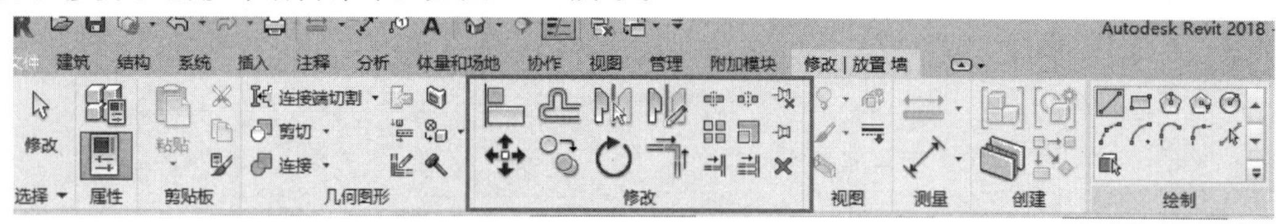

图 2-12 修改功能区

2. 鼠标右键工具栏：在绘图区域单击鼠标右键依次为：取消、重复、最近使用命令、上次选择、查找相关视图、区域放大、缩小到原来 1/2、缩放匹配、上一次平移/缩放、下一次平移/缩放、属性。

2.4 软件建模环境设置

此节解决软件默认保存时间设置，绘图区背景颜色设置，快捷键设置，文件位置等建模环境设置。

2.4.1 软件常规设置

设置软件提示“保存”与“与中心文件同步”提醒间隔、用户名、日志文件清理以及工作共享更新频率和视图选项等，如图 2-13 所示。

设置方法：按照使用者需求，根据操作提示完成设定。

2.4.2 用户界面设置

“用户界面设置”可设置软件界面“功能区”工具的显示项目、快捷键等功能区操作环境，如图 2-14 所示。

设置方法：按照使用者需求，根据操作提示完成设定。

2.4.3 图形设置

设置软件“图形模式”即硬件加速、工作环境颜色、临时尺寸标注文字外观等，如图 2-15 所示。

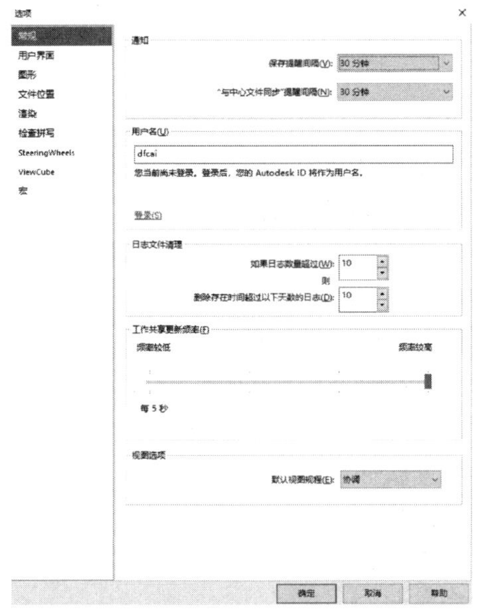

图 2-13 选项中常规设置

图 2-14 选项中用户界面设置

设置方法：按照使用者需求，根据操作提示完成设定。

2.4.4 文件位置设置

设置软件打开界面中显示前五个项目样板的名称及路径、用户文件默认路径、族样板文件默认路径等，如图 2-16 所示。

设置方法：按照使用者需求，根据操作提示完成设定。

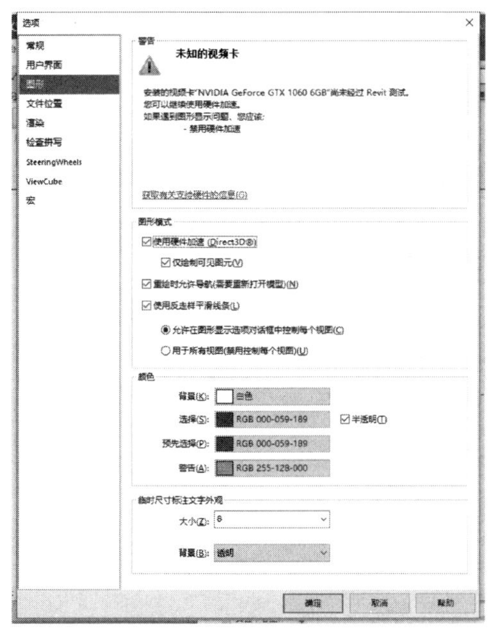

图 2-15 选项中图形设置

图 2-16 选项中文件位置设置

图 2-17 选项中渲染设置

2.4.5 渲染设置

设置软件其他渲染器的添加，如图 2-17 所示。

设置方法：按照使用者需求，根据操作提示完成设定。

2.4.6 检查拼写设置

设置软件语法检查提醒与纠错、建筑行业字典等，如图 2-18 所示。

设置方法：按照使用者需求，根据操作提示完成设定。

2.4.7 Steering Wheels

设置软件“Steering Wheels”工具相关项等，如图 2-19 所示。

设置方法：按照使用者需求，根据操作提示完成设定。

2.4.8 View Cube 设置

设置软件“View Cube”工具相关项等，如图 2-20 所示。

设置方法：按照使用者需求，根据操作提示完成设定。

2.4.9 宏

设置软件“应用程序宏安全性”“文档宏安全性设置”相关项等，如图 2-21 所示。

设置方法：按照使用者需求，根据操作提示完成设定。

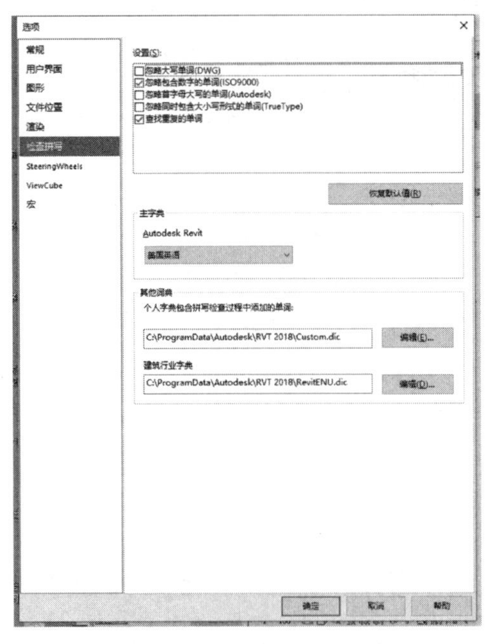

图 2-18 选项中检查拼写设置

图 2-19 选项中 Steering Wheels 设置

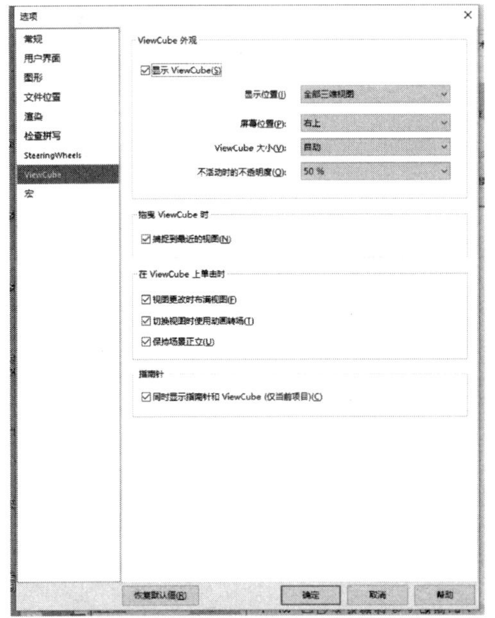

图 2-20　选项中 View Cube 设置

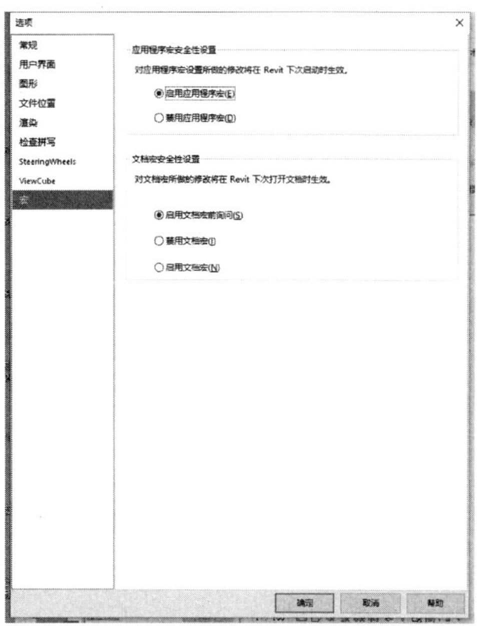

图 2-21　选项中宏设置

第 3 章

工程项目三维设计应用

3.1　三维设计制图的基本原理

在 Revit 2018 里每个显示视图，如平面、立面、剖面、透视、轴测、明细表等都是独立视图，它们的显示由各自视图的视图属性控制，相互关联且不影响其他视图。

3.1.1　平面视图的创建与设置

3.1.1.1　平面视图的创建

Revit 2018 软件中通过标高图元，可以创建平面视图，软件内平面视图分为：

1. 楼层平面；
2. 天花板投影平面；
3. 结构平面；
4. 平面区域；
5. 面积平面。

创建平面视图步骤：在已经创建完“标高”图元的基础上，点击功能区【视图】选项卡下“创建”功能下【平面视图】下所需创建的平面视图，如图 3-1 所示。

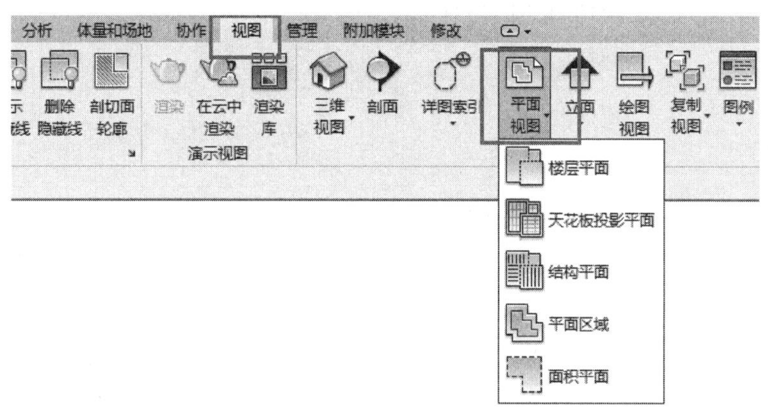

图 3-1　创建平面视图

3.1.1.2　平面视图的设置

本部分以楼层平面为例讲解平面图参数及参数设置：图形、基线、范围、标识数据和阶段化。项目创建平面表达中需要的常用参数如图 3-2 所示。

1. 详细程度：由于在建筑设计图纸的表达要求中，不同比例图纸的视图表达的要求也不相同，所以需要对视图进行详细程度的设置。

在楼层平面中右键单击“视图属性”，在弹出的“实例属性”对话框中单击“详细程度”后的下拉按钮，可选择“粗略”“中等”或“精细”详细程度。

2. 可见性图形替换：在楼层平面属性对话框中，单击“可见性/图形替换”后的编辑按钮，打开“可见性图形替换”对话框。从“可见性/图形替换”对话框中，可以查看已应用于某个类别的替换。如果已经替换了某个类别的图形显示，单元格会显示图形预览；如果没有对任何类别进行替换，单元格会显示为空白，图元则按照“对象样式”对话框中的指定显示。

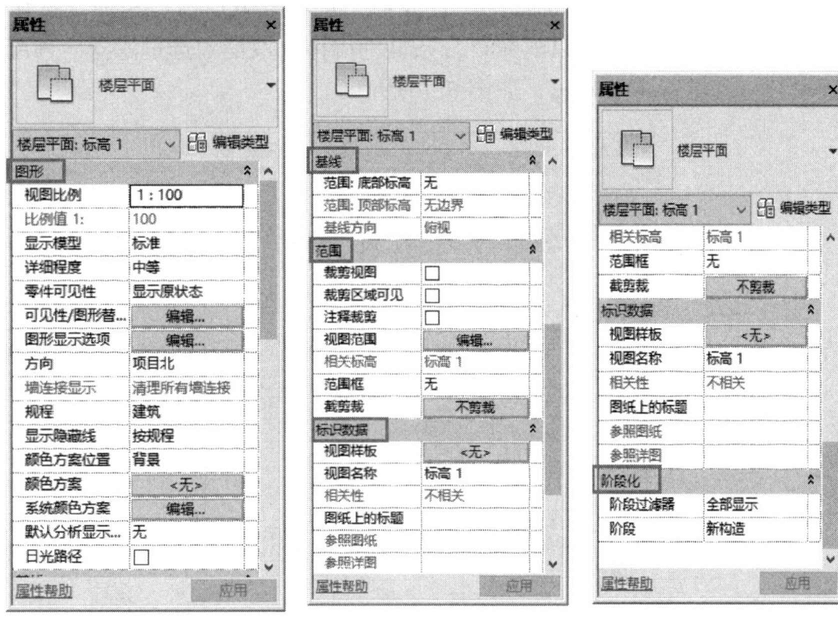

图 3-2　楼层平面属性参数

3. 过滤器的创建：可以通过应用过滤器工具，设置过滤器规则，选择所需要的构件，如图 3-3 所示。

1）单击【视图】选项卡下“图形”面板中的“过滤器”。

2）在“过滤器”对话框中单击（新建）按钮，或选择现有过滤器，然后单击（复制）按钮。

3）在“类别”选项区域选择所要包含在过滤中一个或多个类别。

4）在“过滤器规则”选项区域设置“过滤条件”参数，如“类型名称”。

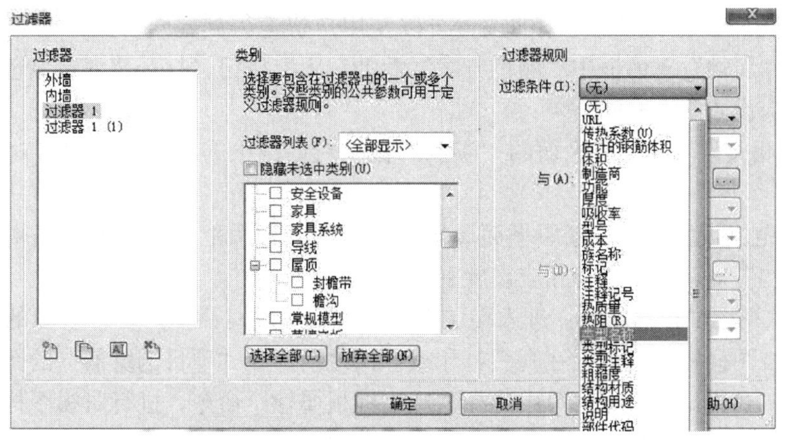

图 3-3　创建过滤器窗口

5）从“过滤条件”下拉列表中选择过滤器运算符，如“大于或等于”。

6）为过滤器输入一个值“NQ”，即所有类型名称中包含“NQ”的墙体，单击“确定”按钮退出对话框。

7）在“可见性图形替换”对话框的“过滤器”选项卡下单击“添加”按钮将已经设置好的过滤器添加使用，此时可以隐藏符合条件的墙体，取消勾选过滤器“内墙”的“可见性”复选框，将其进行隐藏勾选，如图 3-4 所示。

图 3-4　过滤器图元显示设置

4. 模型图形样式：单击楼层平面视图属性对话框中“图形显示选项”后的“编辑”按钮，在弹出的“图形显示选项”对话框中可选择图形显示曲面中样式：线框、隐藏线、着色、一致的颜色、真实。

5. 图形显示式样：在图形显示选项的设置中，可以设置真实的建筑地点，设置虚拟的或真实的日光位置，控制视图的阴影投射，实现建筑平、立面轮廓加粗等功能。

6. 基线：在当前平面视图下显示另一个模型片段，该模型片段可从当前层上方或下方获取。

7. 颜色方案设置：颜色方案的设置可以使用户快速得到建筑方案的着色平面图。单击楼层平面“属性”对话框中“颜色方案”后的“无”按钮，打开“编辑颜色方案”对话框，进行相应设置。

8. 范围相关设置：楼层平面的“实例属性”对话框中的“范围”栏可对裁剪进行相应设置。

9. 视图范围设置：单击楼层平面属性对话框中“视图范围”后的“编辑”按钮，打开“视图范围”对话框，进行相应设置。

10. 默认视图样板的设置：进入楼层平面的“属性”对话框，在各视图的“属性”对话框中指定视图样板。也可以在视图打印或导出之前，在“项目浏览器”的图纸名称上单击鼠标右键，在弹出的快捷菜单中选择“应用样板属性”命令，进行对视图样板的设置。

11. 截剪裁的设置：“属性”对话框中的“截剪裁”用于控制跨多个标高的图元（如斜墙）在平面图中剖切范围下截面位置的设置。

3.1.2　立面视图的创建与设置

3.1.2.1　立面视图的创建

Revit 2018 软件已默认“建筑样板”新建项目情况下，在平面视图中有东、西、南、北 4 个正立面，如图 3-5 所示。

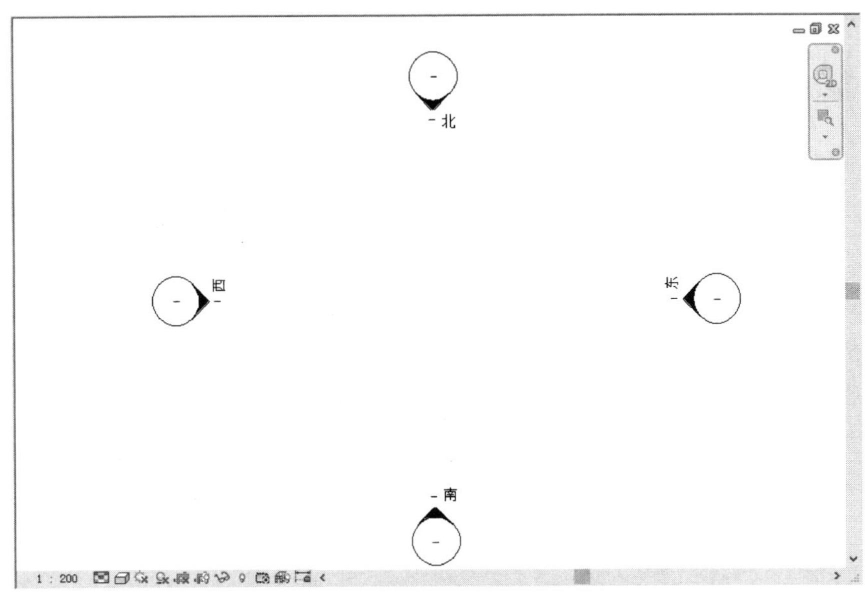

图 3-5 楼层平面东、西、南、北 4 个正立面

用户可以使用【视图】选项卡下“创建”功能面板中“立面”命令，创建另外的“立面”和“框架立面”，如图 3-6 所示。

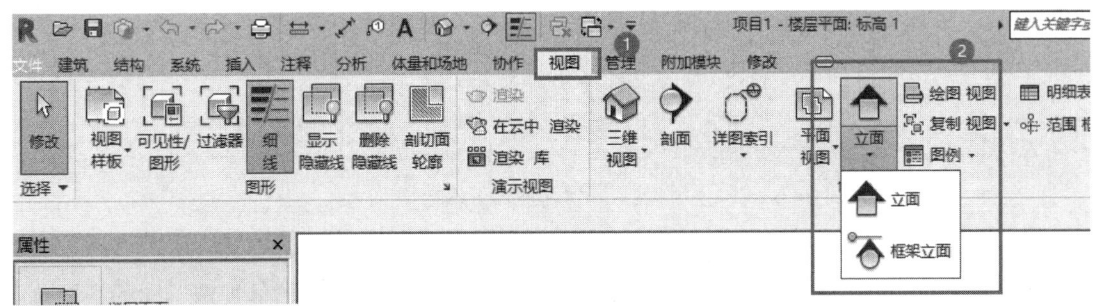

图 3-6 创建立面视图命令

操作步骤：

1. 创建立面视图

在相应平面视图绘图区，单击【视图】选项卡下“创建”功能面板中的【立面】下拉列表中“立面”按钮，在光标尾部会显示立面符号。在绘图区域移动光标到合适位置单击放置（在移动过程中立面符号箭头自动捕捉与其垂直的最近的墙），自动生成立面视图。

2. 创建框架立面视图

当项目中需创建垂直于斜墙或斜工作平面的立面时，可以创建一个框架立面来辅助设计。

单击【视图】选项卡下“创建”功能面板中的【立面】下拉列表中选择“框架立面”工具。

注意：视图中必须有轴网或已命名的参照平面，才能添加框架立面视图。

3.1.2.2 立面视图的设置

修改立面视图类型属性：选择立面符号，可以在立面的“属性”对话框中，点击“编辑类型”，修改立面视图属性，如图 3-7 所示。

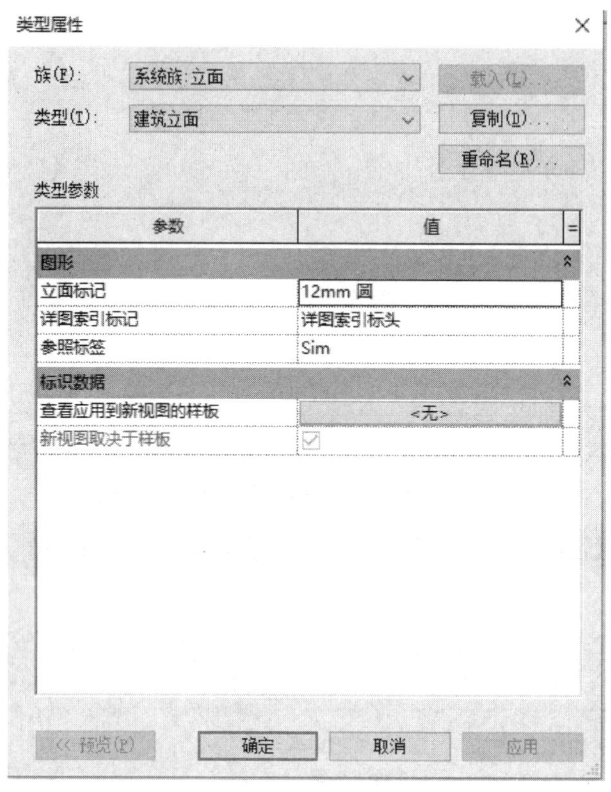

图 3-7 建模立面类型属性

3.1.3 平面区域的创建与设置

平面区域是指部分视图因构件高度或深度不同，而需要设置与整体视图不同的视图范围而定义的区域，可用于拆分标高平面，也可用于显示剖切面上方或下方的插入对象。

创建“平面区域”的步骤如下：

1. 在【视图】选项卡下“创建”面板中打开平面视图下拉列表，选择【平面区域】工具，在绘制区域进行创建平面区域。

2. 在绘制面板中选择绘制方式进行创建区域，并在“属性”对话框调整其视图范围，如图 3-8 所示。

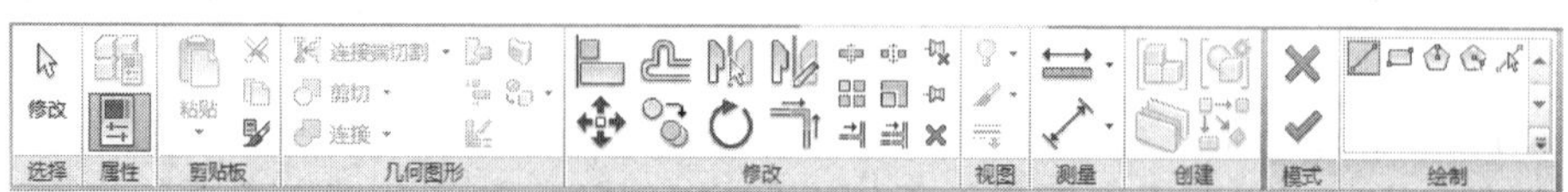

图 3-8 绘制平面区域功能选项卡

3. 单击“视图范围”后的“编辑”按钮，弹出“视图范围”对话框，以调整绘制区域内的视图范围，以使该范围内的构件在平面中正确显示，如图 3-9 所示。

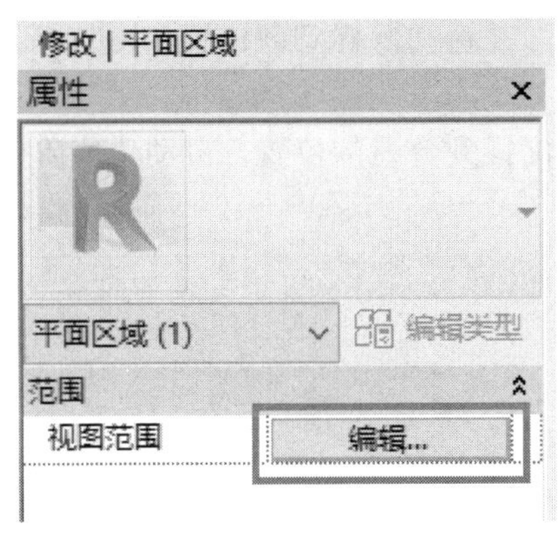

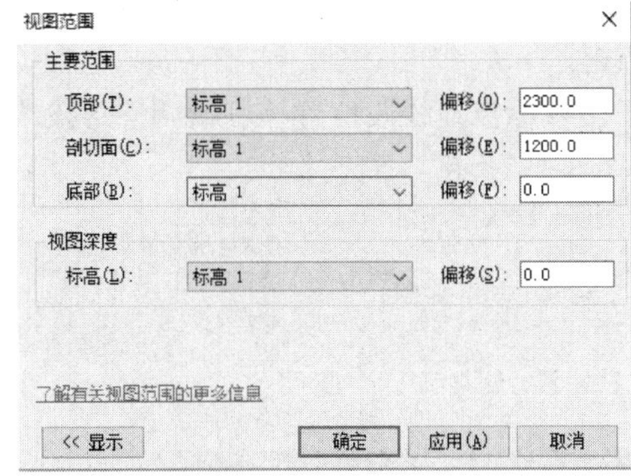

图 3-9 “视图范围”对话框

3.1.4 剖面图的创建与设置

1. 创建“剖面视图”步骤如下：

1）打开一个平面、剖面、立面或详图视图。

2）选择【视图】选项卡下的“创建”，然后单击【剖面】工具。在【剖面】选项卡下的“类型选择器”中选择“建筑剖面”或“详图”，如图 3-10 所示。

3）将光标放置在剖面的起点处，并拖拽光标穿过模型或族，当到达剖面的终点时单击完成剖面的创建。

4）在选项栏上选择一个视图比例。

5）选择已绘制的剖面线，将显示裁剪区域，用鼠标拖拽绿色虚线上的视图宽度，调整视图范围，如图 3-11 所示。

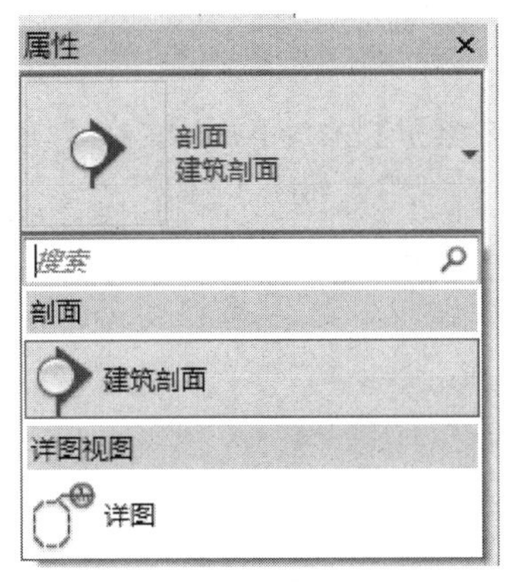

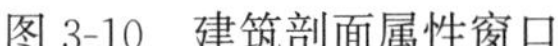
图 3-10 建筑剖面属性窗口

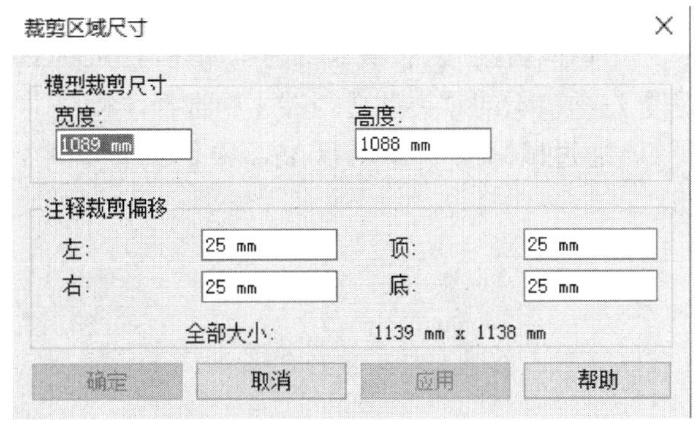

图 3-11 裁剪区域尺寸对话框

6）单击查看方向控制柄 ↓↑ 可翻转视图查看方向。

7）单击线段间隙符号，可在有隙缝的或连续的剖面线样式之间切换，如图 3-12 所示。

8）在项目浏览器中自动生成剖面视图，双击视图名称打开剖面视图，修改剖面线的位置、范围、查看方向时剖面视图也自动更新。

2. 创建阶梯剖面视图

1）按上述方法先绘制一条剖面线，选择它并在“上下文选项卡”中剖面面板中选择

【拆分线段】的命令，单击剖面线上要拆分的位置，并拖动鼠标到新位置，再次单击放置剖面线线段。

2）用鼠标拖拽线段位置控制柄调整每段线的位置到合适的位置，自动生成阶梯剖面图，如图 3-13 所示。

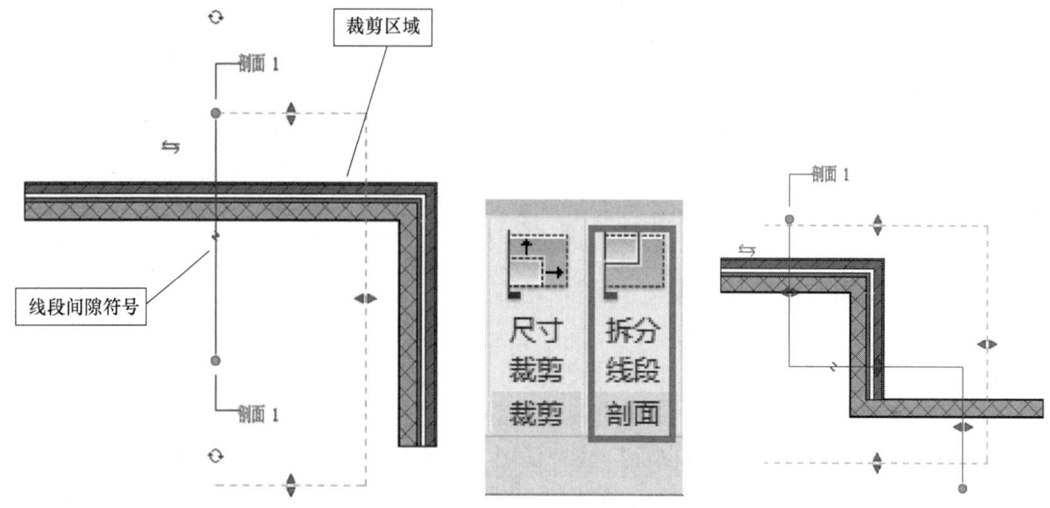

图 3-12　剖面符号讲解　　　　图 3-13　剖面拆分线段

3.1.5　详图索引的创建与设置

Revit 2018 软件可以从平面视图、剖面视图或立面视图创建详图索引，然后使用模型几何图形作为基础，添加详图构件。

1. 创建“详图索引”步骤如下：

1）打开一个平面、剖面、立面或详图视图。

2）选择【视图】选项卡下的“创建”，然后单击【详图索引】工具下矩形。在【详图索引】选项卡下的“类型选择器”中选择“楼层平面”或“详图”，如图 3-14 所示。

3）通过鼠标绘制详图区域，项目浏览其中，自动创建详图索引视图，如图 3-15 所示。

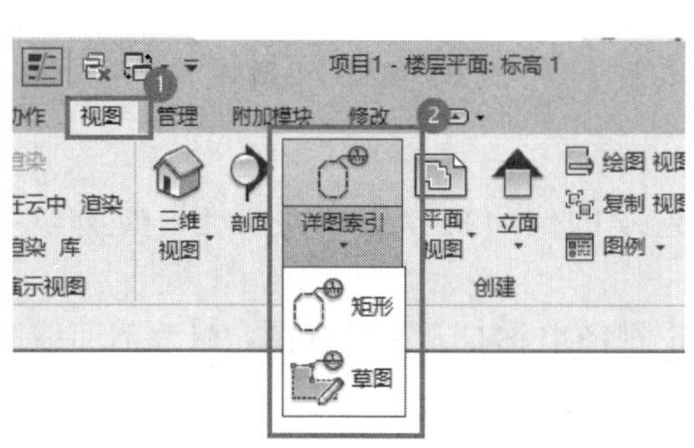

图 3-14　创建详图索引视图命令

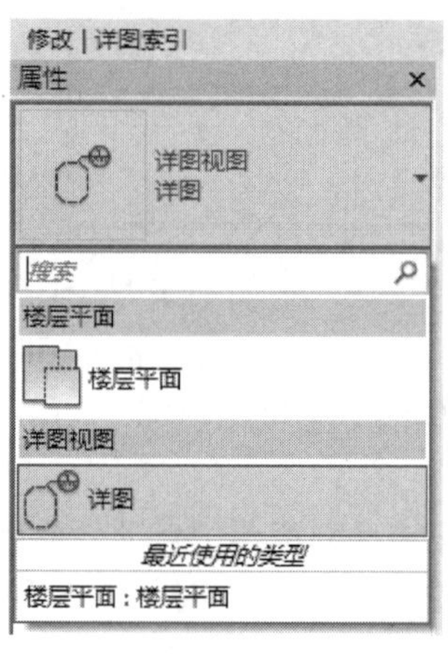

图 3-15　创建详图索引视图命令

2. 详图索引参照设置

创建索引详图或剖面详图时，可以参照项目中的其他详图视图或包含导入 DWG 文件的绘图视图。

创建详图索引：

1）使用外部参照图；

2）创建详图索引详图。

3.1.6 三维视图的创建与设置

1. 创建透视图

1）打开一层平面视图，选择【视图】选项卡，在“创建”面板下的“三维视图”下拉列表框中选择【相机】命令。

2）在“选项栏”设置相机的“偏移量”，即在所在视图，单击拾取相机位置点，移动鼠标，再单击拾取相机目标点，即可自动生成并打开透视图。

3）选择视图裁剪区域，移动蓝色夹点调整视图大小到合适的范围。如需精确调整视口的大小，应选择视口并选择“修改相机”选项卡，单击“裁剪”面板上的“尺寸裁剪”按钮，弹出“裁剪区域尺寸”对话框，可以精确调整视口尺寸，如图 3-16 所示。

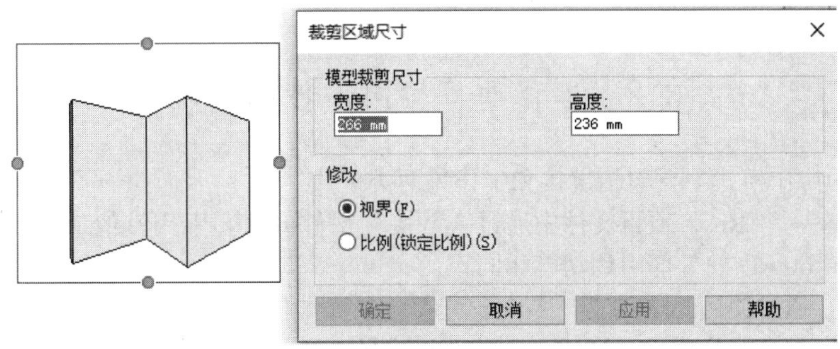

图 3-16 裁剪区域尺寸设置

4）如果想自由控制相机透视远近的范围，可以在“视图属性”栏中勾选“远裁剪激活”复选框，然后就可以在平面图中调整范围框来控制远近透视的范围，如图 3-17 所示。

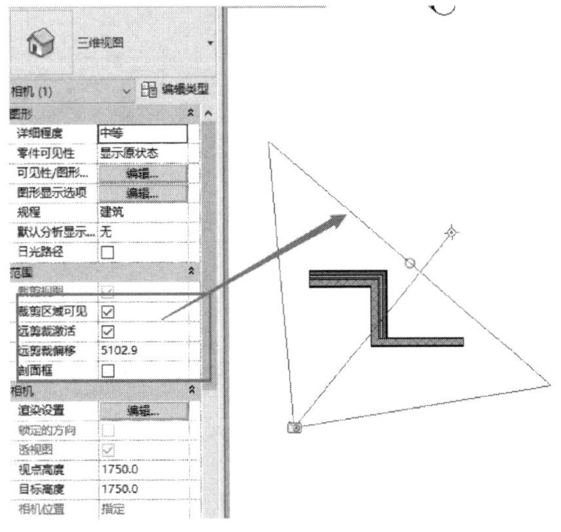

图 3-17 远裁剪设置

2. 修改相机位置、高度和目标

1）同时打开一层平面、立面、三维、透视视图，选择“视图”选项卡，单击“窗口”面板下的“平铺”按钮，平铺所有视图，如图 3-18 所示。

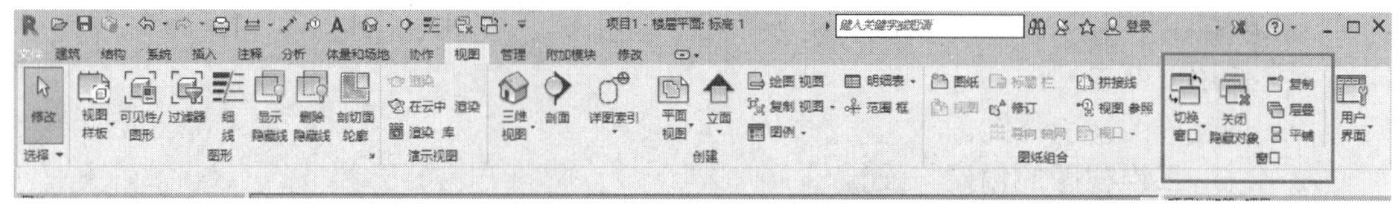

图 3-18　窗口功能选项卡

2）单击三维视图范围框，此时一层平面显示相机位置并处于激活状态，相机和相机的查看方向就会显示在所有视图中。

3）在平面、立面、三维视图中用鼠标拖拽相机、目标点、远裁剪控制点，调整相机的位置、高度和目标位置。

4）也可选择“修改｜相机”选项卡，单击相机边框，在“相机”一栏中修改“视点高度”“目标高度”参数值调整相机，同时也可修改此三维视图的视图名称、详细程度、模型图形样式等。

3.2　工程项目协同设计的实现

Revit 的协作模式主要包括链接和工作集两类模式：

链接：在一个 Revit 项目文件中通过“链接”文件方式，引用其他 Revit 文件的相关数据，与 AutoCAD 的外部引用功能相同；

工作集：通过使用工作共享，多个设计者可以操作自己的本地文件，并通过中心文件与其他工作者共享工作成果，形成完整的项目成果。

3.2.1　链接

3.2.1.1　链接 Revit 文件

可以从外部将创建好的独立 Revit 文件引用到当前项目中，以便进行建模工作或者碰撞检查等协调工作，相关操作面板，如图 3-19 所示。

图 3-19　链接 Revit 功能选项卡

1. 操作方式：在插入选项卡中点击【链接 Revit】按钮；执行上述操作方式，弹出“导入/链接 RVT”对话框，并选择需要链接的对象文件，如图 3-20 所示。

2. 导入设置：在“定位”下拉列表中，选择项目的定位方式，如图 3-21 所示。

各选项说明如下：

1）自动-中心到中心：Revit 以自动方式将链接模型中心放置到当前项目模型的中心。在当前视图中可能看不到此中心点。

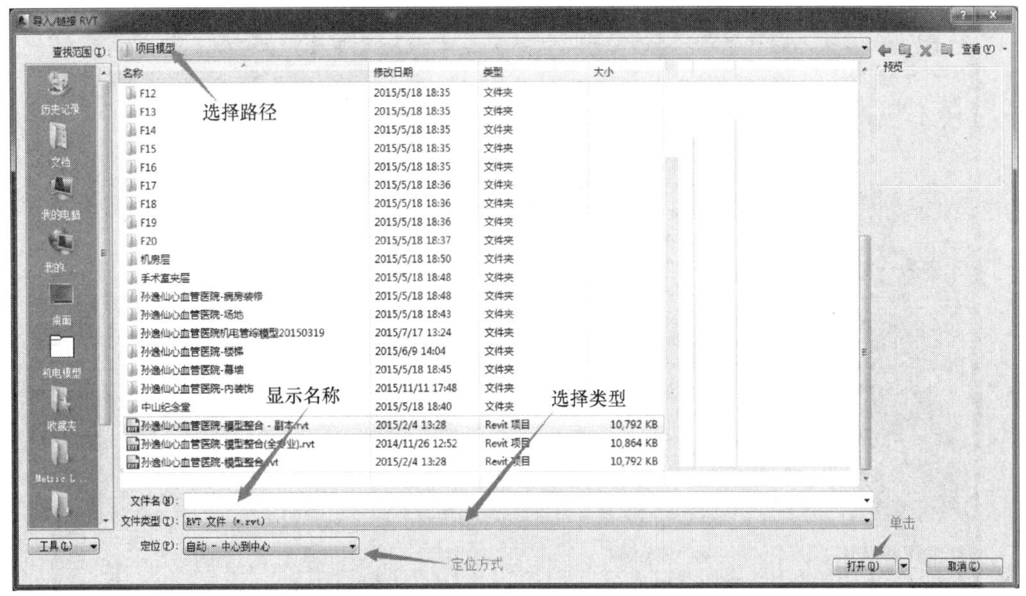

图 3-20 导入/链接 RVT 对话框

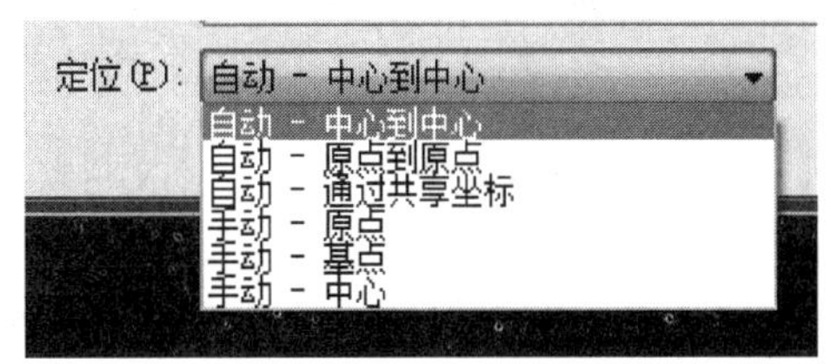

图 3-21 定位设置

2）自动-原点到原点：Revit 以自动方式将链接模型原点放置在当前项目的原点上。

3）自动-通过共享坐标：Revit 以自动方式根据导入的集合图形相对于两个文件之间共享坐标的位置，放置此导入的几何图形。如果当前没有共享坐标，Revit 会提示选用其他的方式。

4）手动-原点：Revit 以手动方式以链接模型原点为放置点将文件放置在指定位置。

5）手动-基点：Revit 以手动方式以链接文件基点为放置点将文件放置在指定位置。仅用于带有已定义基点的 AutoCAD 文件。

6）手动-中心：Revit 以手动方式以链接模型中心为放置点将文件放置在指定位置。

7）导入文件：单击 打开(O) 导入 Revit 文件，完成文件的链接。

3.2.1.2 链接 DWG 文件

通过链接 DWG 文件，可以将已有的 DWG 文件引入到项目中，参考二维平面图，进行三维模型的搭建，以达到提高建模效率的目的，相关操作面板如图 3-22 所示。

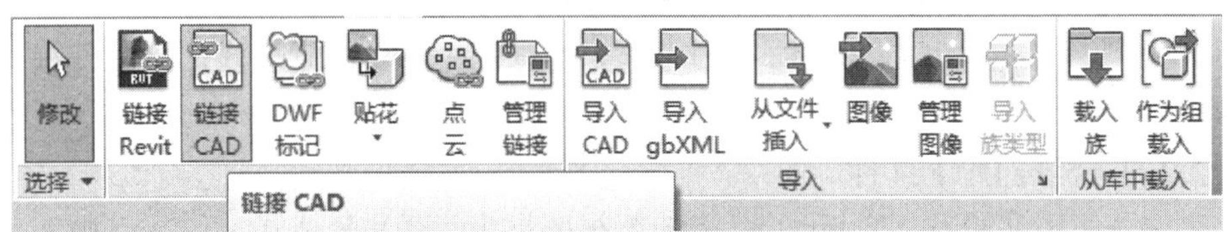

图 3-22 链接 CAD 功能选项卡

1. 操作步骤：在插入选项卡中点击【链接 CAD】按钮，执行上述操作方式，弹出“链接 CAD 格式”对话框，并选择需要链接的对象文件，如图 3-23 所示。

在弹出的对话框中，在查找范围中找到需要导入到项目的 CAD 文件。选取目标文

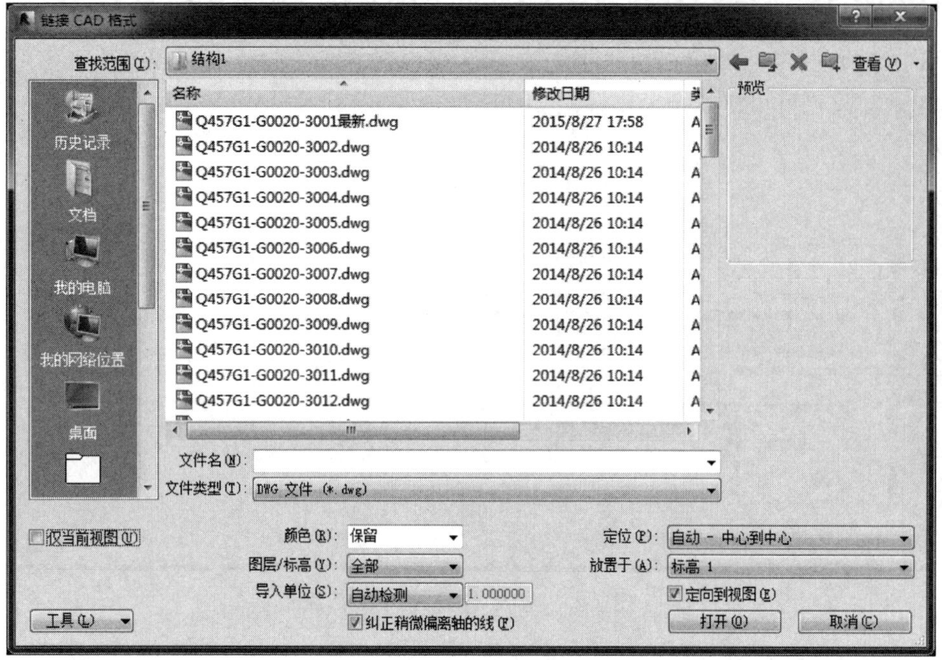

图 3-23　链接 CAD 格式对话框

件，文件名自动匹配到所选文件。文件类型默认为 DWG 文件（＊.dwg）。

2. 导入设置：

1）颜色：包含保留、反选、黑白三种选项，通常使用保留原有颜色。

2）定位：具体使用方法与链接 Revit 文件一致。

3）图层/标高：包含全部、可见、指定三种选项，通过此项筛选需要导入的对象。

4）放置于：选择放置标高。

5）导入单位：设置导入单位，须与导入文件单位一致。

6）定向到视图：该选项默认处于未选择的状态，例如，将当前视图设置为“正北”，而“正北”已转离“项目北”，则清除此选项可将 CAD 文件与“正北”对齐。如果选择此选项，则 CAD 文件将与“项目北”对齐，不考虑视图的方向。

7）纠正稍微偏离轴的线：对导入文件进行纠偏操作。该选项默认处于选择状态，可以自动更正稍微偏离轴小于 0.1°的线，并且有助于避免从这些线生成的 Revit 图元出现问题。但当导入/链接到场地平面时，可能需要清除此选项。

3. 链接文件：点击【打开】链接 DWG 文件。导入的文件成块状，单击外框即可全选链接文件。

3.2.1.3　链接 DWF 文件

在创建施工图文档时，Revit 可以将图纸视图导出为 DWF 格式，供建筑师或者其他专业人员进行查看和标记，再将标记链接到 Revit 进行修改，且与 DWF 文件的标记保持同步。

操作步骤：在插入选项卡中点击【DWF 标记】按钮；执行上述操作方式，弹出“导入/链接 DWF 文件”对话框，并选择需要链接的对象文件，单击打开；单击标记对象，在属性框中修改状态和注释属性，修改完成后，保存当前项目。

3.2.1.4 贴花放置

使用贴花工具可以将标志、绘画和广告牌等图像放置到建筑模型的水平表面或圆筒形表面上，设定相关参数后进行渲染。

操作步骤：在插入选项卡中点击【贴花】下拉菜单。

1. 设置贴花类型

在放置贴花之前，需要创建相应的贴花类型，设置贴花相关参数。选择下拉菜单中的“贴花类型”命令，弹出“贴花类型”对话框，如图 3-24 所示。

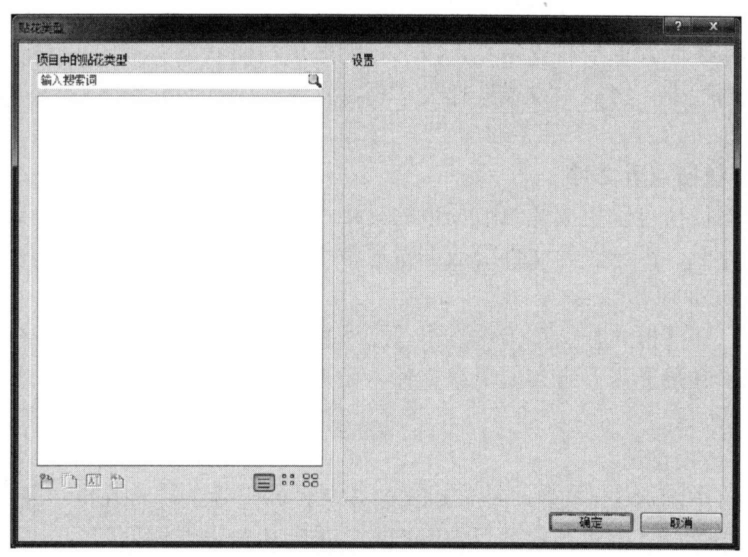

图 3-24 贴花类型对话框

单击按钮新建贴花，弹出“新贴花命名”对话框，输入名称后单击“确定”按钮，弹出参数设置信息，如图 3-25 所示。

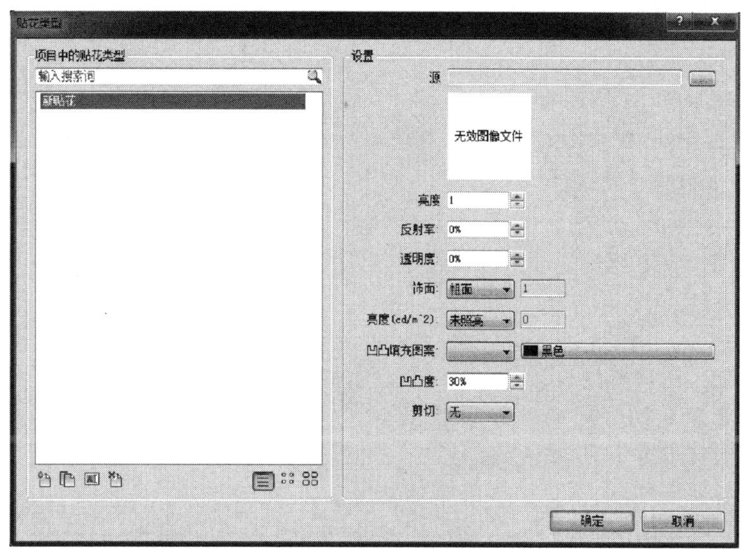

图 3-25 贴花参数设置

首先单击“源”后面的[...]按钮，找到图像的所在位置，单击确定后载入图像；设置图像的亮度、反射率、透明度等相关参数后，单击确定完成创建工作。

2. 放置贴花

选择【贴花】下拉菜单中的【放置贴花】命令，视图处于三维视图模式，在选项栏中输入贴花的宽度和高度值（具体设定值视项目而定），如图 3-26 所示。

修改 | 贴花　宽度: 610　高度 610　☑固定宽高比　重设

图 3-26　修改 | 贴花选项栏

完成尺寸输入后，将鼠标移动到绘图区域，这时软件会自动捕捉到离鼠标位置距离最近的墙面或某一表面，单击放置贴花，按 Esc 键退出当前状态。

在视图控制栏中，将显示方式选择为“真实”模式，这时贴花就会以真实的效果显示在当前项目中。

3.2.1.5　链接点云文件

三维激光扫描仪可以生成建筑或场地的三维点云数据文件，可以将点云文件链接到项目中作为视觉参照。由于点云文件的数据量通常很大，因此将点云文件采用链接的方式链接到项目中。

操作步骤：在【插入】选项卡中点击【点云】按钮；执行上述操作方式，弹出“链接点云”对话框，并选择需要链接的对象文件，设置点云定位方式，单击打开，完成点云文件的链接。

3.2.1.6　链接管理

链接到项目中的 Revit 文件、CAD 文件、DWF 标记等，都将在链接管理器中统一管理，可以在链接管理器中对当前项目中链接文件进行相关设置和处理。

操作步骤：在【插入】选项卡中点击【链接管理】按钮，弹出“链接管理”对话框，如图 3-27 所示。

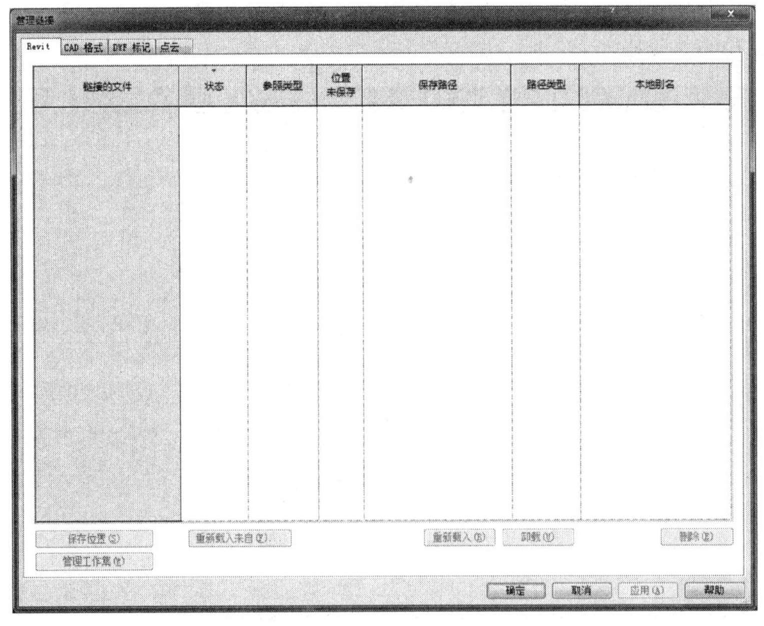

图 3-27　链接管理对话框

各列说明如下：

1）链接的文件：指示当前项目中链接文件的名称。

2）状态：指示在当前项目模型中是否载入链接文件。有“已载入”“未载入”或“未找到”三种状态。

3）参照类型：将模型链接到另一个项目中时，此链接模型的类型，有“附着”和“覆盖”两种类型。

4）位置未保存：指链接文件的位置是否保存在共享坐标系中。

5）保存路径：指链接文件在计算机上的位置。

6）路径类型：指链接文件的保存路径是相对、绝对还是 Revit 服务器路径。

7）本地别名：如果链接模型是中心模型的本地副本，则指示链接模型的位置。

8）大小：链接文件所占空间存储大小。

单击链接管理中的某一链接文件，即可激活对话框中下边的功能按钮，可以针对选择文件进行重新载入、卸载、删除等操作。单击确定完成链接管理。

3.2.2 导入

主要通过导入外部文件到项目中进行相关操作，与链接方式不同，导入图元在导入后与原文件失去关联性。

3.2.2.1 导入 CAD 文件

操作步骤：在插入选项卡中点击“导入 CAD”按钮，进入“导入 CAD 格式”面板，选择需要导入的 CAD，如图 3-28 所示。

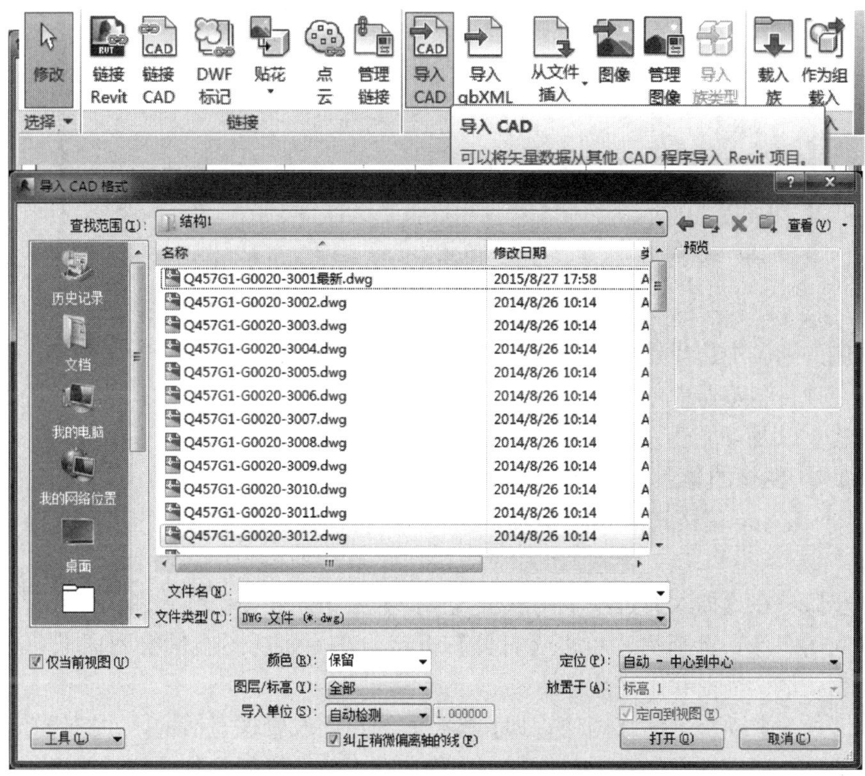

图 3-28　导入 CAD 文件

选取需要导入的 DWG 文件，其他参数设置和链接 CAD 文件参数一致，单击“打开”按钮完成 DWG 文件的导入。

3.2.2.2 导入 gbXML 文件

可以从外部将 gbXML 文件导入到 Revit 项目中，用于辅助设计 HVAC（暖通）系统。

操作步骤：

在插入选项卡中点击“导入 gbXML”按钮，进入“打开”面板，选择需要导入的 gbXML 文件，点击打开，完成导入。

3.2.2.3 从文件插入对象

操作步骤：在插入选项卡中点击“从文件中插入”下拉菜单，选择包含要插入的视图 Revit 项目，然后单击“打开”按钮，弹出“插入视图”对话框，如图 3-29 所示。

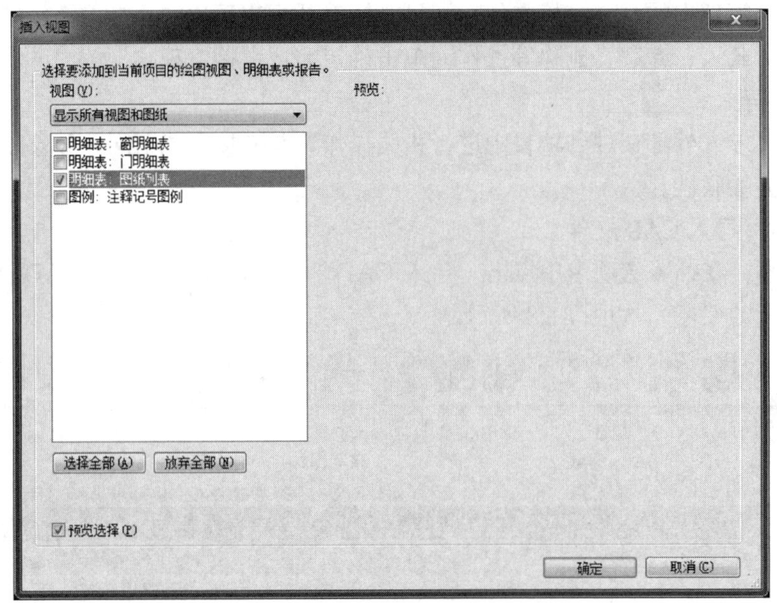

图 3-29 插入视图对话框

在左侧的列表中选择要插入的视图，检查要插入的视图，然后单击“确定”按钮。

此时在项目浏览器中创建一个新的明细表视图，该明细表视图具有已保存的原明细表的全部格式，以及可能已为该明细表自定义的多个参数字段。

3.2.2.4 图像的导入和管理

可将 bmp、jpg 等格式的图像导入项目中，以用作背景图像或用作创建模型时所需的视觉辅助。

操作步骤：在【插入】选项卡中点击【图像】按钮，弹出“导入图像”在计算机中找到需要导入的图像，选择后，单击【打开】按钮，在平面视图中的绘图区域单击完成放置，单击 Esc 退出当前状态完成插入。

单击【插入】面板下的【图像管理】按钮，弹出图像管理对话框，在图像管理中可以查看当前插入的所有图像信息，点取某一图像信息，单击【删除】按钮，确定，然后单击确定完成图像管理。

3.2.3 工作集

一个项目在工作的过程中不可能由一个人来完成，需要建筑、结构、水、暖、电各专业协同工作。由于时间、空间、设备等各种因素，在同一个专业还需要更多的工程师参与协作完成，这种协作的另一个工作方式就是 Revit 的“工作集”。

3.2.3.1 工作集概念

假设 A、B 两人同时工作在一个中心文件，A、B 先分别创建自己的工作集，工作集 A 和工作集 B。A 把工作集 A 的所有者设为自己，B 把 B 工作集的所有者设为自己，并且各自将创建的构件放到各自的工作集内。如果 A、B 之间的工作没有交叉，那么他们的工作都可以顺利进行。一旦 A 需要修改编辑 B 的构件，这时软件会提示必须向 B 发出请求，在 B 同意确认请求把构件“借”出去之前，A 无法编辑该构件。B 将该构件“借”给 A，A 这时候会获得该构件的所有权，可以自由编辑该构件，直到 A 把构件的权限还给 B。

以上是工作集的基本工作流程，但是用户也可以根据自己的需求做出调整，让多人能工作在同一工作集上，但是工作集的拥有者只能有一个，其他人只是这个工作集的借用者，工作集的拥有者对该工作集的已存在的构件有最高权限，除了被借走的构件。其他非工作集的拥有者能把构件创建在该工作集内，但是不能拥有工作集已有构件的权限，并且非工作集的拥有者创建的构件相当于被该用户“借”走，一旦非工作集拥有者归还权限，将需要重新向工作集的拥有者“借”。当工作集没有拥有者时，Revit 会自动把该构件借给需要借用的用户。

3.2.3.2 Revit 工作集实施方法

1. 工作集的建立

1）由相关子项的主导专业，如设备专业根据项目的实际需求建立水暖电等分项。

2）然后点击文件工作集，在弹出对话框将“工作集 1”修改成自己的专业名称，如图 3-30 所示。

3）点击确定后，软件自动将项目中的图元按定好的工作集进行分类，在短暂地运行后，弹出对话框，如图 3-31 所示。

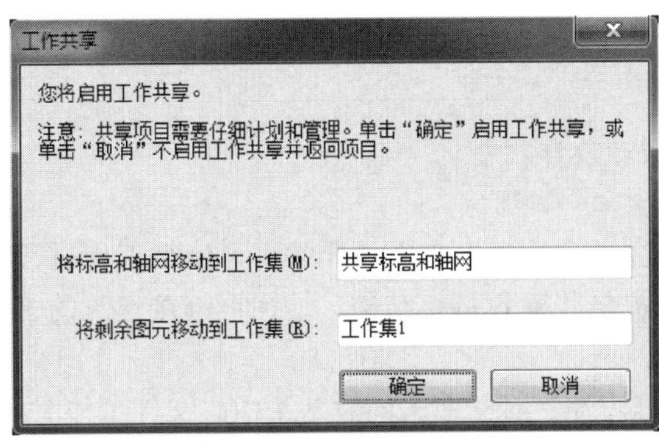

图 3-30 工作共享对话框

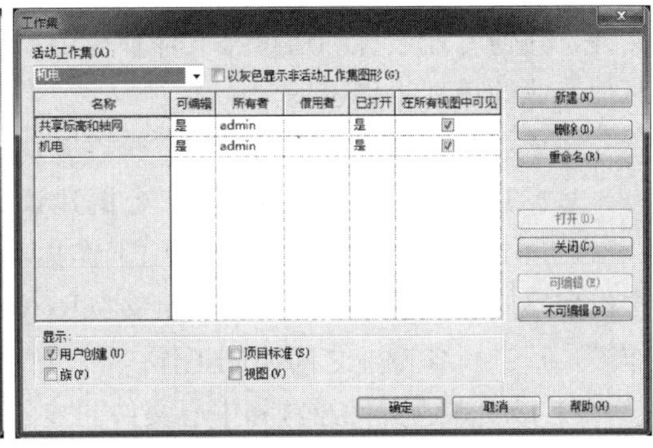

图 3-31 工作集对话框

点击“新建”按钮，再建立根据需要建立结构、给水排水、电气、暖通等其他专业，更改所有者用户名，不能重名。在新建的时候，应注意根据实际的需要勾选“所有视图中默认可见”。

4）设置好所有的工作集以后，将自己的专业设置成活动工作集。点击“保存”（中心文件通过网络途径保存到共享文件夹），标准工具栏中的“保存到中心”按钮将被激活。

5）点击文件→工作集，打开工作集对话框后，在“可编辑”栏下将所有不属于自己的工作集通过下拉菜单选择“否”，编辑完成后单击确定完成编辑，如图 3-32 所示。

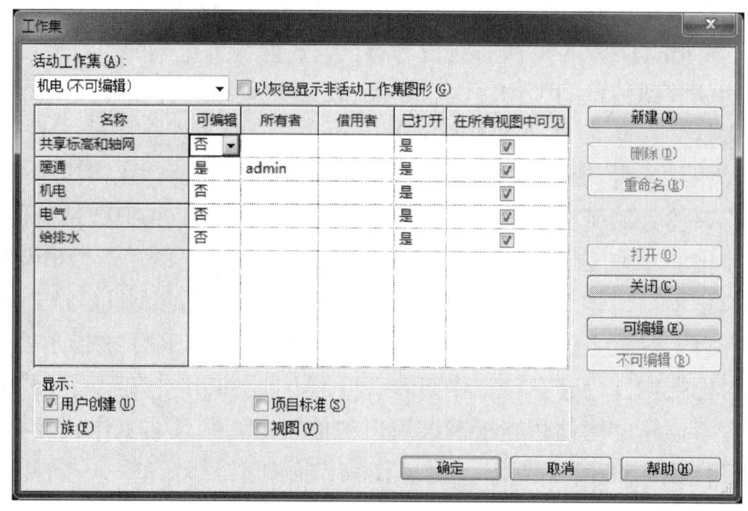

图 3-32 工作集权限设置

6）将基本示意图中的图元指定给相关专业，如墙分配给建筑墙，板和柱分配给结构等，设置完成以后，点击“保存到中心”，并退出。

2. 应用工作集

1）各专业设置好中心文件后，打开文件点击文件→工作集，打开工作集的对话框后，在“可编辑”栏下将属于自己的工作集通过下拉菜单选择“是”，确定。

2）使用“另存为”功能保存一个中心文件的副本在本地计算机上。各专业只对副本文件进行操作、读写。只有点击“保存到中心”以后，才会把自己的最新设计更新到中心文件，其他专业设计师通过【文件】→【重新载入最新工作集】的按钮可以从中心文件获取其他专业的最新工作进展。

注意：建议设置保存提醒，常保存可以提升协作效率。

3.2.3.3 Revit 工作集协同工作的建议

1. 不同专业之间尽量避免使用工作集，这样会导致中心文件非常大，使得工作过程中模型反应很慢。建议使用相互链接（Revit 提供将建筑链接结构，结构再链接建筑的工作模式）进行各专业之间协同工作。

2. 养成本地文件经常和中心文件同步的好习惯。对于多人同时基于中心文件工作时，存在本地文件和中心文件不能同步的风险，及时地同步本地和中心文件能避免该风险，即使发生这种情况也不至于导致工作了大半天的成果丢失。

3. 养成经常释放构件权限的习惯，如果把自己创建的构件权限全部牢牢地握在手上，确实能够避免别人随意修改，但会导致别人经常需要向你借构件的情况，于是你会把大部分时间花在借给别人构件上（特别在工作交叉的时候）。

3.2.4 Revit 协同工作模式

协同建模通常有两种工作模式："工作共享"和"模型链接"，或者两种方式混合。这两种方式各有优缺点，但最根本的区别是："工作共享"允许多人同时编辑相同模型，如图 3-33 所示；"模型链接"是独享模型，当某个模型被打开编辑时，其他人只能"读"而不能"改"，如图 3-34 所示。

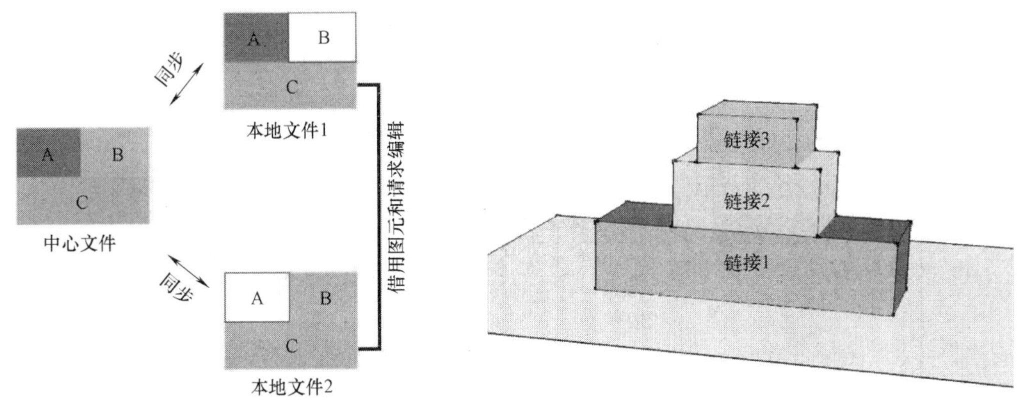

图 3-33 工作共享模式

图 3-34 模型链接模式

理论上"工作共享"是最理想的工作方式，既解决了一个大型项目多人同时分区域建模的问题，又解决了同一模型可以被多人同时编辑的问题。而"模型链接"只解决了同时分区域建模的问题，无法实现多人同时编辑同一模型。虽然"工作共享"是理想的工作方式，但由于"工作共享"方式在软件实现上比较复杂，该项目使用的 Revit 软件目前在性能稳定和速度上都存在一些问题，而"模型链接"技术成熟、性能稳定，尤其是对于大项目在协同工作时，通过测试，采用链接的方式性能表现优异，特别在软件的操作响应上。

由于"链接模型"方式对于链接模型只是作为可视化和空间定位参考，不考虑对其进行编辑，所以在软件实现上就简单多了，占有硬件和软件的资源都少，性能自然就提高了。

为了进一步测试"模型链接"的性能，笔者还做了另一个测试，既不使用"模型链接"也不使用"工作共享"方式，纯粹就是把该项目的两个区合并成一个模型，与上述的"模型链接"方式比较，在性能上链接的方式速度还是要快很多。通过上述测试和分析，在该项目全部采用"模型链接"工作方式，从最后使用的情况来看是比较成功的，主要表现在以下几个方面：

1. 性能稳定，没有出现任何由于模型链接产生的问题；

2. 响应速度快，采用较低的硬件配置，工作时还是比较流畅；

3. 数据迁移方便，该项目工作地点发生过多次变化，包括到项目所在地进行现场建模，共享文件夹通过复制就能够实现；

4. 项目成员方便进出，只需要设置成员的访问服务器权限即可，没有"工作共享"方式经常发生的权限问题。

简易步骤：

1. 修改用户名：文件—选项—用户名；

2. 打开项目文件；

3. 创建工作集：协作—工作集（建筑工作集、结构工作集、设备工作集），如图 3-35 所示；

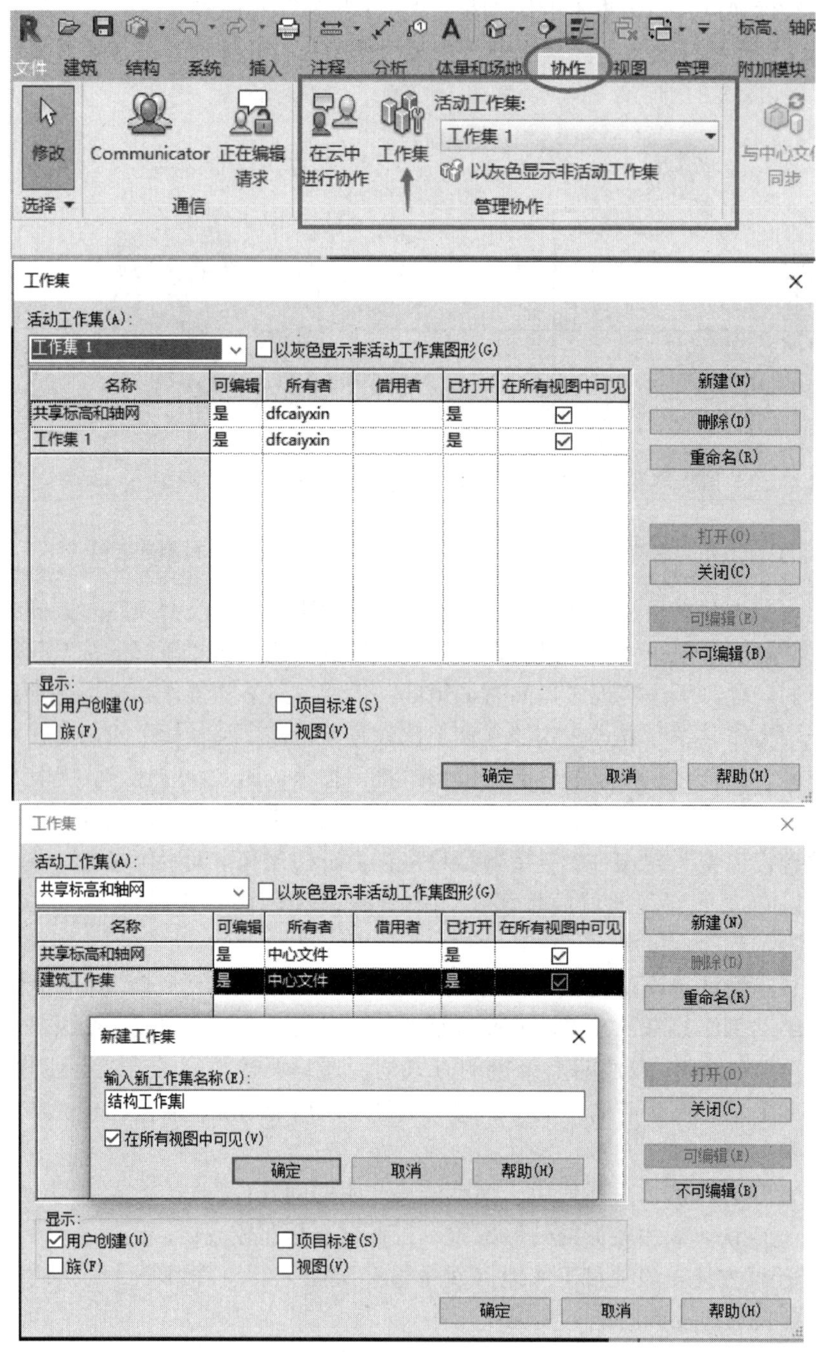

图 3-35 创建工作集

4. 设置活动工作集，如图 3-36 所示；

是否“可编辑”等，可编辑选否；

5. 另存为中心文件；

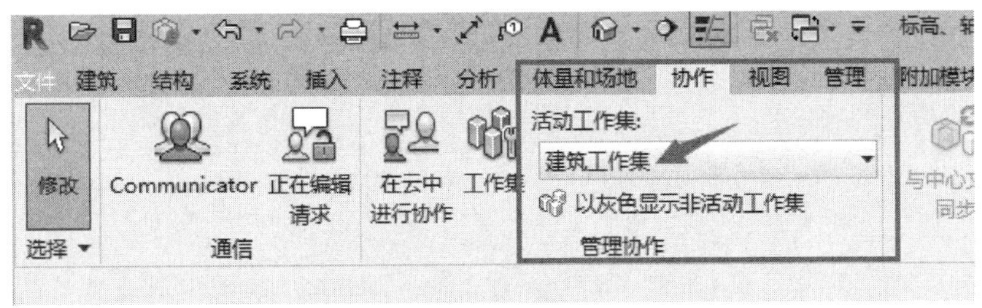

图 3-36 设置活动工作集

6. 按专业划分文件（修改用户名：文件—选项—用户名）建筑、结构、设备等；

7. 用划分后的用户，打开中心文件，同时创建本地文件，可编辑选是，同步上传到中心文件，另存为本地文件。

第 4 章

工程项目环境设计

4.1　项目工程概况设置

4.1.1　项目概况

项目名称：哈尔滨市某老年医疗建筑综合楼，建设地点位于哈尔滨市宾县，功能为老年医疗建筑，规划用地总面积 3635.14m^2，总建筑面积 722.76m^2，容积率 0.2，建筑密度 7.7%，绿地率 20%，停车泊位 16 个，建筑限高 24m。

4.1.1.1　结构设计说明

1. 工程概况和总则

本工程高 12.1m，总建筑面积为 722.76m^2。结构体系：框架结构。基础形式：桩基础。

在施工中，当需要以强度等级较高的钢筋替代原设计中的纵向受力钢筋时，应按照钢筋受拉承载力设计值相等的原则换算，并应满足最小配筋率的要求。抗震等级为一、二、三级的框架和斜撑构件（含楼梯），其纵向受力钢筋采用普通钢筋时，钢筋的抗拉强度实测值与屈服强度实测值的比值不应小于 1.25；钢筋的屈服强度实测值与屈服强度标准值的比值不应大于 1.3，且钢筋在最大拉力下的总伸长率实测值不应小于 9%。在设计使用年限内未经技术鉴定或设计许可，不得改变结构的用途和使用环境。

2. 设计依据

1）结构的设计使用年限：50 年。

2）自然条件

基本风压（50 年）：w_0＝0.55kN/m^2，风荷载体型系数 1.3。

基本雪压（50 年）：s_0＝0.45kN/m^2，屋面积雪分布系数 1.0。

抗震设防烈度：拟建场地地震基本烈度Ⅶ度，抗震设防烈度：6 度，抗震设防类别：丙类。

基本地震加速度值为 0.05g，设计地震分组为第一组。框架抗震等级均为四级。

建设场地最大冻深 2.0m。

3）遵循的主要设计规范、规程和标准

(1)《建筑结构可靠性设计统一标准》GB 50068—2018；

(2)《建筑结构制图标准》GB/T 50105—2010；

(3)《建筑结构荷载规范》GB 50009—2012；

(4)《建筑抗震设计规范（2016 年版）》GB 50011—2010；

(5)《建筑地基基础设计规范》GB 50007—2011；

(6)《混凝土结构设计规范》GB 50010—2010；

(7) 现行国家及工程所在地区的有关规范、规程、规定。

3. 图纸说明

1）图纸中标高“m”为单位，尺寸以“mm”为单位，角度以“°”为单位。

2）本工程±0.000m 标高相当于绝对标高见建筑图。

3）本工程混凝土结构施工图采用平面整体表示方法，执行图集《混凝土结构施工图平面整体表示方法制图规则和构造详图》11G101—1、2。

4. 建筑分类等级

1）建筑结构安全等级：二级，结构重要性系数 1.0。

2）混凝土结构的环境类别：

一类：室内干燥环境；无侵蚀性静水浸没环境。

二 a 类：室内潮湿环境；严寒和寒冷地区的冰冻线以下与无侵蚀性的水或土壤直接接触的环境。

二 b 类：干湿交替环境；水位频繁变动环境；严寒和寒冷地区的露天环境；严寒和寒冷地区冰冻线以上与无侵蚀性的水或土壤直接接触的环境。

5. 主要荷载（作用）取值

楼（屋）面活荷载标准值（单位 kN/m^2）：办公室 2.0，厨房、浴室、厕所 2.5，走廊、门厅 2.5，楼梯间 3.5。未注明房间的活荷载详见《建筑结构荷载规范》GB 50009—2012。

6. 主要结构材料

混凝土的技术指标应符合《混凝土结构设计规范（2015 年版）》GB 50010—2010 的要求。

钢筋的技术指标应符合《混凝土结构设计规范（2015 年版）》GB 50010—2010 的要求。钢筋的强度标准值应具有不小于 95%的保证率。

7. 地基基础及地下部分工程

本工程基础采用桩基础。

8. 钢筋混凝土结构构造

本工程采用《混凝土结构施工图平面整体表示方法制图规则和构造详图》11G101—1、《混凝土异形柱结构构造（一）》06SG331—1 的表示方法。图中未注明的构造要求应按照标准图的有关要求执行。异形柱结构的梁、柱、剪力墙和节点构造措施，除应符合《混凝土异形柱结构技术规程》JGJ 149—2017 要求外，尚应符合国家现行有关标准的规定。对于抗震的多层和高层钢筋混凝土房屋构造尚应满足《建筑物抗震构造详图》（多层和高层钢筋混凝土房屋）11G329—1 的要求。

9. 砌体填充墙

本工程砌筑墙体均为填充墙，砌体施工质量控制等级为 B 级。

填充墙体材料：墙体采用烧结煤矸石多孔砖，砌体容重不大于 $18kN/m^3$，强度等级不低于 MU5.0，砌块采用 M5 混合砂浆砌筑。砌体填充墙结构构造应符合《砌体填充墙结构构造》12SG614—1 的要求。

10. 本工程应按相关的施工规范要求执行

施工应符合现行国家标准《混凝土结构工程施工质量验收规范》GB 50204—2015 的要求，并应与设计单位配合，针对异形柱结构的特点，制订专门的施工技术方案并严格执行。

4.1.1.2　建筑设计说明

1. 设计依据

1）本工程的建设主管单位对初步设计或方案设计的批复文件；

2）当地城市建设规划管理部门对本工程初步设计或方案设计的审批意见；

3）当地消防、城建等有关主管部门对本工程初步设计或方案设计的审批意见；

4）经过批准的本工程设计任务书、初步设计或方案设计文件，建设方的意见；

5）国家现行的主要建筑设计的规范、规程和规定，具体如下：

（1）《建筑设计防火规范（2018 年版）》GB 50016—2014；

（2）《办公建筑设计标准》JGJ/T 67—2019；

（3）《民用建筑设计统一标准》GB 50352—2019；

（4）《屋面工程技术规范》GB 50345—2012；

（5）《公共建筑节能设计标准》GB 50189—2015；

（6）《建筑内部装修设计防火规范》GB 50222—2017；

（7）《外墙外保温工程技术标准》JGJ 144—2019；

（8）《民用建筑工程室内环境污染控制标准》GB 50325—2020；

（9）其他国家现行的有关设计规范、规定及条文等。

2. 项目概况

1）建筑规模：本建筑的总建筑面积 722.76m^2，其中：地上部分建筑面积：722.76m^2，无地下室，建筑基底面积 280.46m^2；

2）建筑层数、高度：地上三层，无地下室，建筑高度为：11.00m（室外设计地面至坡屋面一半处）；

3）建筑定性：本工程为“仅供少人内部服务人员使用”的多层公共建筑；

4）结构形式：框架结构，地震设防烈度为 6 度，合理使用年限为 50 年；

5）本工程建筑设计耐火等级为：二级。

3. 设计标高

1）本工程各单体±0.000 相当于总图绝对标高见总平面竖向图；平面定位详见总平面定位图；

2）各层标注标高为建筑完成面标高，屋面标高为结构面标高；

3）本工程标高以“m”为单位，总平面尺寸以“m”为单位，其他尺寸以“mm”为单位。

4. 墙体工程

1）本工程墙体的基础部分及柱定位、尺寸等详见结施图；墙体厚度及定位详见建筑施工图；

2）本工程的外围护墙体采用 200mm 厚高保温陶粒混凝土夹心砌块复合 100mm 厚挤塑板保温层（燃烧性能 B1 级）；

3）建筑物的内隔墙为 100/200mm 厚陶粒混凝土空心砌块，其构造和砌筑技术要求详见结施；

4）墙身防潮：地下结构基础梁，作为墙体刚性防潮层；

5）墙体留洞及封堵：

（1）砌体结构上的留洞见建施和设备专业施工图；

（2）预留洞的封堵：钢筋混凝土构件的留洞封堵见结施，其余砌筑墙留洞待管道设备安装完毕后，用 C20 细石混凝土填实；消火栓洞口背面待暗装消火栓箱安装完毕后，背侧贴防火板，挂钢丝网抹灰，使耐火极限达到 1.0h。防火隔墙上留洞的封堵为待设备管道完毕后，用微膨胀混凝土封堵，使耐火极限≥2.0h。

5. 屋面工程

1）本工程屋面防水等级为Ⅱ级，平屋面为铺设卷材结合刚性防水层，两道设防；坡屋面做法为防水卷材结合瓦屋面，两道设防，本工程屋面设计执行《屋面工程技术规范》GB 50345—2012；

2）屋面具体防水做法及屋面节点详见节点详图，屋面排水组织见屋面图，穿女儿墙泄水口等做法详见图中标注；

3）隔汽层的设置：本工程的屋面设置隔汽层，平屋面隔汽层沿女儿墙上返，高出屋面保温层150mm，坡屋面构造详见墙身详图及相关节点；

4）平屋面上的出屋面排气道防水构造，参见国标图集《平屋面建筑构造》12J201中的相关构造做法，坡屋面上的出屋面排气道防水构造，参见国标图集《坡屋面建筑构造》00J202—1中的相关构造做法。

6. 门窗工程

1）建筑外门窗：门窗的气密性能分级为6级，水密性能分级为4级，抗风压性能分级为4级，保温性能分级为6级；

2）门窗玻璃的选用应遵照《建筑玻璃应用技术规程》JGJ 113—2015和《建筑安全玻璃管理规定》发改运行〔2003〕2116号及地方主管部门的有关规定；

3）门窗立面均表示洞口尺寸，门窗加工尺寸要求按照实际洞口尺寸及装修面厚度由承包商予以调整；

4）门窗立樘：外门窗立樘详见墙身详图，内门窗立樘除图中另有注明者外，立樘位置均居中；

5）门窗选料、颜色、玻璃详见门窗表附注，门窗五金件要求与门窗厂家沟通或见《门、窗、幕墙用五金附件》04J631；

6）除图中另有注明者外，内门均做盖缝条或贴脸，其做法见二次装修设计；门洞哑口做筒子板，其做法见二次装修设计；

7）防火门等特种门的安装见厂家的安装设计说明。

7. 外装修工程

外装修设计和做法索引见立面图及外墙详图；承包商进行二次设计的轻钢结构、装饰物等，经确认后，向建筑设计单位提供预埋件的设置要求；设有外墙外保温的建筑构造详见索引标准图及外墙详图；外装修选用的各项材料其材质、规格、颜色等，均由施工单位提供样板，经建设和设计单位确认后进行封样，并据此验收。

8. 内装修工程

1）内装修工程执行《建筑内部装修设计防火规范》GB 50222—2017，一般装修见“室内装修做法表”；

2）楼地面构造交接处和地坪高度变化处，除图中另有注明者处均位于齐平门扇开启面处；

3）卫生间等用水房间均做防水层，卫生间地漏均在地漏周围1m范围内做1%坡度坡向地漏，卫生间做降板处理，降板高度50mm；

4）楼梯栏杆及扶手的选用见楼梯详图中的相关说明，不明处可参见《楼梯、栏杆、栏板（一）》15J403—1 中的相关做法；栏杆及扶手顶部水平推力荷载取值详见楼梯详图中的相关说明。

5）内装修选用的各项材料，均由施工单位制作样板和选样，经确认后进行封样，并据此进行验收；

6）卫生间及茶水间的楼板四周除门洞外，应做强度等级不小于 C20 的混凝土翻边，其高度不小于 200mm。

9. 油漆涂料工程

1）室内装修所采用的油漆涂料见“室内装修做法表”；

2）外门窗油漆由生产厂家按要求配色制作；内木门油漆由用户装修自理；

3）楼梯、平台、护窗栏杆选用银白色防腐漆，做法为两道底漆，一道透明防腐漆；

4）室内外露明金属件的油漆为刷防锈漆两道后再做同室内外部位相同颜色的油漆，或另行二次装修设计；

5）各种油漆涂料均由施工单位制作样板，经确认后进行封样，并据此进行验收。

10. 建筑设备、设施工程

卫生间器具、茶水区器具等由建设单位确定或由二次装修确定，设备管道安装时应参照施工图纸各专业密切配合；灯具、扶手等影响美观的器具须经建设单位与设计单位确认样品后，方可批量加工、安装。

11. 其他施工中注意事项

1）图中所选用标准图中有对结构要求的预埋件、预留洞，如楼梯、平台栏杆、门窗、建筑配件等，按标准图预留，预留洞与预埋件应各工种密切配合，确认无误之后方可施工；

2）两种材料的墙体交界处，应根据饰面材质在做饰面前加钉金属网或在施工中加贴玻璃丝网格布，防止裂缝；

3）预埋木砖及贴邻墙体的木质面均做防腐处理，露明铁件均做防锈处理；

4）门窗过梁见结施图；

5）楼板留洞待设备管线安装完毕后，用 C30 细石混凝土封堵密实；

6）本套图选用标准图中如有预埋件、预留洞，请按标准图预留；

7）图中未尽事宜按有关设计和施工质量验收规范执行；

8）施工过程中必须严格执行《建设工程安全生产管理条例》及其他生产安全和劳动保护方面的法律法规；

9）本设计必须经规划、消防、卫生及设计质量检查站等有关部门审批后，方可施工；

10）施工过程中若有改动原设计，须经设计人员同意并提出修改意见及设计变更后方可施工；

11）施工时请与各专业密切配合，对各专业预留孔洞施工前应与有关专业技术人员核对其数量、位置、尺寸后方可施工；

12）各管道穿屋面、楼地面及混凝土墙面时应预埋套管。按规定做法施工。并应密切配合各专业有关图纸进行。

12. 建筑防火设计专篇

1）建筑概况：本工程为多层公共建筑，地上 3 层，1～3 层的层高均为 3m，建筑高度 11m；建筑耐火等级为二级。

2）防火分区：本工程每栋单独为一个防火分区，每栋楼设一部疏散楼梯，每栋的 2、3 层人数之和均不超过 100 人，每栋楼每层的建筑面积均小于 $500m^2$。

3）防火间距：本工程两栋建筑为组团式布置，组内建筑的防火间距＞4m；

4）安全疏散：每栋楼均设置一部疏散楼梯，楼梯宽度均不小于 1.1m，满足《建筑设计防火规范（2018 年版）》GB 50016—2014 中有关规定。

5）各建筑构件耐火等级均为二级。

6）建筑内装修应按《建筑内部装修设计防火规范》GB 50222—2017 中的相关条款要求执行。

7）建筑内部灭火器配置原则：根据《建筑灭火器配置设计规范》GB 50140—2005 中的附录 D，火灾危险等级为轻危险级，本工程灭火器按《建筑灭火器配置设计规范》GB 50140—2005 中的相关要求进行配置，详见平面图中标注。

8）外墙外保温材料技术要求：本工程外墙采用阻燃型挤塑板保温，燃烧性能为 B1 级。

13. 建筑节能设计专篇

1）本工程的建筑气候分区为严寒地区 B 区，本栋建筑的朝向为北偏东 13.88°，建筑采暖部分直接接触室外空气的外表面积为 $1107.86m^2$，采暖体积为 $2793.25m^3$，建筑的体型系数约为 0.4。

2）本工程的外墙，外墙部分采用 200mm 厚高保温型陶粒混凝土空心砌块复合 100mm 厚挤塑板保温层（燃烧性能 B1 级），外墙平均传热系数 K＝0.26［$W/(m^2 \cdot K)$］，屋面采用 120mm 厚挤塑板（密度＞$28kg/m^3$，燃烧性能 B1 级）保温层，屋面传热系数 K［$W/(m^2 \cdot K)$］：0.25；首层周边地面采用 120mm 厚钢筋混凝土楼板复合 50mm 厚挤塑板（密度＞$28kg/m^3$，燃烧性能 B1 级）保温层，热阻 R＝1.66［$(m^2 \cdot K)/W$］。

3）本工程无接触室外空气的架空层或挑空楼板，所有房间均正常采暖。

4）建筑外门窗

（1）所有朝向外窗均采用单框多腔中空玻璃塑料窗（内衬钢衬，三层玻璃）；外窗主体传热系数 K［$W/(m^2 \cdot K)$］：2.0；

（2）建筑外门采用保温外门，外门传热系数 K［$W/(m^2 \cdot K)$］：2.0；直接对外的门联窗采用断热型材保温门联窗，其传热系数 K［$W/(m^2 \cdot K)$］：2.0。

（3）热桥保温：窗口周边、出挑的钢筋混凝土构件等部位均采用挤塑板保温层，厚度详见节点详图；外门、窗框与其洞口间的缝隙用聚氨酯现场发泡嵌缝。

5）建筑窗墙面积比

（1）建筑南侧：外墙面积：$323.82m^2$，外窗面积：$31.92m^2$，南侧窗墙面积比：0.10；

（2）建筑北侧：外墙面积：$333.56m^2$，外窗面积：$34.56m^2$，北侧窗墙面积比：0.10；

（3）建筑东侧：外墙面积：$311.00m^2$，外窗面积：$35.04m^2$，东侧窗墙面积比：

0.11；

（4）建筑西侧：外墙面积：322.34m^2，外窗面积：14.40m^2，西侧窗墙面积比：0.09。

6）建筑外保温系统施工技术要求

（1）本工程外保温系统的施工应在基层墙体施工质量验收合格之后进行；

（2）本工程外保温系统施工之前，门窗洞口应通过验收，洞口尺寸、位置符合设计要求，外门窗框应安装完毕，水落管进户线等外墙构件应预先安装完毕，并按外保温系统的厚度预先留出间隙；

（3）外保温工程施工应预先制定施工技术标准及施工方案，现场施工人员应经过培训并经考试合格后，方可参与施工；

（4）外保温工程施工现场，应按照有关规定，采取可靠的安全防火措施；

（5）外保温工程施工期间及施工后 24h 之内，基层墙体及周围外环境温度不应低于 5℃，夏季避免阳光暴晒，5 级以上大风天及雨天不允许进行施工；

（6）外保温工程基层墙体应坚实、平整，施工之前应预先处理基层墙体；

（7）外保温工程应做好在檐口、勒脚、阴阳角、装饰缝等部位的加强处理，保温板的粘结强度不应低于 0.30MPa，粘贴面积不小于 50%；

（8）外保温板上墙后，表面不得长期裸露，应及时做抹面层，保温层及保护层厚度应符合设计要求；

（9）外保温工程施工前应做样板墙，经建设、设计、监理等单位确认后方可施工，外保温工程施工完成后应做好保护；

（10）外保温系统保护层：外墙首层保护层厚度为 15mm，二层保护层厚度为 7mm；平屋面保温层保护厚度为 40mm。

14. 室内环境污染控制措施

本工程根据控制室内环境污染的不同要求，为一类民用建筑工程；本工程所采用的初装修材料，必须符合《民用建筑工程室内环境污染控制标准》GB 50325—2020 中的相关要求；本工程选用的各类建筑材料如内墙涂料、大理石、水泥砂浆、混凝土、砌体材料及防水防潮涂料等，应提供放射性指标检测报告；内照射指数不应大于 1.0，外照射指数不应大于 1.0；本工程选用的室内初装修无机非金属装修材料必须为 A 类。

4.1.2 项目信息设置

根据项目概况完成项目信息的设置如“组织名称”“建筑名称”“项目名称”“项目地址”等信息，这里的信息与“图纸”标签相互关联，也是“能量设置”参数设置使项目具有现实意义的具体实现。项目信息设置操作如图 4-1 和图 4-2 所示。

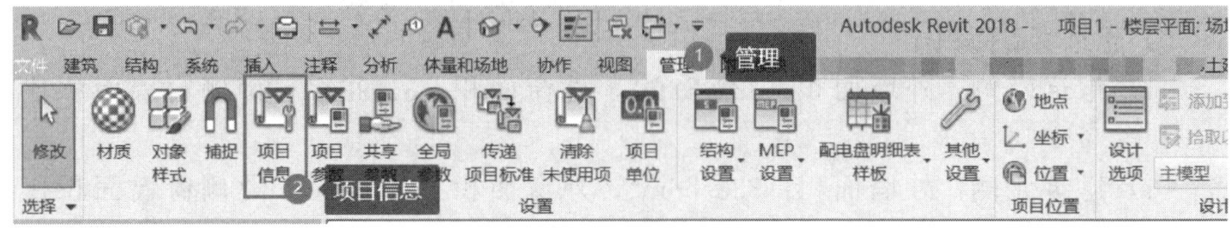

图 4-1 项目信息功能选项卡

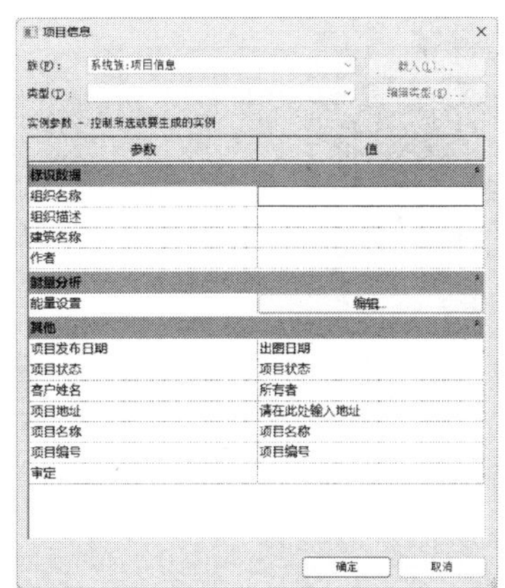

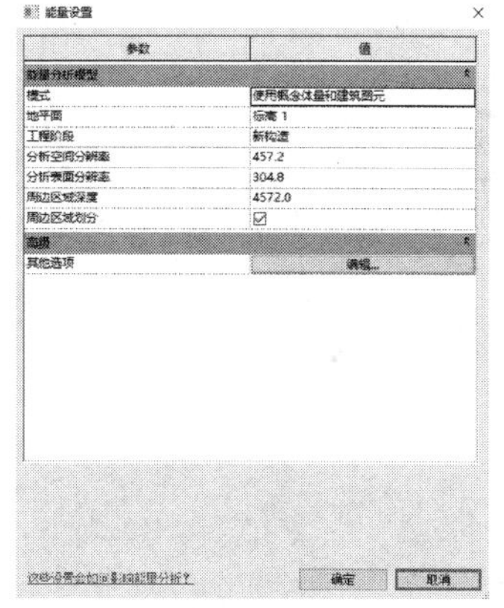

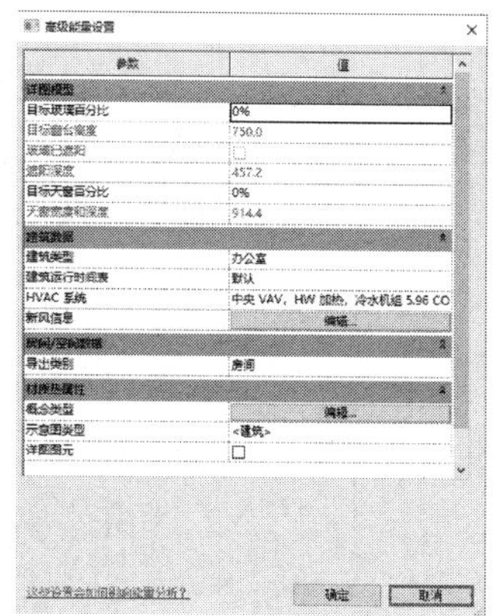

图 4-2 项目信息设置

4.2 项目地理信息设置

创建项目时，应使用街道地址、距离最近的主要城市或经纬度来指定地理位置。该项目范围设置对于为使用位置特定阴影的视图（如日光研究、漫游和渲染图像）生成这些阴影非常有用。

Revit 软件还可以旋转视图，以投影正北（而不是项目北，即视图顶部）。将视图旋转到“正北”方向可以确保自然光照射在建筑模型的正确位置，并确保正确地模拟太阳在天空中的路径。

4.2.1 指定项目位置

1. 打开 Revit 2018 软件，单击“管理”选项卡“项目位置”面板【地点】命令，如图 4-3 所示。

2. 在“位置”选项卡，“定义位置依据”下，选择下列选项之一：

1）Internet 地图服务。当计算机连接到 Internet 时，该选项会通过谷歌地图服务显示互动的地图。在指定另一个项目位置前，位置定义为“<默认>”，并设置为 Revit Architecture 为所在地区指定的主要城市的经纬度。

2）默认城市列表。显示用来从中选择位置的主要城市列表。在指定另一个项目位置前，位置定义为“<默认>”，并设置为 Revit 为你所在地区指定的主要城市的经纬度。调整 HVAC 大小时建议使用“默认城市列表”选项。该选项无需 Internet 连接。

4.2.2 项目基点和测量点

每个项目都有项目基点“⊗”和测量点“△”，但是由于可见性设置和视图剪裁，它们不一定在所有的视图中都可见，Revit 软件在“场地”平面视图可见项目基点和测量点，无法将它们删除，如图 4-4 所示。

项目基点定义了项目坐标系的原点（0，0，0）。此外，项目基点还可用于在场地中确定建筑的位置，并在构造期间定位建筑的设计图元。参照项目坐标系的高程点坐标和高程点相对于此点显示。

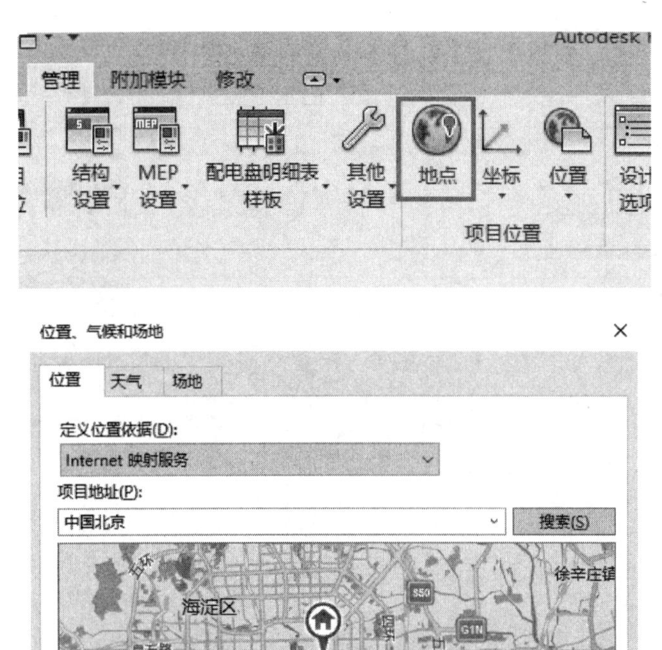

图 4-3　项目位置功能地点设置

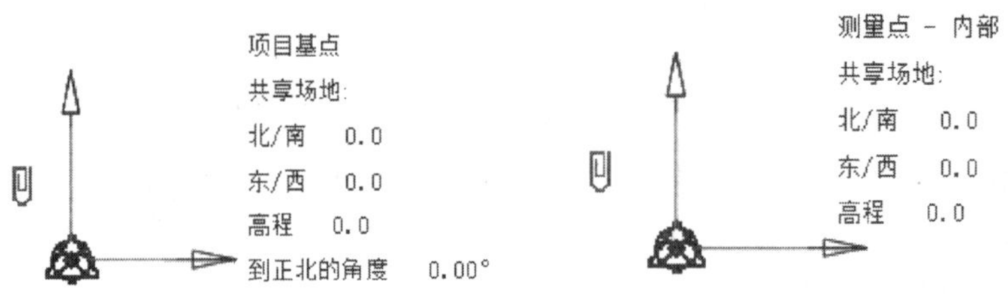

图 4-4　项目基点与测量基点

测量点代表现实世界中的已知点，例如大地测量标记。测量点用于在其他坐标系（如在土木工程应用程序中使用的坐标系）中正确确定建筑几何图形的方向。

4.2.2.1　项目基点和测量点可见性

打开视图中的项目基点和测量点的可见性步骤：

(1) 单击“视图”选项卡→“图形”面板→(可见性/图形)。

(2) 在“可见性/图形”对话框的“模型类别”选项卡中，向下滚动到“场地”并将其展开。

(3) 根据设计需要要显示项目基点，请选择“项目基点”；要显示测量点，请选择“测量点”，如图 4-5 所示。

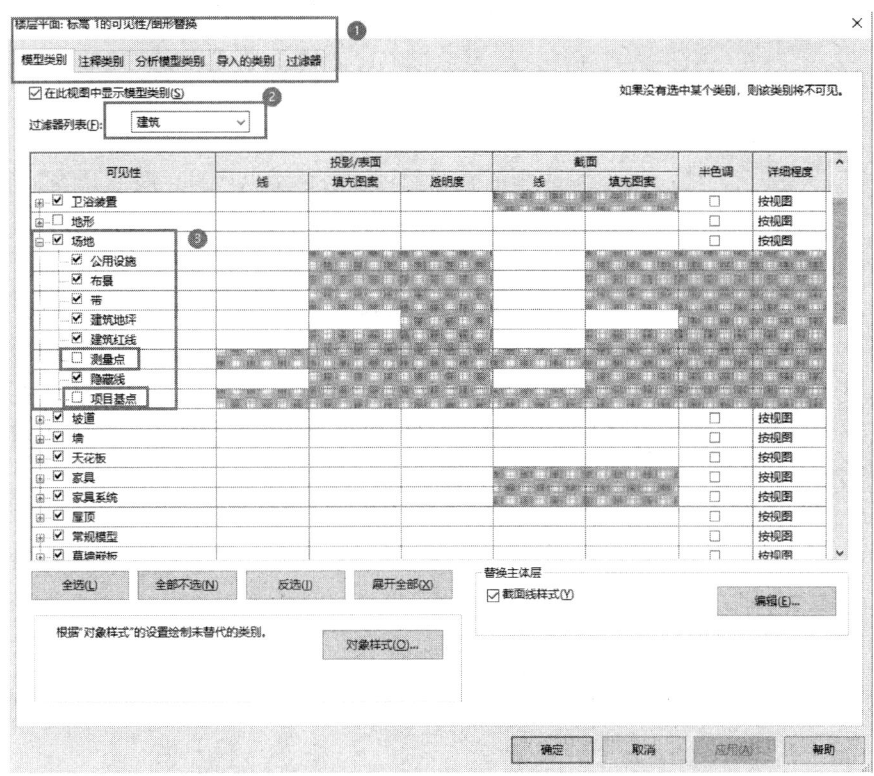

图 4-5 项目基点与测量基点平面视图显示设置

4.2.2.2 移动项目基点和测量点

项目基点和测量点可以是“”（剪裁的），也可以是“”（未剪裁的）。默认情况下，将在所有的视图中对它们进行剪裁。要在剪裁状态与未剪裁状态之间切换，首先要单击相应的点，然后再单击相应的“剪裁图标”。表 4-1 介绍了在视图中移动项目基点和测量点时剪裁和取消剪裁如何影响这些点。

移动项目基点和测量点时剪裁和取消剪裁区别 **表 4-1**

对象	“”(剪裁的)	“”(未剪裁的)
项目基点	移动剪裁的项目基点与使用“重新定位项目”工具相同	移动未剪裁的项目基点可以相对于模型几何图形和共享坐标系重新定位项目坐标系
	1. 项目坐标不会因模型图元更改而发生更改。 2. 共享坐标会因模型图元更改而发生更改	1. 项目坐标会因模型图元的更改而发生更改。 2. 项目基点的共享坐标在共享坐标系中会发生更改(项目基点的项目坐标永远不会发生更改)。 3. 共享坐标不会因模型图元更改而发生更改
测量点	移动剪裁的测量点可以相对于模型几何图形和项目坐标系重新定位共享坐标系	移动未剪裁的测量点只能相对于共享坐标系和项目坐标系移动测量点
	1. 项目坐标不会因模型图元更改而发生更改。 2. 共享坐标会因模型图元更改而发生更改	1. 项目坐标不会因模型图元更改而发生更改。 2. 共享坐标不会因模型图元更改而发生更改。 3. 只有测量点本身的共享坐标会发生更改

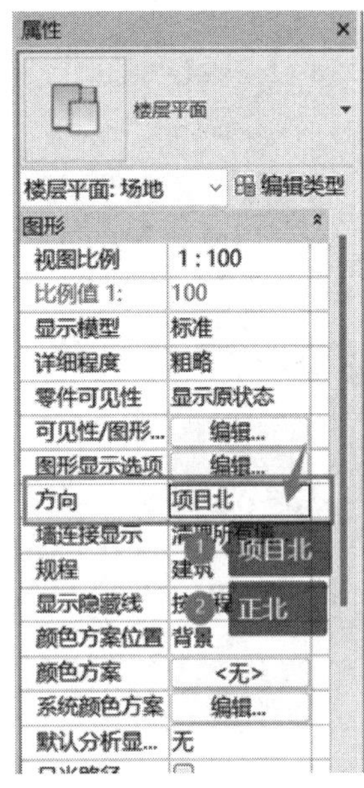

图 4-6　项目北与正北

要移动视图中的项目基点或测量点，请执行下列操作之一：

1. 将点拖拽到所需的位置。

2. 单击该点，然后单击所需的坐标，以打开对应的文本框，输入新的坐标。对于项目基点而言，将"角度"值修改为"正北"是另一种将项目旋转到正北方向的方式。

4.2.3　设置项目正北及北方向

1. 设置项目正北方向

1）打开 Revit2018 软件，项目浏览器中双击进入"标高1"楼层平面视图，单击"属性"窗口"图形"下"方向"，将其后面的值由"项目北"调整为"正北"，点击"应用"，如图4-6 所示。

2）按照以下方式将项目旋转至正北。

（1）单击"管理"选项卡下"项目位置"面板【位置】下拉列表【旋转正北】命令，如图 4-7 所示。

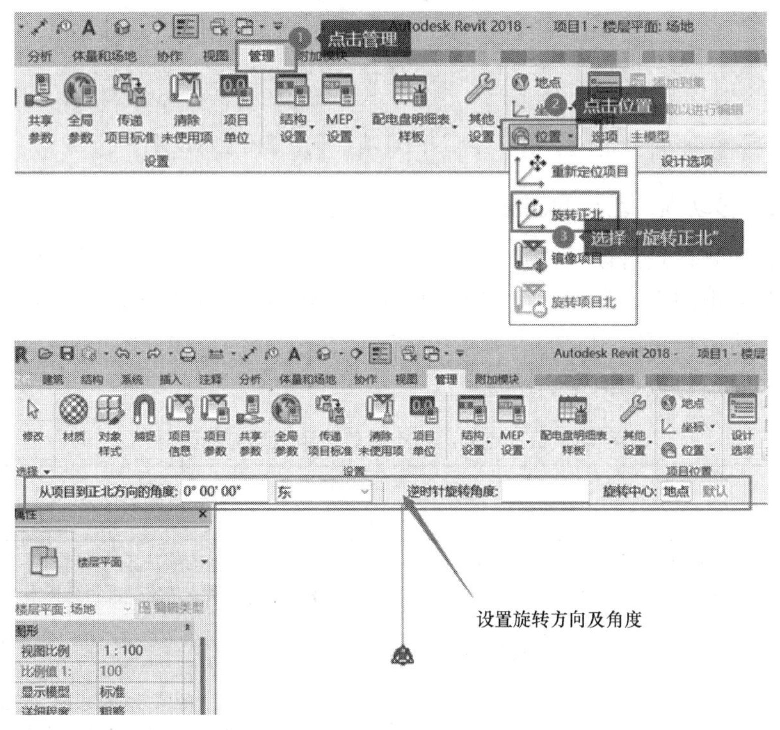

图 4-7　旋转正北方向

（2）选择正北的旋转方式有两种，第一种在选项栏上，输入一个值作为"从项目到正北方向的角度"以设置旋转角度。例如，如果项目北（视图顶部）与正北之间的差为45°，请输 45，模型将在视图中旋转至指定的角度。第二种在视图中单击以图形方式，旋转视图至正北（类似于“修改”命令中的“旋转”工具），如图 4-8 所示。

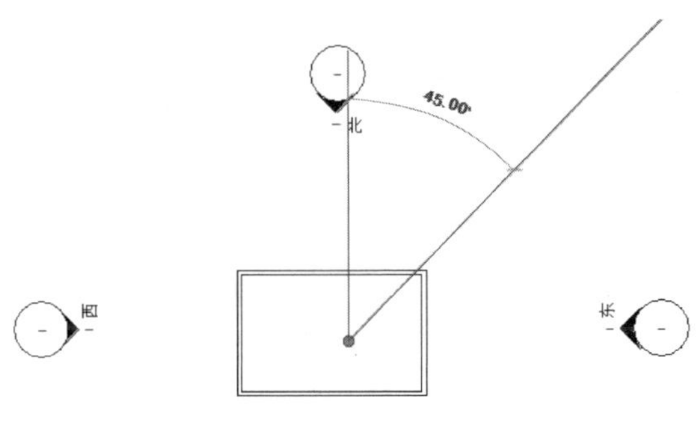

图 4-8　模型在视图中旋转至指定的角度

（3）单击“注释”选项卡下“符号”面板【符号】命令，在属性窗口“类型选择器”中选择“指北针 填充”，在视图合适位置点击放置，如图 4-9 所示。

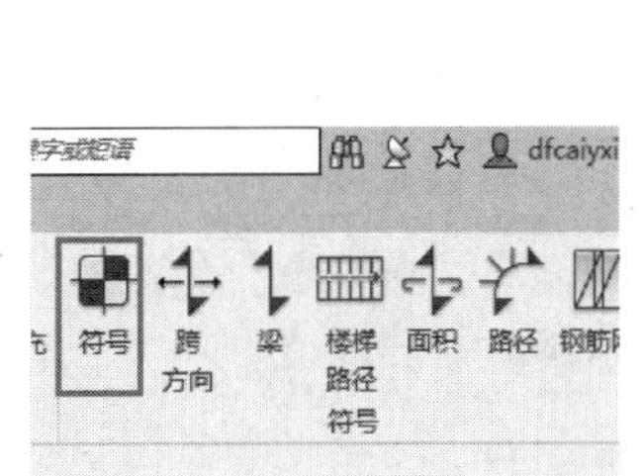

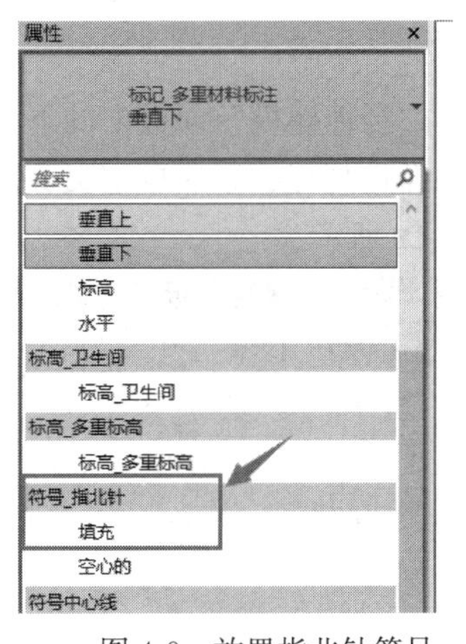

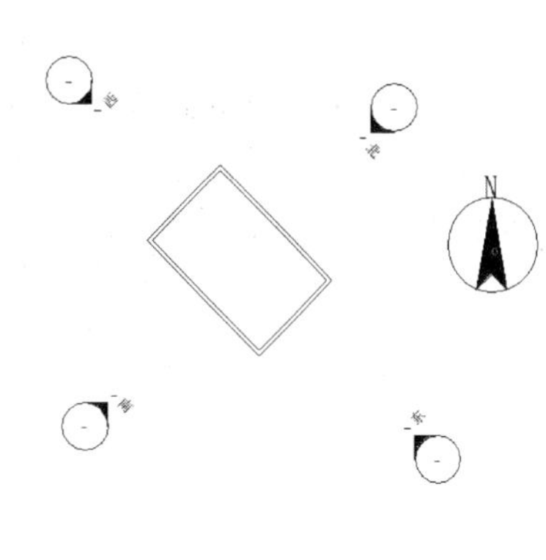

图 4-9　放置指北针符号

（4）单击“属性”窗口“图形”下“方向”后面的值由“正北”调整回“项目北”，点击“应用”，效果如图 4-10 所示。

图 4-10　项目北方向视图

2. 设置项目北方向

按照绘图规则，项目北即指视图的顶部。如果要更改项目北，请使用“旋转项目北”工具。此工具用于修改项目中所有视图的项目北。

确保“属性”窗口“图形”下“方向”后面的值为“项目北”，单击“管理”选项卡下“项目位置”面板【位置】下拉列表【旋转正北】命令，弹出“旋转项目”对话框并按照提示进行设置，如图 4-11 所示。

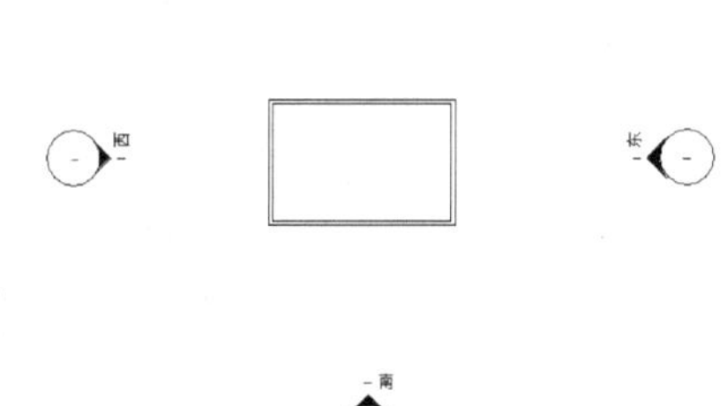

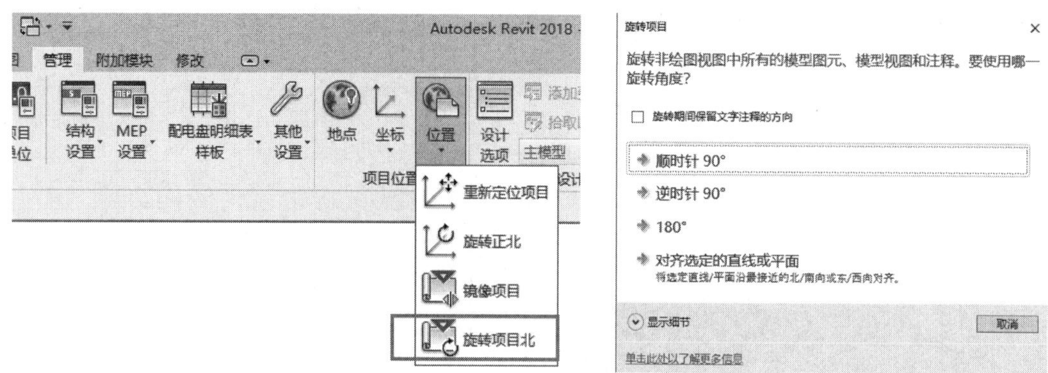

图 4-11 旋转项目北

4.3 项目地形模型创建

通过本节的学习，读者将了解场地的相关设置，以及地形表面、场地构件的创建与编辑的基本方法和相关应用技巧。随后我们将了解到如何应用和管理链接文件，最后是共享坐标的应用和管理。

4.3.1 场地的设置

单击“体量和场地”选项卡下“场地建模”面板中的下拉菜单，弹出“场地设置”对话框。在其中设置等高线间隔值、经过高程、添加自定义等高线、剖面填充样式、基础土层高程、角度显示等参数，如图 4-12 所示。

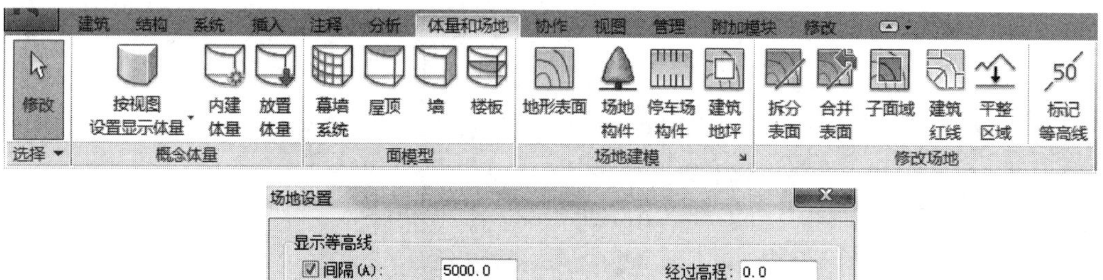

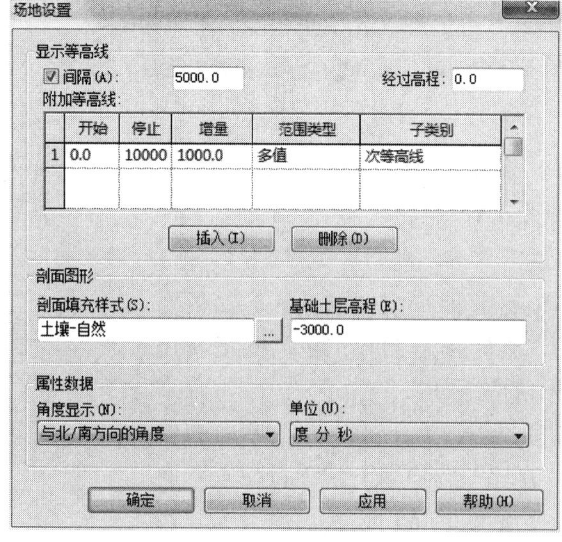

图 4-12 地形表面场地设置对话框

4.3.2 地形表面的创建

4.3.2.1 放置点方式创建

1. 打开“场地”平面视图，单击“体量的场地”选项卡下“场地建模”面板中的“地形表面”按钮，进入绘制模式。

2. 单击“工具”面板中的“放置点”按钮，在选项栏中设置高程值，单击放置点，连续放置生成等高线。

3. 修改高程值，放置其他点。

4. 单击“表面属性”按钮，在弹出的“属性”对话框中设置材质，单击“完成表面”按钮，完成创建，如图 4-13 所示。

属性	
地形	编辑类型
材质和装饰	
材质	场地 - 碎石
尺寸标注	
投影面积	48.473
表面积	48.801
标识数据	
注释	
名称	
标记	
阶段化	
创建的阶段	新构造
拆除的阶段	无

图 4-13　地形材质设置

4.3.2.2 导入地形表明面

1. 打开“场地”平面视图，单击“插入”选项卡下“导入”面板中的“导入 CAD”按钮。

2. 单击“体量和场地”选项卡下“场地建模”面板中的“地形表面”按钮，进入绘制模式。

3. 单击“通过导入创建”下拉按钮，在弹出的下拉列表中选择“选择导入实例”选项，选择已导入的三维等高线数据，如图 4-14 所示。

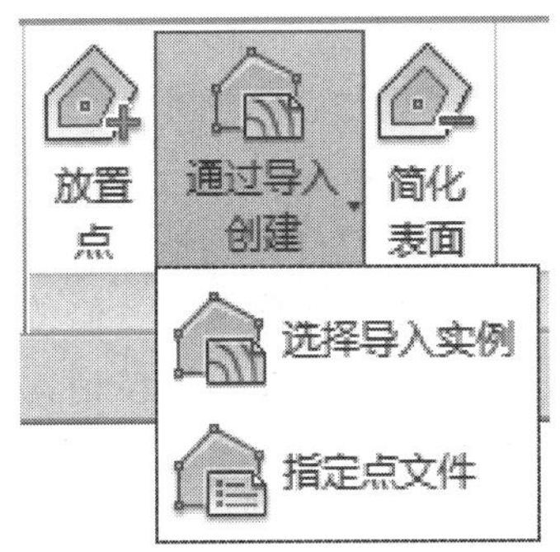

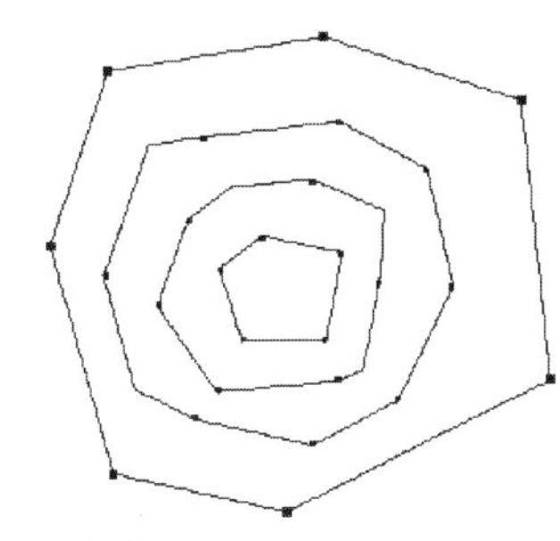

图 4-14　地形表面的创建

4. 系统会自动生成选择绘图区域中已导入的三维等高线数据。

5. 此时弹出“从所选图层添加点”对话框，选择要将高程点应用到的图层，并单击“确定”按钮。

6. Revit 会分析已导入的三维等高线数据，并根据沿等高线放置的高程点来生成一个地形表面。

7. 单击“地形属性”按钮设置材质，完成表面。

图 4-15　子面域

4.3.3 地形的编辑

4.3.3.1 地形表面子面域

1. 单击“体量和场地”选项卡下“修改场地”面板中的“子面域”按钮，

进入绘制模式，如图 4-15 所示。

2. 单击“线”绘制按钮，绘制子面域边界轮廓线并修剪。

3. 在“属性”栏中设置子面域材质，完成绘制。

4.3.3.2 拆分表面

1. 打开“场地”平面视图或三维视图，单击“体量和场地”选项卡下“修改场地”面板中的“拆分表面”按钮，选择要拆分的地形表面进入绘制模式。

2. 单击“线”绘制按钮，绘制表面边界轮廓线。

3. 在“属性”栏中设置新表面材质，完成绘制。

4.3.3.3 合并表面

1. 单击“体量和场地”选项卡下“修改场地”面板中的“合并表面”按钮，勾选选项栏上的☑删除公共边上的点复选框。

2. 选择要合并的主表面，再选择次表面，两个表面合二为一。

4.3.3.4 平整区域

打开“场地”平面视图，单击“体量和场地”选项卡下“修改场地”面板中的“平整区域”按钮，在“编辑平整区域”对话框中选择下列选项之一，如图 4-16 所示。

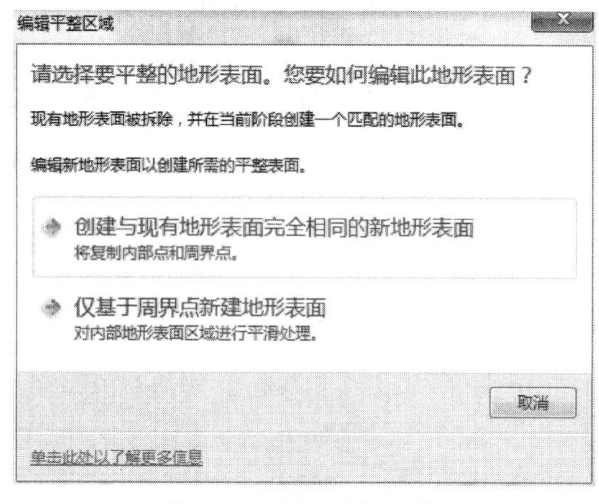

图 4-16 平整区域对话框

选择地形表面进入绘制模式，做添加或删除点、修改点的高程或简化表面等编辑，完成绘制。

4.3.3.5 标记等高线

1. 打开“场地”平面，单击“体量和场地”选项卡下“修改场地”面板中的“标记等高线”按钮，绘制一条和等高线相交的线条，自动生成等高线标签。

2. 选择等高线标签，出现一条亮显的虚线，用鼠标拖拽虚线的端点控制柄调整虚线位置，等高线标签自动更新，如图 4-17 所示。

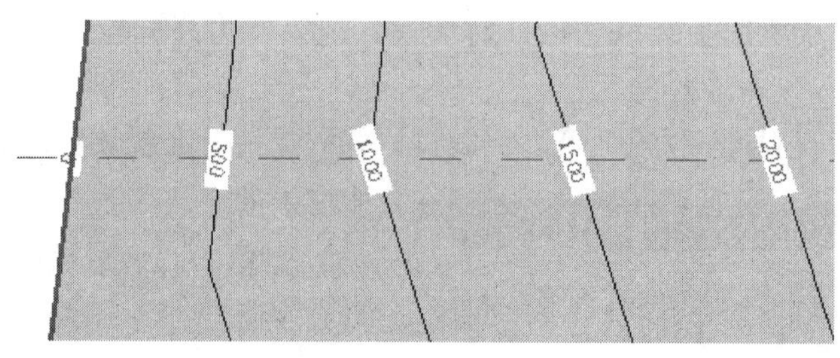

图 4-17 标记等高线

4.3.4 建筑地坪

1. 单击“体量和场地”选项卡下“场地建模”面板中的“建筑地坪”按钮，进入绘制模式。

2. 单击“拾取墙”或“线”绘制按钮，绘制封闭的地坪轮廓线。

3. 单击“属性”按钮设置相关参数，完成绘制。

4.3.5 建筑红线

4.3.5.1 绘制建筑红线

单击“体量和场地”选项卡下“修改场地”面板中的“建筑红线”命令，在弹出的下拉列表框中选择“通过绘制方式创建”选项进入绘制模式，如图 4-18 所示。

1. 单击“线”绘制按钮，绘制封闭的建筑红线轮廓线，完成绘制。

2. 用测量数据创建建筑红线。

1）单击“体量和场地”选项卡下“修改场地”面板中的“建筑红线”下拉按钮，在弹出的下拉列表框中选择“通过输入距离和方向角来创建”选项，如图 4-19 所示。

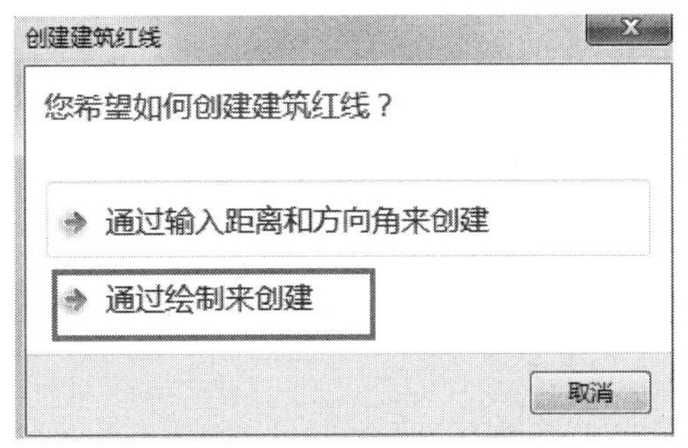

图 4-18 创建建筑红线对话框

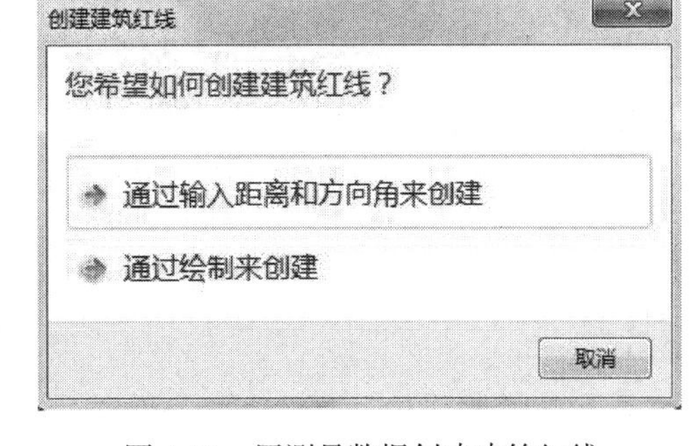

图 4-19 用测量数据创建建筑红线

2）单击“插入”按钮，添加测量数据，并设置直线、弧线边界的距离、方向、半径等参数。

3）调整顺序，如果边界没有闭合，单击“添加线以封闭”按钮，如图 4-20 所示。

4）确定后，选择红线移动到所需位置。

图 4-20 距离和方向角创建建筑红线

4.3.6 场地构件

4.3.6.1 添加场地构件

打开“场地”平面视图，单击“体量和场地”选项卡下“场地建模”面板中的“场地构件”选项，在弹出的下拉列表框中选择所需的构件，如树木、RPC 人物等，单击放置构件。

4.3.6.2 停车场构件

1. 打开“场地”平面，单击“体量和场地”选项卡下“场地建模”面板中的“停车场构件”按钮。

2. 在弹出的下拉列表框中选择所需不同类型的停车场构件，单击放置构件。可以用复制、阵列命令放置多个停车场构件。

4.4 实 操 练 习

4.4.1 项目信息设置

1. 打开 Revit 2018 软件，选择“建筑样板”创建项目文件，保存文件名称为“项目场地模型 . rvt”存储路径为：“教材资源 \ 教材模型”文件夹内，如图 4-21 所示。

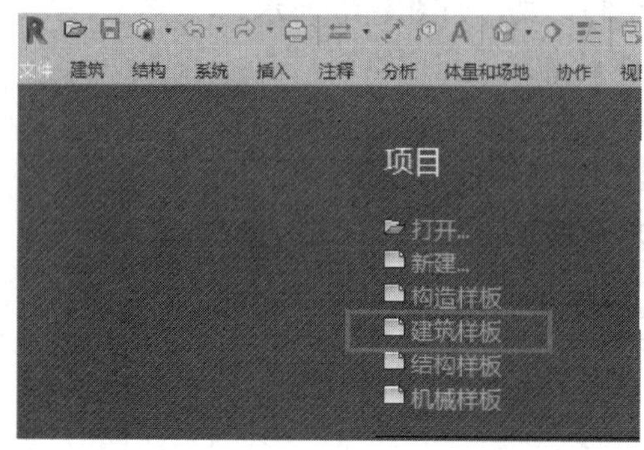

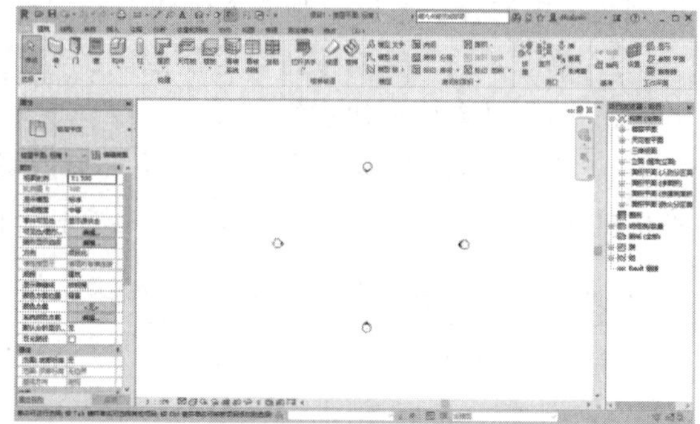

图 4-21　以建筑样板创建项目

2. 根据教材提供项目图纸，熟读图纸，获取信息如下，如图 4-22 所示，点击功能区“管理”功能下“项目信息”，录入项目概况信息，如图 4-23 所示。

2　项目概况

2.1 工程名称：×××29、30号(综合楼)；建设地点：×××；建设单位×××，本套图纸设计的主要范围和内容为建筑专业施工图；

2.2 建筑规模：本建筑的总建筑面积722.76m^2，其中：地上部分建筑面积：722.76m^2，无地下室，建筑基底面积280.46m^2

2.3 建筑层数、高度：地上三层，无地下室，建筑高度为：11.00m(室外设计地面至坡屋面一半处)；

24. 建筑定性：本工程为“仅供少人内部服务人员使用”的多层公共建筑；

2.5 结构形式：框架结构，地震设防烈度为6度，合理使用年限为50年；

2.6 本工程建筑设计耐火等级为：二级；

图 4-22　图纸概况信息截图

4.4.2 项目地理信息设置

1. 根据图纸取得信息，如图 4-24 所示。

2. 双击项目浏览器“场地”平面图，在绘图区点击项目基点，在“属性”窗口中“到正北的角度”值修改为“13.55°”，如图 4-25 所示。

3. 单击“属性”窗口“图形”下“方向”后面的值由“项目北”调整为“正北”，点击“应用”，如图 4-26 所示。

4.4.3 项目场地的创建

1. 鼠标点击功能区“管理”上下文选项卡中“设置”功能面板的【项目单位】命令，将项目单位设置为米，如图 4-27 所示。

2. 点击“属性”窗口修改场地平面视图比例为：1∶1000，“方向”值为“正北”，并调整视图显示比例和东、南、西、北立面及视图位置，如图 4-28 所示。

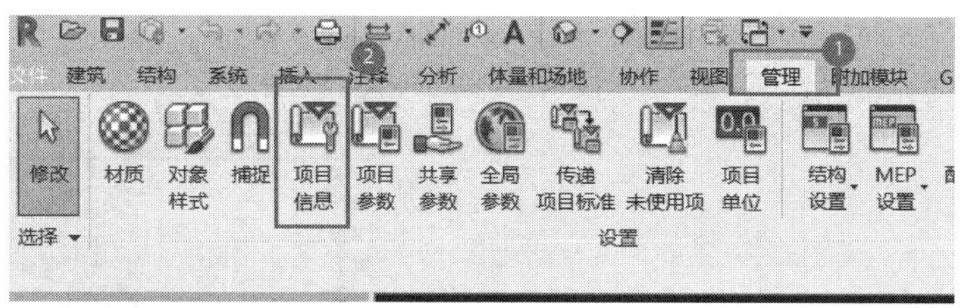

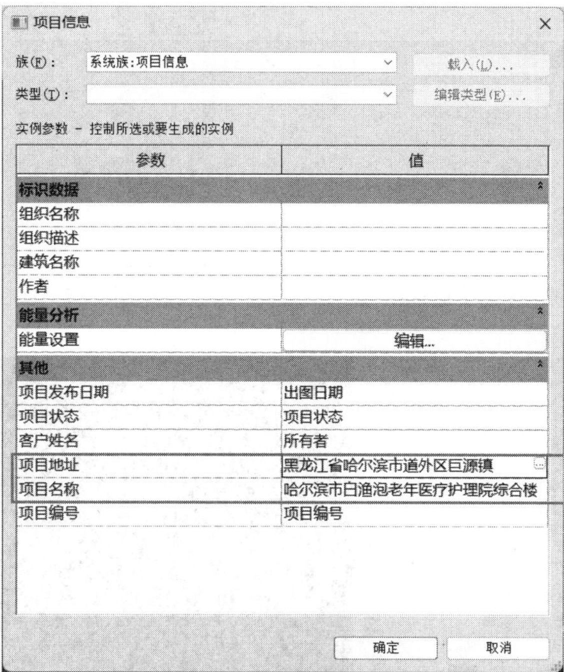

图 4-23　修改项目信息

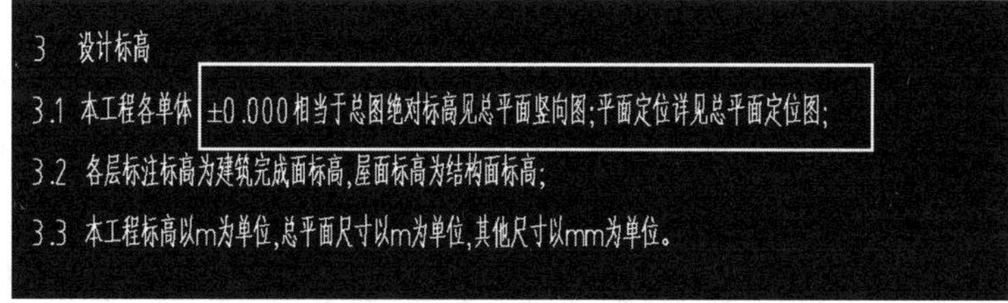

3　设计标高

3.1　本工程各单体 ±0.000相当于总图绝对标高见总平面竖向图；平面定位详见总平面定位图；

3.2　各层标注标高为建筑完成面标高，屋面标高为结构面标高；

3.3　本工程标高以m为单位，总平面尺寸以m为单位，其他尺寸以mm为单位。

图 4-24　图纸项目地理信息

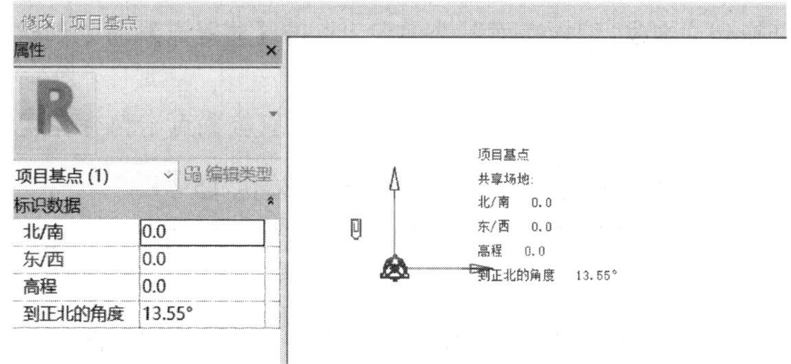

图 4-25　项目正北数值

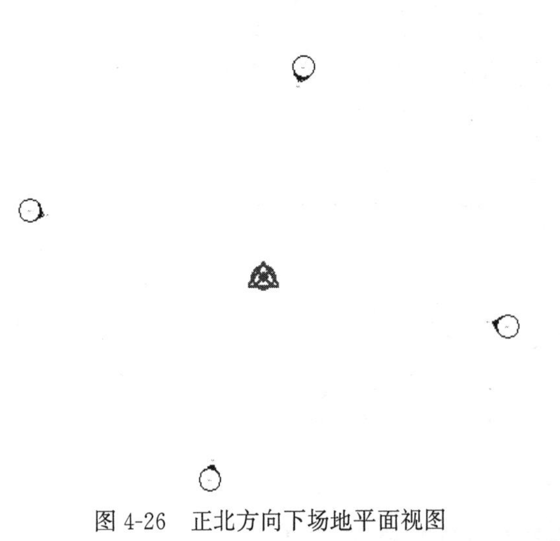

图 4-26　正北方向下场地平面视图

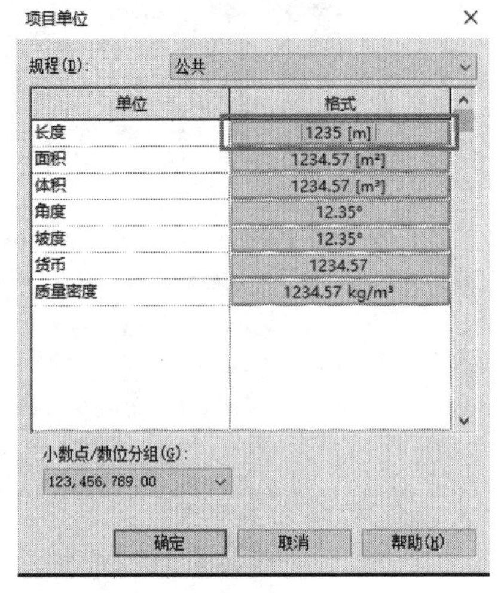

项目单位
规程(D)：公共

单位	格式
长度	1235 [m]
面积	1234.57 [m²]
体积	1234.57 [m³]
角度	12.35°
坡度	12.35°
货币	1234.57
质量密度	1234.57 kg/m³

小数点/数位分组(G)：123,456,789.00

确定　取消　帮助(H)

图 4-27　项目单位设置

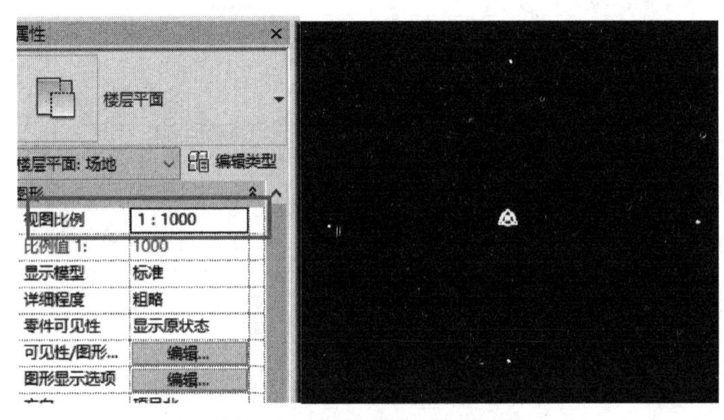

图 4-28　场地平面视图比例

3. 鼠标点击功能区“插入”上下文选项卡中“链接”功能面板的【链接 CAD】，弹出“链接 CAD 格式”对话框，选择“教材资源 \ 教材图纸 \ 1 总平面图 . dwg”，完成如图 4-29 所示设置，点击“打开”完成 CAD 文件的链接。

4. 移动“链接 CAD 文件”到项目基点如下图位置，并将链接 CAD 文件“锁定”，如图 4-30 所示。

5. 项目的场地的创建，点击“体量和场地”选项卡“场地建模”面板【地形表面】命令，功能区切换到“修改|编辑表面”选项卡，点击【放置点】命令创建地形表面，如图 4-31 所示。

6. 修改选项栏内为“−0.450”，并根据图纸在相应位置点击鼠标左键，完成地形表面点的放置，如图 4-32 所示，点击“✔”完成地形表面的创建。

7. 建筑红线的绘制，根据下图分步骤完成“建筑红线”的创建，点击“✔”完成，如图 4-33 所示。

8. 建筑地坪的创建，如图 4-34 所示的步骤完成“建筑地坪”的创建，点击“✔”完成。

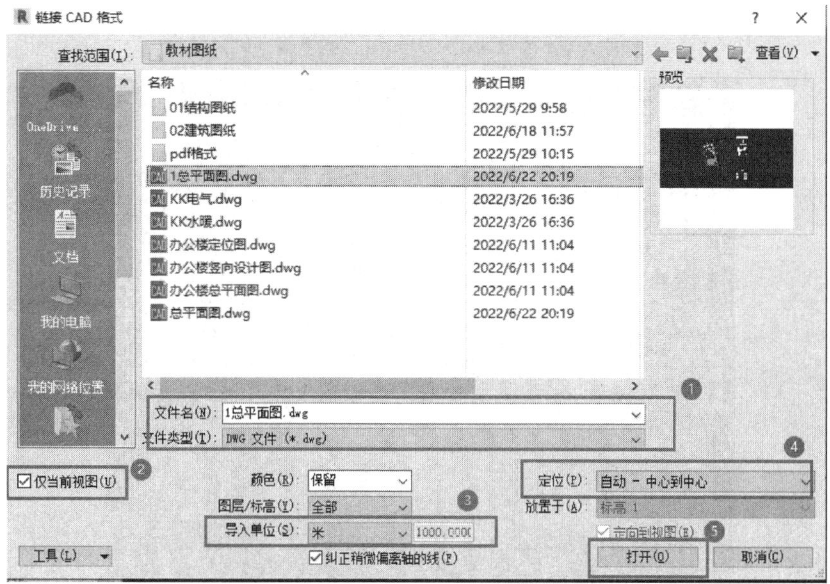

图 4-29　链接 CAD 文件设置步骤

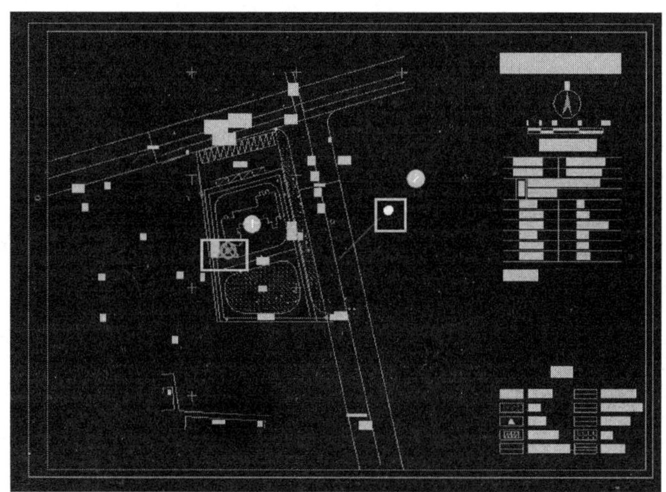
图 4-30　链接 CAD 文件后效果

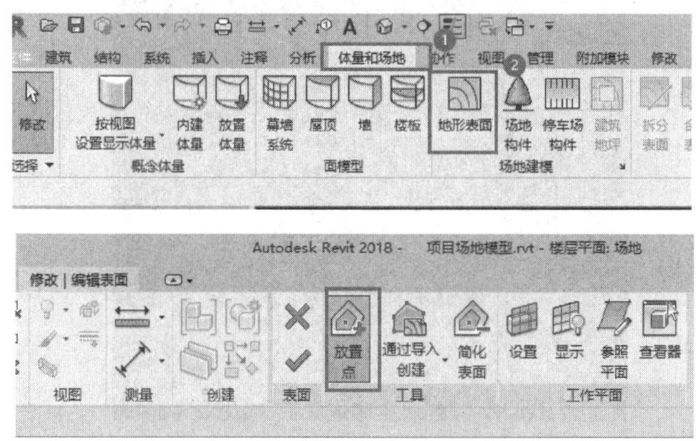

图 4-31　放置点创建地形表面

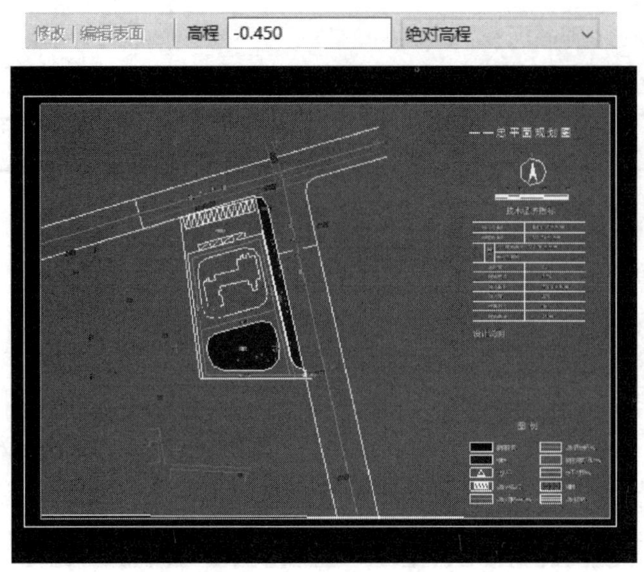

图 4-32　创建地形表面后效果

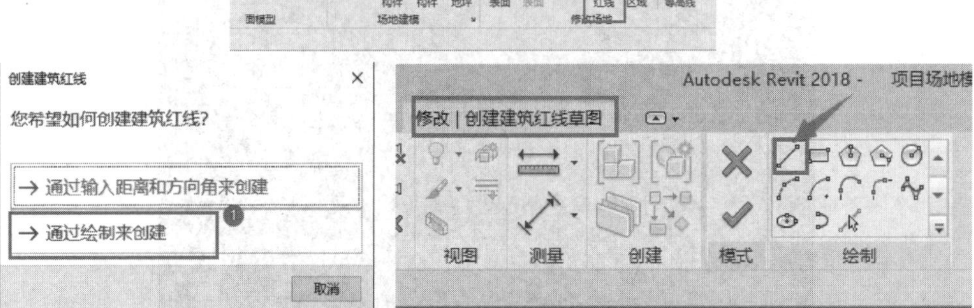

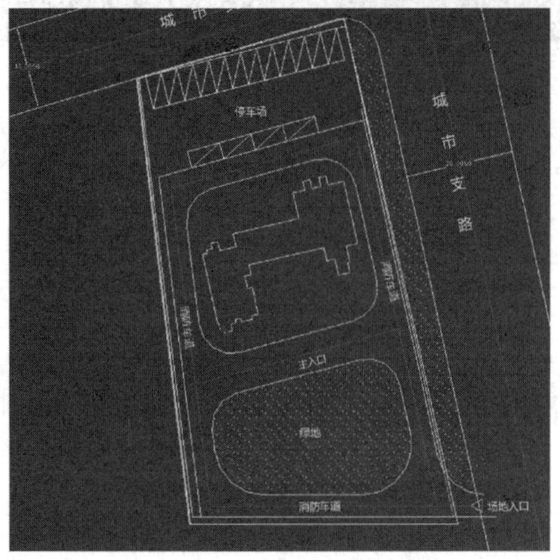

图 4-33　创建项目建筑红线

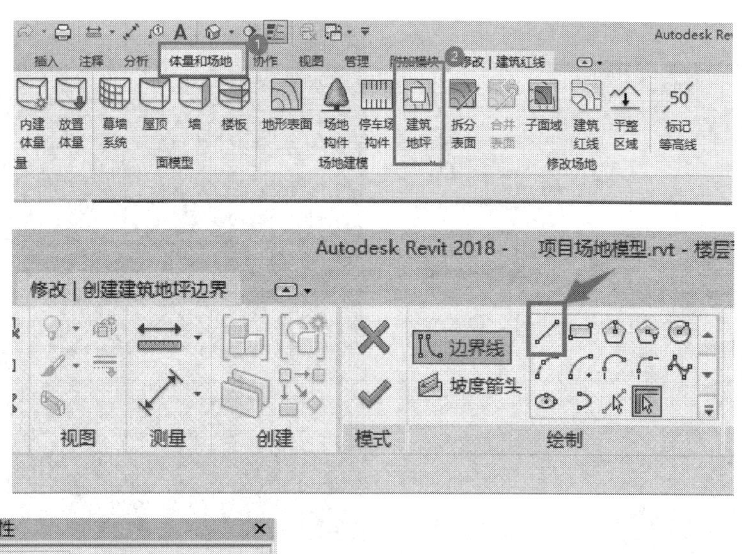

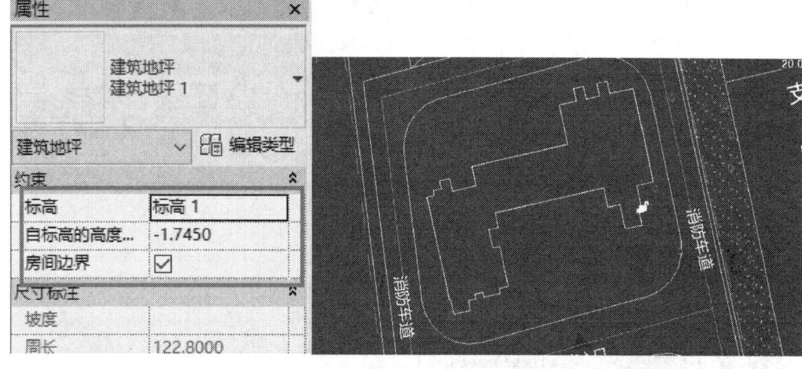

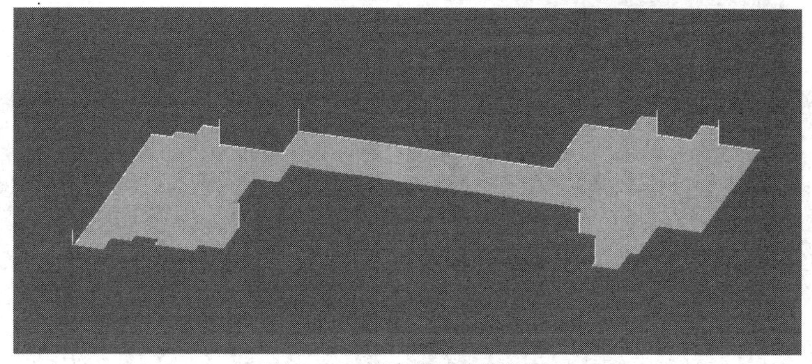

图 4-34　创建项目建筑地坪

9. 场地道路的创建，如图 4-35 所示的步骤完成“场地道路”的创建，点击“✔”完成。

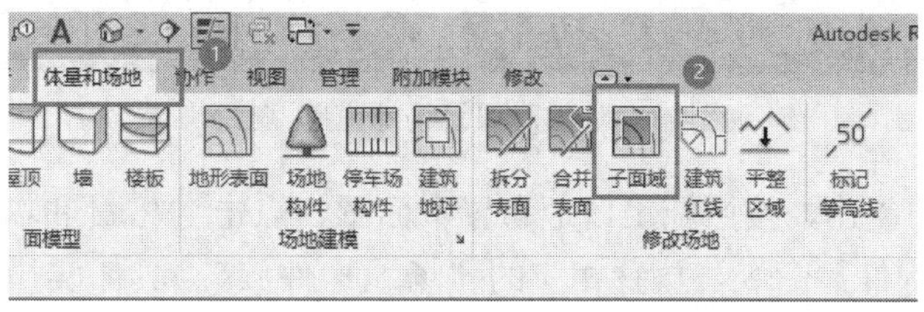

图 4-35　创建项目场地道路（一）

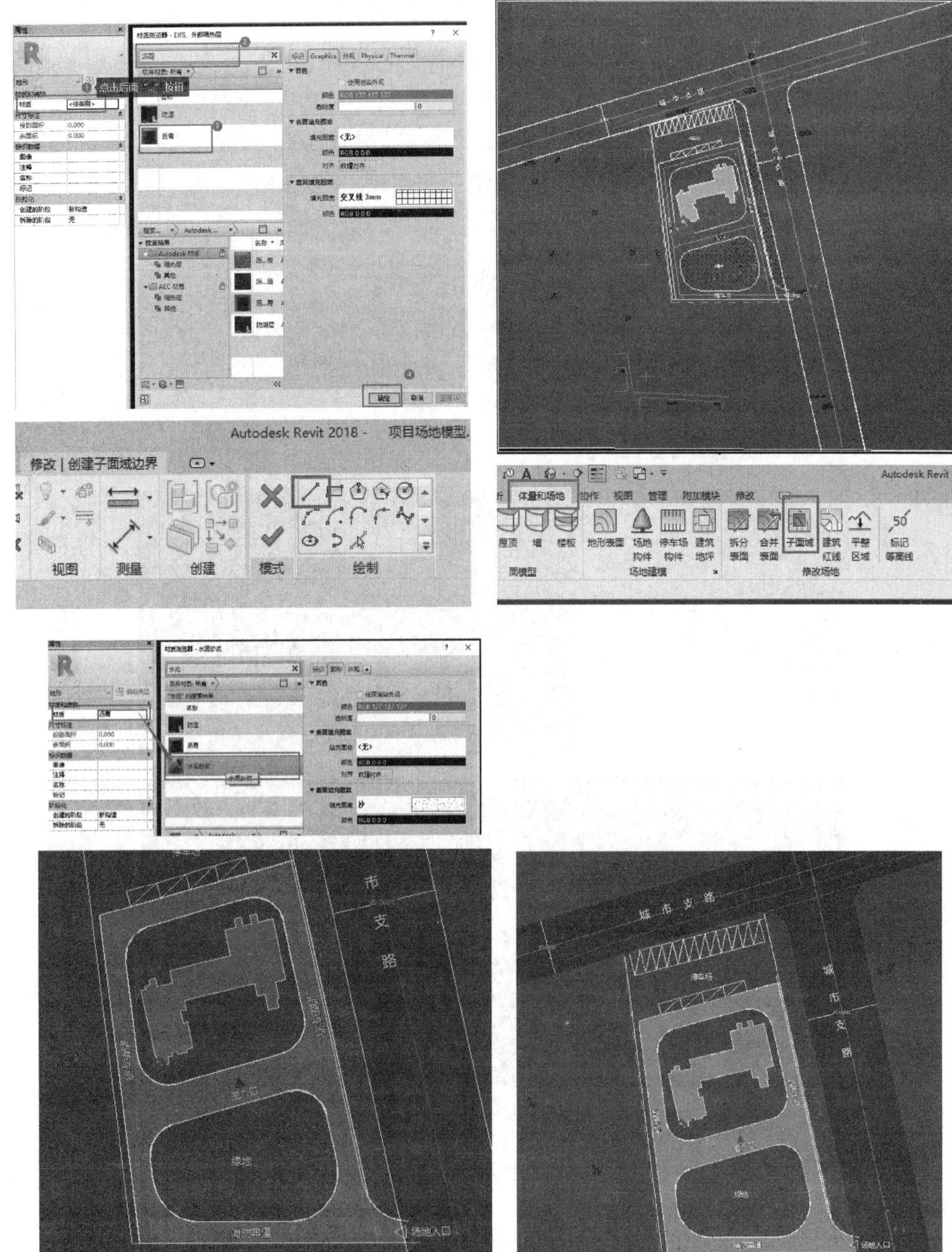

图 4-35　创建项目场地道路（二）

10. 场地构件的创建，按照施工场地布置平面图，点击“体量和场地”选项卡“场地建模”面板【场地构件】命令，放置相应的“场地构件族”。具体实操根据实际需要自行设置，设置方法如“树”的放置，如图 4-36 所示。

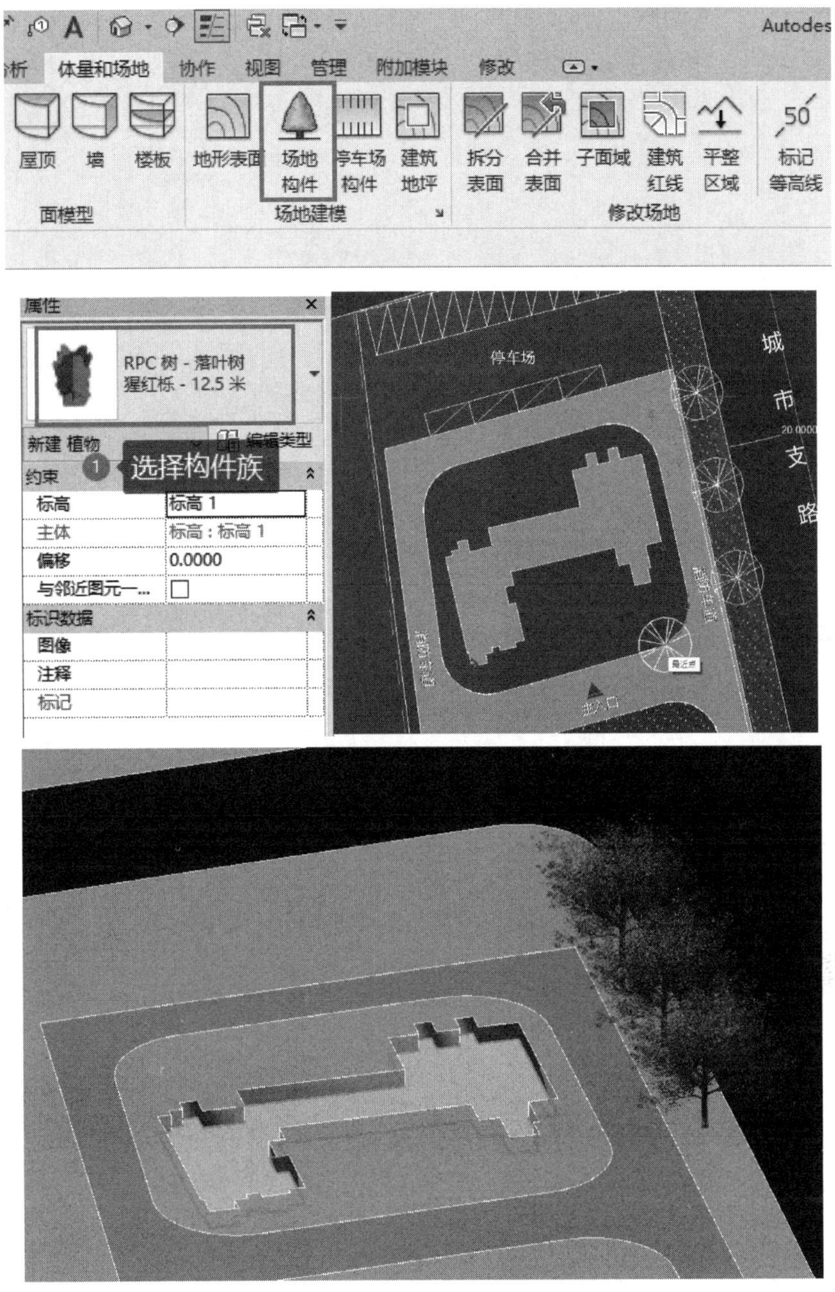

图 4-36　创建项目场地构件

11. 保存项目名称“项目场地模型 . rvt”，存储到“教材资源 \ 教材模型”文件夹内。

第5章

项目基准模型创建

5.1　标　　高

标高用来定义楼层层高及生成平面视图（标高不是必须作为楼层层高），轴网用于为构件定位，在Revit中轴网确定了一个不可见的工作平面。轴网编号及标高符号样式均可定制修改。Revit软件目前可以绘制弧形和直线轴网，不支持折线轴网。

在本章中，需重点掌握轴网和标高的2D、3D显示模式的不同作用、影响范围命令的应用、轴网和标高标头的显示控制，以及如何生成对应标高的平面视图等功能的应用。

5.1.1　创建标高

1. 修改原有标高和绘制添加新的标高

进入任意立面视图，通常样板中会有预设标高，如需修改现有标高高度，单击标高符号上方或下方表示高度的数值，如“F2”高度数值为“2.950”，单击后该数字变为可输入，将原有数值修改为“－0.3”，如图5-1和图5-2所示。

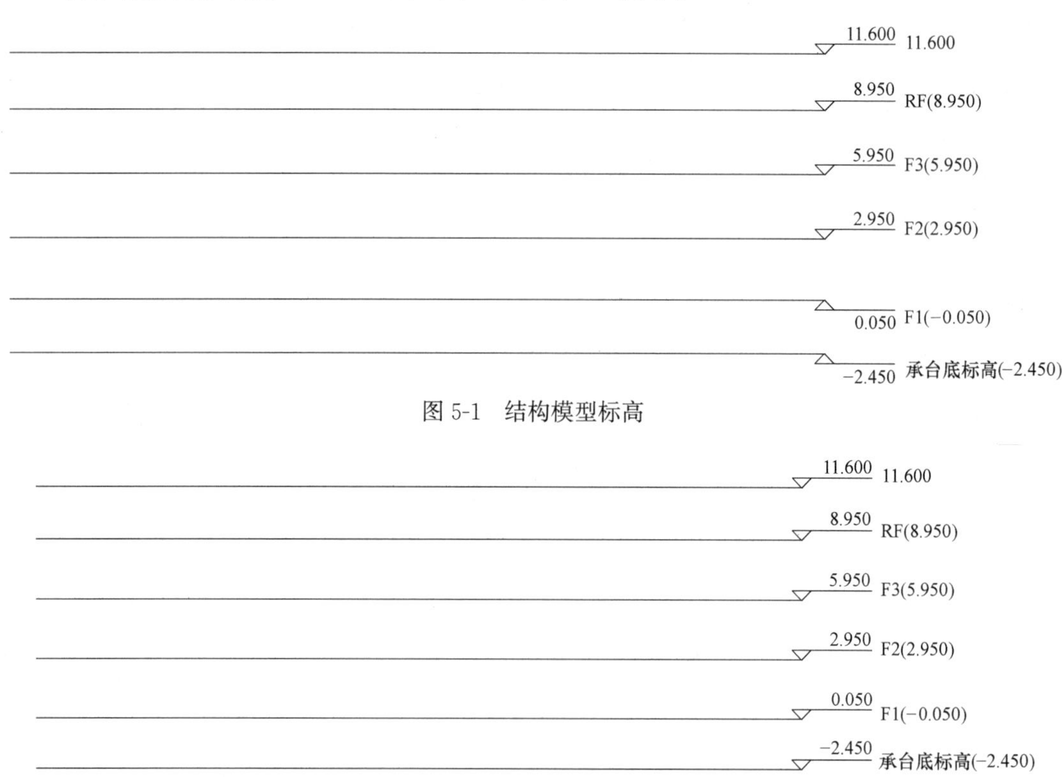

图5-1　结构模型标高

图5-2　建筑模型标高

2. 复制、阵列标高

选择一层标高，选择“修改标高”选项卡，然后在“修改”面板中选择“复制”或“阵列”命令，可以快速生成所需标高。

5.1.2　编辑标高

1. 选择任意一根标高线，会显示临时尺寸、一些控制符号和复选框。可以编辑其尺寸值、单击并拖拽控制符号，还可整体或单独调整标高标头位置、控制标头隐藏或显示、标头偏移等操作（如何操作 2D 和 3D 显示模式的不同作用详见“5.2 轴网”部分相关内容），如图 5-3 所示。

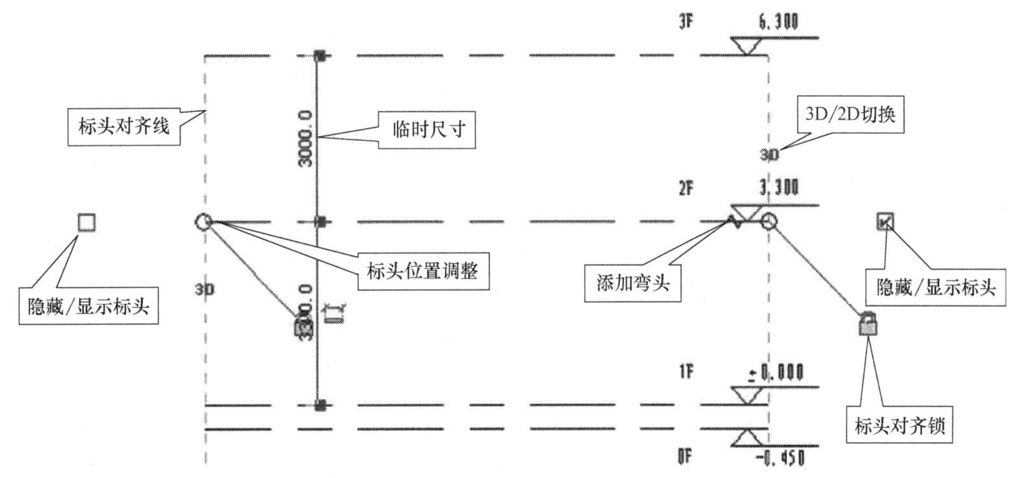

图 5-3 编辑标高符号意义

2. 选择标高线，单击标头外侧方框，即可关闭/打开轴号显示。

3. 单击标头附近的折线符号，偏移标头，单击蓝色“拖拽点”，按住鼠标不放，调整标头位置。

5.1.3 创建楼层平面

选择“视图”选项卡，然后在“平面视图”面板中选择“楼层平面”命令，在弹出的“新建平面”对话框中单击第一个标高，再按住【Shift】键单击最后一个标高，以上操作将选中所有标高，单击“确定”按钮。再次观察“项目浏览器”，可发现，所有复制和阵列生成的标高都已创建了相应的平面视图，如图 5-4 所示。

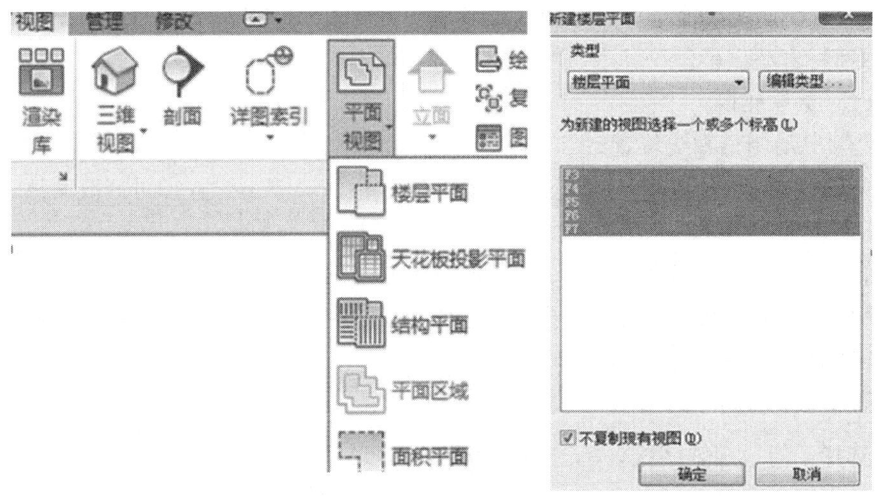

图 5-4 创建楼层平面视图

5.2 轴 网

5.2.1 创建轴网

选择“建筑”选项卡，然后在“基准”面板中选择“轴网”命令，单击起点、终点位置，绘制一根轴线。绘制第一根纵轴的编号为1，后续轴号按1、2、3……自动排序；绘制第一根横轴后单击轴网编号把它改为“A”，后续编号将按照A、B、C……自动排序，软件不能自动排除“I”和“O”字母作为轴网编号，需手动排除，如图5-5所示。

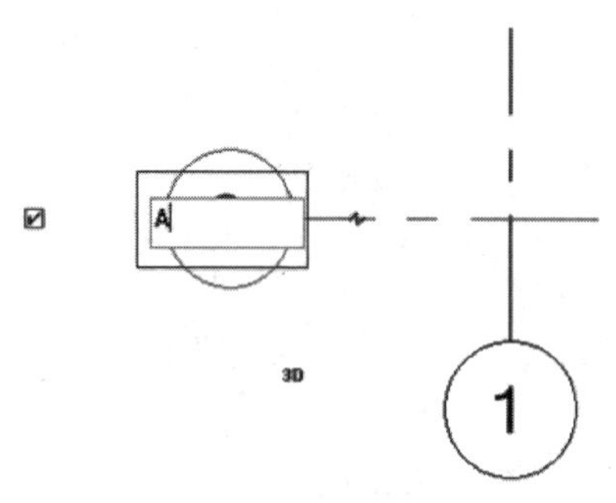

图5-5 轴网的编号

1. 用拾取命令生成轴网

可调用CAD图纸作为底图进行拾取。注意，轴网只需在任意平面视图绘制，其他标高视图均可见。

2. 复制、整列、镜像轴网

1）选择一根轴线，单击工具栏中的“复制”“阵列”或“镜像”按钮，可以快速生成所需的轴线，轴号自动排序，如图5-6所示。

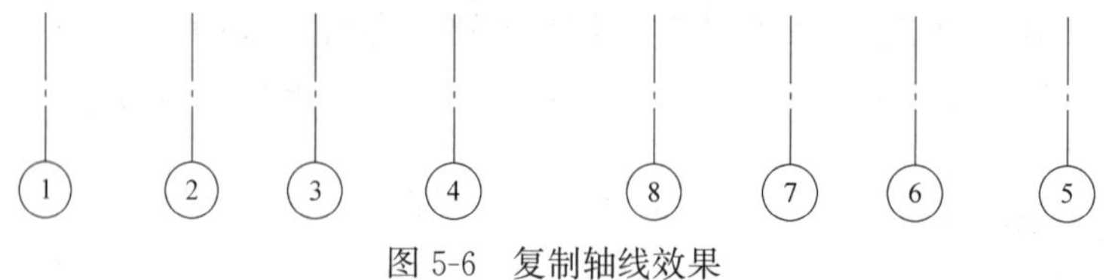

图5-6 复制轴线效果

2）选择不同命令时选项栏中会出现不同选项，如“复制”“多个”和“约束”等。

3）阵列时注意取消勾选“成组并关联”复选框，因为轴网成组后修改将会相互关联，影响其他轴网的控制。

Revit 2018软件中轴网只需要在任意一个平面视图中绘制一次，其他平面和立面、剖面视图中都将自动显示。

5.2.2 编辑轴网

1. 尺寸驱动调整轴线位置

选择任何一根轴网线，会出现蓝色的临时尺寸标注，单击尺寸即可修改其值，调整轴线位置。

2. 轴网标头位置的调整

选择任何一根轴网线，所有对齐轴线的端点位置会出现一条对齐虚线，用鼠标拖拽轴线端点，所有轴线端点同步移动。

3. 轴号显示控制

1）选择任何一根轴网线，单击标头外侧方框☑，即可关闭/打开轴号显示。

2）如需控制所有轴号的显示，可选择所有轴线，将自动激活“修改 轴网”选项卡。在“属性”面板中选择“类型属性”命令，弹出“类型属性”对话框，在其中修改类型属性，单击端点默认编号的“√”标记。

3）除可控制“平面视图轴号端点”的显示，在“非平面视图轴号（默认）”中还可以设置轴号的显示方式，控制除平面视图以外的其他视图，如立面、剖面等视图的轴号，其显示状态为顶部、底部、两者或无显示。

4）在轴网的“类型属性”对话框中设置“轴线中段”的显示方式，分别有“连续”“无”“自定义”几项。

5）将“轴线中段”设置为“连续”方式，还可设置其“轴线末段宽度”“轴线末段颜色”及“轴线末段填充图案”的样式。

6）“轴线中段”设置为“无”方式时，可设置其“轴线末段宽度”“轴线末段颜色”及“轴线末段长度”的样式。

4. 轴号偏移

单击标头附近的“折线符号”和“偏移轴号”，单击“拖拽点”，按住鼠标不放，调整轴号位置，偏移后若要恢复直线状态，按住“拖拽点”到直线上释放鼠标即可，如图5-7所示。

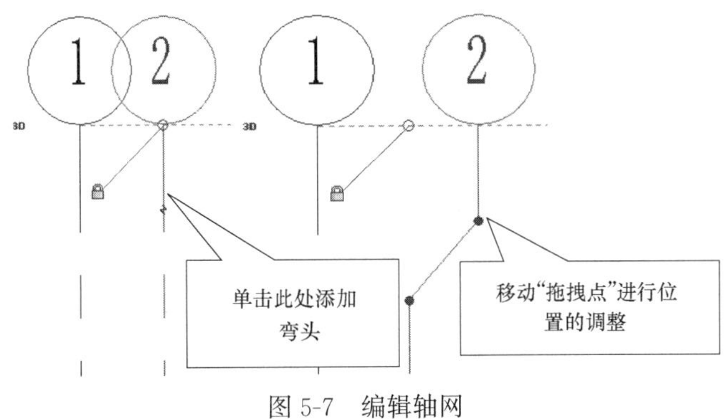

图5-7　编辑轴网

5. 影响范围

在一个视图中按上述方法进行完轴线标头位置、轴号显示和轴号偏移等设置后，选择“轴线”，再在选项栏上选择“影响范围”命令，在对话框中选择需要的平面或立面视图名称，可以将这些设置应用到其他视图。例如，一层做了轴号的修改，而没有使用“影响范围”功能，其他层就不会有任何变化，如图5-8所示。

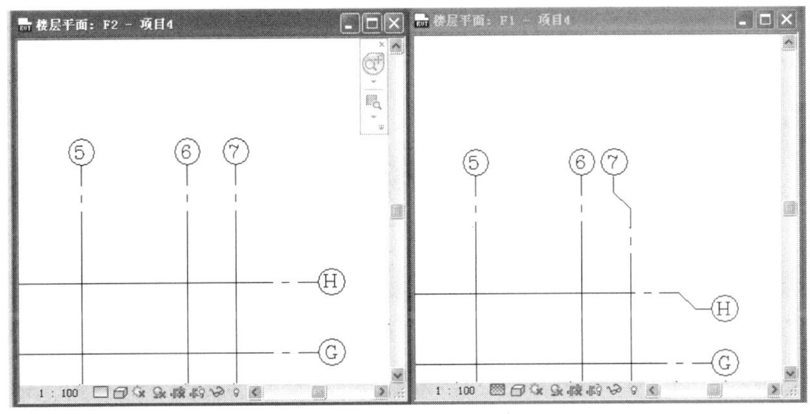

图5-8　轴网影响范围前效果

如想要使其轴网的变化影响到所有标高层，选中一个修改的轴网，此时将自动激活“修改轴网”选项卡。在“基准”面板中选择“影响范围”命令，弹出“影响基准范围”对话框。选择需要影响的视图，单击“确定”按钮，所选视图轴网都会与其做相同调整，如图 5-9 所示。

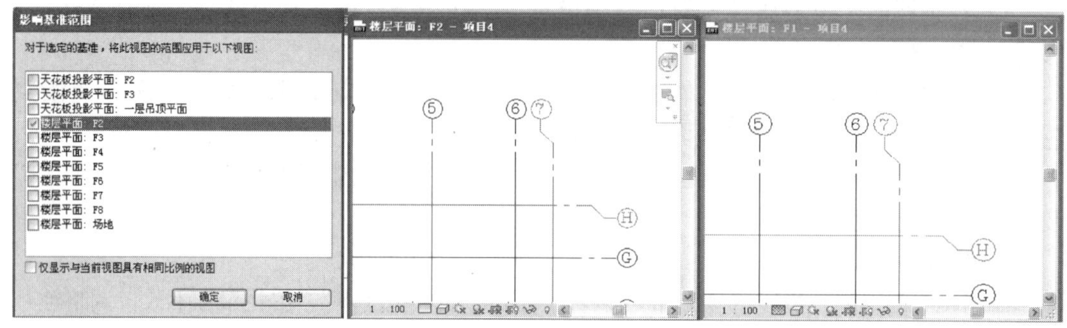

图 5-9　轴网影响范围后效果

如果先绘制轴网再添加标高，或者是项目过程中新添加了某个标高，则有可能导致轴网在新添加标高的平面视图中不可见。

5.3　实 操 练 习

5.3.1　结构专业标高与轴网的创建

5.3.1.1　结构专业标高

1. 打开 Revit 2018 软件，选择软件自带“结构样板”文件，创建项目文件，如图 5-10 所示。

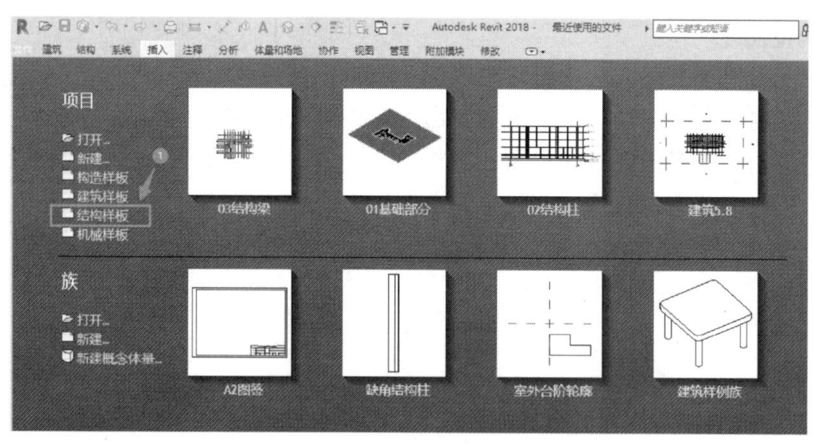

图 5-10　结构样板创建项目

2. 鼠标双击“项目浏览器”窗口中“立面（建筑立面）”下任意立面，如“东立面”，软件进入“东立面”视图，视图中可见标高 1 和标高 2，如图 5-11 所示。

3. 打开光盘中“素材＼图纸资料＼结构施工图文件”，读取图纸标高信息，开始结构模型“标高”图元的创建，如图 5-12 所示。

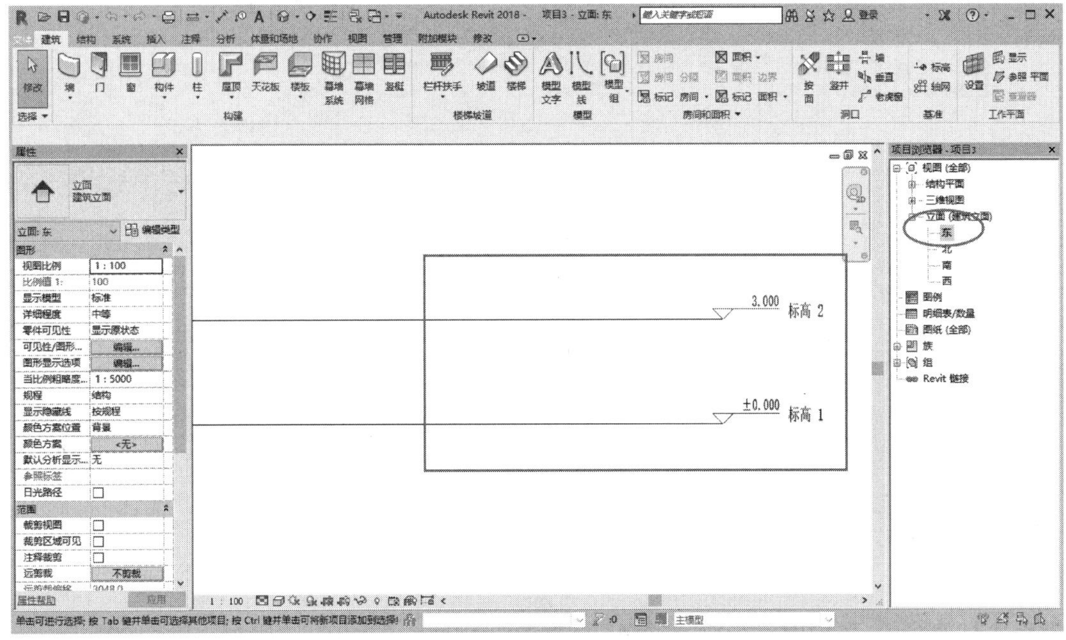

图 5-11 切换到立面视图

4. 鼠标点击选择“标高 1”，在属性窗口“类型选择器”中选择“标高下标头”类型，修改标高高程为“－0.050”，鼠标点击选择“标高 2”，修改标高高程为“2.950”，如图 5-13 所示。完成后效果如图 5-14 所示。

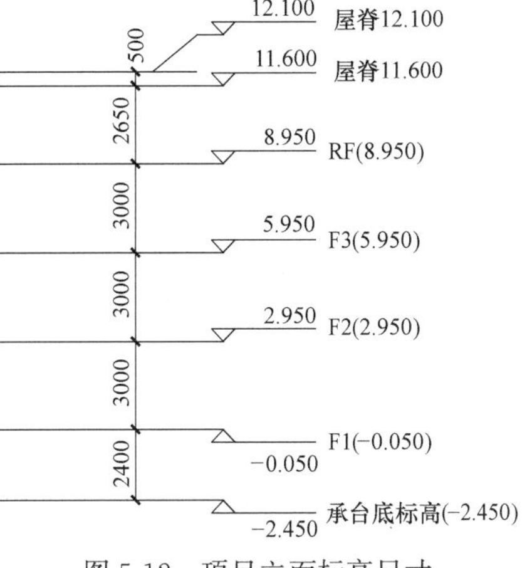

图 5-12 项目立面标高尺寸

5. 鼠标点击选择“标高 2”标高，功能区自动切换“修改|标高”上下文选项卡，选择“修改”面板下“ ”【复制】命令，在复制选项设置中，勾选“约束”和“多个”，完成效果如图 5-15 所示。

6. 鼠标回到“绘图区”再次点击“标高 2”标高，鼠标向上移动修改“临时尺寸”为 3000，

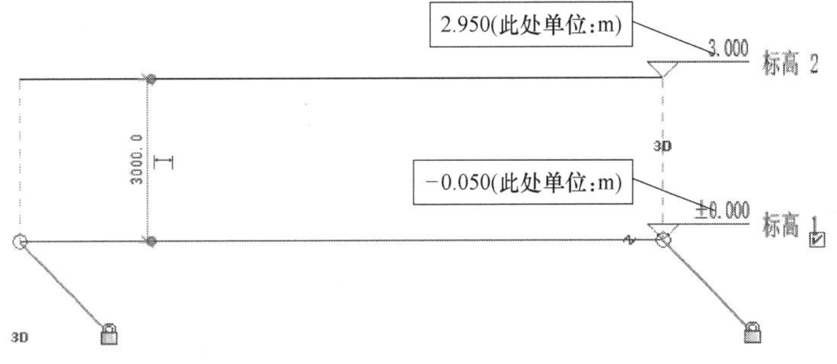

图 5-13 修改标高高程位置

图 5-14 修改标高高程后效果

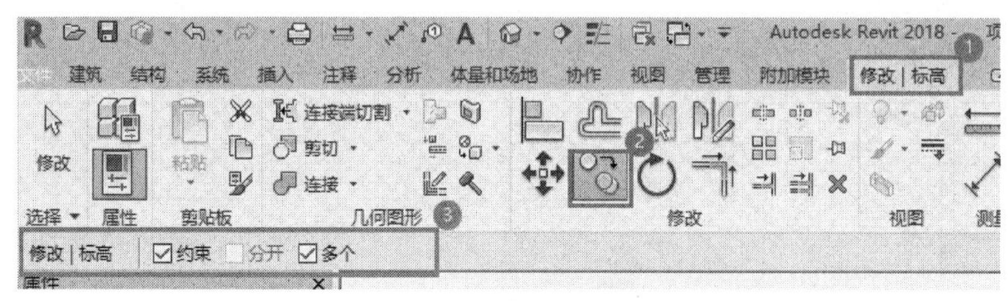

图 5-15 复制命令选项栏

键盘“回车 Enter”键确认完成“标高 3”标高的创建，如图 5-16 所示。鼠标继续向上，确保位于当前标高上方，依次修改“临时尺寸”为 3000、2650、500，通过键盘“回车 Enter”键确认，完成效果如图 5-17 所示。

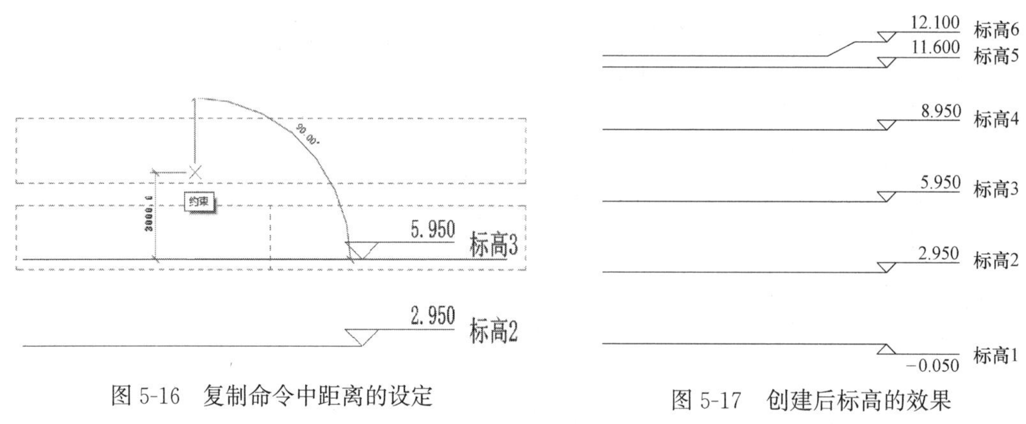

图 5-16 复制命令中距离的设定

图 5-17 创建后标高的效果

7. 鼠标分别选择标高，依次修改“标高 1”名称为“F1（−0.050）”，“标高 2”名称为“F2（2.950）”，“标高 3”名称为“F3（5.950）”，“标高 4”名称为“RF（8.950）”，“标高 5”名称为“屋脊（11.600）”，“标高 6”名称为“屋脊（12.100）”，当弹出窗口确定是否重命名相应视图，点击“是”完成修改“标高”名称，如图 5-18 所示。完成后效果如图 5-19 所示。

Revit

是否希望重命名相应视图?

是(Y)　否(N)

图 5-18 标高名称联动视图名称

8. 鼠标点击功能区“视图”上下文选项卡中“创建”功能面板的【平面视图】下的结构平面，如图 5-20 所示，弹出“新建结构平面”对话框，设计者按需选择标高，完成“结构平面”视图创建，项目浏览器中自动创建相应

“结构平面”视图，效果如图 5-21 所示。

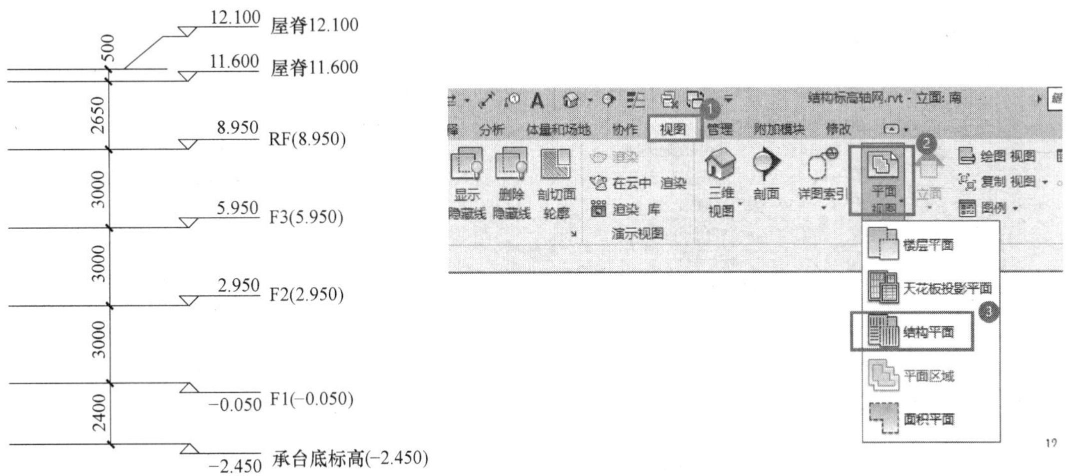

图 5-19　项目标高效果　　　　图 5-20　创建平面视图命令

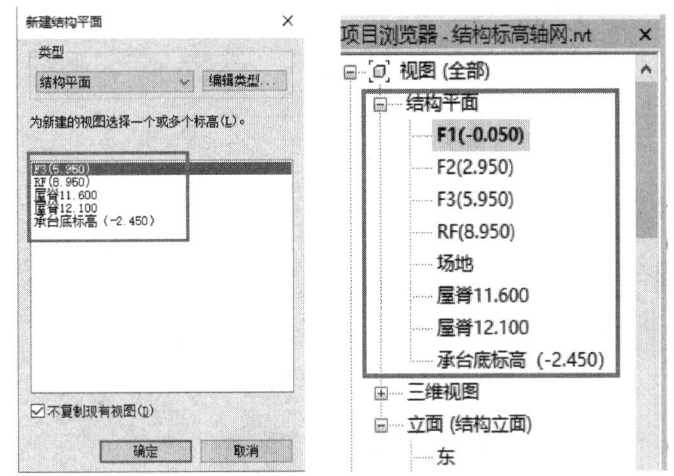

图 5-21　项目创建结构平面视图

9. 保存项目名称“结构专业_标高”，存储到“教材资源＼教材模型＼基准模型＼结构专业”文件夹内。

5.3.1.2　结构专业轴网

1. 打开“教材资源＼教材模型＼基准模型＼结构专业＼结构专业_标高 .rvt”，开始“结构专业_轴网”图元的创建。

2. 在项目浏览器中双击“结构平面”项下的“F1（−0.050）”视图，打开结构平面视图。

3. 鼠标点击功能区“插入”上下文选项卡中“链接”功能面板的【链接 CAD】，弹出“链接 CAD 格式”对话框，选择“教材资源＼教材图纸＼01 结构图纸＼06 −0.050m 梁配筋图 .dwg”，完成如图 5-22 所示设置，点击“打开”完成 CAD 文件的链接。

4. 鼠标点击“文件”菜单下“选项”中【图形】，修改“颜色”面板内“背景”为黑

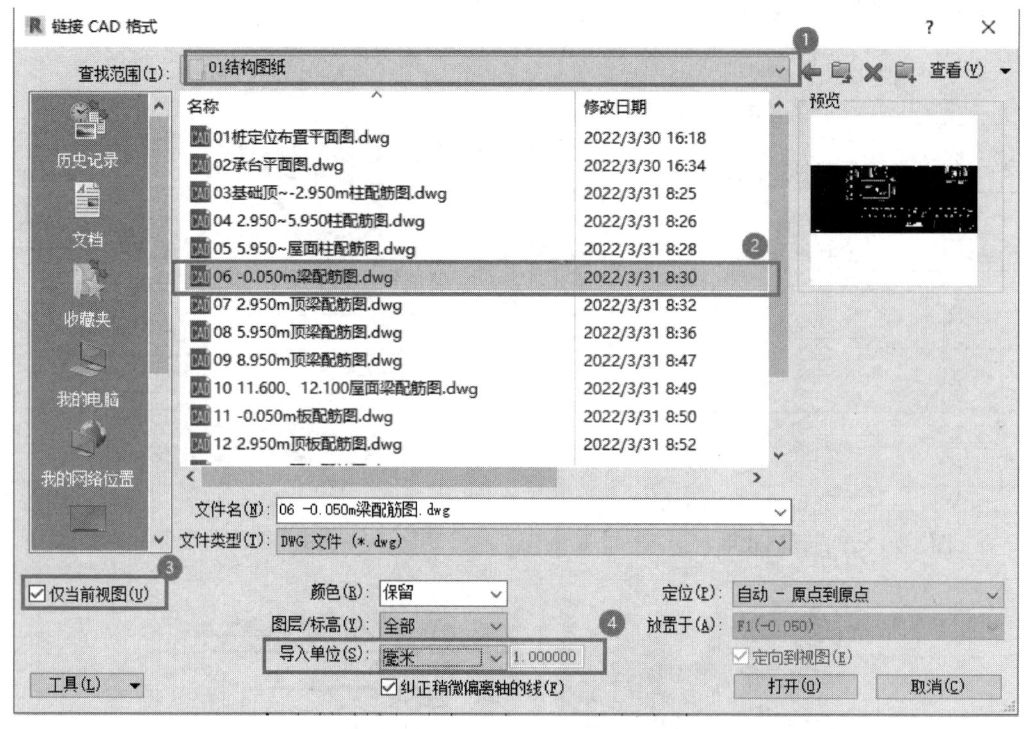

图 5-22 链接 CAD 文件操作过程

色，操作过程如图 5-23 所示。

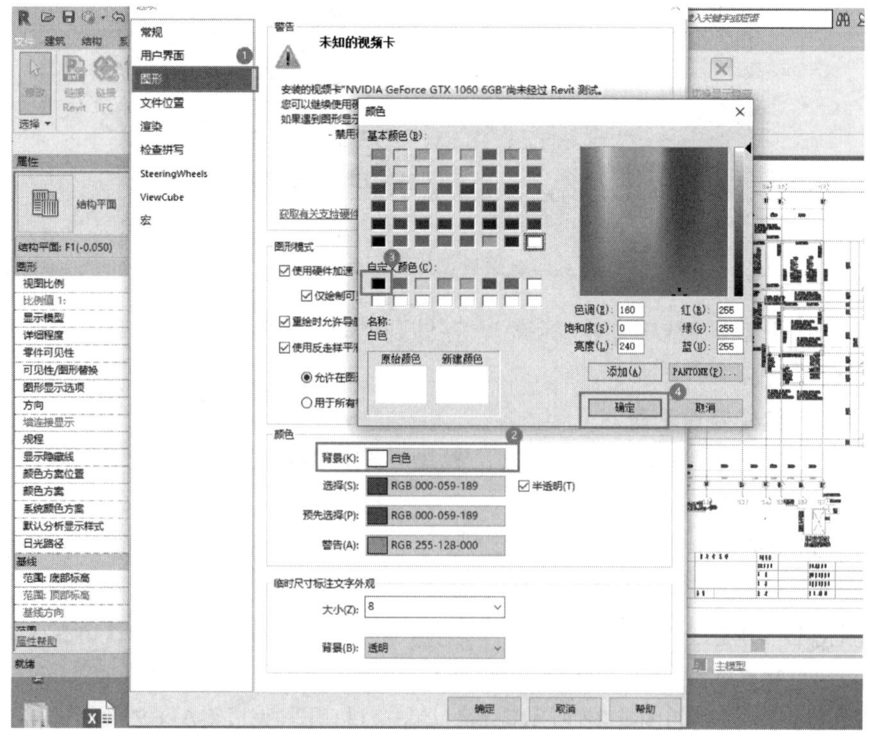

图 5-23 Revit 软件绘图区背景颜色设置

5. 并通过修改"F1（－0.050）"结构平面视图实例属性"可见性/图形替换"，显示出项目基点与测量点，操作过程如图 5-24 所示。

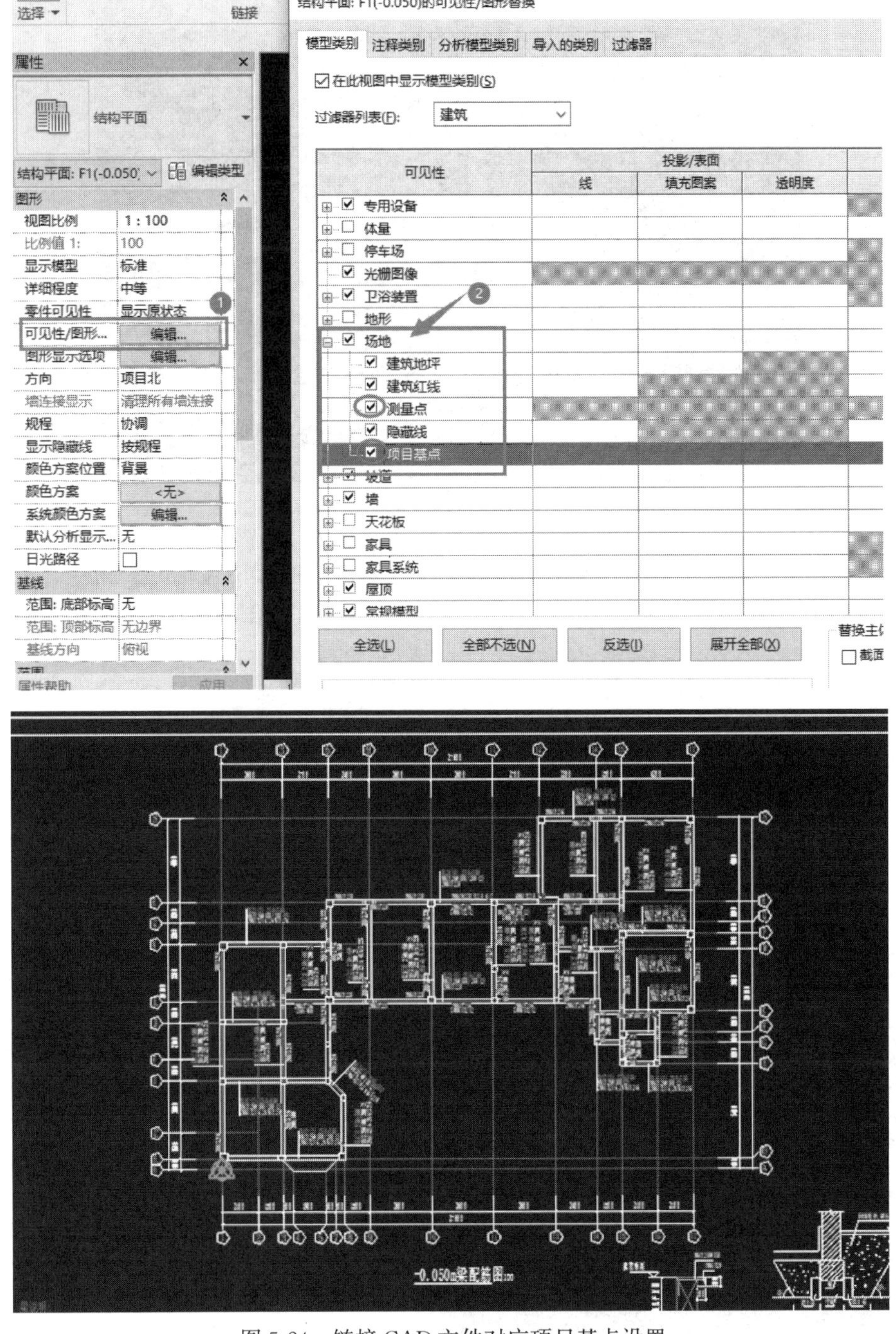

图 5-24　链接 CAD 文件对应项目基点设置

6. 鼠标点击选择链接 CAD 文件"06 －0.050m 梁配筋图 . dwg"，点击"锁定"图标 ，解除锁定，并选择功能区"修改|06－0.050m梁配筋图 . dwg"上下文选项卡中"修

改”面板“✥”【移动】命令，拾取图纸“轴线 1”和“轴线 A”交点为参照点，移动鼠标到项目基点处，并再次点击“锁定”图标，锁定图纸。如图 5-25 所示。

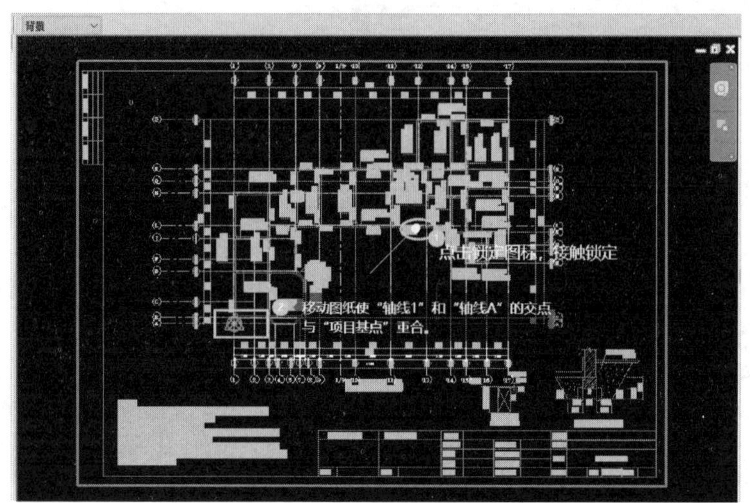

图 5-25　链接 CAD 文件的位置锁定

7. 鼠标点击功能区“结构”上下文选项卡下“基准”面板中【轴网】命令，鼠标选择功能区“修改|放置 轴网”上下文选项卡下“绘制”面板中“拾取线”命令如图 5-26 所示。

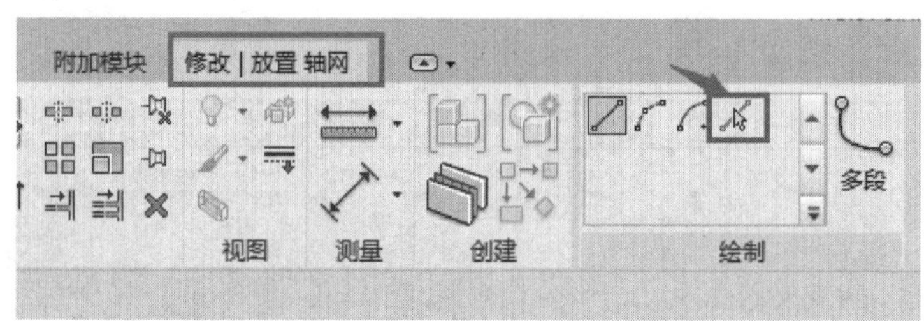

图 5-26　创建轴网的“拾取线命令”

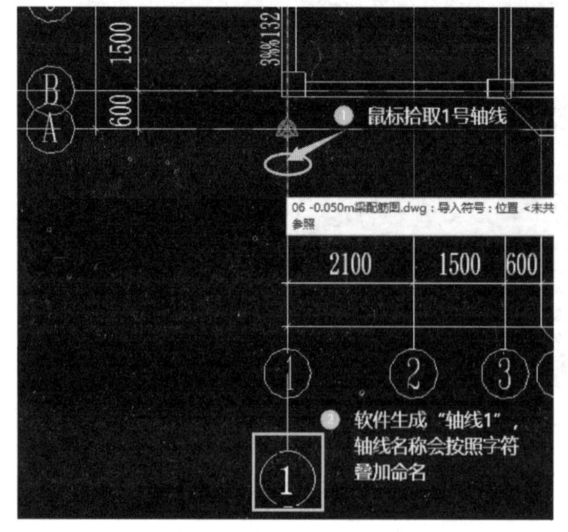

图 5-27　拾取线命令拾取链接 CAD 文件轴线

8. 鼠标单击选择图纸中 1 号轴线，软件自动生成“轴线 1”，如图 5-27 所示。然后依次水平向右拾取图纸垂直轴线，并根据图纸中轴线样式，进行轴线名称及长度修改，完成后垂直轴线结果如图 5-28 所示。

9. 根据创建垂直轴线方法，完成水平轴线创建，最终轴线完成效果如图 5-29 所示。

10. 选择全部轴网，功能区自动进入“修改|轴网”上下文选项卡下“基准”面板【影响范围】，弹出“影响基准范围”对话框，勾选“结构平面”视图，

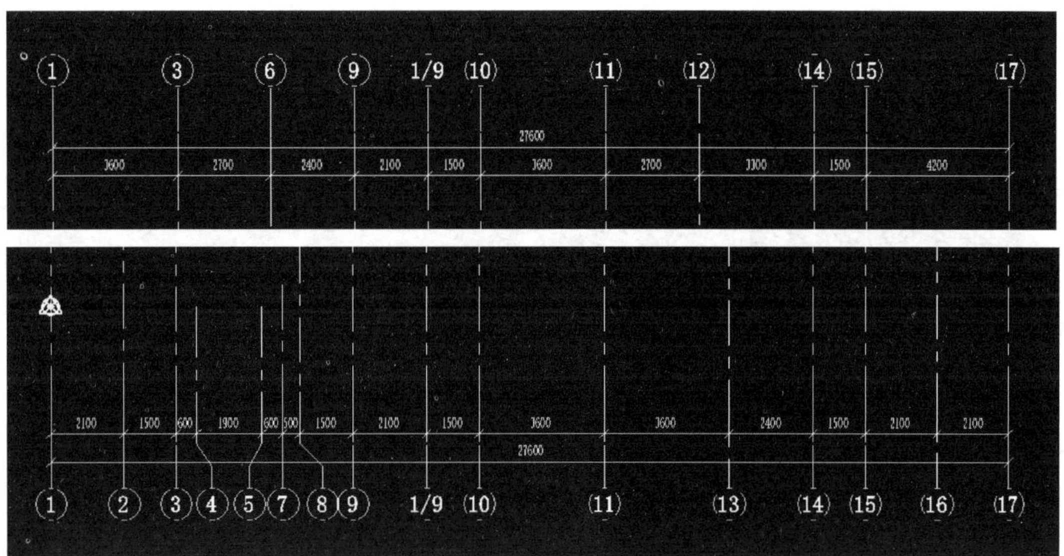

图 5-28 项目开间轴网

图 5-29 项目轴网效果

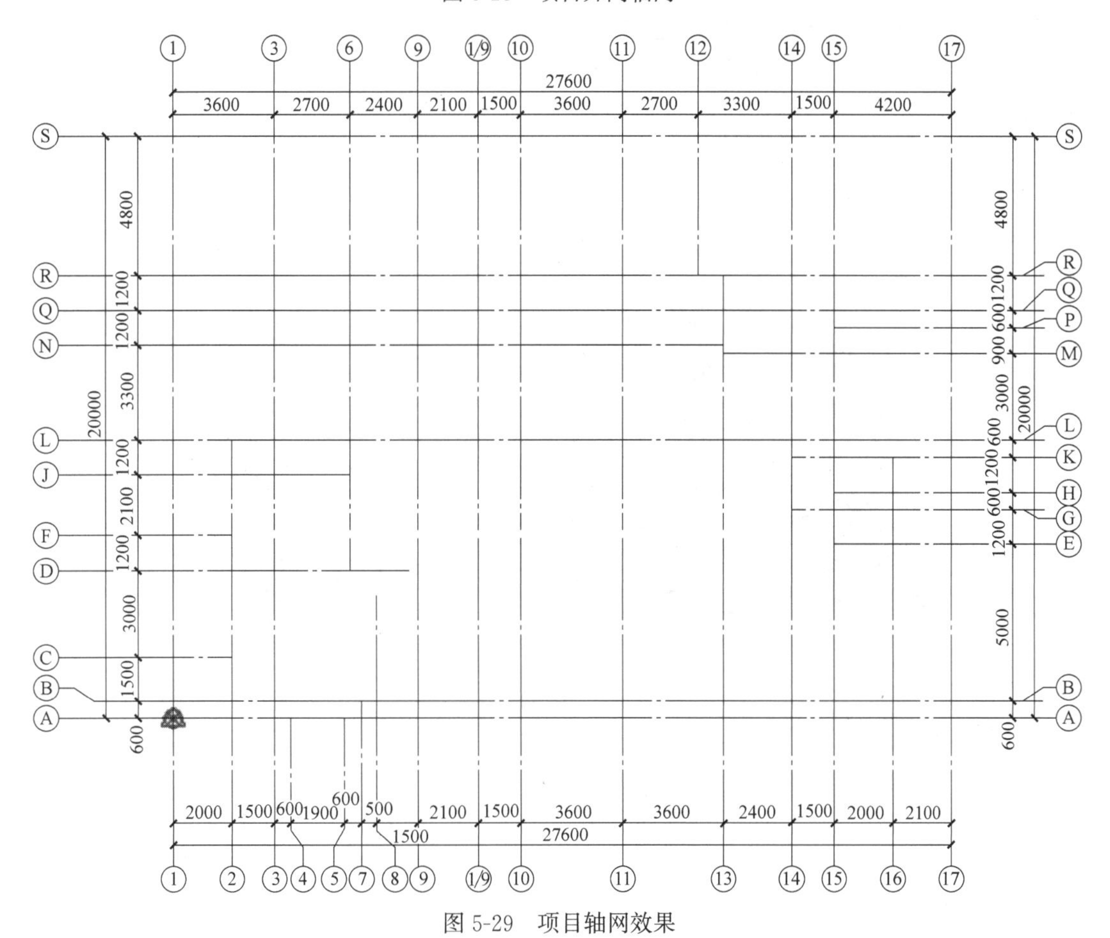

实现所有“结构平面”视图内轴网样式的统一设置，点击“确定”按钮完成操作，如图 5-30 所示。

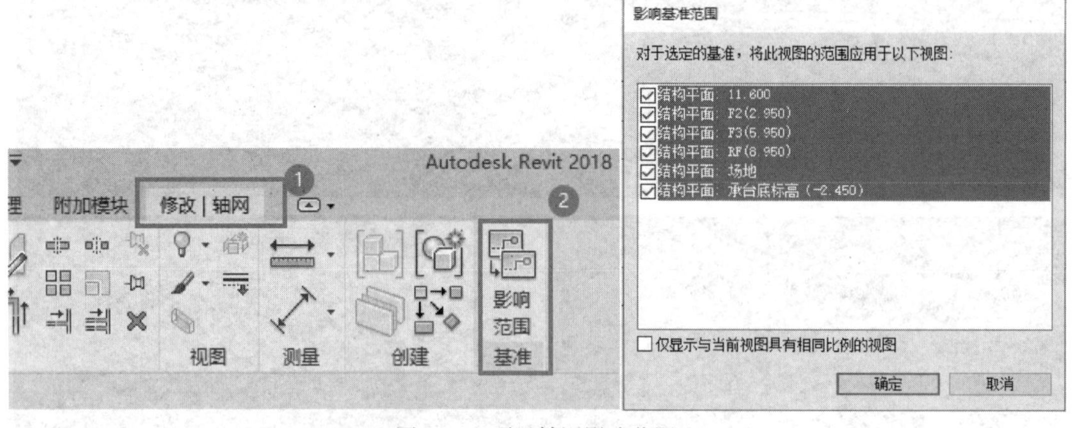

图 5-30 项目轴网影响范围

11. 保存项目名称“结构专业_轴网”，存储到“教材资源\教材模型\基准模型\结构专业”文件夹内。

5.3.2 建筑专业标高与轴网的创建

设计师可以按照结构专业标高、轴网的创建方式，完成建筑专业的标高、轴网创建，创建步骤在此不再赘述，但当同一个项目已有一个专业完成基准图元项目时，我们可以通过 Revit 2018 软件中的“协作”功能完成其他专业的基准图元创建。

5.3.2.1 建筑专业标高

1. 打开 Revit 2018 软件，选择软件自带“建筑样板”文件，创建项目文件，如图 5-31 所示。

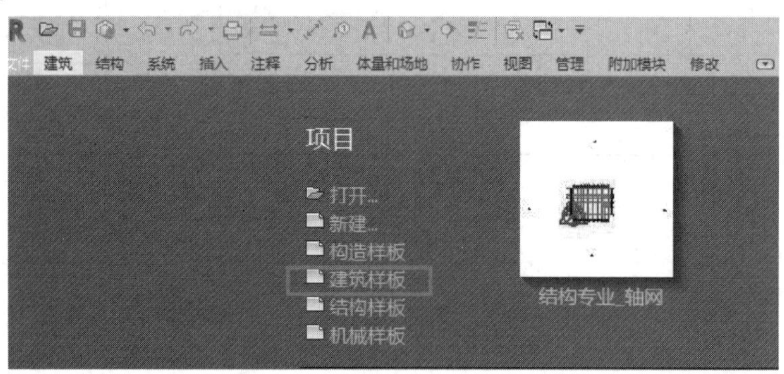

图 5-31 建筑样板创建项目

2. 鼠标双击“项目浏览器”窗口中“立面（建筑立面）”下任意立面如“东立面”，软件进入“东立面”视图，如图 5-32 所示。

3. 鼠标点击功能区“插入”选项卡下“链接”面板【链接 Revit】命令，弹出“导入/链接 RVT”窗口，选择“教材资源\教材模型\基准模型\结构专业\结构专业_轴网.rvt”，完成如图 5-33 所示设置，点击“打开”完成 RVT 文件的链接。

4. 在“东立面”视图中，除了显示当前项目中默认的“标高 1”和“标高 2”之外，可以看到链接的 RVT 文件中的标高和轴网，鼠标点击选择当前项目中“标高 1”和“标高 2”后删除，当软件弹出提示窗时，选择“确认”按钮，如图 5-34 所示。

4.000 标高2

±0.000 标高1

图 5-32 东立面视图

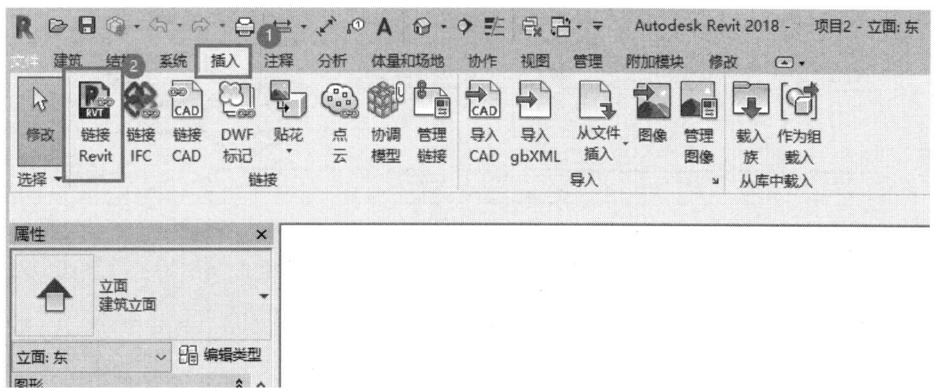

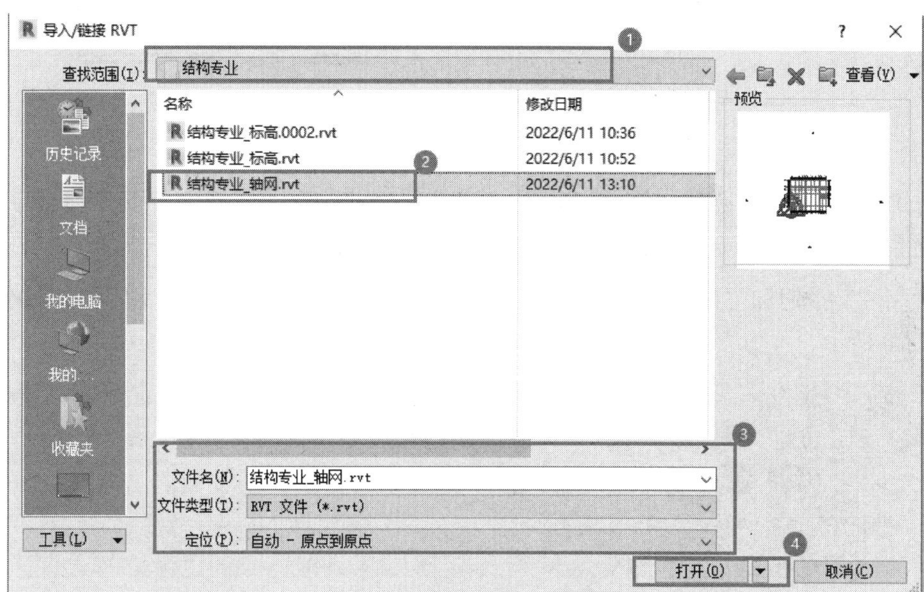

图 5-33 链接 Revit 文件设置

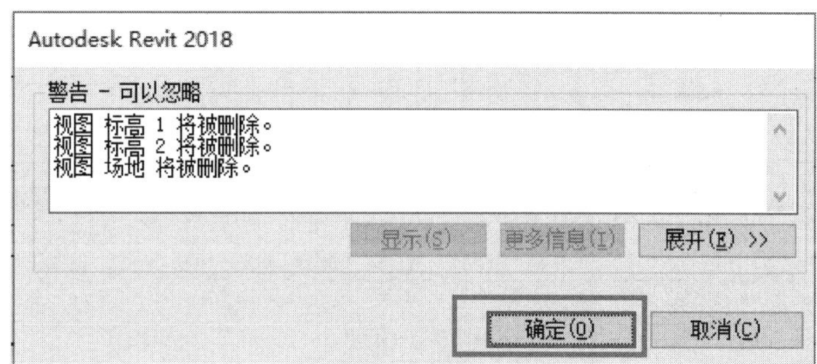

图 5-34 删除标高联动删除视图对话框

5. 鼠标点击功能区“协作”选项卡下“坐标”面板“复制/监视”命令下【选择链接】，在绘图区鼠标点击链接 RVT 文件，如图 5-35 所示。

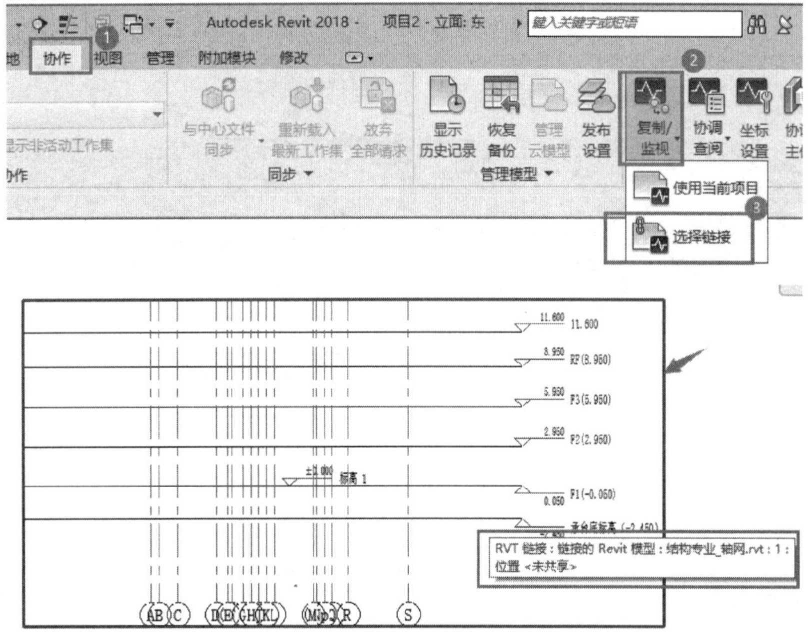

图 5-35　协作功能面板下复制/监视命令

6. 功能区自动切换到“复制/监视”上下文选项卡，鼠标点击“工具”面板下【复制】命令，勾选“多个”选项，鼠标在绘图区框选“链接 RVT 文件”中标高，鼠标依次点击“完成”按钮和“✔完成”对号，完成当前项目的标高创建，隐藏链接 RVT 后最终效果如图 5-36 所示。

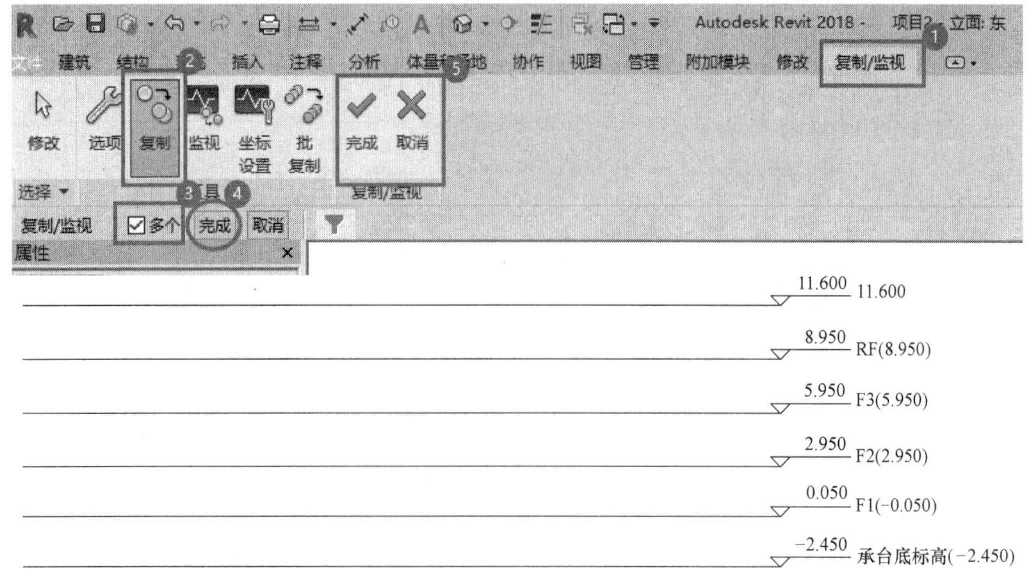

图 5-36　复制结构项目标高步骤

7. 鼠标框选绘图区新建的所有标高，功能区自动显示“修改|标高”上下文选项卡，鼠标点击“监视”面板下【停止监视】，如图 5-37 所示。

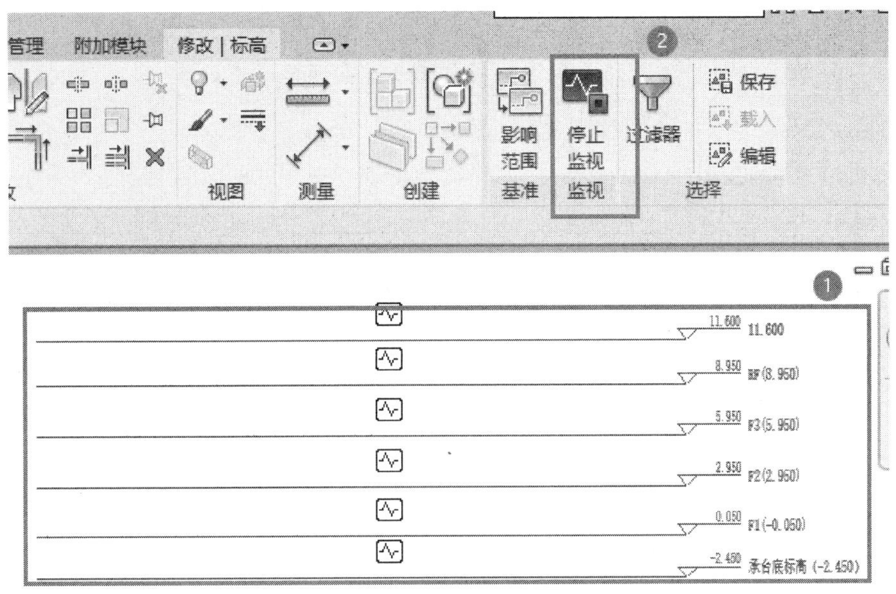

图 5-37 取消复制图元的监视命令

8. 设计师根据“教材资源\教材图纸\02 建筑图纸\建筑施工图 . dwg”中标高值，完成当前项目的标高修改，鼠标点击功能区“视图”上下文选项卡“创建”“平面视图”下【楼层平面】，完成“楼层平面”视图的创建，操作如图 5-38 所示。

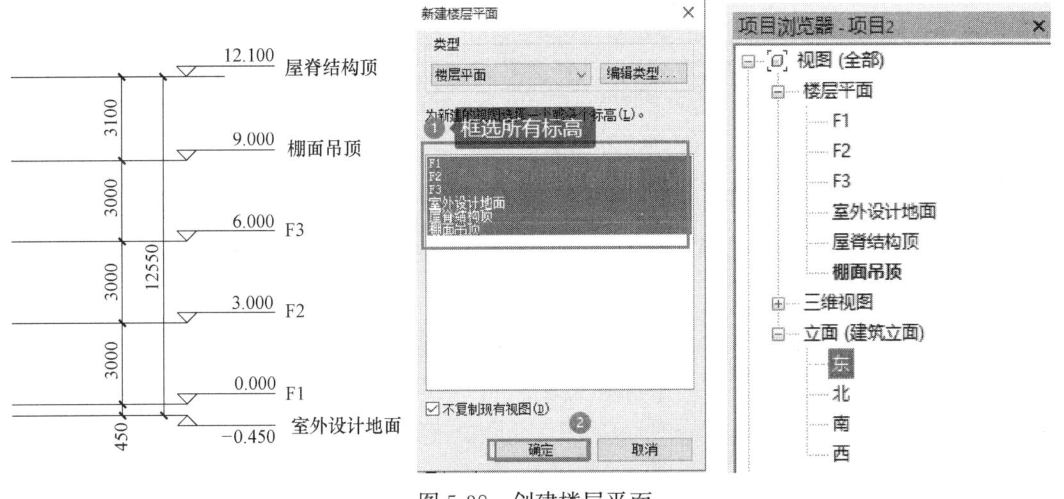

图 5-38 创建楼层平面

9. 保存项目名称“建筑专业_标高”，存储到“教材资源\教材模型\基准模型\建筑专业”文件夹内。

5.3.2.2 建筑专业轴网

1. 打开“教材资源\教材模型\基准模型\建筑专业\建筑专业_标高 . rvt”，完成“建筑专业_轴网”的创建。

2. 鼠标双击“项目浏览器”窗口中“楼层平面”下“F1”，绘图区切换到“F1”楼层平面视图，根据“链接RVT”文件中轴网的位置，调整当前项目“F1”楼层平面中四个“立面”及“立面视图”的位置，调整后效果如图5-39所示。

注意：移动“立面”及“立面视图”操作中，需要框选符号。

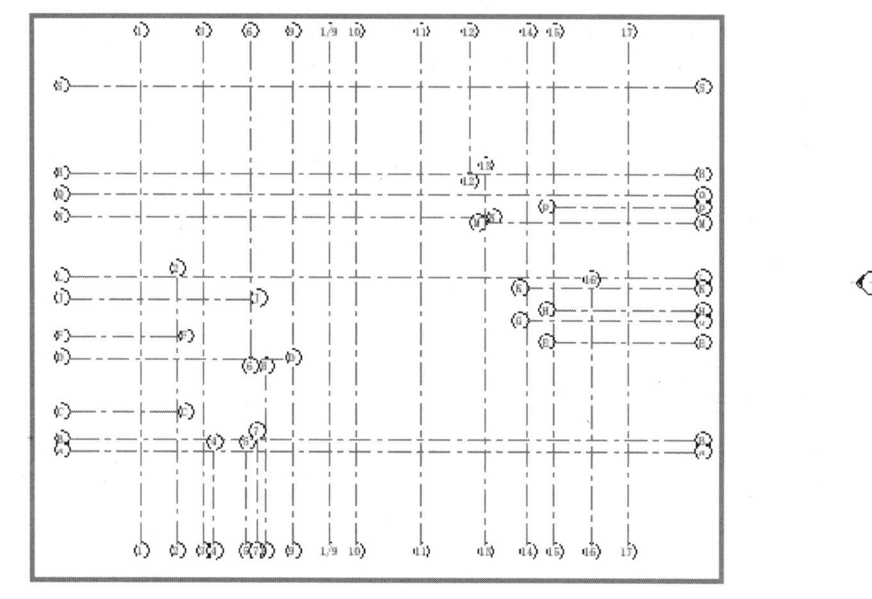

图5-39 平面视图轴网位置

3. 鼠标点击功能区“协作”选项卡下“坐标”面板“复制/监视”命令下【选择链接】，在绘图区鼠标点击链接RVT文件，如图5-40所示。

4. 功能区自动切换到“复制/监视”上下文选项卡，鼠标点击“工具”面板下【复制】命令，勾选“多个”选项，鼠标在绘图区框选“链接RVT文件”中标高，鼠标依次点击“完成”按钮，点击“修改|轴网”上下文选项卡【停止监视】和“复制/监视”选项卡“完成”对号，完成当前项目的轴网创建，隐藏链接RVT后最终效果如图5-41所示。

5. 设计师根据“教材资源\教材图纸\02建筑图纸\建筑施工图.dwg”中“一层平面图”轴网值，完成当前项目“F1”楼层平面视图中轴网修改，选择全部轴网，功能区自动进入“修改|轴网”上下文选项卡下“基准”面板【影响范围】，弹出“影响基准范围”对话框，勾选“楼层平面”视图，实现所有“楼层平面”视图内轴网样式的统一设置，点击“确定”按钮完成操作，如图5-42所示。

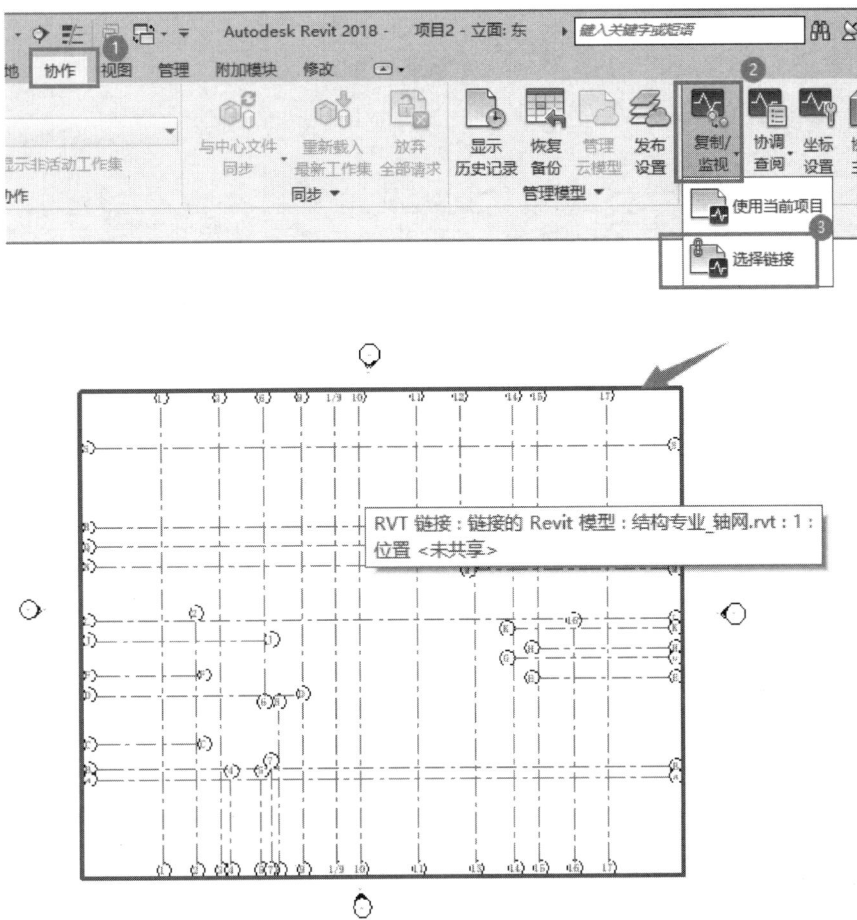

图 5-40　协作模式下链接结构项目文件

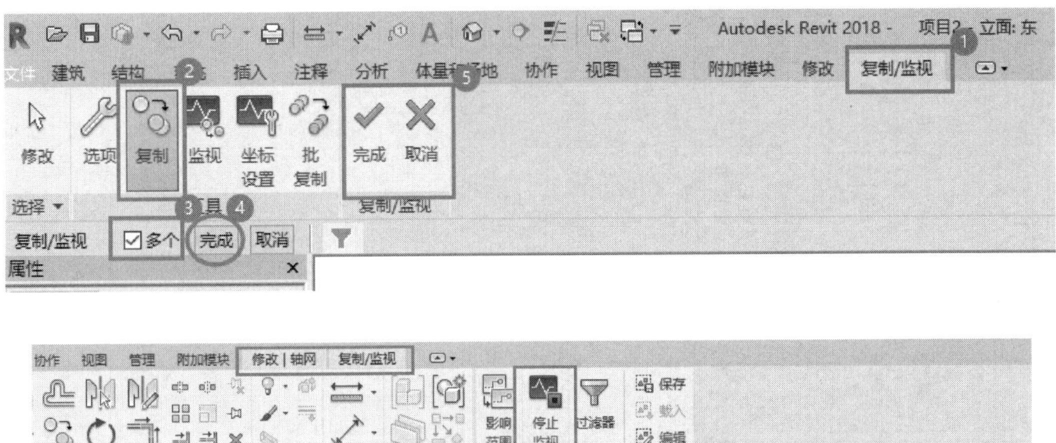

图 5-41　协作下复制创建轴网步骤（一）

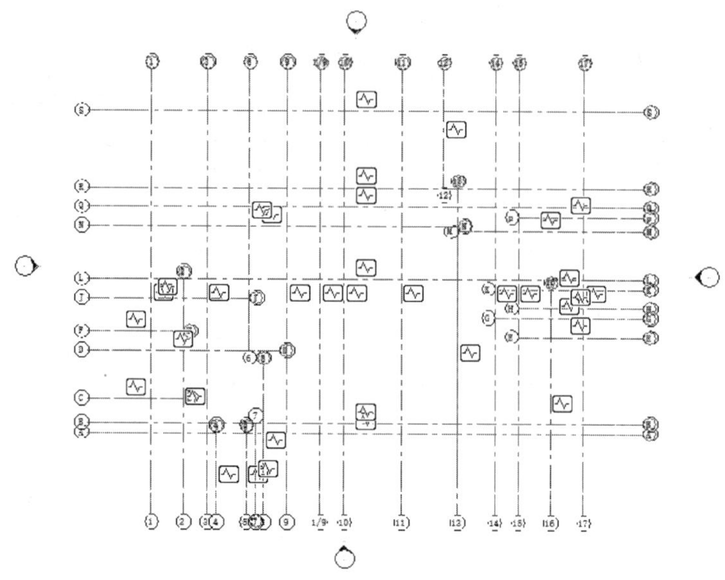

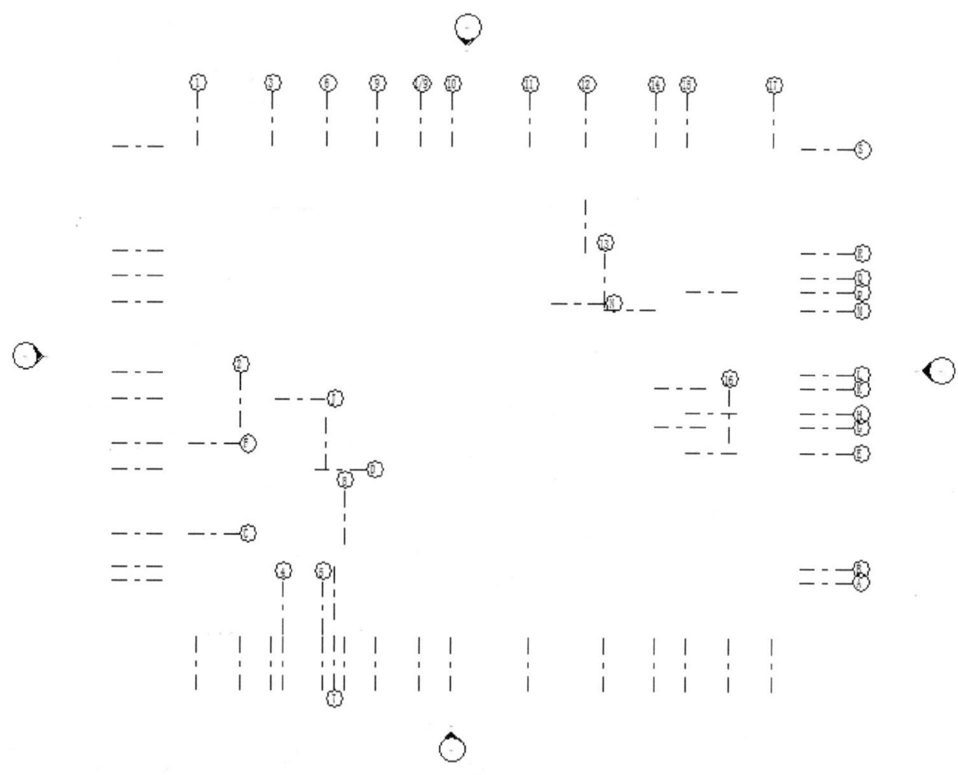

图 5-41　协作下复制创建轴网步骤（二）

6. 保存项目名称“建筑专业_轴网”，存储到“教材资源\教材模型\基准模型\建筑专业”文件夹内。

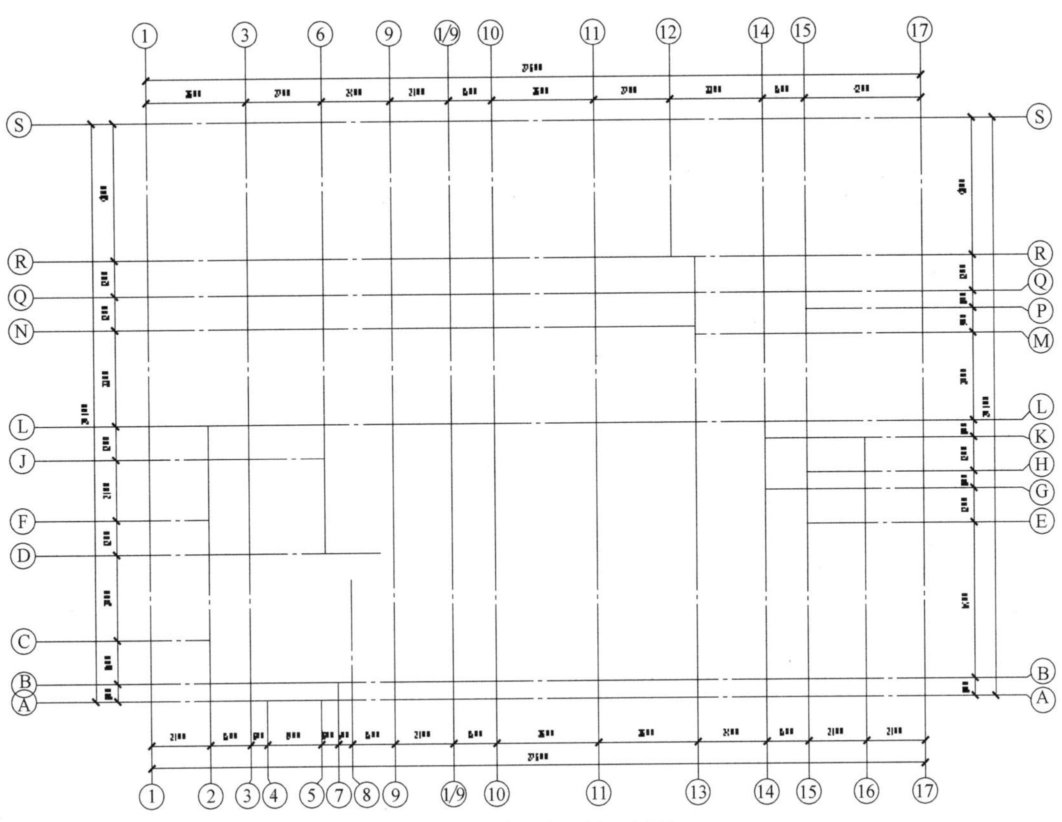

图 5-42 建筑专业轴网效果

第6章

项目结构主体模型创建

6.1 结构基础的创建

基础是将结构所承受的各种作用力传递到地基上的部分。它是房屋、桥梁、码头及其他构筑物的重要组成部分。

本节将使用独立基础、条形基础和基础底板等族为建筑模型创建基础。

6.1.1 结构基础分类

按照基础的样式和创建方式的不同，软件把基础分为三大类，分别是独立基础、条形基础和基础底板。

独立基础：将基脚或桩帽添加到建筑模型中，是独立的族。命令在“结构”选项卡→“基础”面板→（独立）。

条形基础：以条形结构为主体。可在平面或者三维图中沿着结构墙放置条形基础。命令在“结构”选项卡→“基础”面板→（墙）。

基础底板：用于建立平整表面上结构楼板的模型和建立复杂基础形状的模型。在“结构”选项卡→“基础”面板→（板）。

6.1.2 结构基础的创建

6.1.2.1 独立基础创建

独立基础自动附着到柱的底部，将独立基础族放置在项目模型中之前，需要通过载入族工具将相应的族载入到当前的项目中。

方式：功能区：“结构”选项卡→“基础”→“独立”；

步骤：执行上述操作，在上下文选项卡中，单击“模式”面板中的“载入族”按钮，弹出基础载入族对话框，如图 6-1 所示。

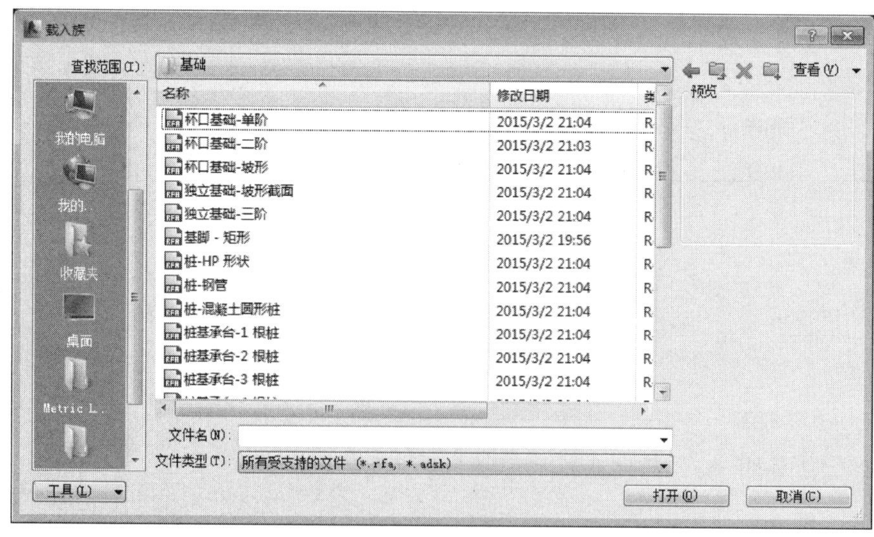

图 6-1 载入族对话框

选择需要载入的族文件，单击“打开”按钮完成载入。

独立基础实例的参数设置：

在实例类型选择器下拉列表中选择基础族类型，设置基础的实例属性，如图 6-2 所示。

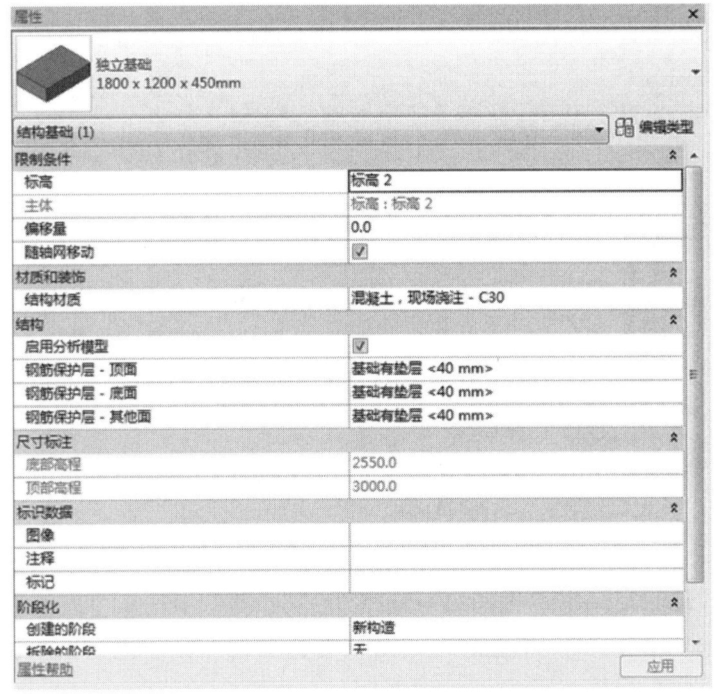

图 6-2　独立基础实例属性

部分参数说明如下：

主体：将独立基础主体约束到的标高，一般为只读。

偏移量：指定独立基础相对约束标高的顶部高程。

随轴网移动：勾选后，基础将限制到轴网上，基础随着轴网的移动而发生移动。

结构材质：为独立基础赋予给定的材质类型。

底部高程：基础底部标记的高程，一般为只读。

独立基础族的布置：

在结构柱下方或轴网交点处放置基脚。

1. 单击“结构”选项卡→“基础”面板→（独立）。

2. 从“属性”选项板上的“类型选择器”中，选择一种独立基础类型。

3. 若要放置单个基脚，单击平面视图或三维视图中的绘图区域。

若要在平面视图的轴网交点处放置基脚的多个实例，单击“修改 |放置独立基础”→“多个”面板→（在轴网上）。如图 6-3 所示。选择该轴网，然后单击（完成）。

若要在指定柱下方放置基脚的多个实例，单击“修改 |放置独立基础”→“多个”面板→（在柱上）。如图 6-3 所示。选择该柱，然后单击（完成）。结果如图 6-4 所示。

图 6-3　修改|放置 独立基础功能区

6.1.2.2　条形基础创建

1）条形基础创建步骤

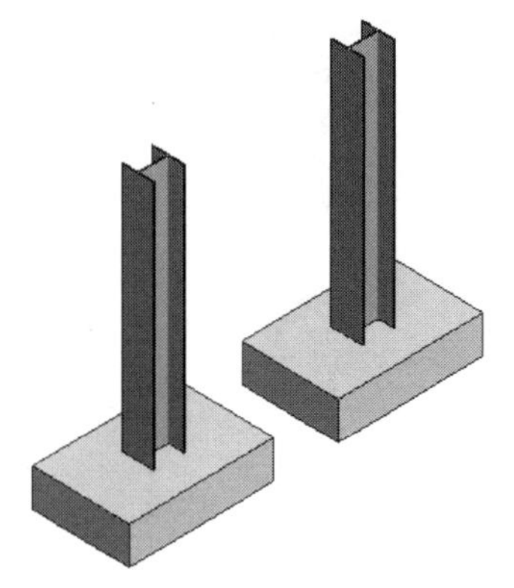

图 6-4　放置独立基础三维效果

条形基础是以条形图元对象为主体创建的，所以要创建条形基础，首先要创建条形图元对象，基础被约束到其主体对象，如果主体对象发生变化，则条形基础也会随之调整。

方式：功能区："结构"选项卡→"基础"→"条形"；

快捷键：FT；

步骤：单击"结构"选项卡→"基础"面板→（墙）（图 6-5）→从"类型选择器"中选择"挡土墙基脚"或"承重基脚"类型→选择要使用条形基础的墙。结果如图 6-6 所示。

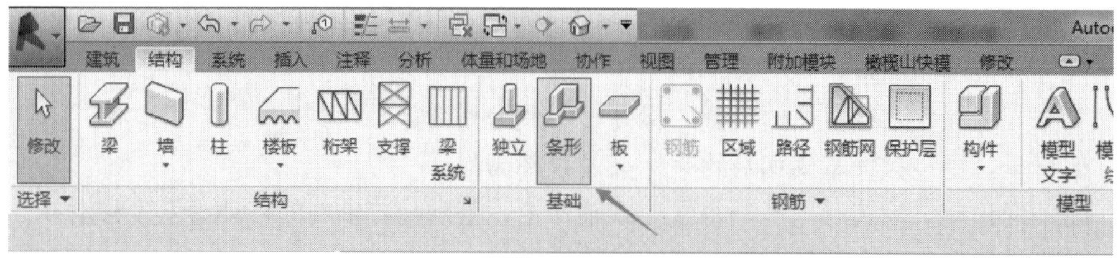

图 6-5　条形基础命令

条形基础被约束到所支撑的墙，并随之移动。

2）条形基础参数设置

执行上述操作，在"属性"对话框的实例类型选择器列表中，选择所对应的类型，单击"编辑类型"按钮，进入基础类型属性对话框，如图 6-7 所示。

参数说明如下：

结构材质：为基础赋予材质类型。

结构用途：指定墙体的类型为挡土墙或承重墙。

坡脚长度：指定从主体墙边缘到基础的外部面的距离，仅挡土墙。

根部长度：指定从主体墙边缘到基础的内部面的距离，仅挡土墙。

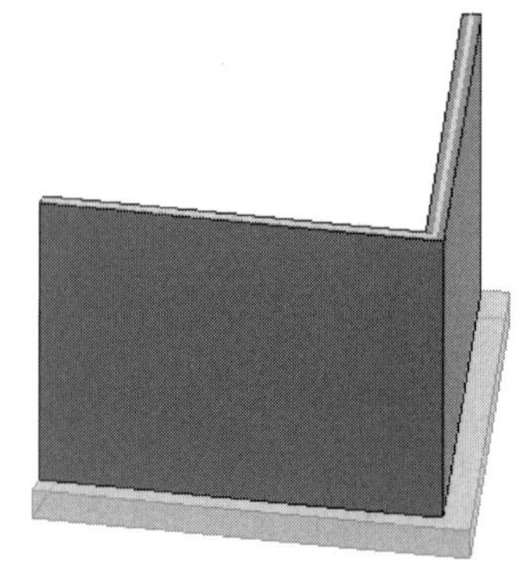

图 6-6　条形基础三维效果

基础厚度：指定条形基础的厚度值。

默认端点延伸长度：指定基础将延伸至墙终点之外的距离。

不在插入对象处打断：指定位于插入对象下方的基础是连续的还是打断的。

宽度：指定承重墙基础的总宽度。

6.1.2.3 结构板的创建和修改

基础底板不需要来自其他结构图元的支撑。使用基础底板可以在平整表面或复杂基础形状上建模。

“基础底板”可用于建立平整表面上结构楼板的模型，这些板不需要其他结构图元的支座。“基础底板”也可以用于建立复杂基础形状的模型，不能使用“隔离基础”或“墙基础”工具创建这些形状。

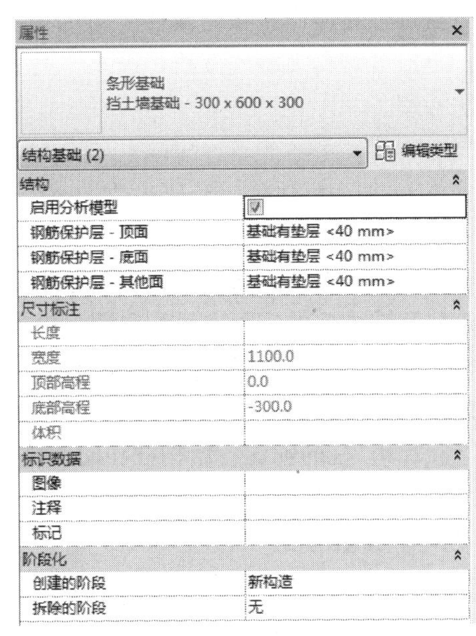

图 6-7　条形基础实例属性

方式：功能区：“结构”选项卡→“基础”面板→“板”下拉菜单→“结构基础”→楼板；

步骤：单击“结构”选项卡→“基础”面板→（底板）。从“类型选择器”中指定基础底板类型。单击“修改|创建楼层边界”选项卡→“绘制”面板→“边界线”，然后单击（拾取墙），选择模型中的墙。绘制基础底板（可选）。使用“修改|创建楼层边界”选项卡→“绘制”面板上的绘制工具，可以绘制基础底板的边界。如图 6-8 所示。边界草图必须形成闭合环或边界条件，配合修剪（TR）工具修剪完成绘制边界。

如果要测量距离墙体核心的偏移值，请在选项栏上单击“延伸到墙中”。

在选项栏的“偏移”文本框中，指定楼板边缘的偏移。

单击“修改|创建楼板边界”选项卡→“模式”面板→（完成）。结果如图 6-9 所示。

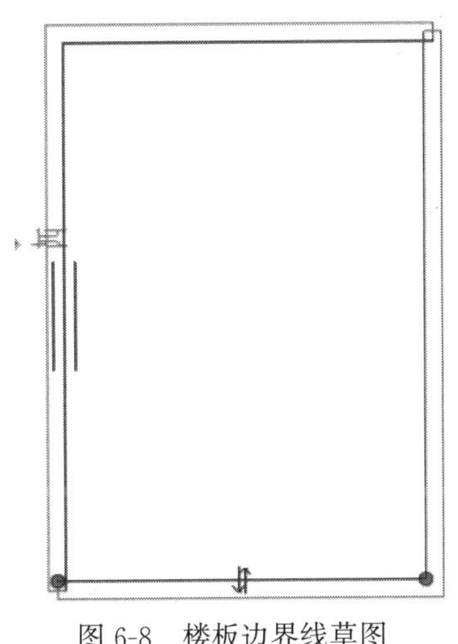

图 6-8　楼板边界线草图

图 6-9　楼板三维效果

执行上述操作，在“属性”对话框的实例类型选择器下拉列表中，选择基础底板类型。单击“编辑类型”按钮，进入“类型属性”对话框，其参数的设置与楼板参数设置的方法一致。

6.2 柱与剪力墙的创建

本章主要讲述如何创建和编辑建筑柱、结构柱，以及梁、梁系统、结构支架等，以及建筑柱和结构柱的应用方法和区别。根据项目需要，某些时候我们需要创建结构梁系统和结构支架，比如对楼层净高产生影响的大梁等。大多数时候我们可以在剖面上通过二维填充命令来绘制梁剖面，示意即可。

6.2.1 柱的创建（结构柱和建筑柱）

6.2.1.1 结构柱

1. 添加结构柱

1）单击“建筑”选项卡下“构建”面板中的“柱”下拉按钮，在弹出的下拉列表中选择“结构柱”选项。

2）从类型选择器中选择适合尺寸规格的柱子类型，如没有则单击“类型属性”按钮，弹出“类型属性”对话框，编辑柱子属性，选择“编辑类型”→“复制”命令，创建新的尺寸规格，修改长、宽度尺寸参数。

3）如没有需要的柱子类型，则选择“插入”选项卡，从“从库中载入”面板的“载入族”工具中打开相应族库进行载入族文件。

4）在结构柱的“类型属性”对话框中，设置柱子高度尺寸（深度/高度、标高/未连接、尺寸值）。

5）单击“结构柱”，使用轴网交点命令（单击“放置结构柱>在轴网交点处”），从右下向左上交叉框选轴网的交点，点击“完成”按钮，如图 6-10 所示。

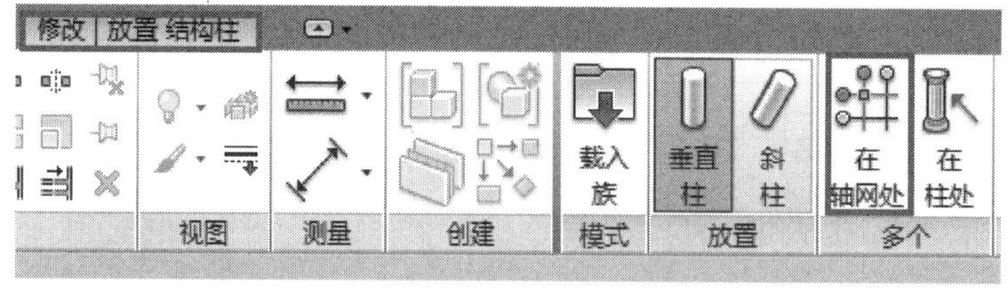

图 6-10 放置结构柱功能面板

2. 编辑结构柱

柱的属性可以调整柱子基准、顶标高、顶、底部偏移，是否随轴网移动，此柱是否设为房间边界及柱子的材质。单击“编辑类型”按钮，在弹出的“类型属性”对话框中设置长度、宽度参数，如图 6-11 所示。

6.2.1.2 建筑柱

1. 添加建筑柱

从类型选择器中选择适合尺寸、规格的建筑柱类型，如没有则单击“图元属性”按钮，弹出“属性”对话框，编辑柱子属性，选择“编辑类型”→“复制”命令，创建新的尺

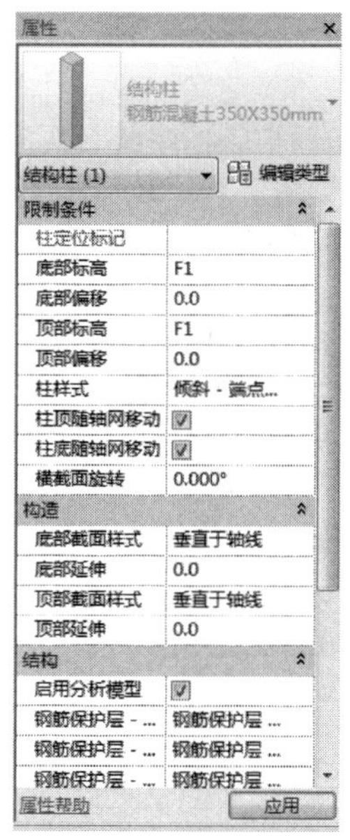

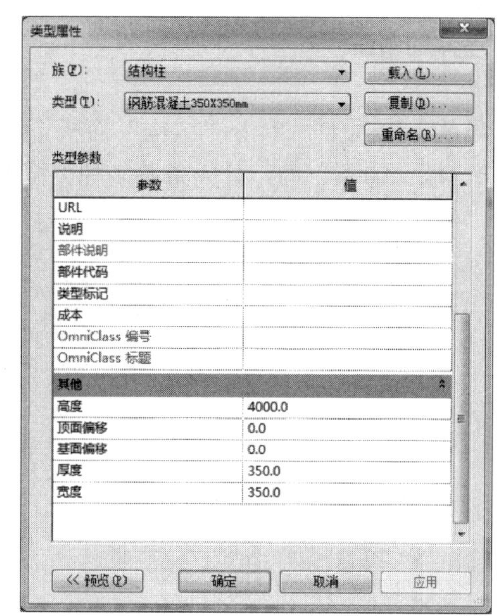

图 6-11　结构柱参数设置

寸规格，修改长、宽度尺寸参数。

如没有需要的柱子类型，则选择“插入”选项卡，从“从库中载入”面板的“载入族”工具中打开相应族库进行载入族文件，单击插入点插入柱子。

2. 编辑建筑柱

同结构柱，柱的属性可以调整柱子基准、顶标高、顶、底部偏移，是否随轴网移动，此柱是否设为房间边界。单击“编辑类型”按钮，在弹出的“类型属性”对话框中设置柱子的图形、材质和装饰、尺寸标注的设置，如图 6-12 所示。

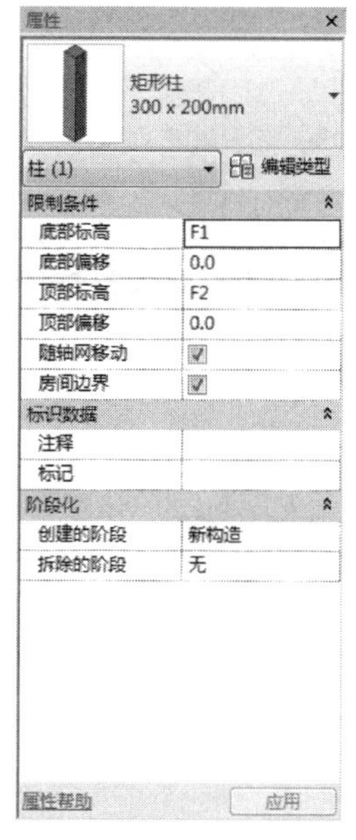

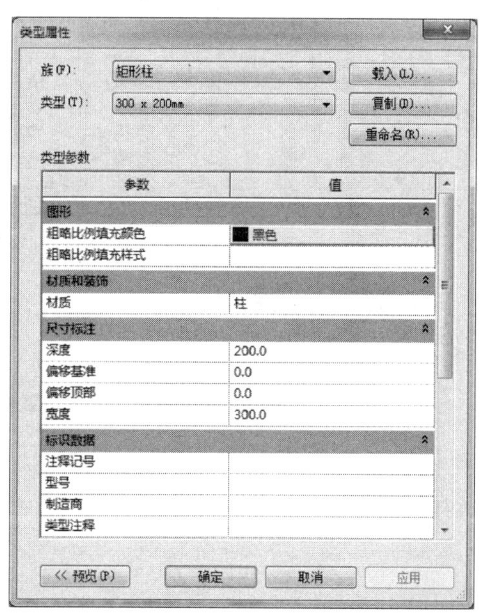

图 6-12　建筑柱参数设置

6.2.2　剪力墙的创建

6.2.2.1　墙体的创建

1. 绘制墙体

1）选择“结构”选项卡，单击“结构”面板下的“墙”下拉按钮，可以看到有墙：结构、墙：建筑、墙：饰条、墙：分隔条共4种类型可供选择，如图6-13所示。

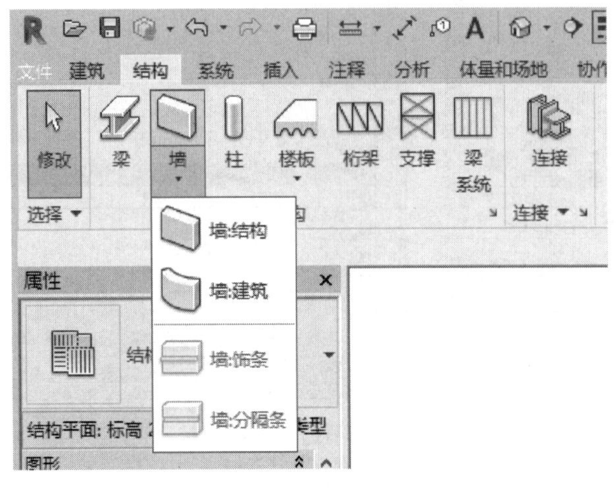

图6-13　Revit软件墙命令

2）从类型选择器中选择“墙”类型，必要时可单击“图元属性”按钮，在弹出的对话框中编辑墙属性，使用复制的方式创建新的墙类型。

3）设置墙高度、定位线、偏移值、半径、墙链，选择直线、矩形、多边形、弧形墙体等绘制方法进行墙体的绘制。

4）在视图中拾取两点，直接绘制墙线，如图6-14所示。

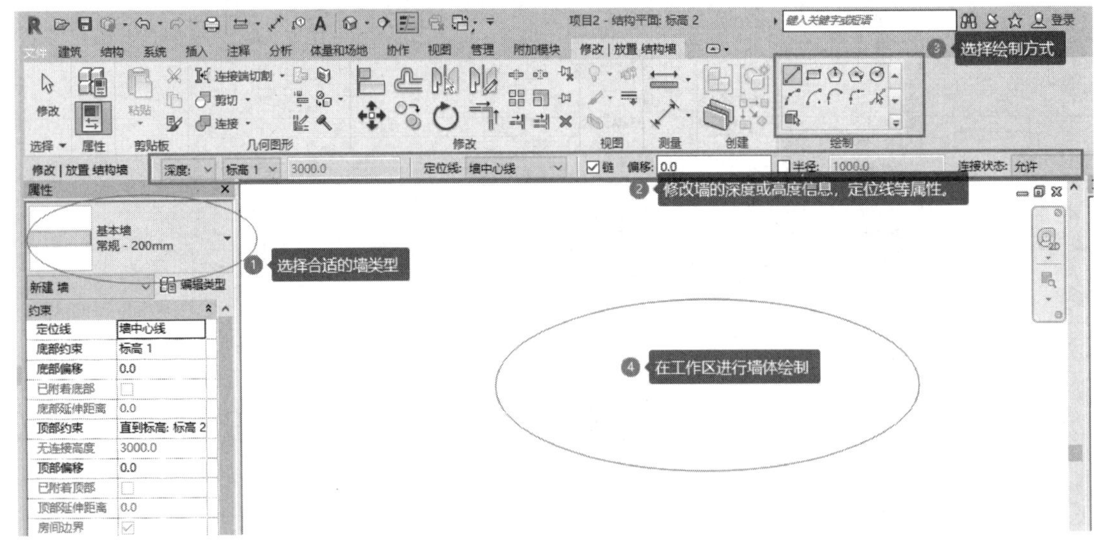

图6-14　创建墙步骤

2. 拾取命令生成墙体

如果有导入的二维 CAD 平面图作为底图，可以先选择墙类型，设置好墙的高度、定位线链、偏移量、半径等参数后，选择“拾取线/边”命令，拾取 CAD 平面图的墙线，自动生成 Revit 墙体。也可以通过拾取面生成墙体。主要应用在体量的面墙生成。

6.2.2.2 墙体的编辑

1. 墙体图元属性的修改

选择墙体，自动激活“修改 墙”选项卡，单击“图元”面板下的“图元属性”按钮，弹出墙体“属性”对话框。

2. 修改墙的实例参数

墙的实例参数可以设置所选择墙体的定位线、高度、基面和顶面的位置及偏移、结构用途等特性。

3. 设置墙的类型参数

1）墙的类型参数可以设置不同类型墙的粗略比例填充样式、墙的结构、材质等。单击图元在“属性”中“结构”对应的“编辑”按钮，弹出“编辑部件”对话框。墙体构造层厚度及位置关系（可利用“向上”“向下”按钮调整）可以由用户自行定义。注意，绘制墙体的定位有核心边界的选项。

2）尺寸驱动、鼠标拖拽控制柄修改墙体位置、长度、高度、内外墙面等，如图 6-15 所示。

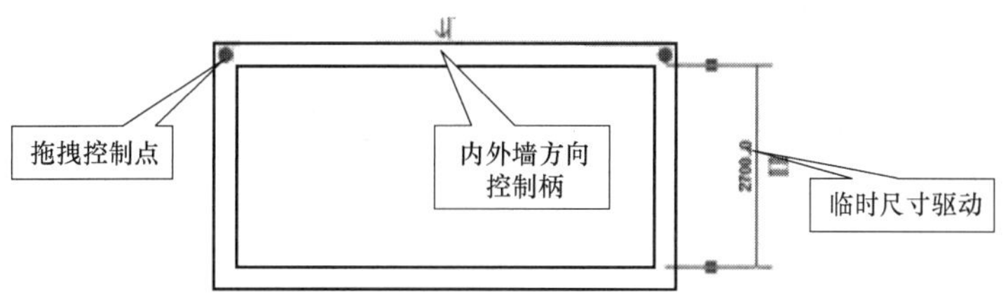

图 6-15 平面视图墙位置编辑

3）移动、复制、旋转、阵列、镜像、对齐、拆分、修剪、偏移等，所有常规的编辑命令同样适用于墙体的编辑，选择墙体，在“修改|墙”选项卡的“修改”面板中选择命令进行编辑。

4）编辑立面轮廓。选择墙体，自动激活“修改 墙”选项卡，单击“修改墙”面板下的（编辑轮廓）按钮，在立面上用“线”绘制工具绘制封闭轮廓，单击“完成绘制”按钮可生成任意形状的墙体。

同时，如需一次性还原已编辑过轮廓的墙体，选择墙体，单击“重设轮廓”按钮即可实现。

5）附着/分离。选择墙体，“修改|墙”选项卡，单击“修改墙”面板下的“附着”按钮，然后拾取屋顶、楼板、天花板或参照平面，可将墙连接到屋顶、楼板、天花板、参照平面上，墙体形状自动发生变化；单击“分离”按钮可将墙从屋顶、楼板、天花板、参照平面上分离开，墙体形状恢复原状。

6.3 结构框架和结构支撑的创建

6.3.1 梁的创建

6.3.1.1 常规梁

1. 选择“结构”选项卡，单击“结构”面板里“梁”按钮，从属性栏的下拉列表中选择需要的梁类型，如没有可从库中载入。

2. 在选项栏上选择梁的放置平面，从“结构用途”下拉列表中选择梁的结构用途或让其处于自动状态，如图 6-16 所示。结构用途参数可以包括在结构框架明细表中，这样用户便可以计算大梁、托梁、檩条和水平支撑的数量。

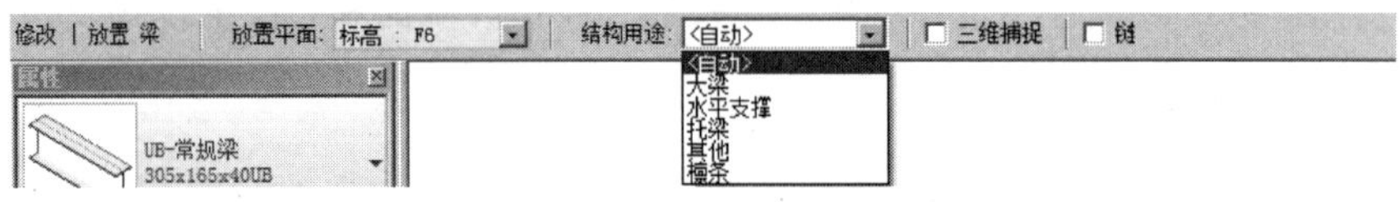

图 6-16 放置梁命令下选项栏

3. 使用“三维捕捉”选项，通过捕捉任何视图中的其他结构图元，可以创建新梁，这表示用户可以在当前工作平面之外绘制梁和支撑。例如，在启用了三维捕捉之后，不论高程如何，屋顶梁都将捕捉到柱的顶部。

4. 要绘制多段连接的梁，可勾选选项栏中的“链”复选框。

5. 单击起点和终点来绘制梁，当绘制梁时，鼠标会捕捉其他结构构件。

6. 也可使用“轴网”命令，拾取轴网线或框选、交叉框选轴网线，单击“完成”按钮，系统自动在柱、结构墙和其他梁之间放置梁。

6.3.1.2 梁系统

结构梁系统可创建多个平行的等距梁，这些梁可以根据设计中的修改进行参数化调整。

1. 打开一个平面视图，选择“结构”选项卡，在“结构”面板中单击“梁系统”按钮，进入定义梁系统边界草图模式。

2. 选择“绘制”中“边界线”“拾取线”或“拾取支座”命令，拾取结构梁或结构墙，并锁定其位置，形成一个封闭的轮廓作为结构梁系统的边界。如图 6-17 所示。

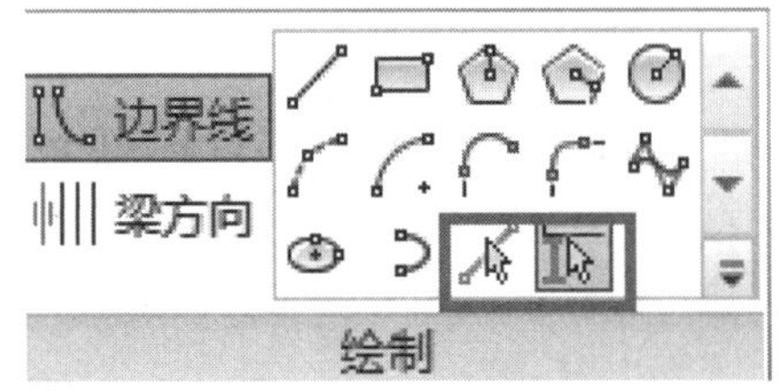

图 6-17 梁系统绘制命令

3. 也可以用“线”绘制工具，绘制或拾取线条作为结构梁系统的边界。

4. 如要在梁系统中剪切一个洞口，可用“线”绘制工具在边界内绘制封闭洞口轮廓。

5. 绘制完边界后，可以用“梁方向边缘”命令选择某边界线作为新的梁方向（默认情况下，拾取的第一个支撑或绘制的第一条边界线为梁方向），如图 6-18 所示。

6. 单击“梁系统属性”按钮，设置此系统梁在立面的偏移值编辑在三维视图中显示该构件，设置其布局规则，以及按设置的规则确定相应数值，梁的对齐方式及选择梁的类

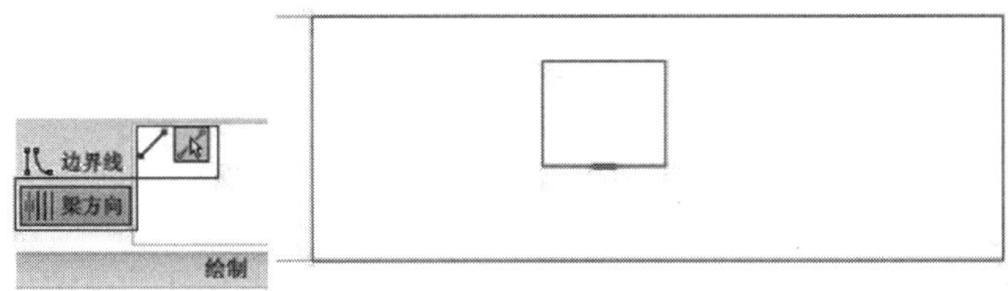

图 6-18 梁系统梁方向设置

型，如图 6-19 所示。

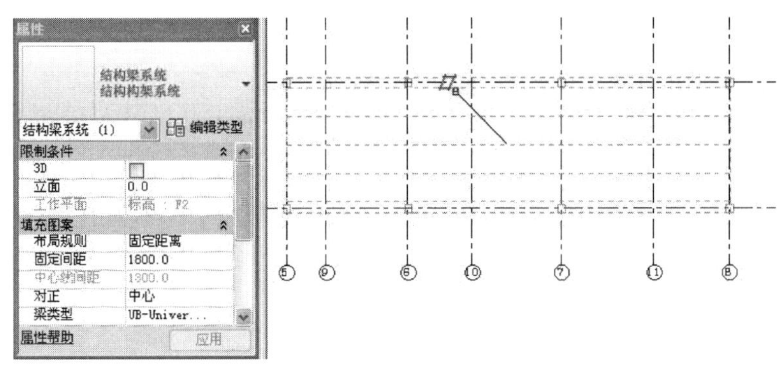

图 6-19 梁系统属性

6.3.1.3 编辑梁

1. 操纵柄控制：选择梁，端点位置会出现操纵柄，用鼠标拖拽调整其端点位置。

2. 属性编辑：选择梁自动激活上下文选项卡“修改 结构框架”，在“属性”面板上修改其实例、类型参数，可改变梁的类型与显示。

6.3.2 结构支撑

可以在平面视图或框架立面视图中添加支架，支架会将其自身附着到梁和柱，并根据建筑设计中的修改进行参数化调整。

1. 打开一个框架立面视图或平面视图，选择“结构”选项卡，然后选择“结构”面板中的“支撑”命令。

2. 从类型选择器的下拉列表中选择需要的支撑类型，如没有可从库中载入。

3. 拾取放置起点、终点位置，放置支撑。

4. 选择支架，自动激活上下文选项卡“修改 结构框架”，然后单击“图元”面板上的“类型属性”按钮，弹出“类型属性”对话框，修改其实例、类型参数。

6.4 结构板的创建

6.4.1 绘制楼板

1. 项目浏览器中双击相应的结构平面如图 6-20 所示。

2. 单击“结构”选项卡上的“结构”面板下的“楼板：结构”命令，如图 6-21 所示。

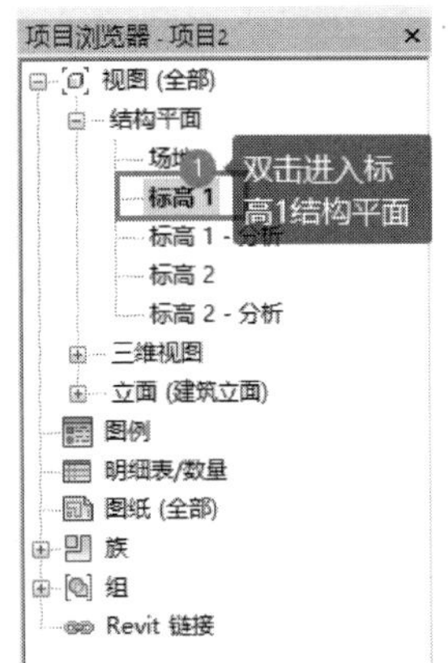

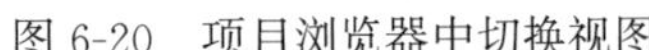

图 6-20　项目浏览器中切换视图

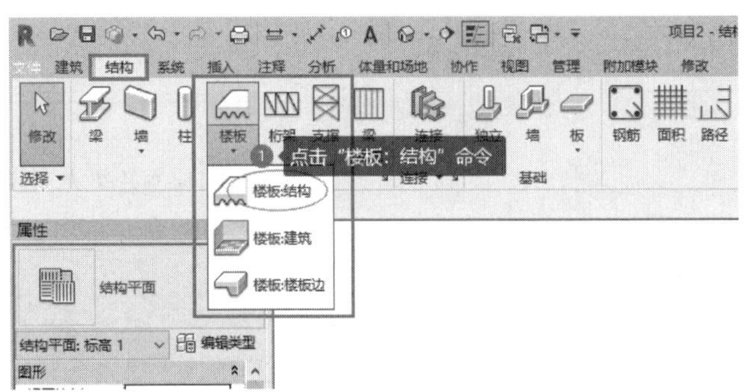

图 6-21　结构选项卡下“楼板：结构”命令

3. 选择合适的楼板类型，并设置好楼板所在的楼层标高位置，选择适合的绘制方式如直线，在软件工作区域绘制楼板轮廓，要求绘制的楼板轮廓，不能有重叠线或相交线的出现，同时必须满足闭合轮廓，绘制完成后，点击选项卡“绘制”面板中的“✔”号，完成楼板的绘制，如图 6-22 所示。

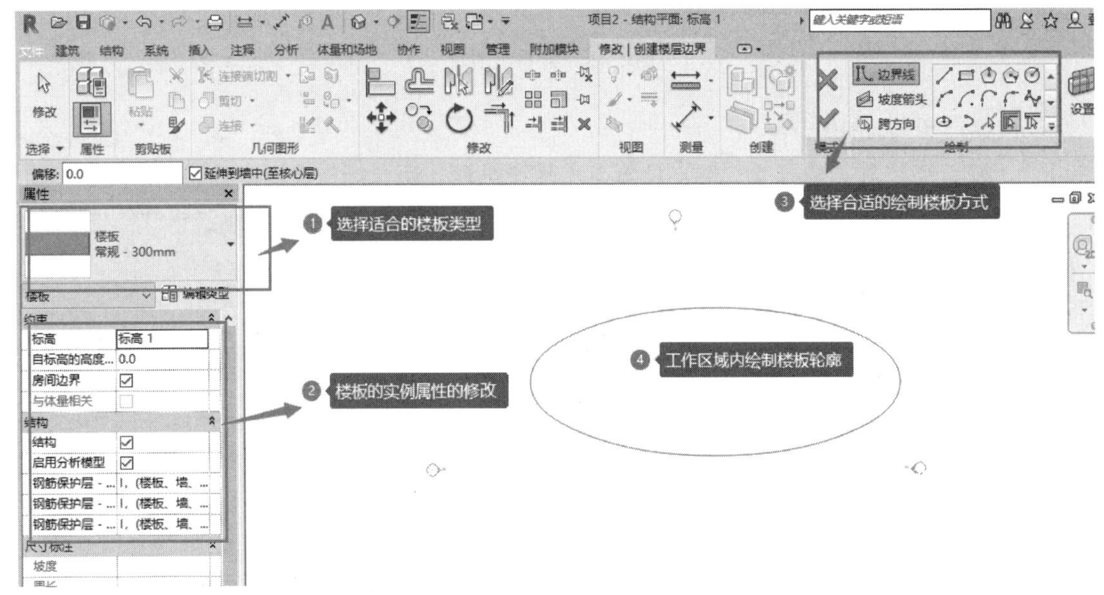

图 6-22　创建结构板步骤

6.4.2　拾取墙线生成楼板

单击“结构”选项卡上的“结构”面板下的“楼板”命令，进入绘制轮廓草图模式，此时自动跳转到“创建楼层边界”选项卡，单击“拾取墙”命令，在选项栏中单击 偏移: 0.0 ☑延伸到墙中(至核心层)，指定楼板边缘的偏移量，同时勾选“延伸到墙中（至核心层)”，拾取墙时将拾取到有涂层和构造层的复合墙的核心边界位置。

使用“Tab”键切换选择，可一次选中所有外墙单击生成楼板边界，如出现交叉线条，使用“修剪”命令编辑成封闭楼板轮廓，或者单击线命令，用线绘制工具绘制封闭楼板轮廓。成草图后单击“完成楼板”，如图 6-23 所示。

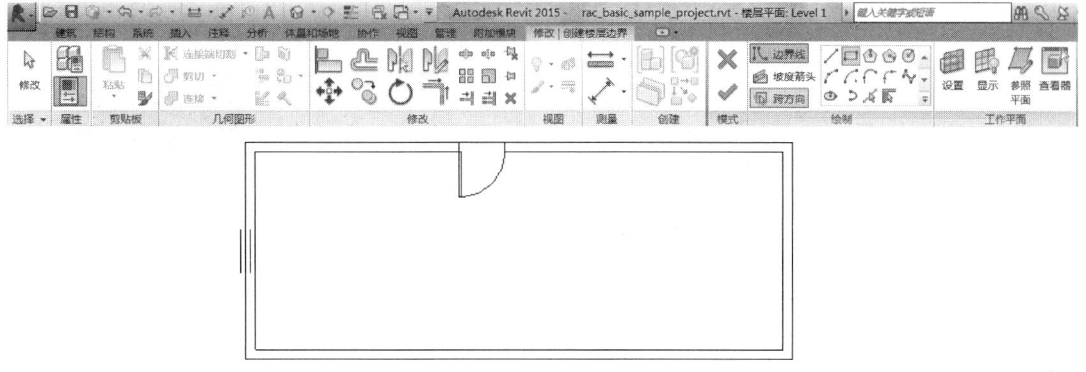

图 6-23　结构板边界草图

选择楼板边缘，进入“修改 | 楼板”界面，选择“编辑边界”命令，可修改楼板边界，单击“编辑边界”，进入绘制轮廓草图模式，单击绘制面板下的“边界线”“直线”命令，进行楼板边界的修改，可修改成非常规轮廓。

6.5　实 操 练 习

6.5.1 “结构专业_基础”模型的创建

6.5.1.1　创建桩

项目基础为桩基础形式，依次通过创建桩、垫层、承台和基础梁来完成项目基础模型的创建。

桩的创建步骤如下：

1. 打开“教材资源 \ 教材模型 \ 基准模型 \ 结构专业 \ 结构专业 _ 轴网 . rvt”，完成项目场地的创建。

2. 鼠标双击“项目浏览器”窗口中“结构平面”下“承台底标高（—2.450）”，绘图区切换到“承台底标高（—2.450）”结构平面视图。

3. 鼠标点击功能区“插入”上下文选项卡中“链接”功能面板的【链接 CAD】，弹出“链接 CAD 格式”对话框，选择“教材资源 \ 教材图纸 \ 01 结构图纸 \ 01 桩定位布置平面图 . dwg”，完成如图 6-24 所示设置，点击“打开”完成 CAD 文件的链接。

4. 将链接 CAD 文件中轴线 1 和轴线 A，与当前项目文件中轴线 1 和轴线 A 对齐，使得链接 CAD 文件与项目中轴线一一对齐，效果如图 6-25 所示。

5. 鼠标点击功能区“结构”上下文选项卡下“基础”面板中【独立基础】命令，功能区自己切换到“修改|放置 独立基础”上下文选项卡，鼠标选择功能区“修改|放置 独立基础”上下文选项卡下“模式”面板中【载入族】命令如图 6-26 所示。

6. 在弹出的“载入族”窗口，浏览路径为“教材资源 \ 教材模型 \ 结构专业 \ 族库 \ ”文件夹，多选“桩-混凝土圆形桩 . rfa”“桩帽-矩形 . rfa”和“桩帽-三角形 . rfa”点击“打开”按钮完成族的载入，如图 6-27 和图 6-28 所示。

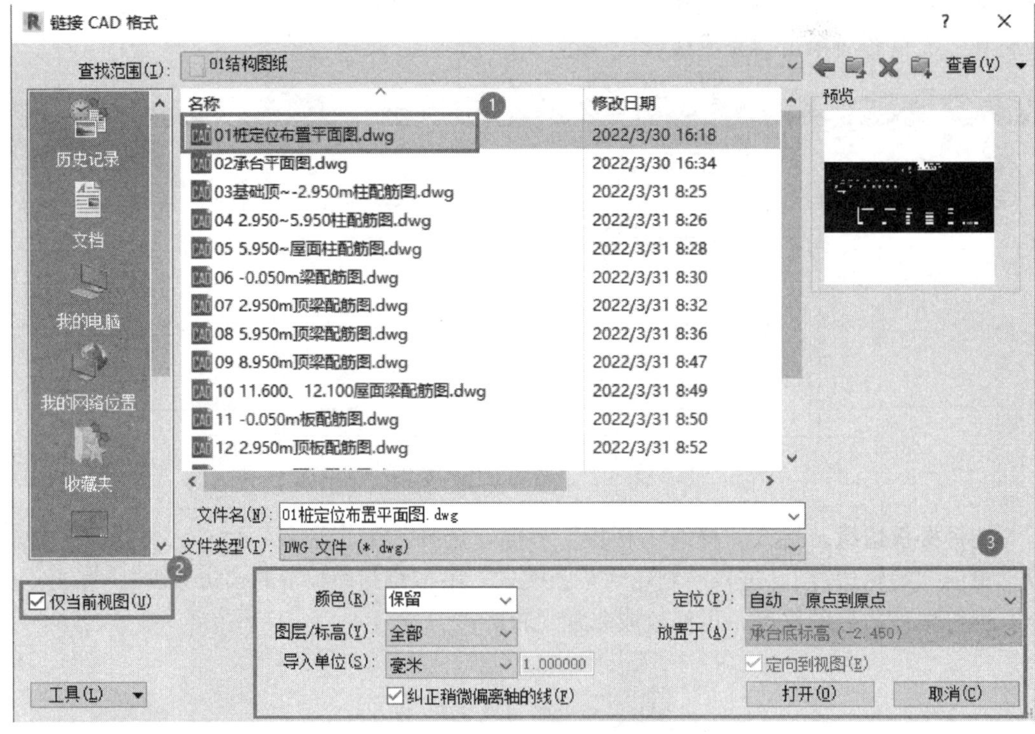

图 6-24　链接 CAD 文件设置

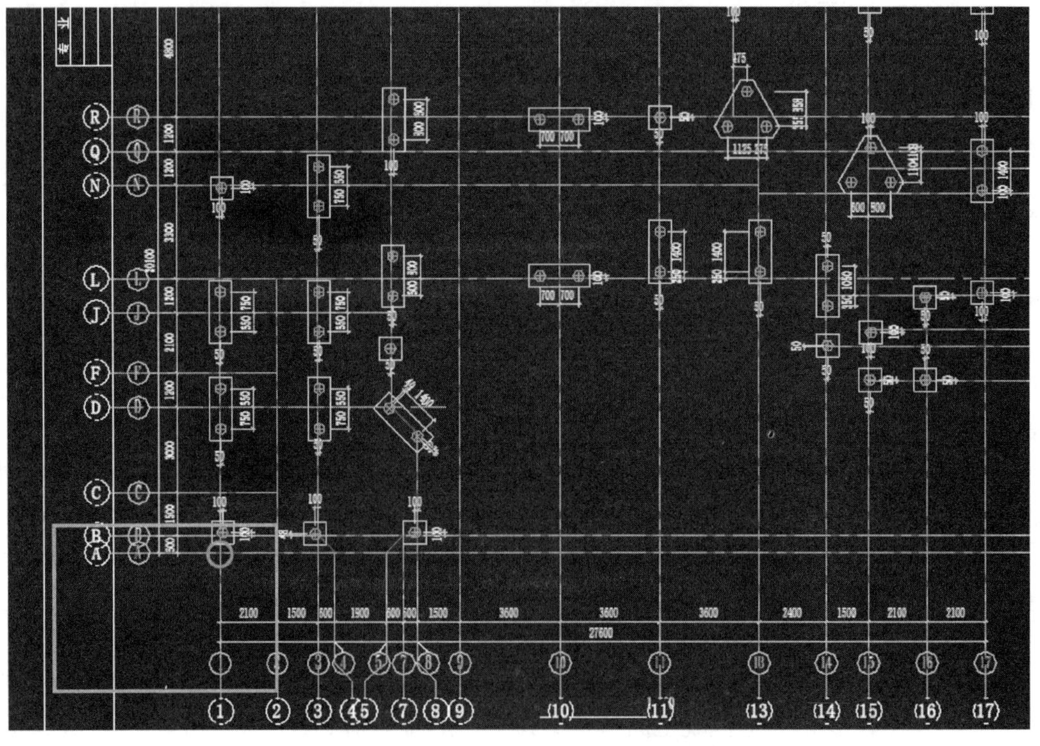

图 6-25　Revit 软件中链接 CAD 文件效果

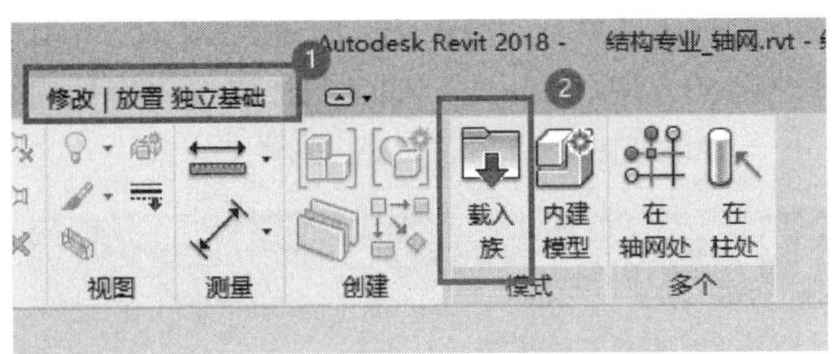

图 6-26 载入独立基础族

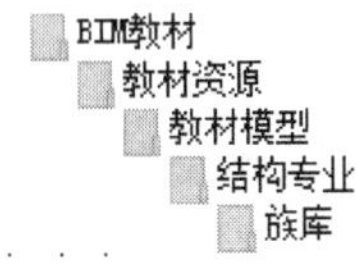

图 6-27 独立基础族文件路径

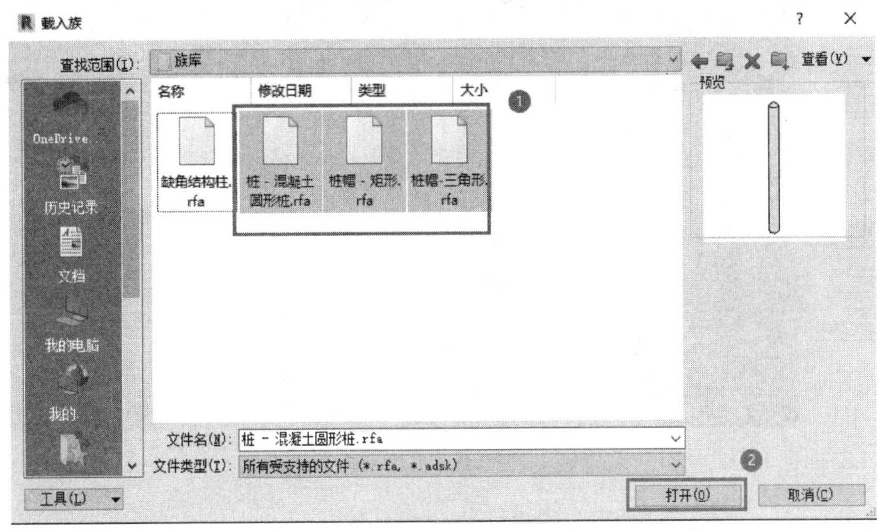

图 6-28 载入族

7. 鼠标依次单击“属性”窗口“类型选择器”中选择“PHC管桩 400mm”，并根据“链接CAD文件”即“桩位平面定位图”中桩位，点击鼠标进行“PHC管桩 400mm”桩基础的放置，如图 6-29 所示。

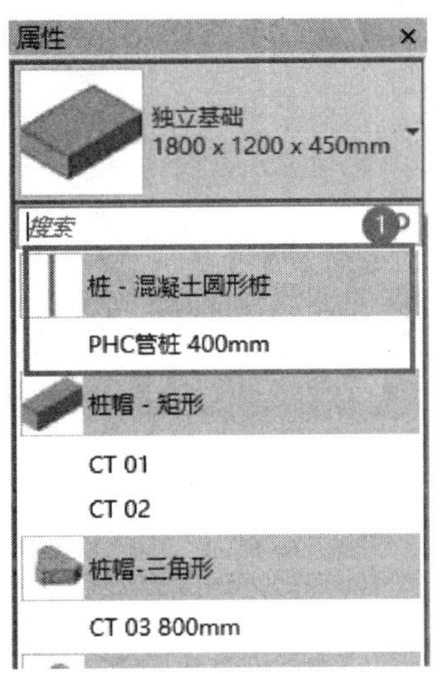

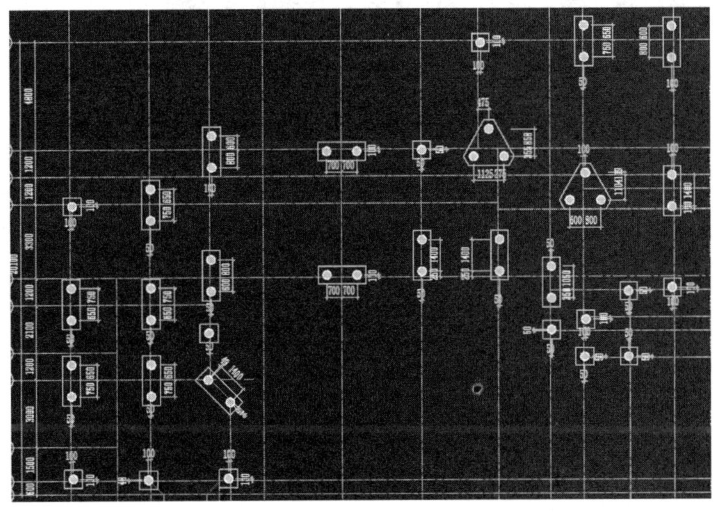

图 6-29 桩基础的布置

8. 鼠标点击软件“快速访问工具栏”中“默认三维视图”图标（图6-30），绘图区自动进入“三维视图”，框选所有“PHC管桩 400mm”桩基础，修改“属性窗口”中“尺寸标注”下，桩长度为11000mm，效果如图6-31和图6-32所示。

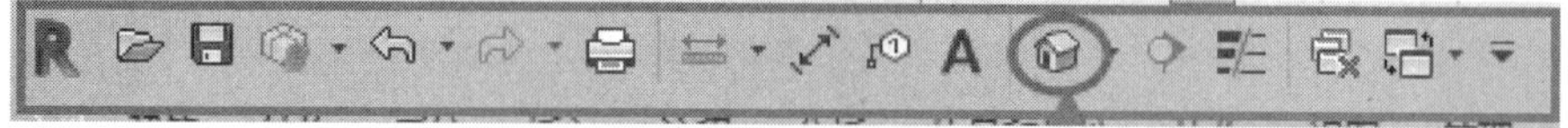

图6-30 默认三维视图

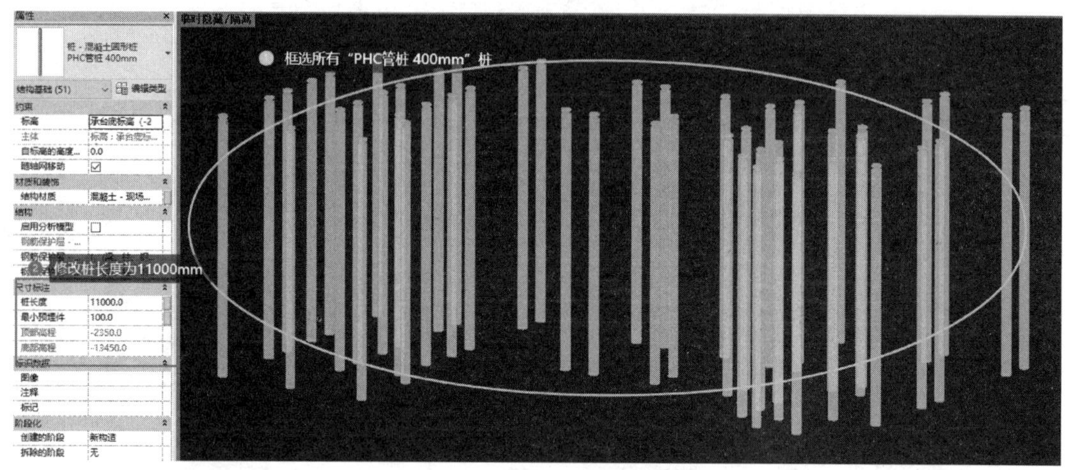

图6-31 桩基础三维视图效果

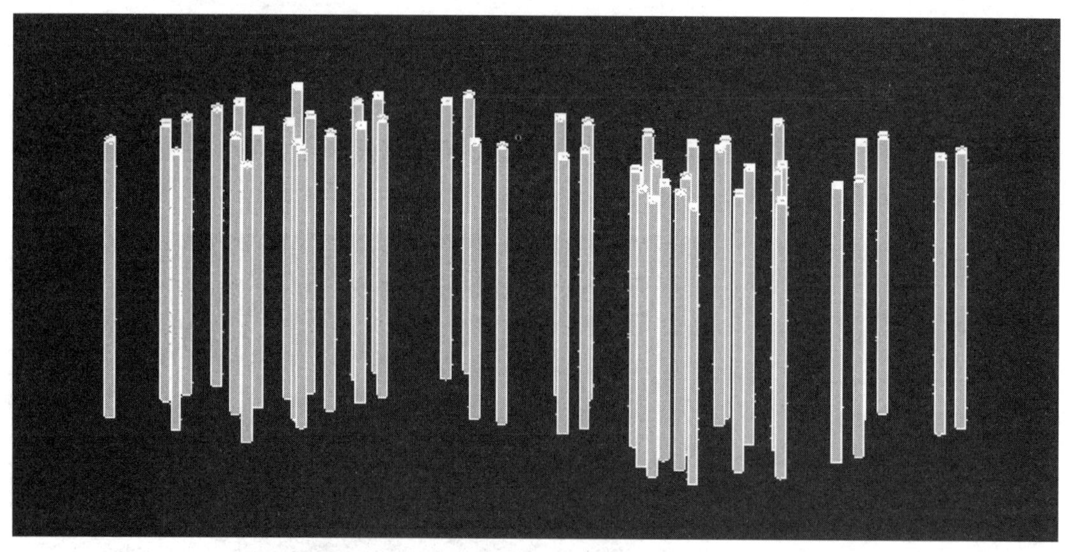

图6-32 “PHC管桩 400mm”

6.5.1.2 创建垫层和承台

通过双击“项目浏览器”中“结构平面”下“承台底标高（−2.450）”，使绘图区返回到“承台底标高（−2.450）”结构平面视图。选中“链接CAD”文件，键盘敲入【临时隐藏图元】命令快捷键“HH”，进行隐藏。

1. 鼠标点击功能区“插入”上下文选项卡中“链接”功能面板的【链接 CAD】，弹出“链接 CAD 格式”对话框，选择“教材资源\教材图纸\01 结构图纸\02 承台平面图.dwg”，完成“02 承台平面图.dwg”图纸的链接。

2. 使用【楼板】命令来实现项目中垫层的创建，鼠标点击功能区“结构”上下文选项卡下“基础”面板中【板】命令，功能区自己切换到“修改丨创建楼层边界”上下文选项卡，如图 6-33 所示。

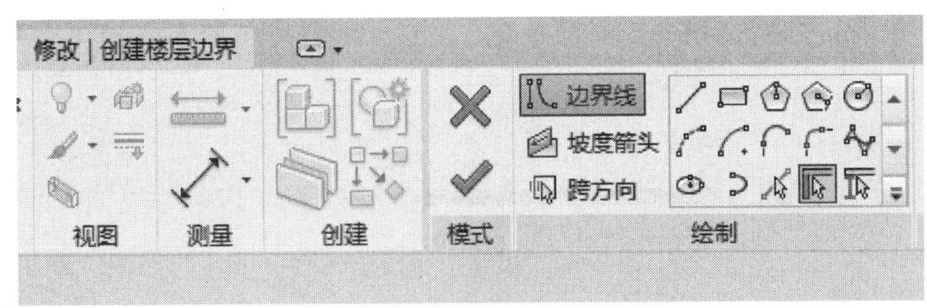

图 6-33　修改丨创建楼板边界选项卡

3. 鼠标单击“属性”窗口“类型选择器”中选择“基础底板 150mm 基础底板”，点击编辑类型，弹出“类型属性”窗口，点击“复制”按钮，弹出对话框中输入“混凝土垫层 C15 100mm”（图 6-34），再次点击“类型属性”窗口中，“类型参数”→“构造”→“结构”后“编辑”按钮，修改“混凝土垫层 C15 100mm”厚度及材质如图 6-34 和图 6-35 所示。

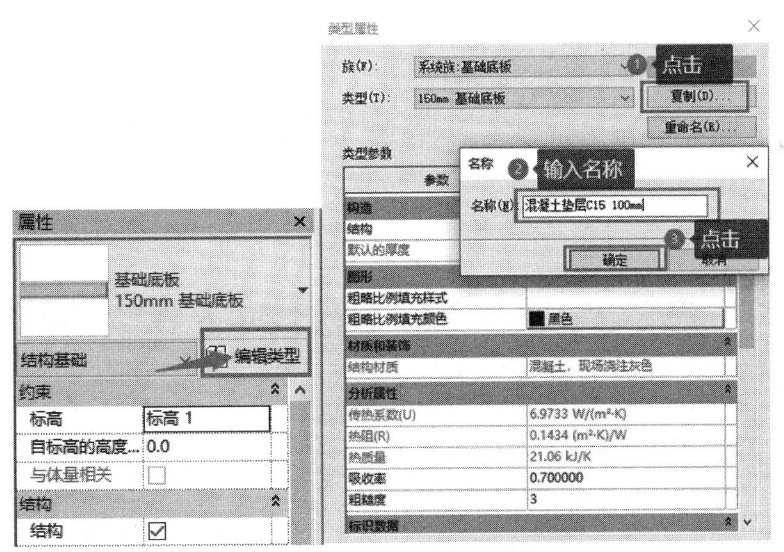

图 6-34　以楼板类型创建垫层

4. 鼠标点击“修改丨创建楼层边界”上下文选项卡“绘制”面板中“拾取线”，修改选项栏“偏移”值为“100mm”；修改“属性窗口”中标高为“承台底标高（−2.450）”和“自标高的高度偏移”值为“−100”，如图 6-36 所示。

5. 鼠标依次点击承台的边界线，确保构成“混凝土垫层 C15 100mm”边界线位于承台边界线外 100mm，点击“✔”完成垫层边界线绘制，如图 6-37 所示。

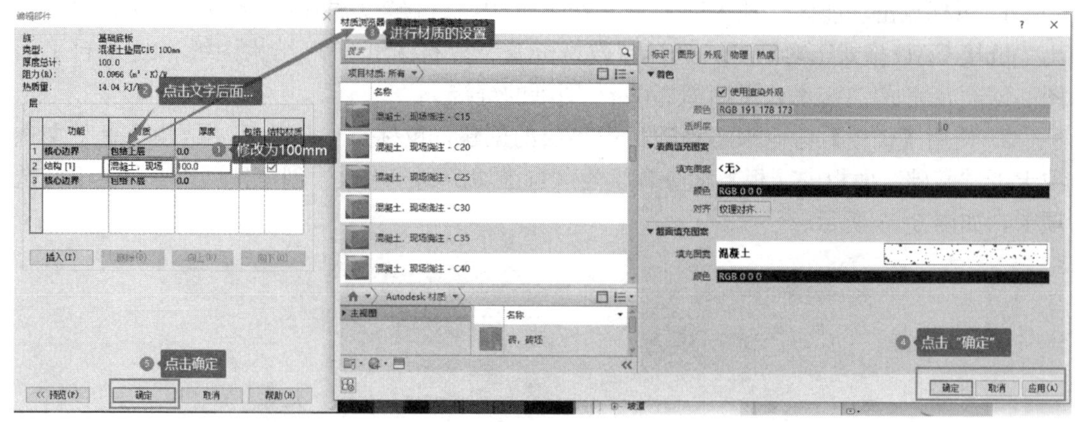

图 6-35　设置垫层构造材质

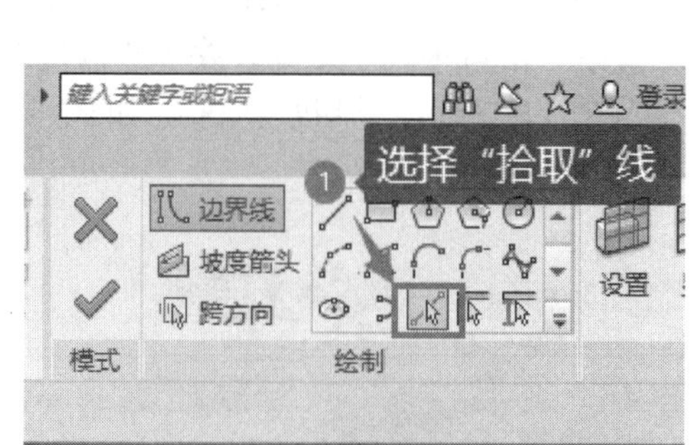

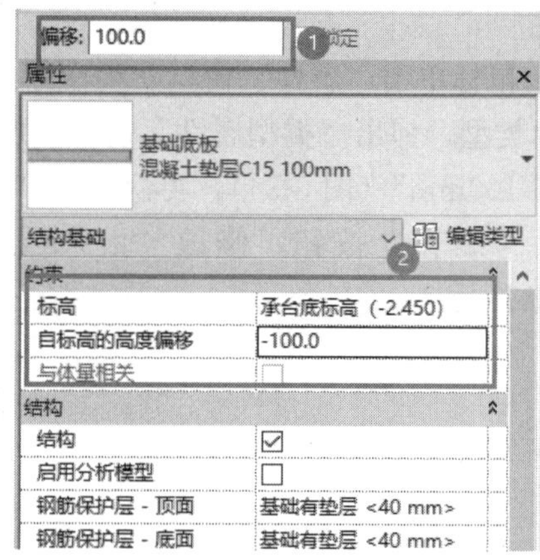

图 6-36　绘制垫层边界线

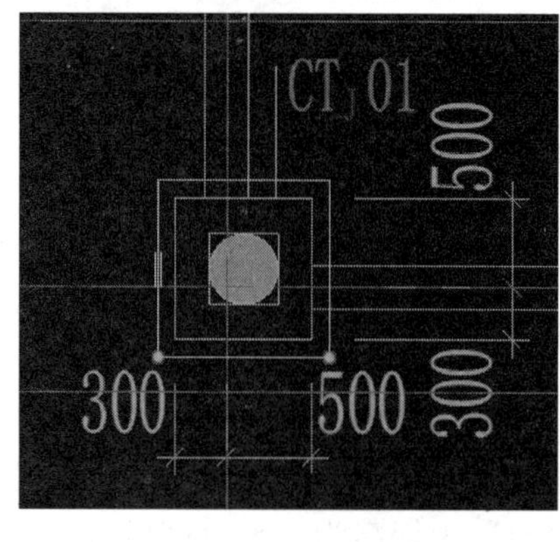

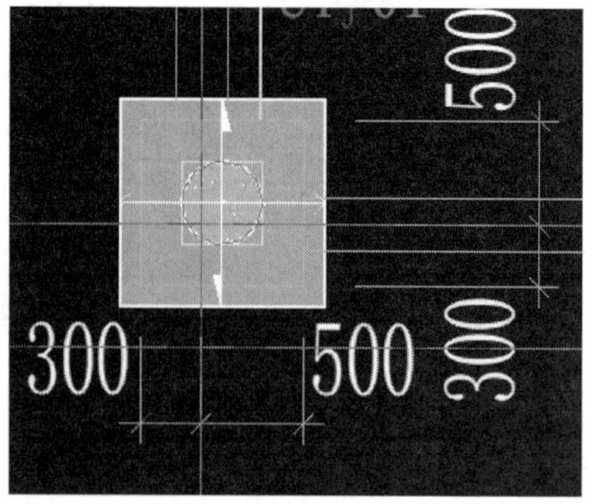

图 6-37　绘制垫层后效果

6. 按照以上步骤，完成承台混凝土垫层的创建，创建后效果如图 6-38 所示。

7. 鼠标点击功能区"结构"上下文选项卡下"基础"面板中【独立基础】命令，功

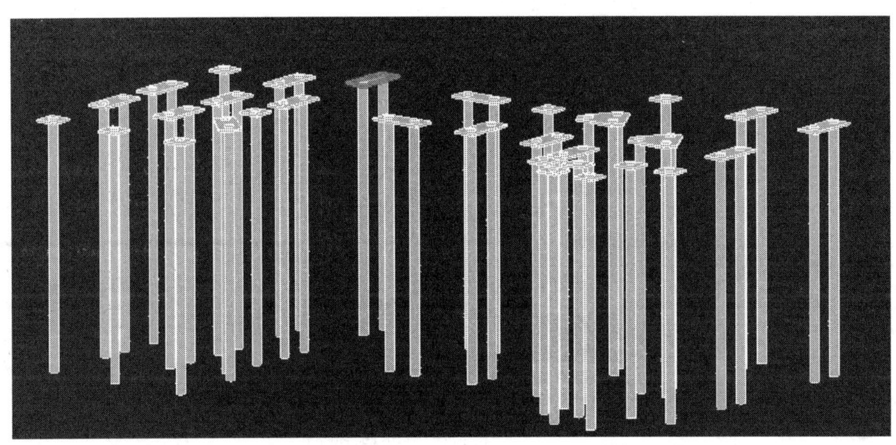

图 6-38 垫层三维效果

能区自己切换到“修改|放置 独立基础”上下文选项卡。鼠标依次单击“属性”窗口“类型选择器”中选择桩帽-矩形下“CT 01”，“CT 02”和桩帽-三角形下“CT 03 800mm”，按照图纸位置依次放置，完成效果如图 6-39 所示。

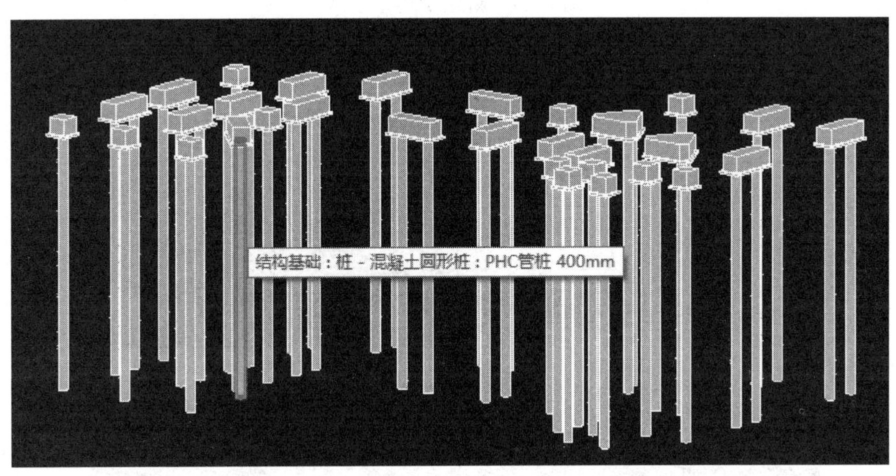

图 6-39 放置独立基础：承台后三维效果

6.5.1.3 创建梁

1. 鼠标点击功能区“结构”上下文选项卡下“结构”面板中【梁】命令，功能区自动切换到“修改|放置 梁”上下文选项卡。鼠标单击“属性”窗口“类型选择器”中选择混凝土-矩形梁“300×600mm”，点击“编辑类型”以此创建新的基础梁“JCL-1 250×400mm”和“JCL-2 250×450mm”如图 6-40 所示。

2. 修改混凝土-矩形梁“JCL-1 250×400mm”的属性，完成后，按照图纸，完成混凝土-矩形梁“JCL-1 250×400mm”和“JCL-2 250×450mm”绘制，至此完成项目基础模型创建，如图 6-41～图 6-43 所示。

3. 保存项目名称“结构专业 _ 基础模型”，存储到“教材资源 \ 教材模型 \ 结构专业 \ ”文件夹内。

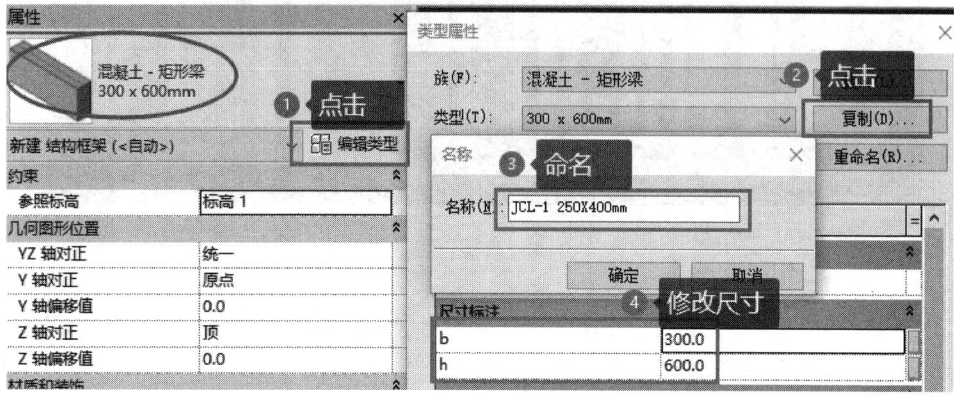

图 6-40　新建梁类型步骤

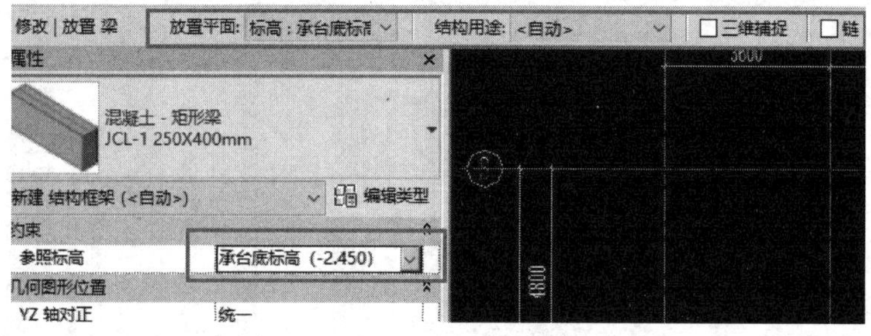

图 6-41　放置梁选项栏及参照标高设置

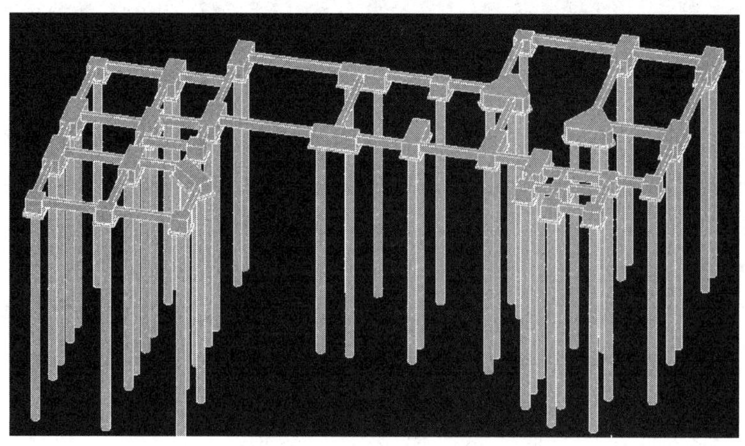

图 6-42　放置地梁后效果

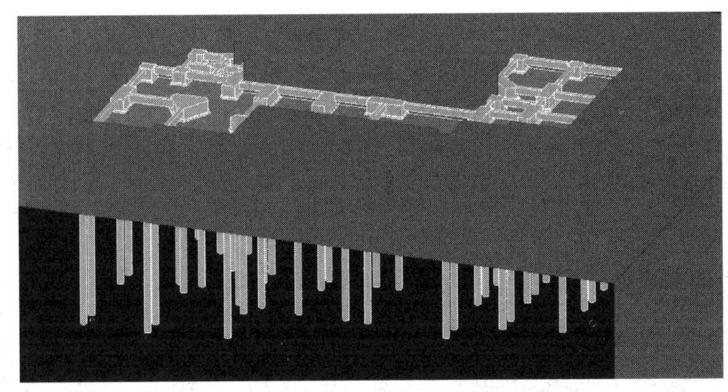

图 6-43 基坑视角下基础模型效果

6.5.2 “结构专业_结构柱模型”的创建

1. 打开“教材资源\教材模型\基准模型\结构专业\结构专业_基础模型.rvt”，完成项目“结构专业_结构柱模型”的创建。

2. 鼠标双击“项目浏览器”窗口中“结构平面”下“F1（−0.050）”，绘图区切换到“F1（−0.050）”结构平面视图。

3. 鼠标点击功能区“插入”上下文选项卡中“链接”功能面板的【链接 CAD】，弹出“链接 CAD 格式”对话框，选择“教材资源\教材图纸\01 结构图纸\03 基础顶～−2.950m 柱配筋图.dwg”，完成如图 6-44 设置，点击“打开”完成 CAD 文件的链接。

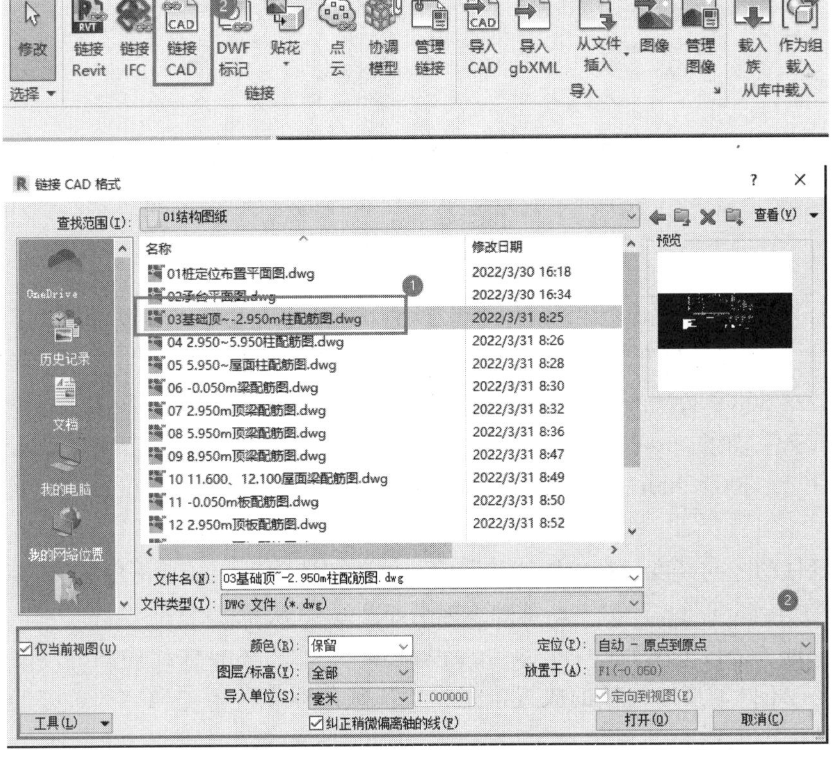

图 6-44 链接 CAD 文件步骤

4. 将链接 CAD 文件中轴线 1 和轴线 A，与当前项目文件中轴线 1 和轴线 A 对齐，使得链接 CAD 文件与项目中轴线一一对齐，效果如图 6-45 所示。

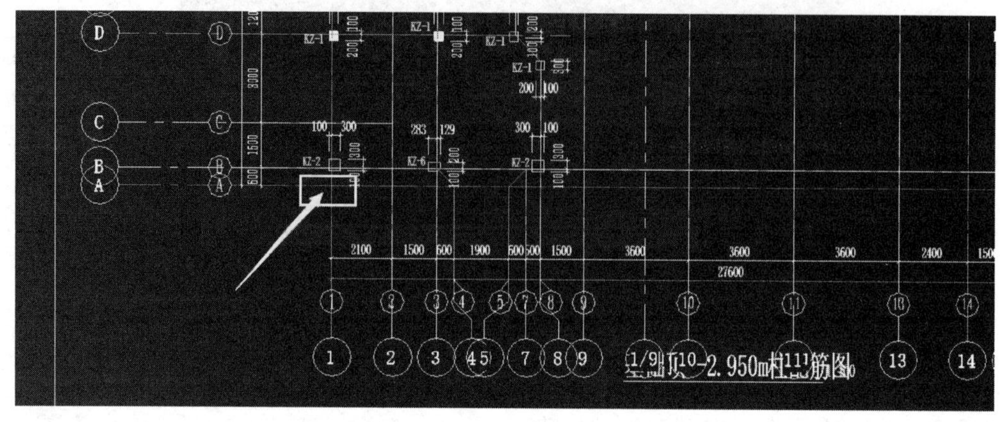

图 6-45　Revit 软件中链接 CAD 文件效果

5. 鼠标点击功能区“结构”上下文选项卡下“结构”面板中【柱】命令，功能区自动切换到“修改|放置 柱”上下文选项卡，鼠标选择功能区“修改|放置 柱”上下文选项卡下“放置”面板中【垂直柱】命令和“标记”面板中【在放置时进行标记】，如图 6-46 所示。

图 6-46　柱的放置方式

6. 鼠标依次单击“属性”窗口“类型选择器”中选择“混凝土-矩形-柱 300×450mm”，点击“编辑类型”，弹出“类型属性”窗口，点击“复制”按钮，弹出对话框中输入“KZ-1 300×300mm”，点击“确定”按钮，并将“尺寸标注”中 b 改为 300mm，h 改为 300mm，如图 6-47 所示。依次方法创建“KZ-2 400×400mm”“KZ-3 400×400mm”“KZ-4 300×900mm”“KZ-5 400×1150mm”“KZ-6 412×300mm”“KZ-7 350×350mm”。

7. 设置柱的竖向高度，在放置“柱”前，设置“选项”区域“深度”，标高选择下一标高“承台顶标高（−1.750)”即基础顶标高如图 6-48 所示。

8. 并根据“链接 CAD 文件”即“03 基础顶～−2.950m 柱配筋图 .dwg”中柱位，点击鼠标进行不同类型结构柱的放置，完成“基础顶标高”至“F1（−0.050)”标高间结构柱如图 6-49 所示。

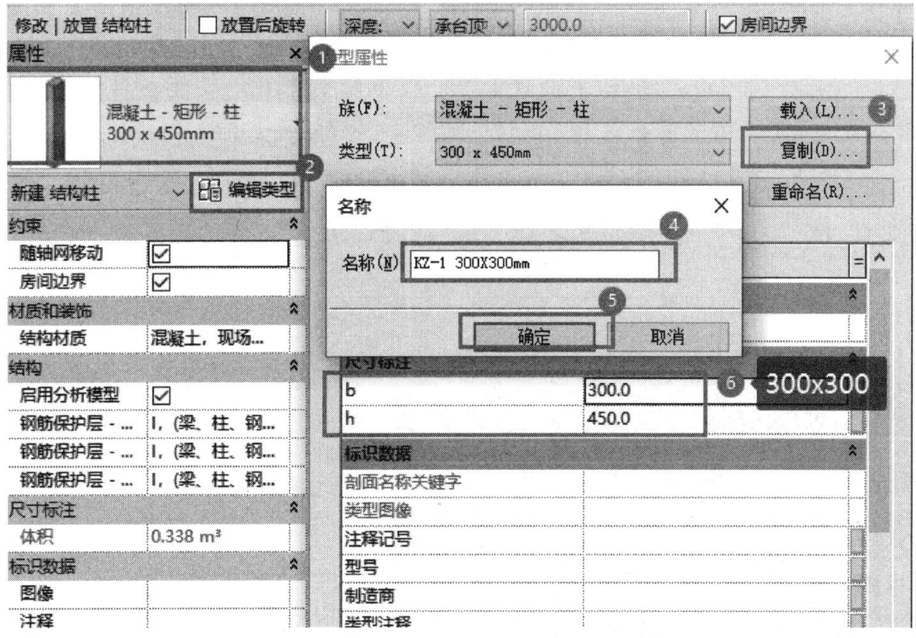

图 6-47　柱类型的创建

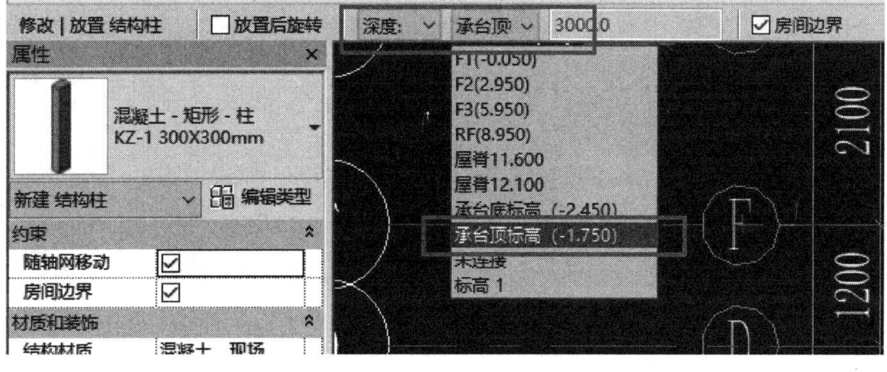

图 6-48　放置柱的定位

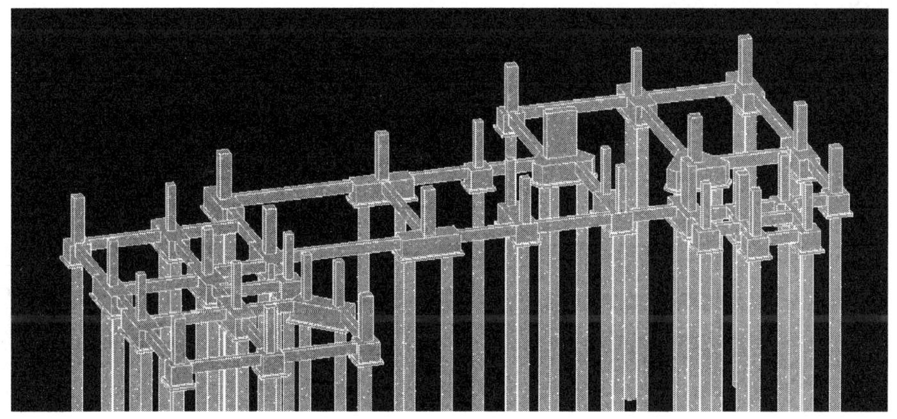

图 6-49　地下柱效果

9. 根据项目图纸“F1（－0.050）”标高至“F2（2.950）”标高间结构柱柱位相同，这里通过“剪切板命令”完成结构柱的创建，步骤如下：

1）在“F1（－0.050）”结构平面视图下，框选所有图元，功能区自动切换到“修改|选择多个”上下文选项卡，点击“选择”面板下【过滤器】命令。在“过滤器”窗口“类型”下，勾选“结构柱”和“结构柱标记”，点击“确定”按钮，如图 6-50 所示。

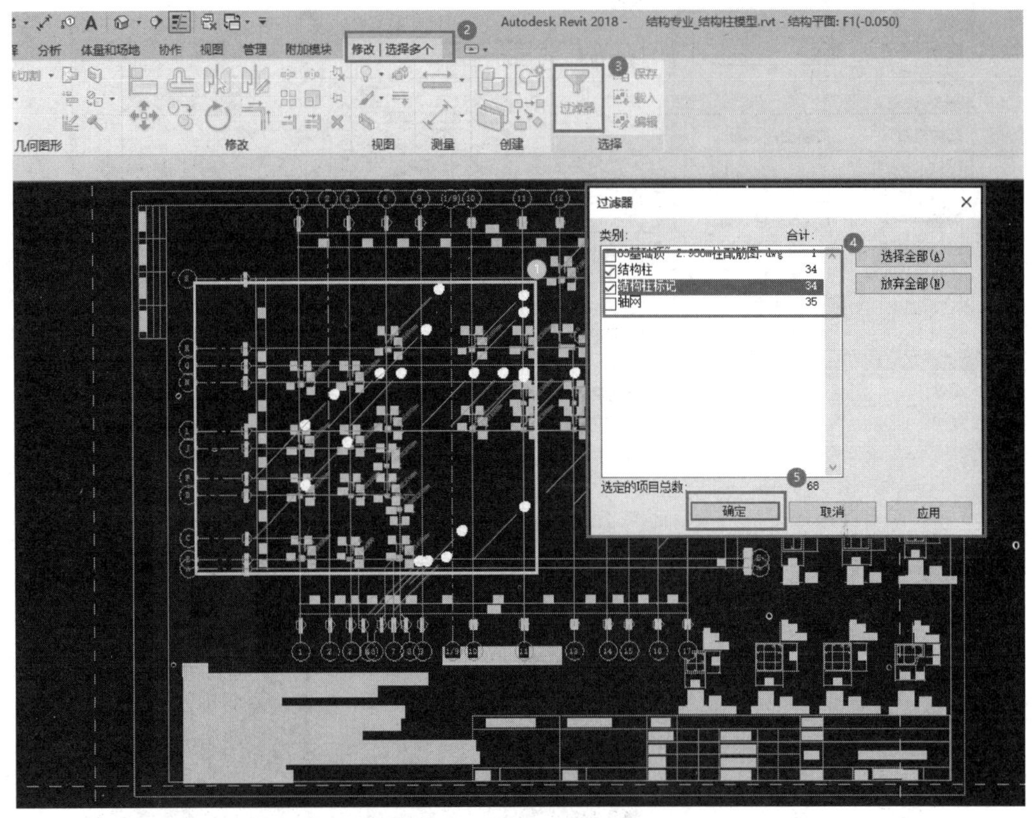

图 6-50 过滤器选择图元步骤

2）鼠标点击“修改|选择多个”上下文选项卡“剪切板”面板下【 】“复制到剪切板”命令，如图 6-51 所示。

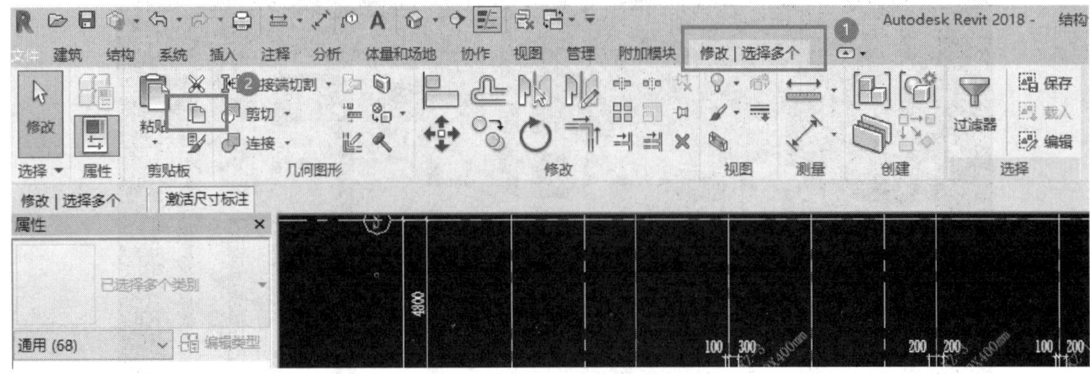

图 6-51 剪切板应用

3）点击“快速访问工具栏”中“[icon]”，切换到“默认三维视图”，如图 6-52 所示。

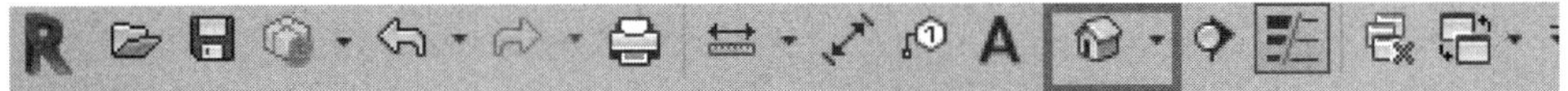

图 6-52　三维视图快速访问命令

4）鼠标点击“修改”上下文选项卡“剪切板”面板下【[icon]】“粘贴”命令下“与选定的视图对齐”，弹出窗口中选择“结构平面：F2（2.950）”点击“确定”按钮如图 6-53～图 6-55 所示。

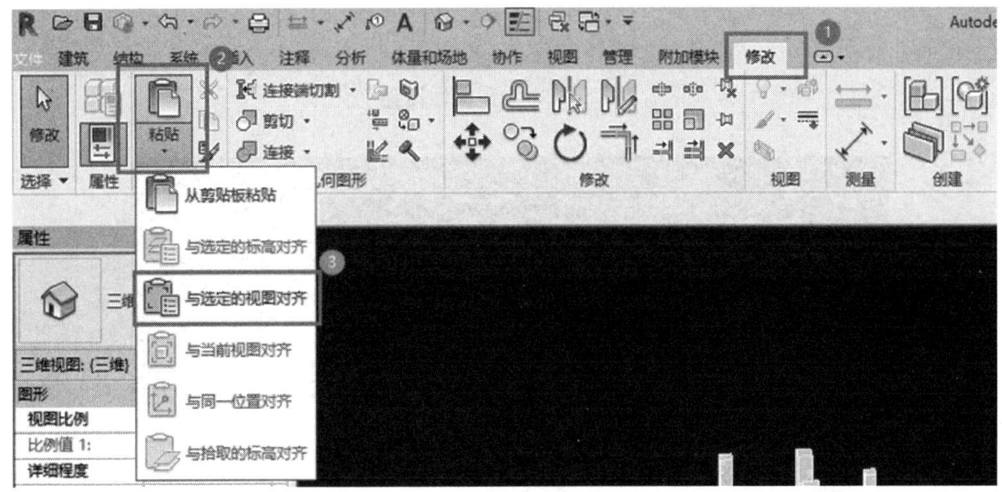

图 6-53　剪切板粘贴命令应用

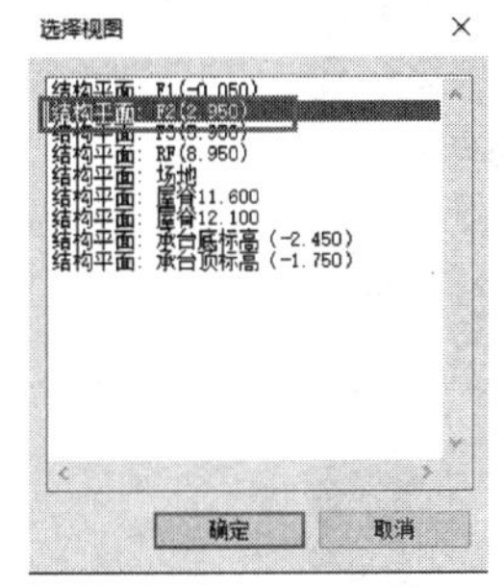

图 6-54　选择视图对话框

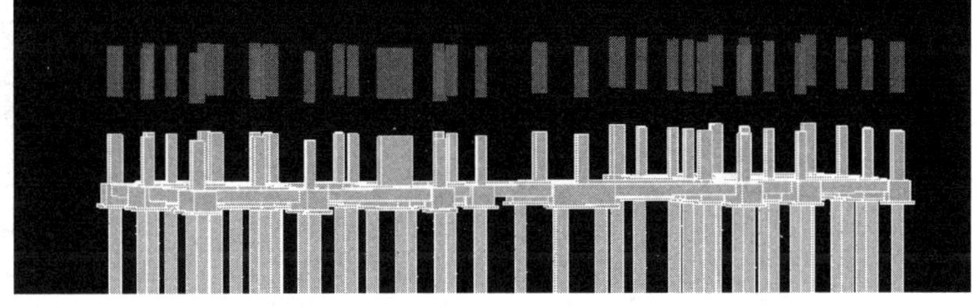

图 6-55　剪切板命令粘贴后效果

5）点击“属性”窗口筛选出“结构柱（34）”，调整实例属性：“底部标高”“底部偏移”“顶部标高”“顶部偏移”四个参数，调整柱到正确位置，“底部标高”调整为“F1（－0.050）”；“顶部偏移”调整为“F2（－2.950）”，如图 6-56 和图 6-57 所示。

10. 依照“链接 CAD”文件→创建结构柱类型→依图放置结构柱→修改结构柱参数逻辑步骤，完成项目“结构专业_结构柱模型”的创建，如图 6-58 所示。

11. 保存项目名称“结构专业_结构柱模型”，存储到“教材资源\教材模型\结构专业\”文件夹内。

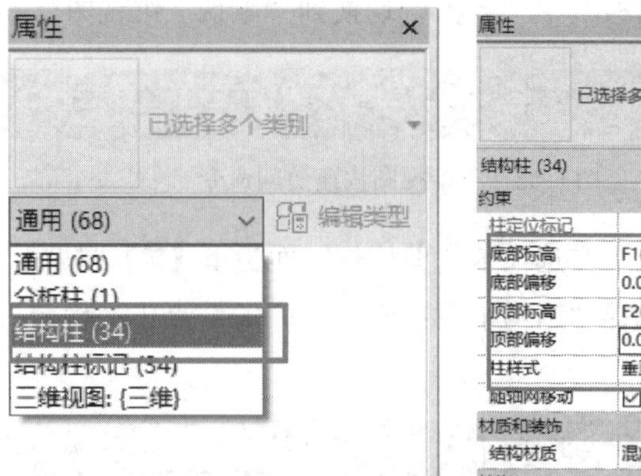

图 6-56　柱定位属性设置

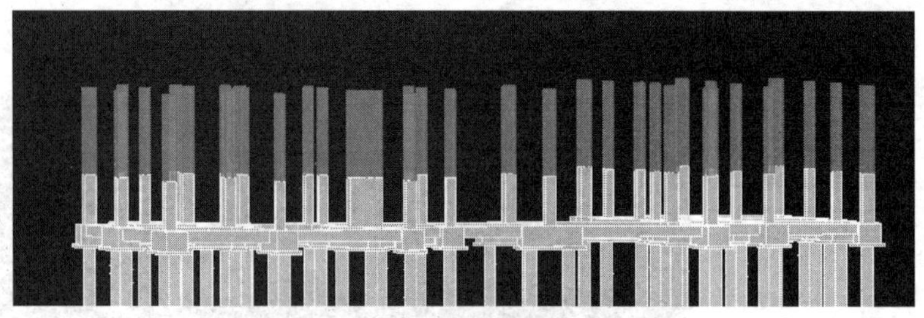

图 6-57　首层柱三维效果

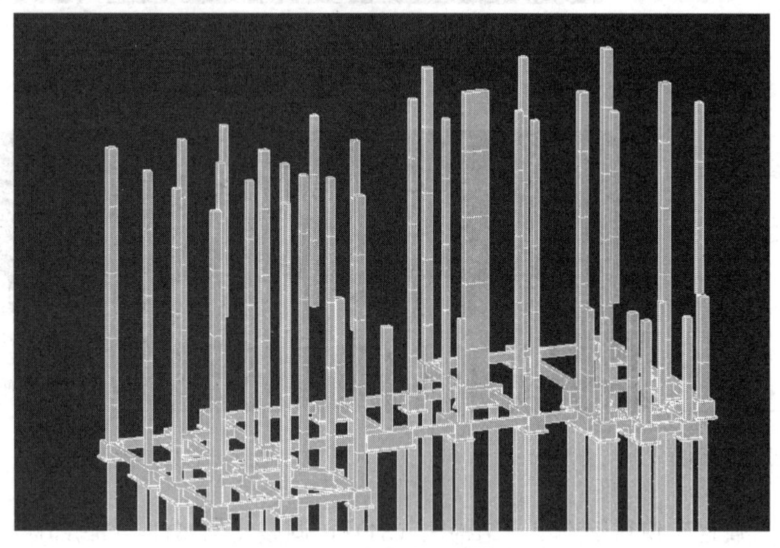

图 6-58　柱完成三维效果

6.5.3 “结构专业_框架梁模型”的创建

1. 打开“教材资源\教材模型\基准模型\结构专业\结构专业_结构柱模型.rvt”，完成项目“结构专业_框架梁模型”的创建。

2. 鼠标双击“项目浏览器”窗口中“结构平面”下“F1（−0.050)”，绘图区切换到“F1（−0.050)”结构平面视图。

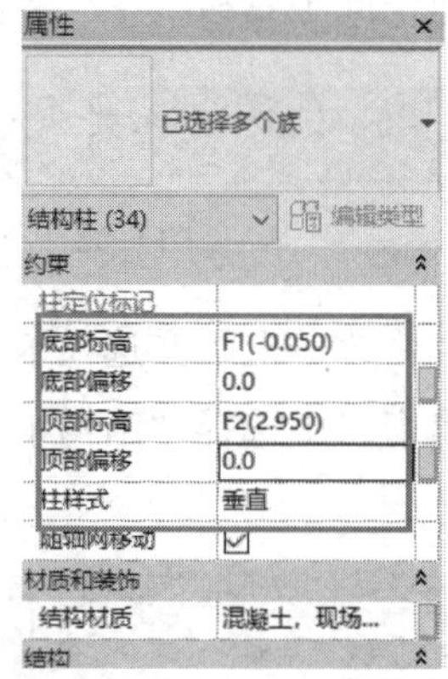

3. 鼠标点击功能区“插入”上下文选项卡中“链接”功能面板的【链接 CAD】，弹出“链接 CAD 格式”对话框，选择“教材资源\教材图纸\01 结构图纸\06 −0.050m 梁配筋图.dwg”，完成如图 6-59 设置，点击“打开”完成 CAD 文件的链接。

4. 鼠标点击“属性”窗口“可见性/图形替换”后“编辑”按钮，在弹出窗口中点击“导入的类别”，只勾选链接 CAD 文件“06 −0.050m 梁配筋图.dwg”，使当前结构平面视图仅显示一张链接 CAD 文件图纸，如图 6-59 所示。

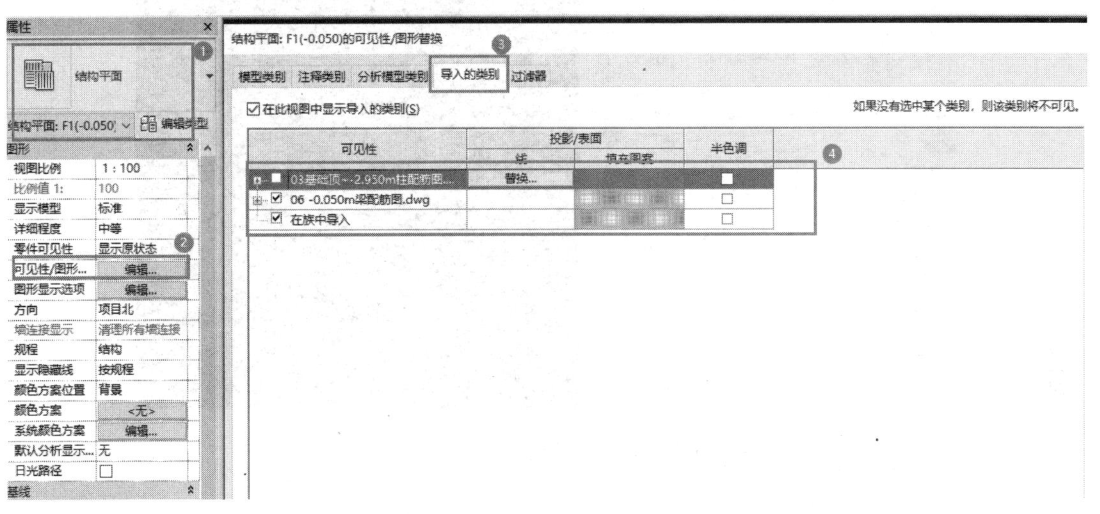

图 6-59 链接 CAD 可见性设置

5. 将链接 CAD 文件中轴线 1 和轴线 A，与当前项目文件中轴线 1 和轴线 A 对齐，使得链接 CAD 文件与项目中轴线一一对齐。

6. 鼠标点击功能区“结构”上下文选项卡下“结构”面板中【梁】命令，功能区自己切换到“修改|放置 梁”上下文选项卡。鼠标单击“属性”窗口“类型选择器”中选择混凝土-矩形梁“JCL-1 250×400mm”，点击“编辑类型”以此创建新的框架梁“KZL1(3) 250×500mm”，如图 6-60 所示。

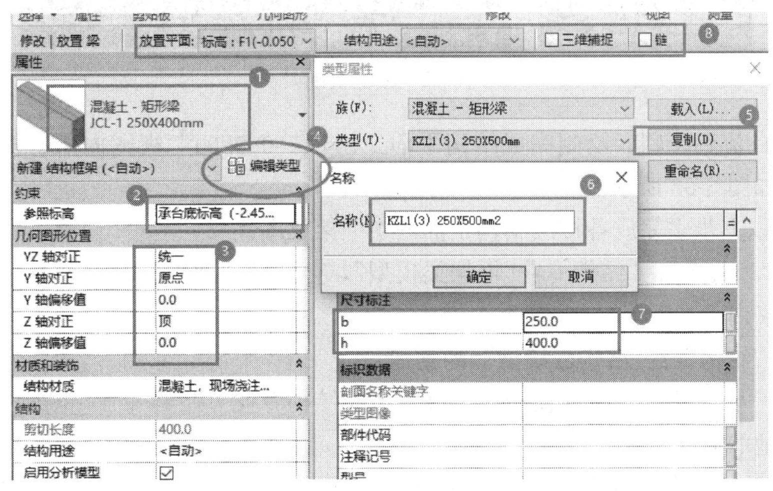

图 6-60 梁类型创建步骤

7. 修改混凝土-矩形梁“KZL1（3）250×500mm”的属性，完成后，按照图纸，完成1号轴线3框的混凝土-矩形梁“KZL1（3）250×500mm”绘制，至此完成项目基础模型创建，如图6-61和图6-62所示。

注意：绘制框架梁时按照框数分段绘制，不能从头到尾只画一根梁。

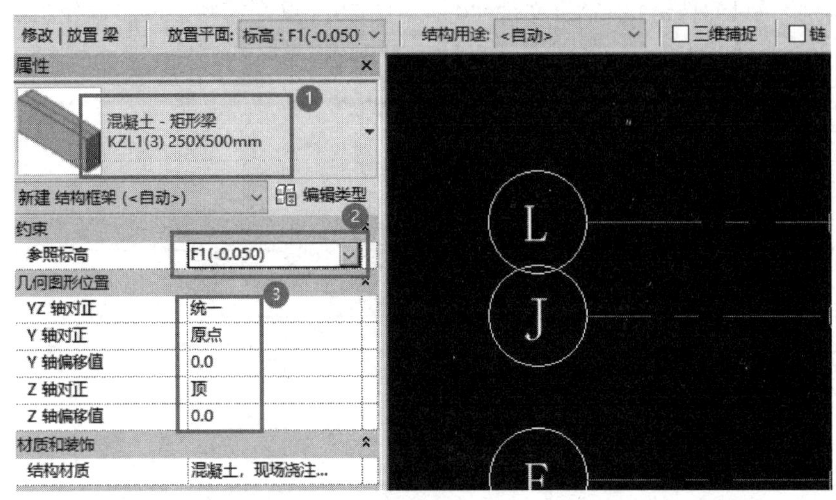

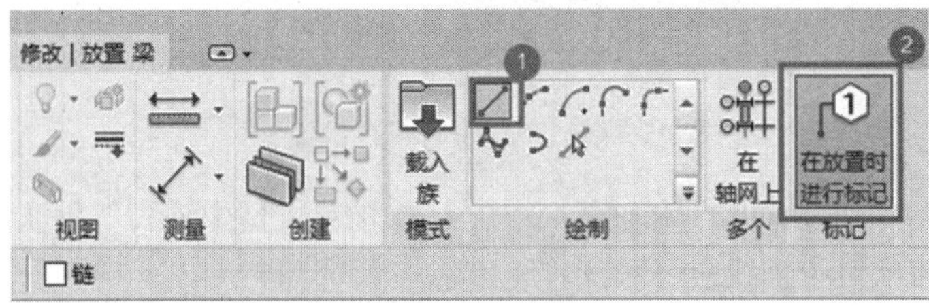

图6-61　梁放置步骤

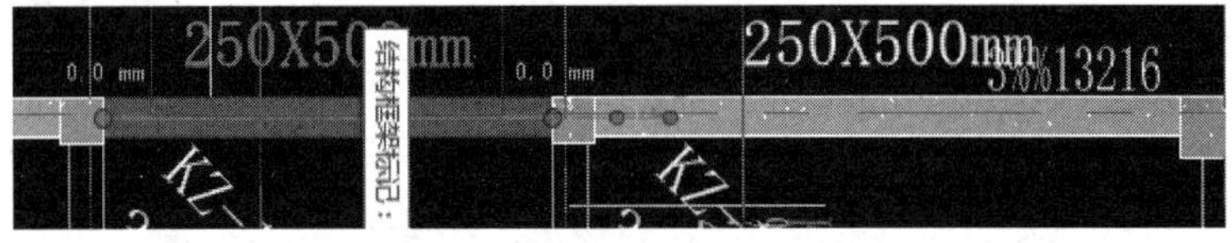

图6-62　按框绘制梁

8. 按照此流程步骤，绘制完成结构平面“F1（－0.050）”视图内所有框架梁，绘制完成后效果如图6-63所示。

9. 依照以上步骤完成各楼层结构平面图中框架梁图元。

10. 保存项目名称“结构专业_框架梁模型”，存储到“教材资源\教材模型\结构专业\”文件夹内。

6.5.4　“结构专业_结构板模型”的创建

1. 打开“教材资源\教材模型\基准模型\结构专业\结构专业_框架梁模型.rvt”，完成项目场地的创建。

2. 鼠标双击“项目浏览器”窗口中“结构平面”下“F1（－0.050）”，绘图区切换到“F1（－0.050）”结构平面视图。

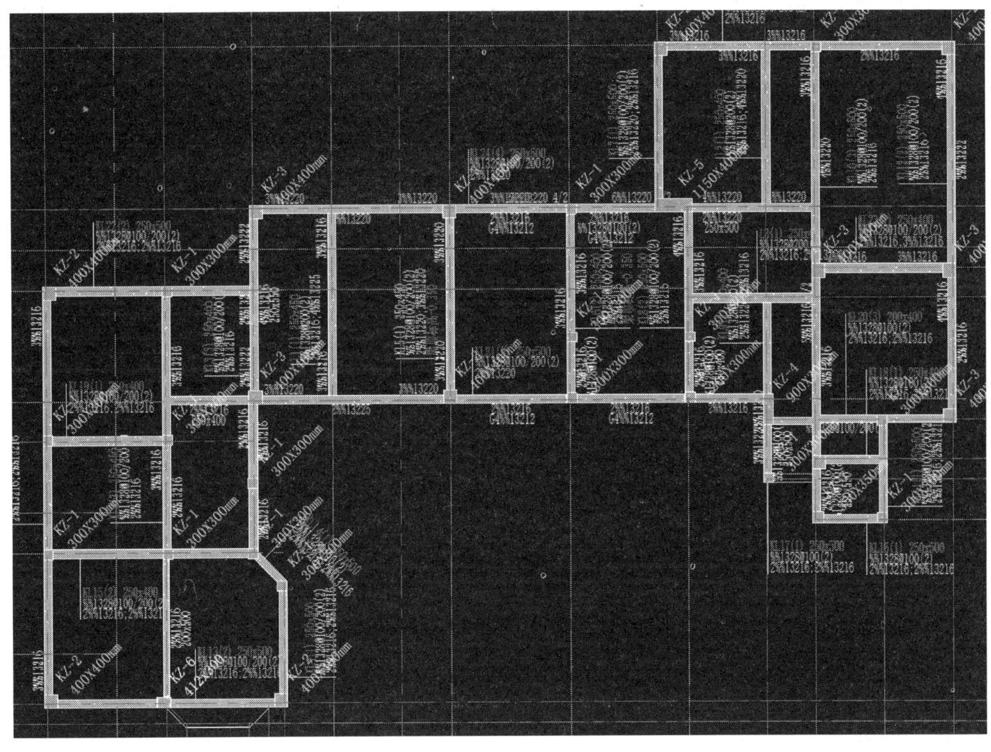

图 6-63 首层梁效果

3. 鼠标点击功能区“插入”上下文选项卡中“链接”功能面板的【链接 CAD】，弹出“链接 CAD 格式”对话框，选择“教材资源\教材图纸\01 结构图纸\11 －0.050m 板配筋图 .dwg”，完成如图 6-64 设置，点击“打开”完成 CAD 文件的链接。

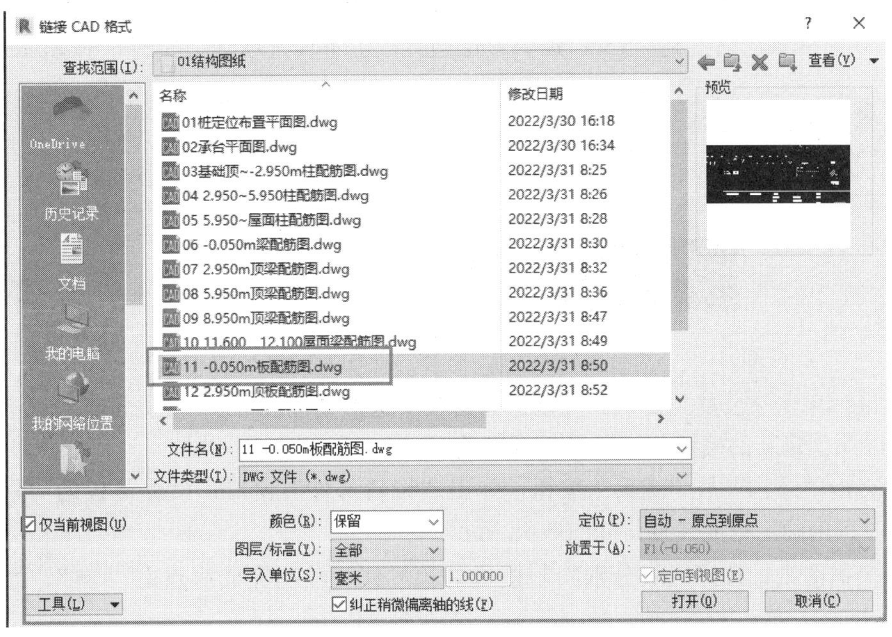

图 6-64 链接 CAD 文件步骤

4. 鼠标点击“属性”窗口“可见性/图形替换”后“编辑”按钮，在弹出窗口中点击“导入的类别”，只勾选链接 CAD 文件“11 －0.050m 板配筋图.dwg”，使当前结构平面视图仅显示一张链接 CAD 文件图纸，如图 6-65 所示。

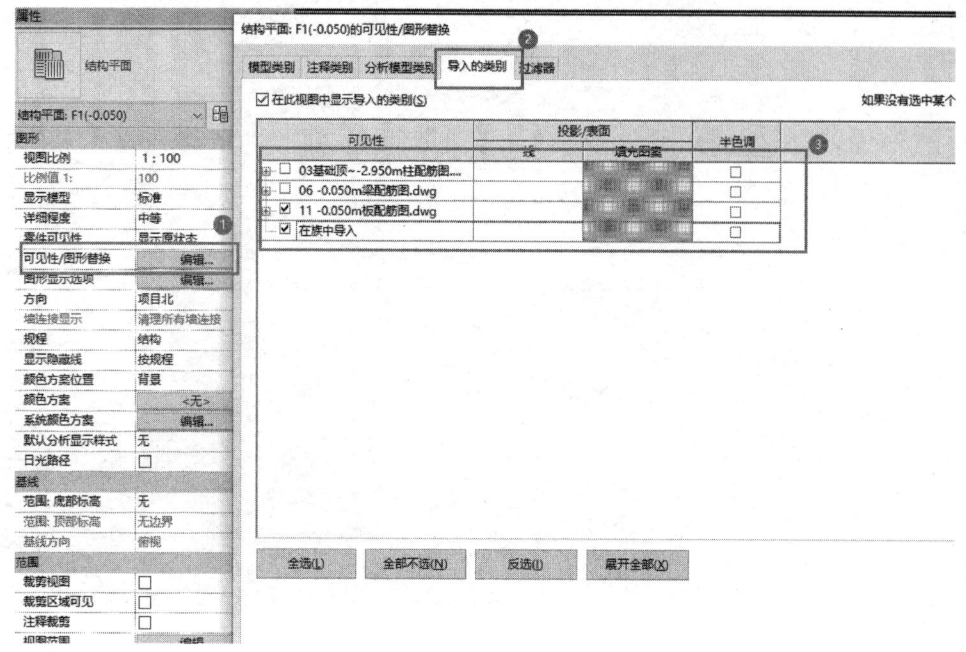

图 6-65　链接 CAD 可见性设置

5. 将链接 CAD 文件中轴线 1 和轴线 B，与当前项目文件中轴线 1 和轴线 B 对齐，使得链接 CAD 文件与项目中轴线一一对齐。

6. 鼠标点击功能区“结构”上下文选项卡下“结构”面板中【楼板】命令下【楼板：结构】，功能区自己切换到“修改|编辑楼层边界”上下文选项卡，如图 6-66 所示。

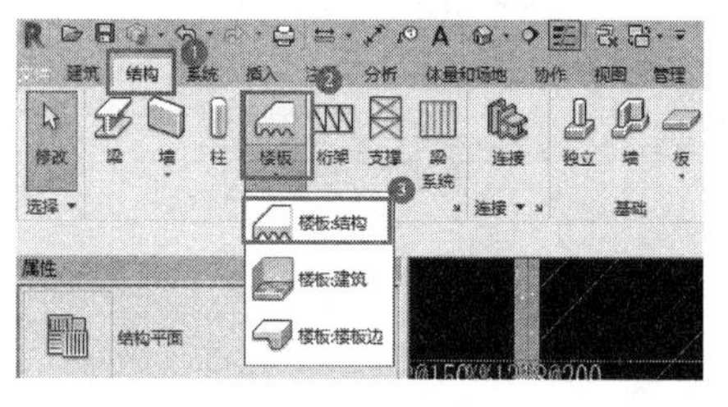

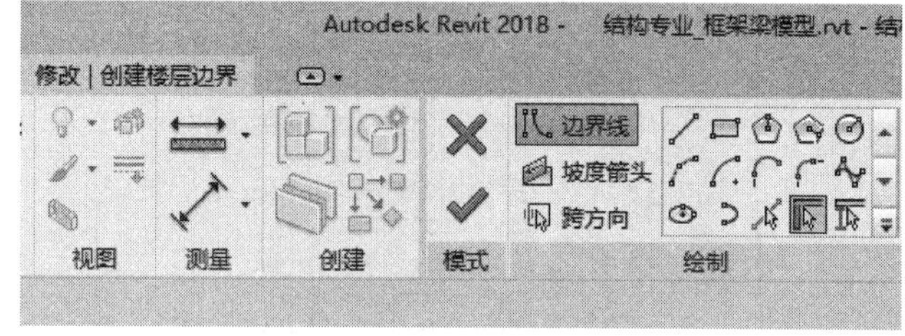

图 6-66　楼板边界绘制

7. 鼠标单击“属性”窗口“类型选择器”中选择“楼板常规—300mm”，点击“编辑类型”以此创建新的楼板“LB—120mm”如图 6-67 所示。

8. 点击“结构”后“编辑”按钮，弹出“编辑部件”窗口，设置楼板的“材质”和“厚度”，点击确定完成设置，如图 6-68 所示。

9. 根据图纸，按照区域分别绘制楼板的边界线，绘制完成后点击“✔”，如图 6-69 所示。

注意：楼板编辑，不能有相交线段和重叠线段。

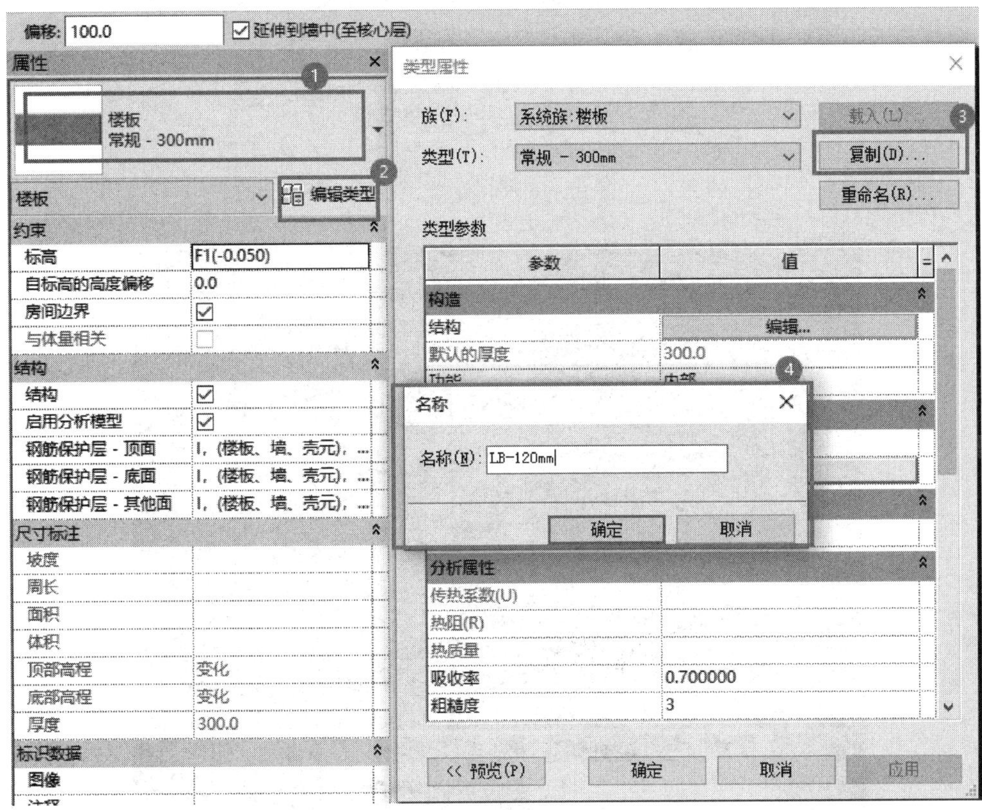

图 6-67　楼板类型的创建

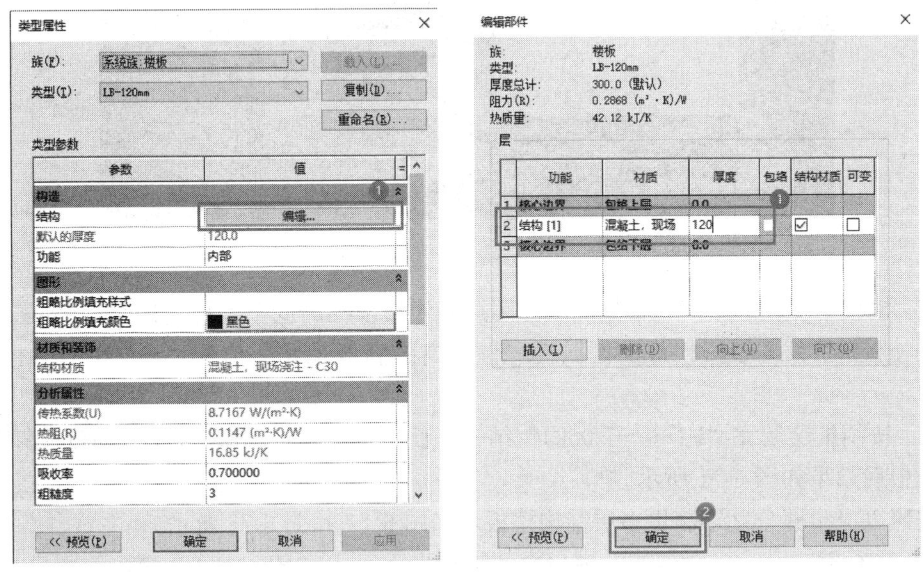

图 6-68　楼板构造材质设置

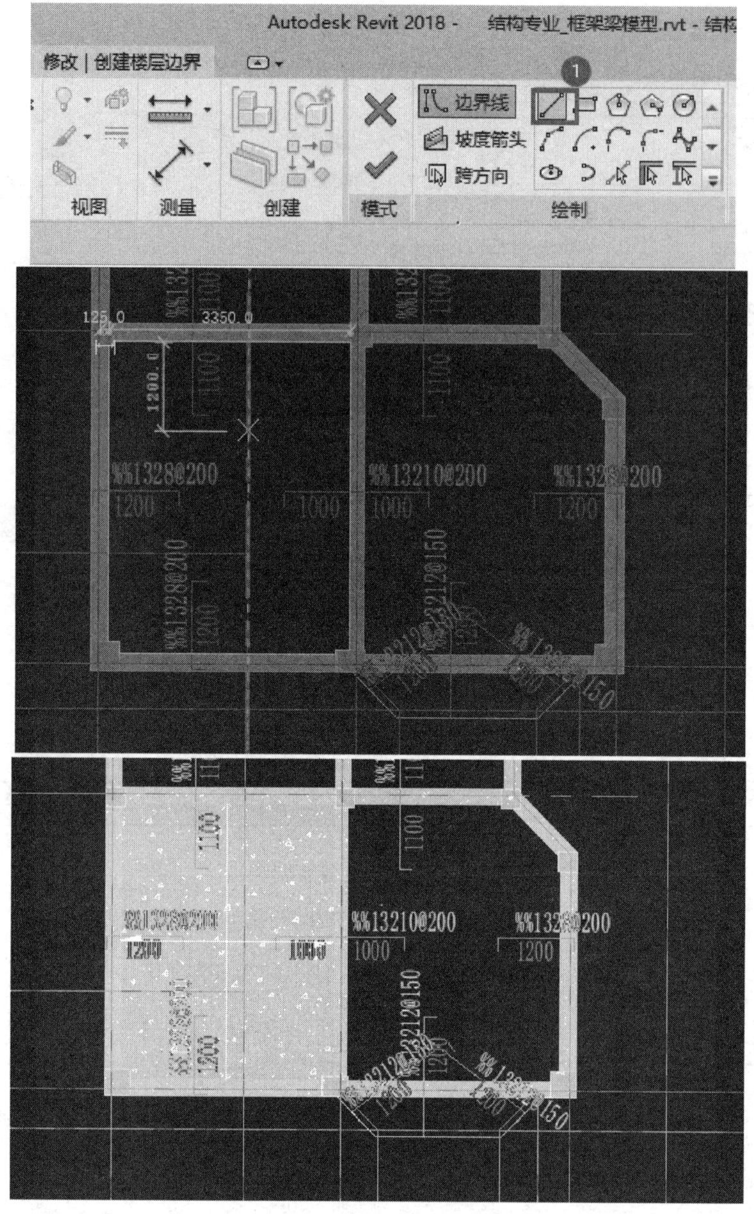

图 6-69 楼板边界绘制步骤

10. 楼板中降板的绘制，根据图纸，阴影处楼板顶标高低于常规楼板－300mm，因此在绘制楼板边界线时设置楼板实例属性“自标高的高度偏移”值为“－300”，如图 6-70 所示。

11. 按图纸绘制完“F1（－0.050）”结构平面所有楼板，隐藏“链接 CAD 文件”，并标注楼板后效果如图 6-71 所示。

按照以上步骤分别绘制更多层结构楼板，如图 6-72 和图 6-73 所示。

12. 鼠标双击“项目浏览器”窗口中“结构平面”下“RF（8.950）”，绘图区切换到“RF（8.950）”结构平面视图。

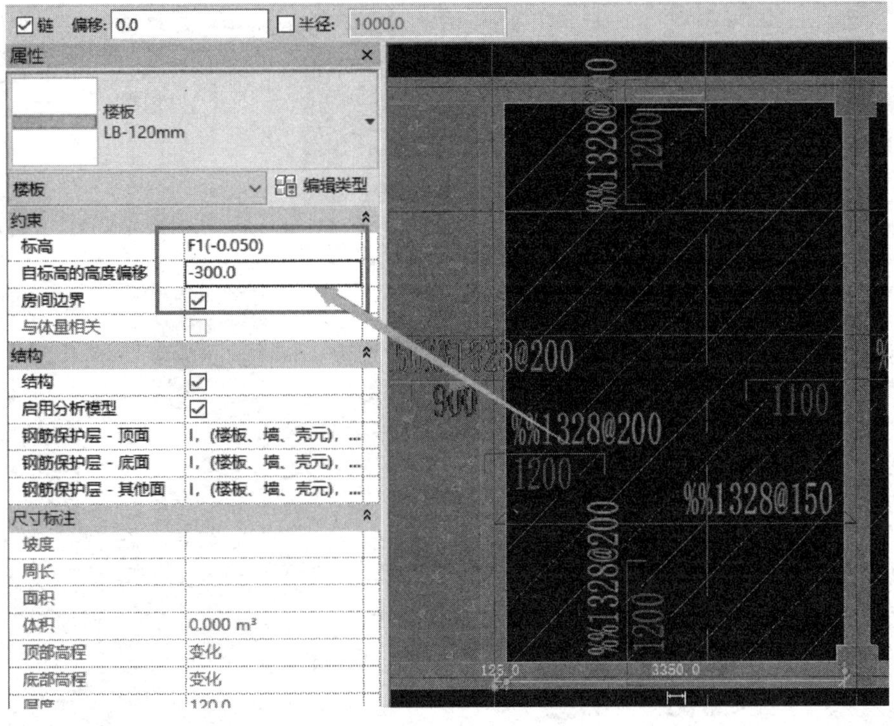

图 6-70　降板设置

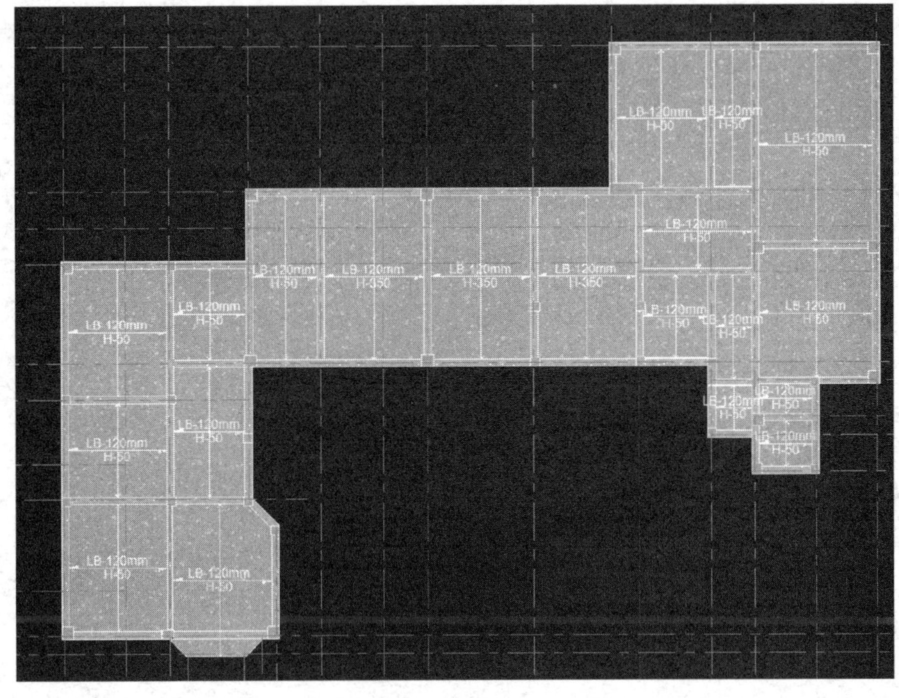

图 6-71　楼板效果

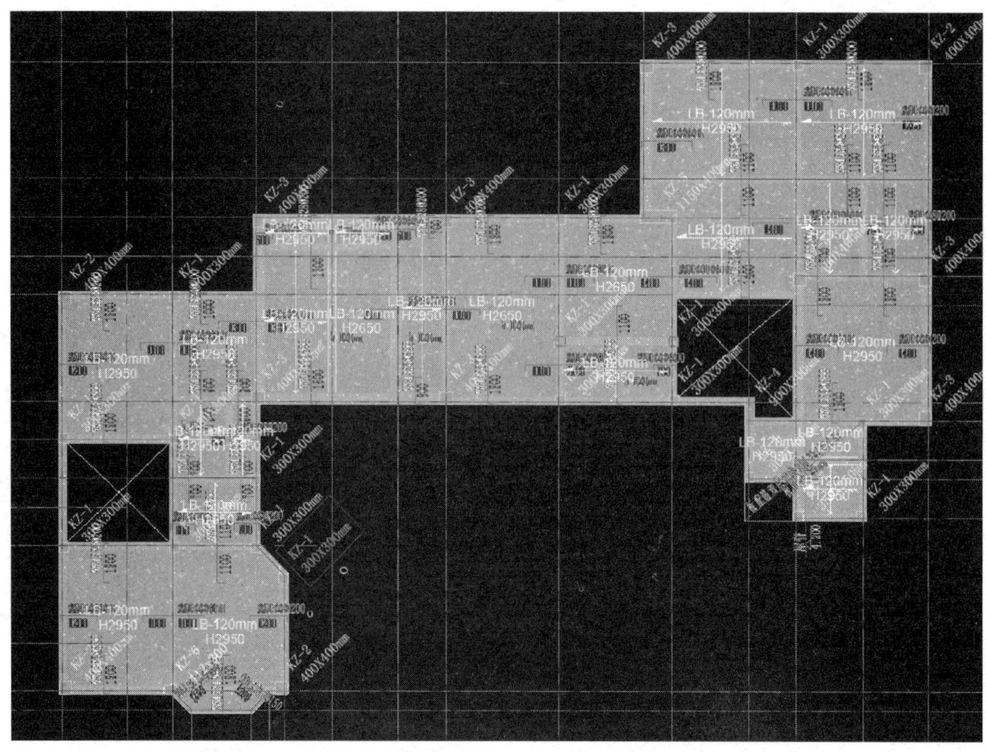

图 6-72 F2（2.950）结构平面结构板

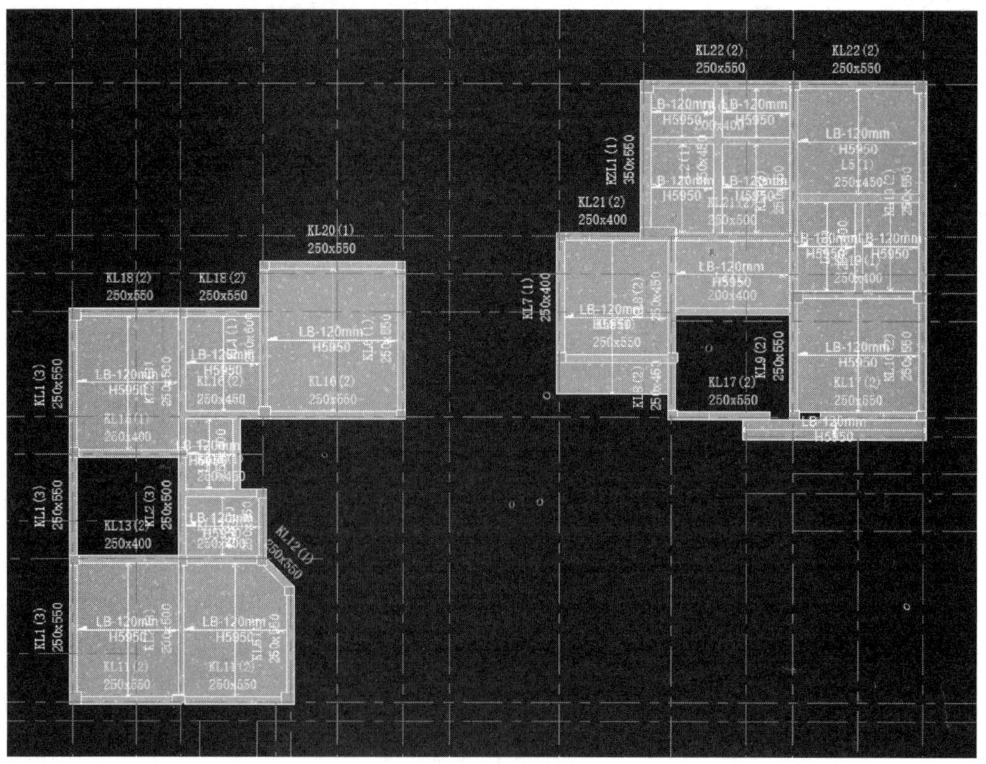

图 6-73 F3（5.950）结构平面结构板

鼠标点击功能区“插入”上下文选项卡中“链接”功能面板的【链接 CAD】，弹出“链接 CAD 格式”对话框，选择“教材资源\教材图纸\01 结构图纸\14 屋面板配筋图 . dwg”，完成如图 6-74 设置，点击“打开”完成 CAD 文件的链接。

13. 鼠标点击“属性”窗口“可见性/图形替换”后“编辑”按钮，在弹出窗口中点击“导入的类别”，只勾选链接 CAD 文件“14 屋面板配筋图 . dwg”，使当前结构平面视图仅显示一张链接 CAD 文件图纸，如图 6-74 所示。

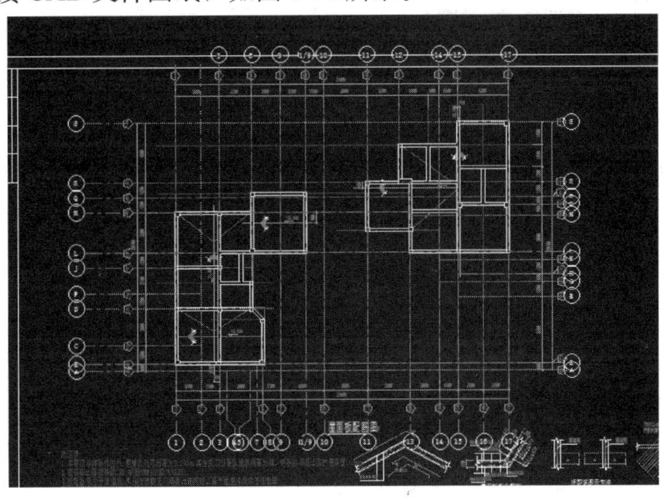

图 6-74 链接 CAD 显示效果

14. 将链接 CAD 文件中轴线 1 和轴线 B，与当前项目文件中轴线 1 和轴线 B 对齐，使得链接 CAD 文件与项目中轴线一一对齐。

鼠标点击“属性”窗口，“范围”下“视图范围”后面“编辑”，弹出窗口修改参数如图 6-75 所示，保证能显示出坡屋顶。

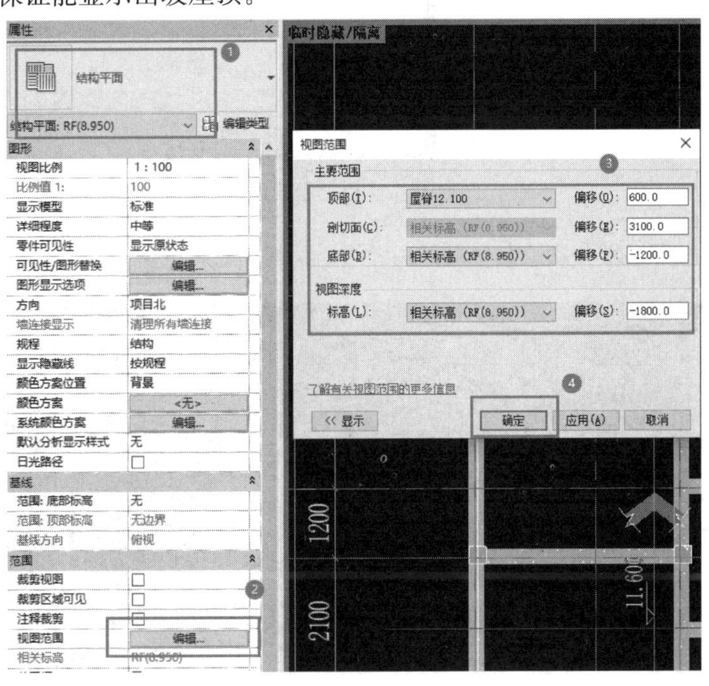

图 6-75 平面视图范围设置步骤

15. 鼠标点击功能区“结构”上下文选项卡下“结构”面板中【楼板】命令下【楼板：结构】，功能区自动切换到“修改|编辑楼层边界”上下文选项卡，如图 6-76 所示。

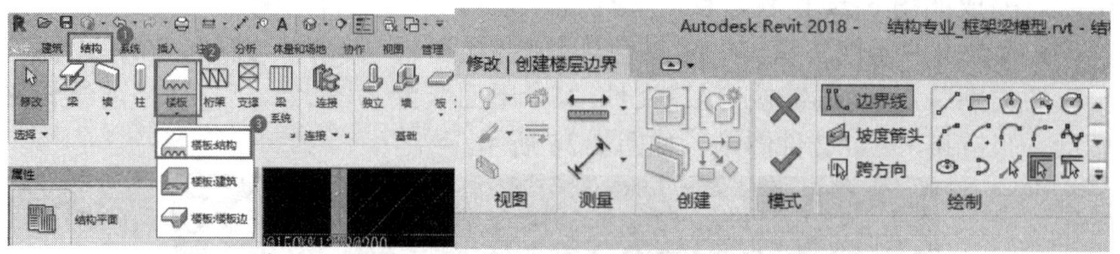

图 6-76 楼板绘制面板

鼠标单击“属性”窗口“类型选择器”中选择“LB—120mm”，点击“编辑类型”以此创建新的楼板“WB—120mm”如图 6-77 所示。

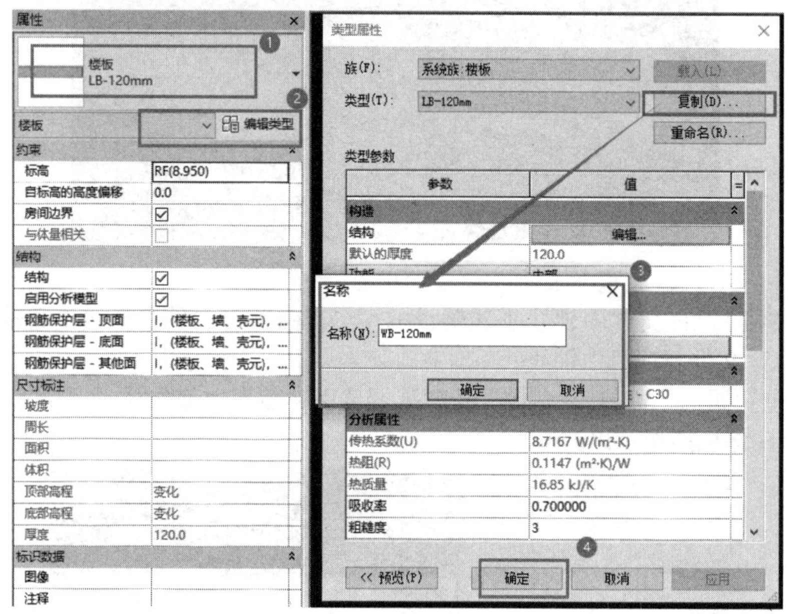

图 6-77 楼板类型的创建

根据图纸，按照区域分别绘制楼板的边界线，绘制完成后点击“”如图 6-78 所示。

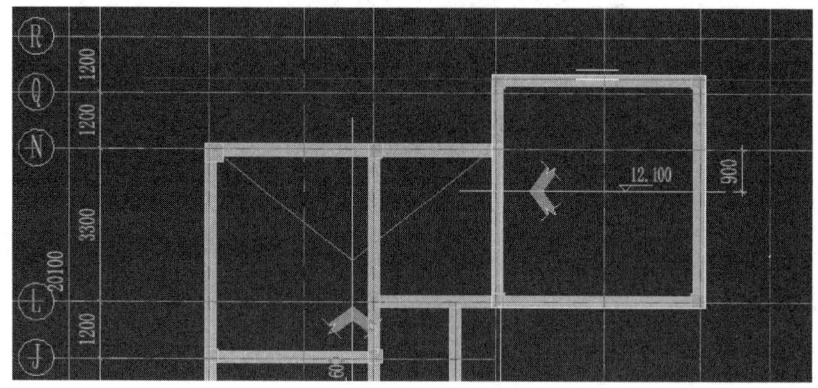

图 6-78 楼板边界绘制

选择绘制的楼板，功能区切换到“修改|楼板”上下文选项卡下“形状编辑”面板里【添加分割线】命令，在图纸屋脊线位置绘制“分割线”，并点击【修改子图元】命令，修改刚刚绘制的分割线立面为“3150mm”（12.100m－8.950m），键盘“Esc”按键退出楼板编辑，如图 6-79 所示。

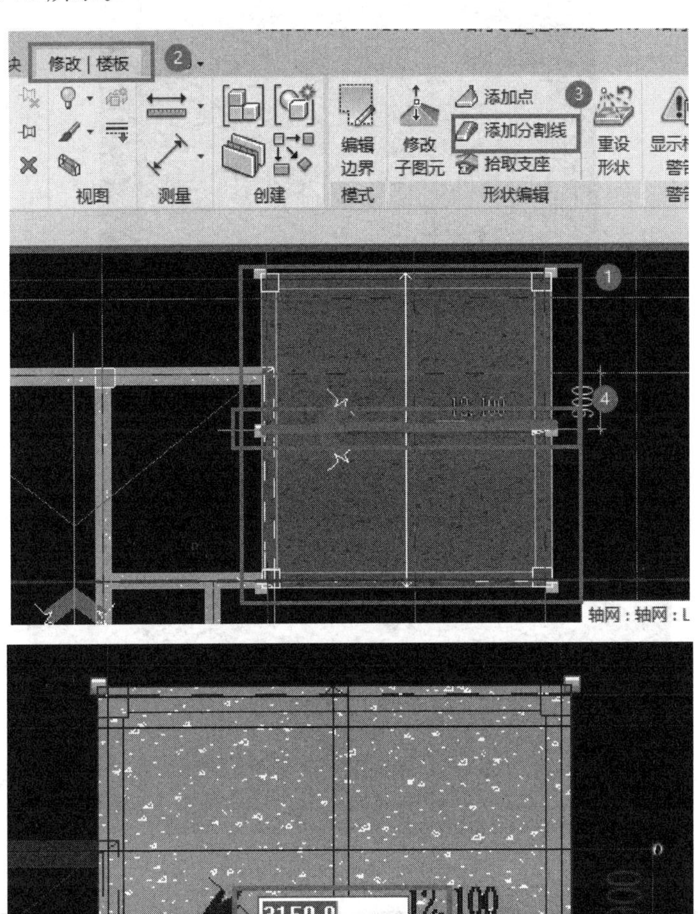

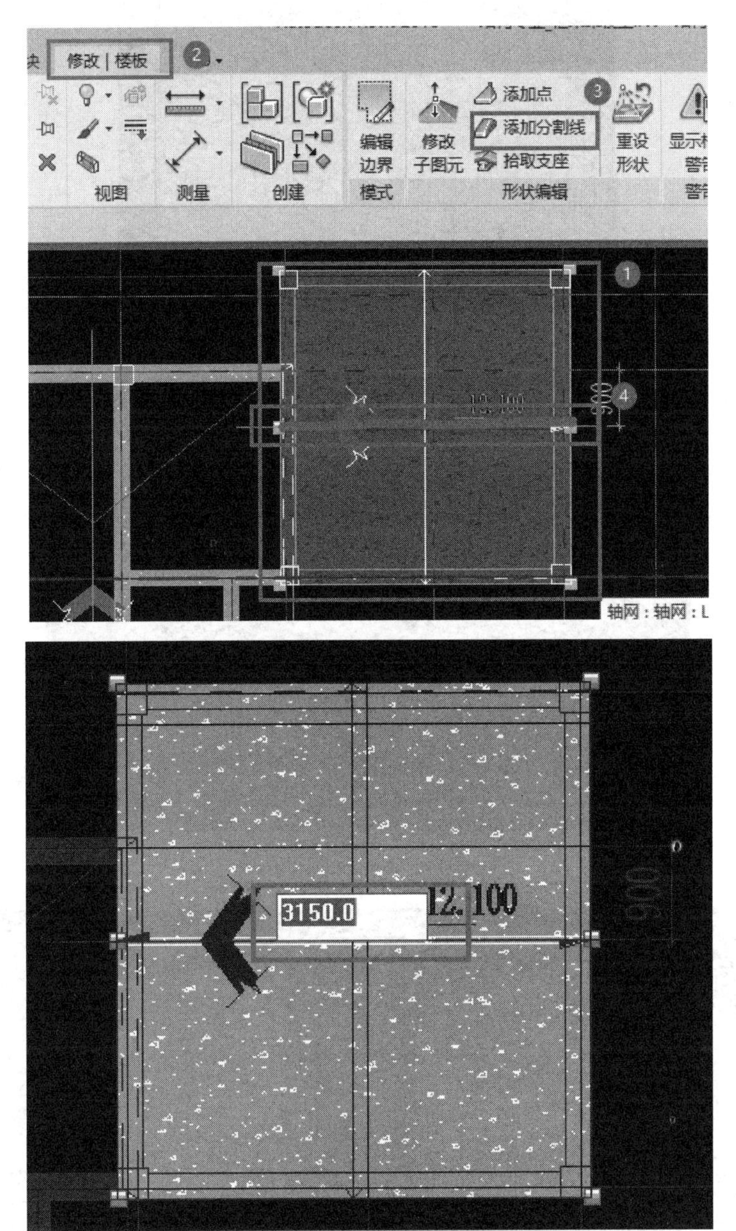

图 6-79　楼板形状编辑步骤

采用同样的方式，绘制出全部坡屋顶，并采用功能区“结构”选项卡下“洞口”里【垂直】命令裁掉坡屋顶多余部分，如图 6-80～图 6-82 所示。

16. 保存项目名称“结构专业_结构板模型”，存储到“教材资源\教材模型\结构专业\”文件夹内。

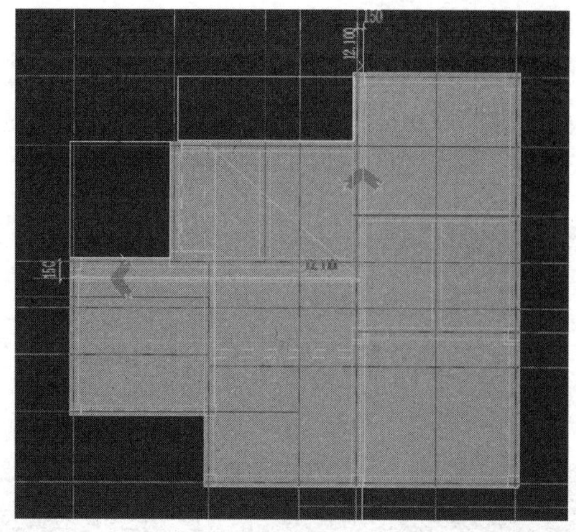

图 6-80 垂直洞口轮廓

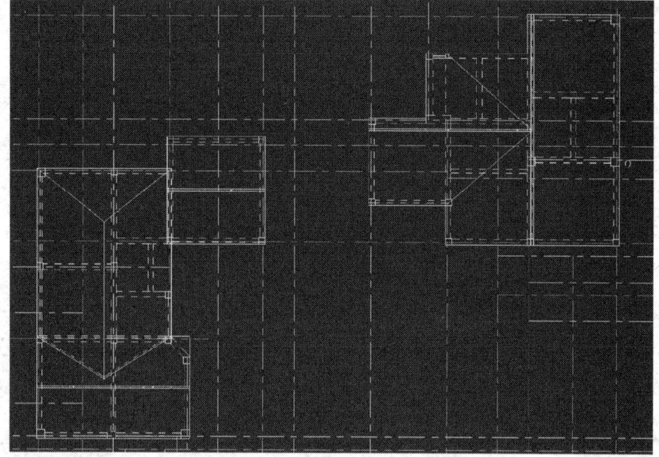

图 6-81 屋板平面图效果

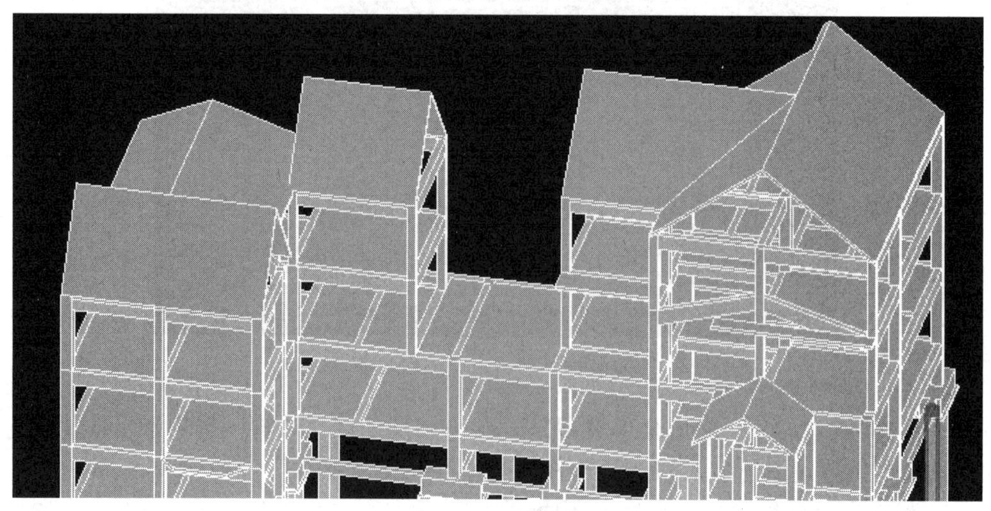

图 6-82 项目结构模型效果

第 7 章

项目建筑构件模型创建

7.1 墙体构造设置与幕墙创建
7.2 楼板和天花板创建
7.3 屋顶的创建
7.4 门窗及洞口创建
7.5 楼梯及坡道创建
7.6 栏杆扶手创建
7.7 实操练习

7.1 墙体构造设置与幕墙创建

本节在建筑墙体构件创建基础上，对建筑墙体进行分类及构造设置进行讲解，来满足墙体绘制时需要综合考虑墙体的高度、构造做法、立面显示及墙身大样详图、图纸的粗略（精细）程度的显示（各种视图比例的显示），以及内外墙体区别等。幕墙作为墙的一种类型，幕墙嵌板具备的可自由定制的特性及嵌板样式同幕墙网格的划分之间的自动维持边界约束的特点，使幕墙具有很好的应用拓展。

7.1.1 “墙：建筑”的创建

选择“建筑”选项卡，单击“构建”面板下的“墙”下拉按钮，可以看到有墙：建筑、墙：结构、面墙、墙：饰条和墙：分隔条共5种类型可供选择，如图7-1所示。

墙建筑的创建方式和6.2中剪力墙的创建方式一致，在此不再赘述。

7.1.2 “墙：建筑”的分类及构造设置

1. 选择墙建筑，从类型选择器中选择“墙”类型，墙建筑分为：基本墙、叠层墙和幕墙3种类型，如图7-2所示。

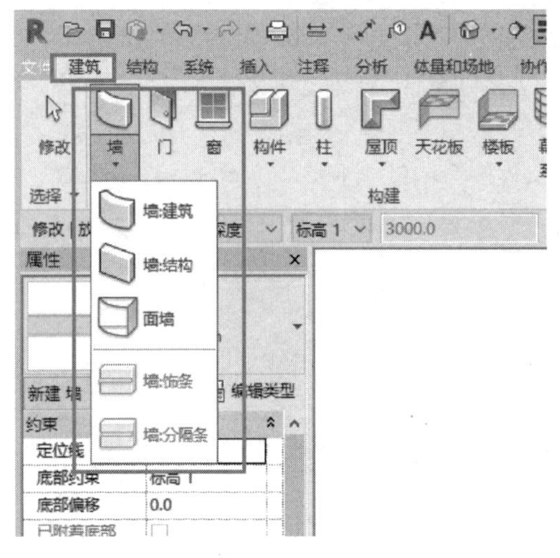

图7-1 墙命令功能面板

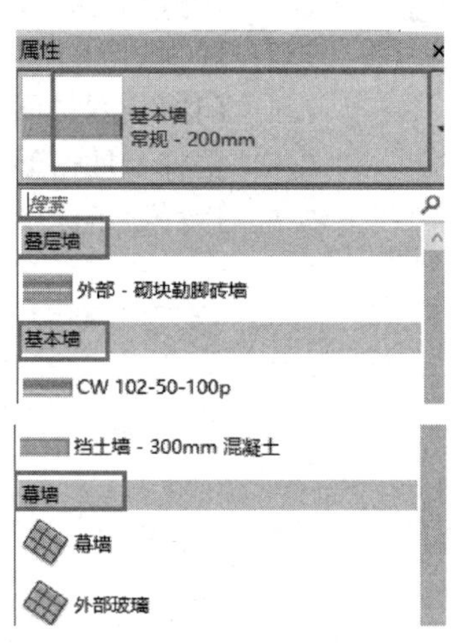

图7-2 墙类型选择器

2. 选择“建筑”选项卡，单击“构建”面板下的“墙”按钮。

1）从类型选择器中选择墙的类型，选择“属性”面板，单击“编辑类型”按钮，弹出“类型属性”对话框（图7-3），再单击“结构”参数后面的“编辑”按钮，弹出“编辑部件”对话框，单击“插入”按钮，添加一个构造层，并为其指定功能、材质、厚度，使用“向上”“向下”按钮调整其上、下位置。

2）单击“修改垂直结构”选项区域的“拆分区域”按钮，将一个构造层拆为上、下n个部分，用“修改”命令修改尺寸及调整拆分边界位置，原始的构造层厚度值变为“可变”，如图7-4所示。

3）单击其中一个构造层，用“指定层”在左侧预览框中单击拆分开的某个部分指定给该图层。用同样的操作设置完所有图层即可实现一面墙在不同的高度有几个材质的要求。单击“墙：饰条”按钮，弹出“墙：饰条”对话框，添加并设置“墙：饰条”的轮廓。

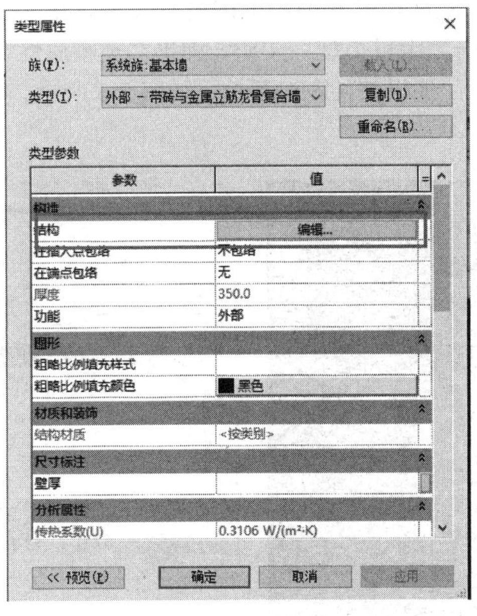

图 7-3　墙类型属性结构

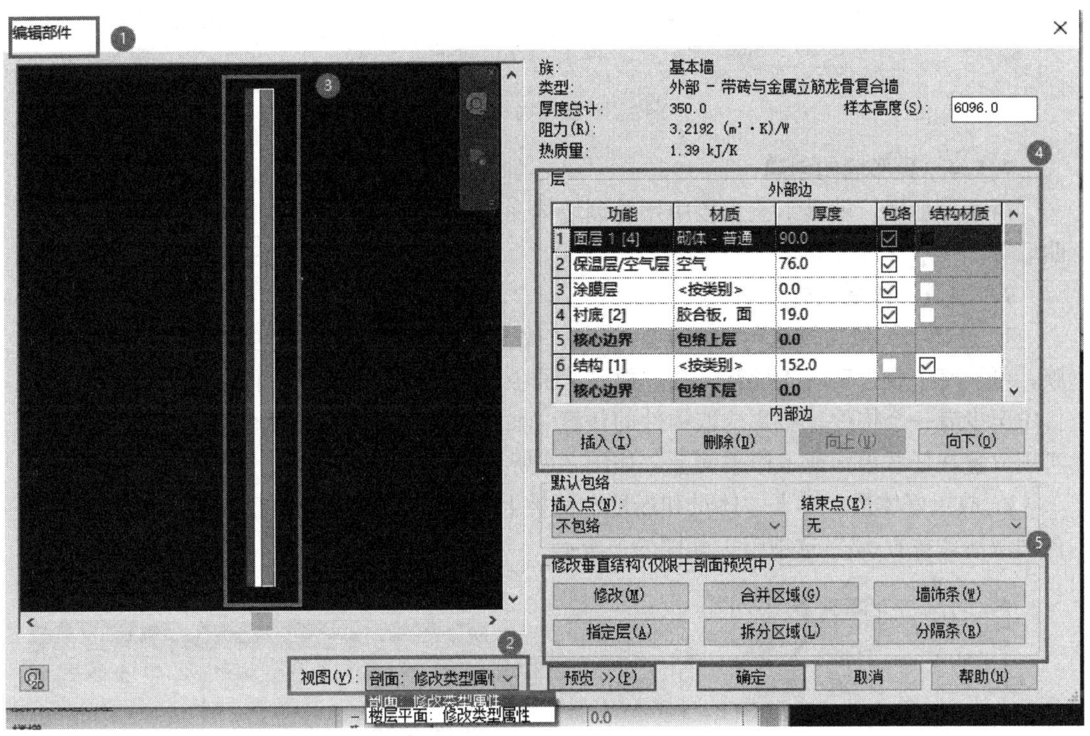

图 7-4　墙构造设置

7.1.3 叠层墙的设置

选择“建筑”选项卡，单击“构建”面板下的“墙”按钮，从类型选择器中选择，例如：“叠层墙：外部—带金属立柱的砌块上的砖”类型，单击“图元属性”按钮，弹出“实例属性”对话框，单击“编辑类型”按钮，弹出“类型属性”对话框，再单击“结构”后的“编辑”按钮，弹出“编辑部件”对话框，如图 7-5 所示。

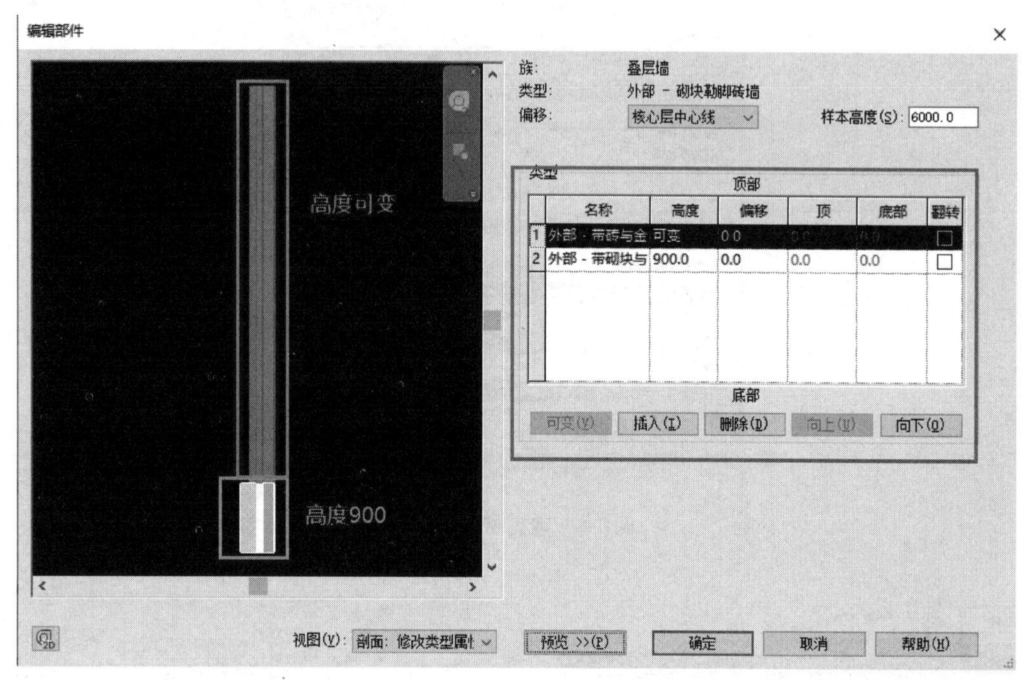

图 7-5 叠层墙构造设置

7.1.4 异形墙的创建

所谓异形墙，就是不能直接应用绘制墙体命令生成的造型特异的墙体，如倾斜墙、扭曲墙等。

7.1.4.1 体量生成面墙

1. 选择“体量与场地”选项卡，单击“放置体量”工具，如果项目中没有现有体量族，可从库中载入现有体量族，在“放置”面板上确定体量的放置面，“放置在面上”项目中至少有一个构件，需要拾取构件的任意“面”放置体量，“放置在工作平面上”命令实现放置在任意平面或工作平面上，如图 7-6 所示。

2. 放置好体量，单击“体量和场地”面板上“面模型”下拉按钮，单击“墙”工具，自动激活“放置 墙”选项卡，如图 7-7 所示。

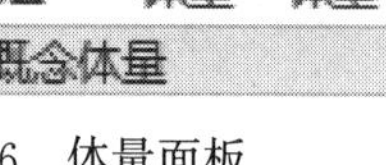

图 7-6 体量面板

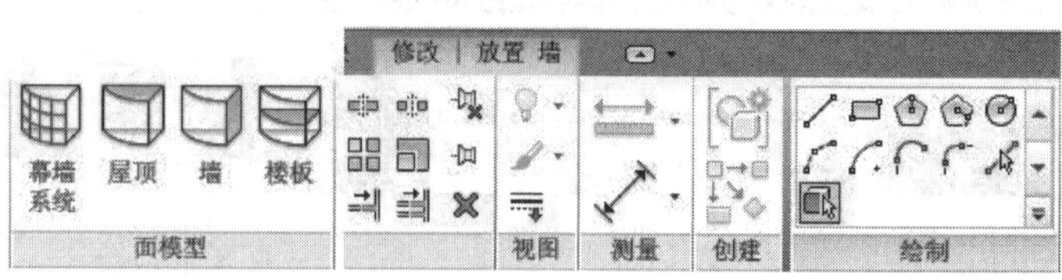

图 7-7 面墙

3. 单击“概念体量”面板 工具，控制体量的显示与关闭。

7.1.4.2　内建族创建异形墙体

选择“建筑”选项卡，在“构建”面板下的“构件”下拉菜单中选择“内建模型”命令，在弹出的“族类别和族参数”对话框中选择“墙”选项，然后单击“确定”按钮。

使用“在位建模”面板中“创建”下拉菜单中的“拉伸”“融合”“旋转”“放样”“放样融合”“空心形状”命令来创建异形墙体，如使用融合来实现。

7.1.5　墙饰条与墙分割条

7.1.5.1　创建墙饰条

1. 选项“建筑”选项卡，在“构建”面板的“墙”下拉列表中选择“墙饰条”选项。

2. 选择“修改| 放置墙饰条”选项卡，在“放置”面板中选择墙饰条的方向：“水平”或“垂直”。

3. 将鼠标放在墙上以高亮显示墙饰条位置，单击以放置墙饰条。

4. 如果需要，可以为相邻墙体添加墙饰条。

5. 要在不同的位置开始墙饰条，可选择“修改| 放置墙饰条”选项卡，单击“放置”(重新放置墙饰条)。将鼠标移到墙上所需的位置，单击以放置墙饰条。

6. 要完成墙饰条的放置，可单击“修改”按钮，如图 7-8 所示。

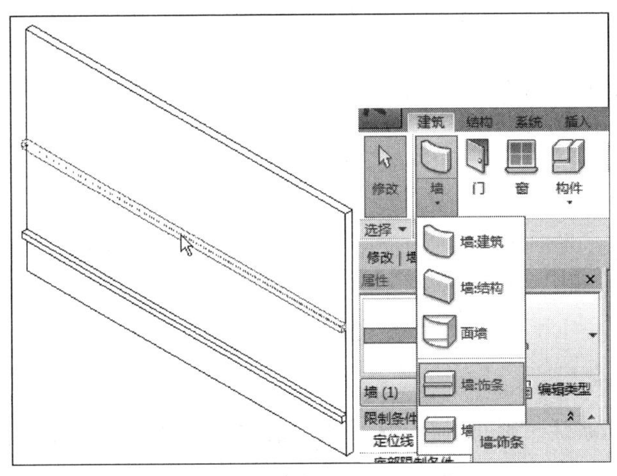

图 7-8　墙饰条

7.1.6　幕墙与幕墙系统

幕墙在软件中属于墙的一种类型，由于幕墙和幕墙系统在设置上有相同之处，所以本书将它们合并一起进行讲解。

7.1.6.1　幕墙

幕墙默认有 3 种类型：店面、外部玻璃、幕墙，如图 7-9 所示。

幕墙的竖梃样式、网格分割形式、嵌板样式及定位关系皆可修改。

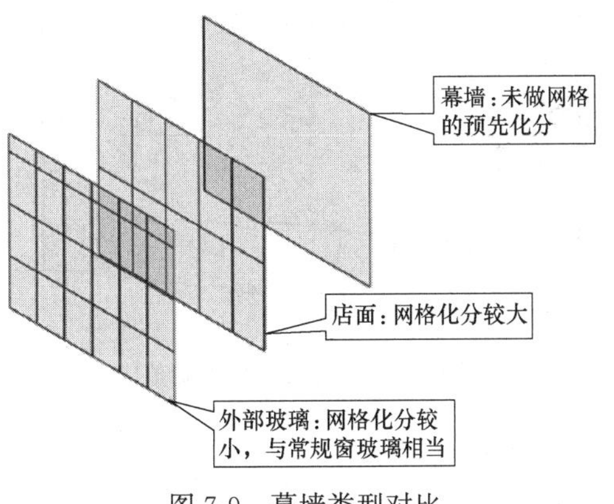

图 7-9　幕墙类型对比

1. 绘制幕墙

选择“建筑”选项卡，单击“构建”面板下的“墙”按钮，从类型选择器中选择幕墙类型，绘制幕墙或选择现有的基本墙，从类型下拉列表中选择幕墙类型，将基本墙转换成幕墙，如图7-10所示。

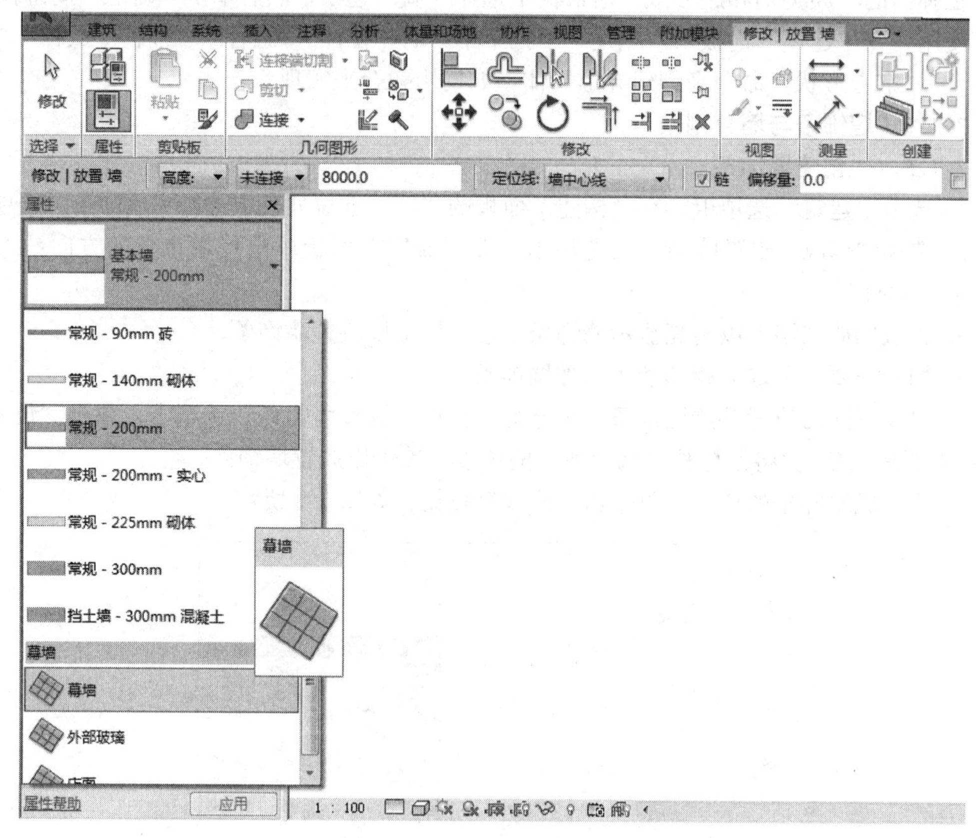

图7-10　幕墙命令

2. 图元属性修改

选择幕墙，自动激活“修改 墙”选项卡，在“属性”窗口可以编辑该幕墙的实例参数，单击“编辑类型”按钮，弹出幕墙的“类型属性”对话框，编辑幕墙的类型参数。

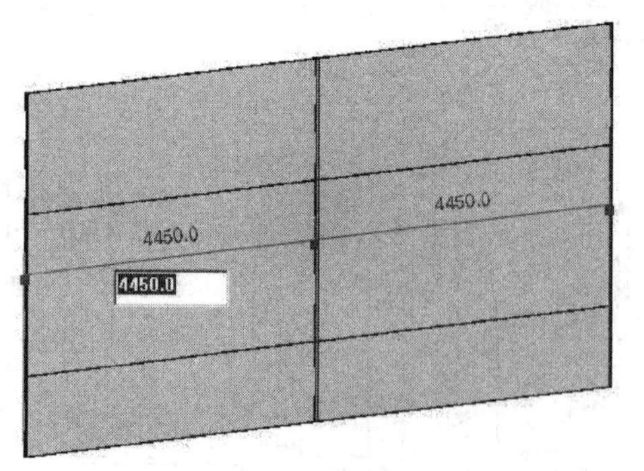

图7-11　幕墙网格距离调整

3. 手动调整幕墙网格间距

选择幕墙网格（按【Tab】键切换选择），单击开锁标记即可修改网格临时尺寸，如图7-11所示。

4. 编辑立面轮廓

选择幕墙，单击“修改|墙”面板下的“编辑轮廓”按钮，即可像基本墙一样任意编辑其立面轮廓。

5. 幕墙网格与竖梃

选择“建筑”选项卡，单击“构建”面板下的“幕墙网格”按钮，可以整体分割或局部细分幕墙嵌板。

➢ 全部分段：单击添加整条网格线。

➢ 一段：单击添加一段网格线细分嵌板。

➢ 除拾取外的全部：单击，先添加一条红色的整条网格线，再单击某段，删除，其余的嵌板添加网格线。

在“构建”面板的“竖梃”中选择竖梃类型，从右边选择合适的创建命令拾取网格线添加竖梃。

6. 幕墙嵌板编辑替换门窗

可以将幕墙玻璃嵌板替换为门或窗：将鼠标放在要替换的幕墙嵌板边沿，使用【Tab】键切换选择至幕墙嵌板，选中幕墙嵌板后，自动激活“修改 墙”选项卡，单击“图元”面板下“图元属性”按钮，点击编辑类型，弹出嵌板的“类型属性”对话框，可在“族”下拉列表中直接替换现有幕墙窗或门，如果没有，可单击“载入”按钮从库中载入，如图 7-12 所示。

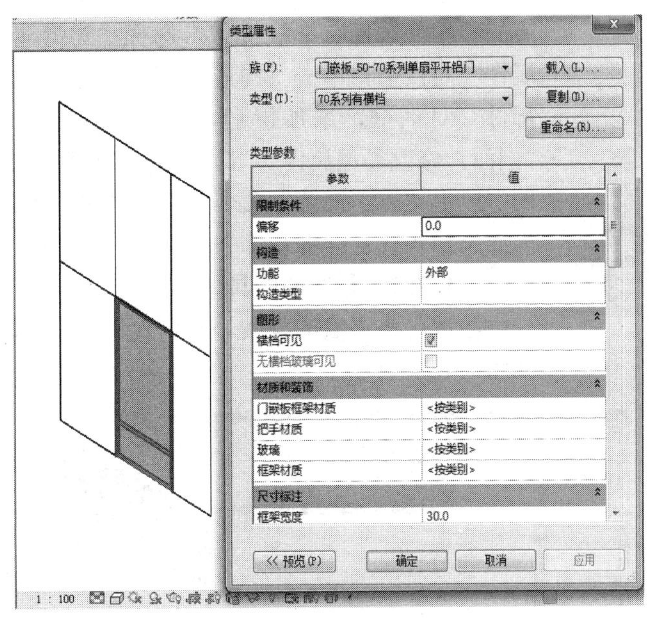

图 7-12 幕墙门窗嵌板

嵌入墙的方法：

基本墙和常规幕墙可以互相嵌入，用墙命令在墙体中绘制幕墙，幕墙会自动剪切墙，像插入门、窗一样；选择幕墙嵌板方法同上，从类型选择器中选择基本墙类型，可将幕墙嵌板替换成基本墙，也可以将嵌板替换为“空”或“实体”，如图 7-13 所示。

7.1.6.2 幕墙系统

幕墙系统是一种构件，由嵌板、幕墙网格和竖梃组成，通过选择体量图元面，可以创建幕墙系统。在创建幕墙系统之后，可以使用与幕墙相同的方法添加幕墙网格和竖梃。

对于一些异形幕墙，选择“建筑”选项卡，然后单击“构建”面板下的“幕墙系统”按钮，拾取体量图元的面及常规模型可创建幕墙系统，然后用“幕墙网格”细分后添加竖梃，如图 7-14 所示。

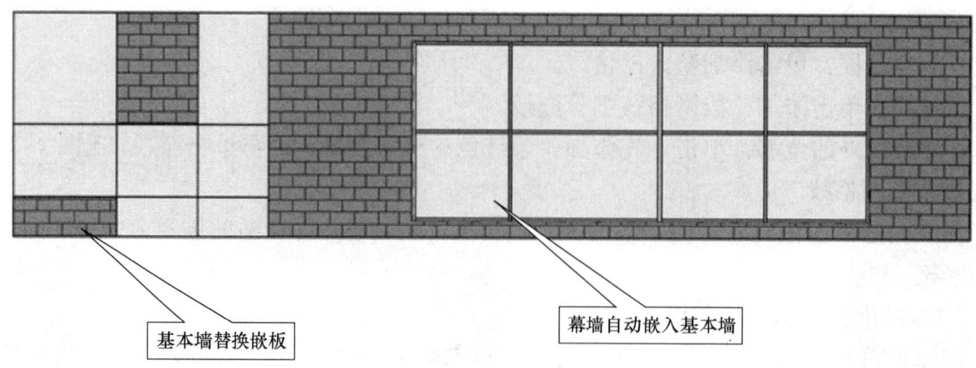

图 7-13　幕墙嵌板应用

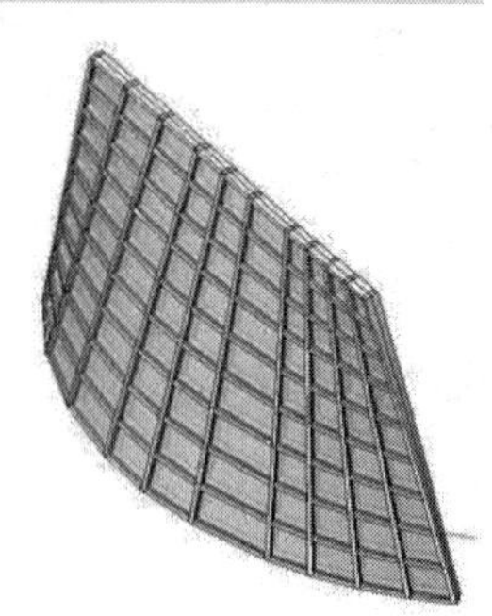

图 7-14　幕墙系统

7.1.7　综合应用技巧

7.1.7.1　墙饰条的综合应用

若想创建复杂的墙饰条，可选择墙体，单击“图元”面板下的“图元属性”下拉按钮，选择“类型属性”，打开“类型属性”对话框，单击“构造”后的“编辑”按钮，打开“编辑部件”对话框，添加层后，打开“预览”，将“视图”改为“剖面：修改类型属性”，此时，“修改垂直结构下”的命令可用。单击“墙：饰条”命令，打开“墙：饰条”对话框，可载入或添加各式各样的墙饰条。比如腰线、散水等。

7.1.7.2　叠层墙的具体应用

通过对叠层墙的设置，可以绘制出带墙裙、踢脚的墙体，如图 7-15 所示。

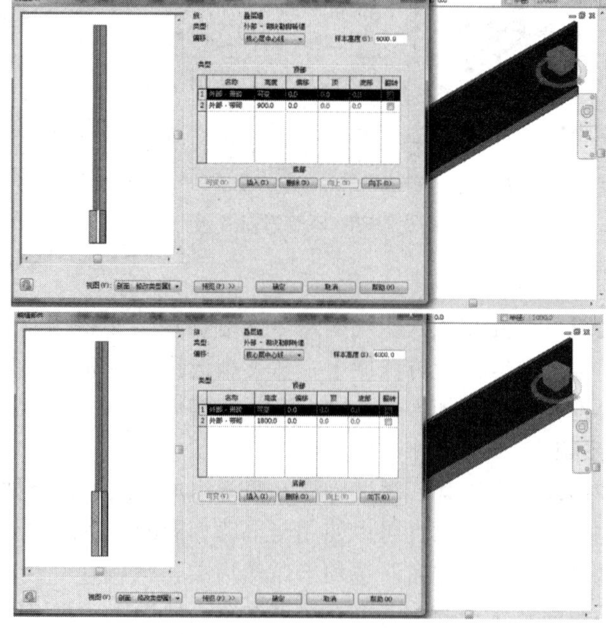

图 7-15　叠层墙构造设置

7.1.7.3 墙体各构造层线型颜色的设置

单击“视图”选项卡中的“图形”面板下的“可见性/图形”命令，打开“可见性：图形替换”对话框，在“模型类别”中选择“墙体”，右下角“截面线样式”，单击“编辑”按钮，弹出“主体层线样式”对话框，此时，即可修改各构造层的线宽、颜色设置，如图 7-16 所示。

图 7-16 墙构件视图可见性设置

当绘制不同比例的图纸时，需要对墙体的平面表达进行替换（重新设置）。在“模型类别”中选择“墙体”，“投影/表面”“截面”的“线”和“填充图案”都可进行替换。

7.1.7.4 添加构造层后的墙体标注

当墙体添加构造层后，当图为 1∶100 的比例时，图纸为粗略的详细程度。单击“注释”选项卡中的“尺寸标注”面板下的“对齐”命令，将选项栏中的“放置尺寸标注”设为“参照核心层表面”，标注尺寸。此时图纸显示为带面层厚度的墙体，然而标注的尺寸为不包括面层的墙体厚度。

当图为 1∶50 的比例或更小的比例时，一般采用精细程度进行标注。此时，可以标注核心层、面层等所有构造层的墙体厚度，如图 7-17 所示。

图 7-17 墙构造层标注

7.1.7.5 墙体的高度设置以及立面分割线

墙体高度的设置何时设置为从底到顶，何时设置为按照每层层高，主要需要考虑外墙的立面分格线的位置。当墙体的分格线的位置在楼层高度时，墙体就可以设置成按照每层层高，如从一层到二层。不在楼层层高的立面分格线，用详图线命令在立面上绘制即可。

7.1.7.6 内墙及平面成角度的斜墙轮廓编辑

内墙的轮廓编辑可以直接在立面上修改编辑：选择墙体，单击“修改墙”面板下的

"编辑轮廓"命令，弹出"转到视图"对话框，选择相应的立面，进入立面视图，选择"绘制"面板中的绘制工具，绘制想要的轮廓。

7.2　楼板和天花板创建

7.2.1　楼板

楼板的创建可以通过在体量设计中，设置楼层面生成面楼板来实现；也可以直接绘制完成。在Revit中，楼板可以设置构造层。默认的楼层标高为楼板的面层标高，即建筑标高。在楼板编辑中，不仅可以编辑楼板的平面形状、开洞口和楼板基坡度等，还可以通过"修改子图元"命令修改楼板的空间形状，设置楼板的构造层找坡，实现楼板的内排水和有组织排水的分水线建模绘制。此外，类似自动扶梯、电梯基坑、排水沟等与楼板相关的构件建模与绘图，软件还提供了"楼板的公制常规模型"的族样板，方便用户自行定制。

楼板包括结构层与面层，建筑标高是指到楼板面层的高度值，结构标高指的是到楼板结构层的高度值，两者之间有一个面层的差值。在Revit中标高默认为建筑标高。

屋面楼板的建筑标高与结构标高是一样的，所以屋面楼板需要向上偏移一个面层的高度。

7.2.1.1　创建楼板

1. 绘制楼板边界线生成楼板，方法同结构楼板创建方式。

2. 拾取墙与绘制生成楼板

单击"建筑"选项卡上的"构建"面板下的"楼板"命令，进入绘制轮廓草图模式，此时自动跳转到"创建楼层边界"选项卡，单击"拾取墙"命令，在选项栏中单击 偏移: 0.0 ☑延伸到墙中(至核心层)，指定楼板边缘的偏移量，同时勾选"延伸到墙中（至核心层）"，拾取墙时将拾取到有涂层和构造层的复合墙的核心边界位置。

使用"Tab"键切换选择，可一次选中所有外墙单击生成楼板边界，如出现交叉线条，使用"修剪"命令编辑成封闭楼板轮廓，或者单击线命令，用线绘制工具绘制封闭楼板轮廓。成草图后单击"完成楼板"，如图7-18所示。

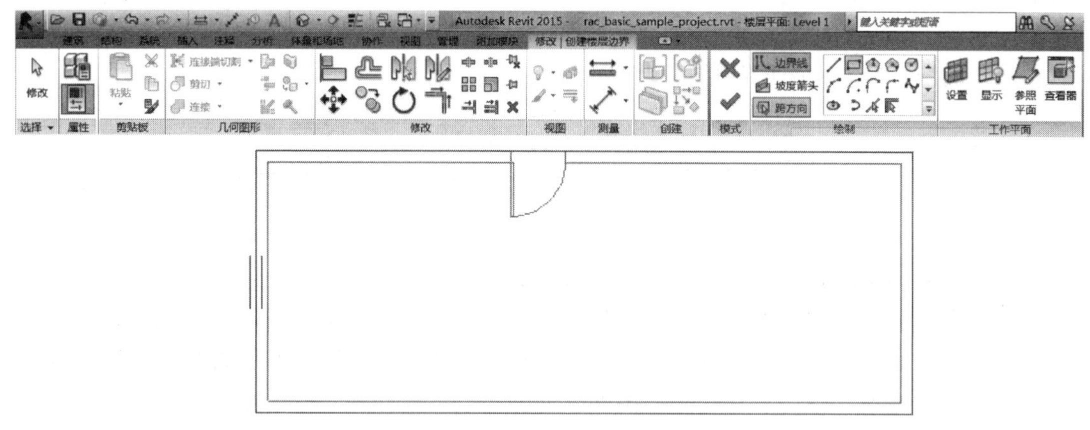

图7-18　楼板边界线创建

选择楼板边缘，进入"修改|楼板"界面，选择"编辑边界"命令，可修改楼板边界，

单击“编辑边界”，进入绘制轮廓草图模式，单击绘制面板下的“边界线”“直线”命令，进行楼板边界的修改，可修改成非常规轮廓。

7.2.1.2 楼板的编辑

1. 图元属性修改

选择楼板，自动激活“修改 楼板”选项卡，在“属性”对话框中单击“编辑类型”命令，选择左下角“预览”图标，修改类型属性，如图 7-19 所示。

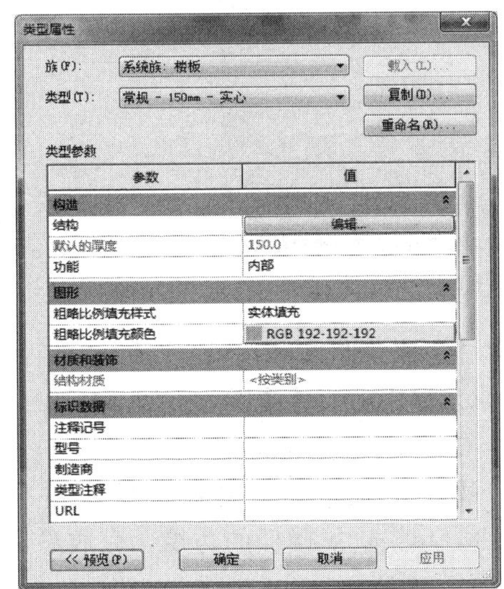

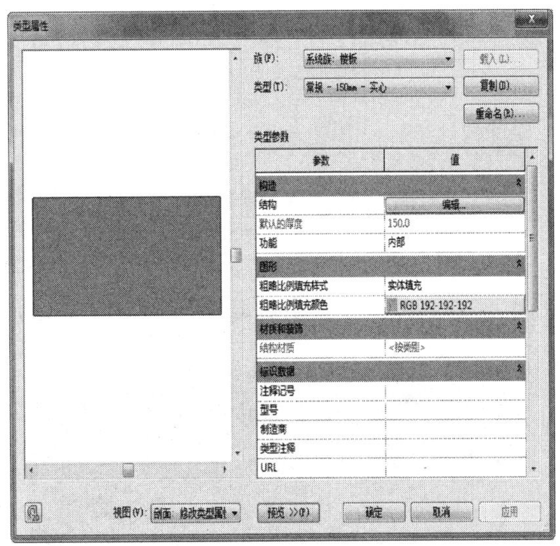

图 7-19 楼板构造设置

2. 楼板洞口

选择楼板，单击“编辑”面板下的“编辑边界”命令，进入绘制楼板轮廓草图模式，或在创建楼板时，在楼板轮廓以内直接绘制洞口闭合轮廓，如图 7-20 所示。

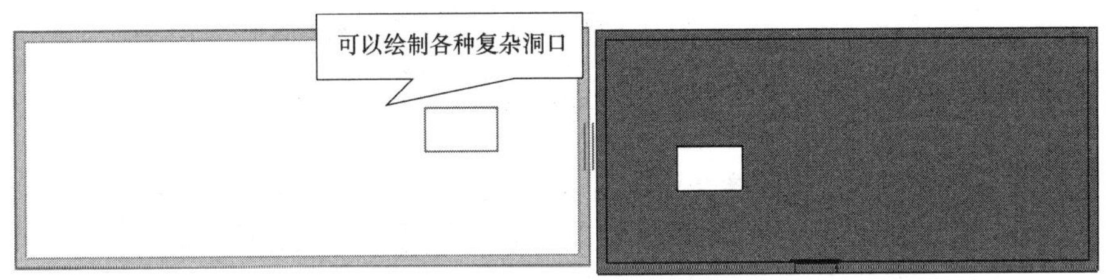

图 7-20 楼板边界洞口创建

3. 处理剖面图楼板与墙的关系

在 Revit 中直接生成剖面图时，楼板与墙会有空隙，先画楼板后画墙可以避免此问题。也可以利用“修改”选项卡“编辑几何图形”面板下“连接几何图形”命令，来连接楼板和墙。

4. 复制楼板

选择楼板，自动激活“修改 楼板”选项卡，“剪贴板”面板下“复制”命令，复制到剪贴板，单击“修改”选项卡“剪贴板”面板下“对齐粘贴-按名称选择层”命令，选择目标标高名称，楼板自动复制到所有楼层，如图 7-21 所示。

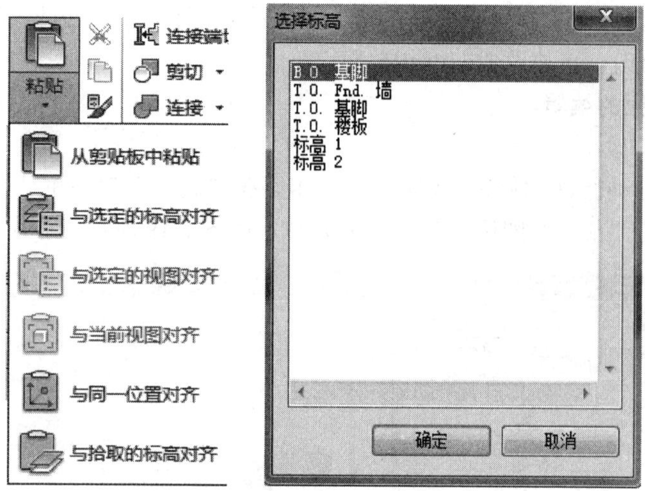

图 7-21 剪切板应用

选择复制的楼板可在选项栏上点选"编辑"，再"完成绘制"，即可出现一个对话框，提示从墙中剪切与楼板重叠的部分。

图 7-22 楼板边缘

7.2.1.3 楼板边缘

添加楼板边缘：选择"楼板边缘"命令，单击选择楼板的边缘，完成添加，如图 7-22 所示。

单击楼板边缘可出现属性，可修改"垂直轮廓偏移"与"水平轮廓偏移"等数值，单击"编辑类型"按钮，可以在弹出的"类型属性"对话框中，修改楼板边缘的"轮廓"，如图 7-23 所示。

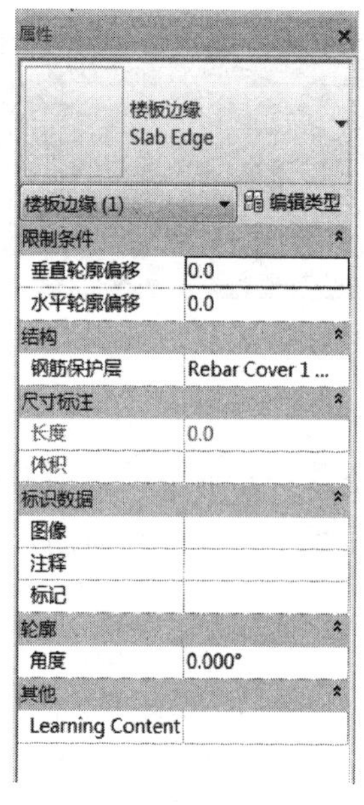

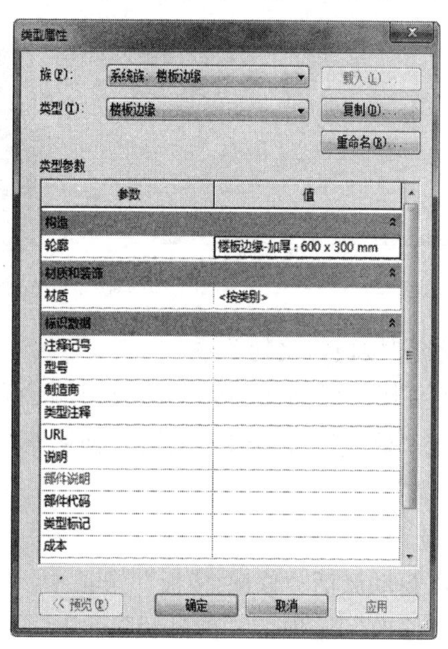

图 7-23 楼板边缘类型的创建

7.2.2 天花板

7.2.2.1 天花板的绘制

单击“建筑”选项卡下“构建”面板中的“天花板”工具，自动弹出“放置天花板”上下文选项卡，如图 7-24 所示。

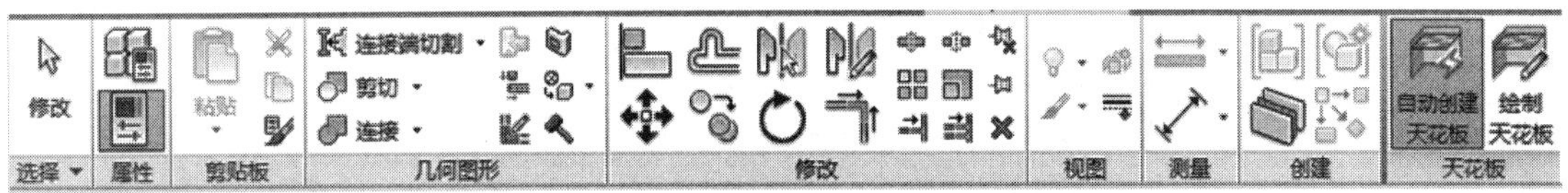

图 7-24 天花板命令

单击“属性”，可以修改天花板的类型。选定天花板类型后，单击“绘制天花板”工具，进入天花板轮廓草图绘制模式，单击“自动创建天花板”可以在以墙为界限的面积内创建天花板。也可以自行创建天花板，单击“绘制”面板中的“边界线”工具。选择边界线类型后就可以在绘图区域绘制天花板轮廓了。

7.2.2.2 天花板的编辑

1. 修改天花板安装的高度

在“属性”中，修改“自标高的高度偏移”一栏的数值，可以修改天花板的安装位置，如图 7-25 所示。

2. 修改天花板结构样式

单击“实例属性”对话框中的“编辑类型”按钮，在弹出的“类型属性”对话框中单击“结构”栏的“编辑”按钮，然后在弹出的“编辑部件”对话框中单击“面层 2 [5]”的“材质”，材质名称后会出现带省略号的按钮，单击此按钮，弹出“材质”对话框，在“着色”选项卡下单击“表面填充图案”后的…按钮，在弹出的“填充样式”对话框中有“绘图”与“模型”两种填充图像类型，当选择“绘图”类型时，填充图案不支持移动、对齐，还会随着视图比例的大小变化而变化。选择“模型”类型时，填充图案可以移动或对齐，不会随比例大小的变化而变化，而是始终保持不变，我们选择“模型”类型，进行填充样式的设置，如图 7-26 所示。

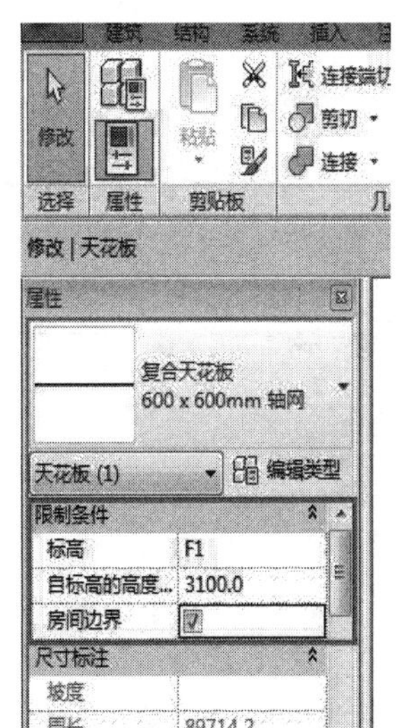

图 7-25 天花板属性窗口

3. 为天花板添加洞口或坡度

1）绘制坡度

选择天花板，单击“编辑边界”工具，在自动弹出的“修改 天花板|编辑边界”上下文选项卡的“绘制”面板中单击“坡度箭头”工具，绘制坡度箭头，修改属性，设置“尾高度偏移”或“坡度”值，然后确定完成绘制。

2）绘制洞口

选择天花板，单击“编辑边界”工具，在自动弹出的“修改 天花板|编辑边界”上下文选项卡的“绘制”面板中单击“边界线”工具，在天花板轮廓上绘制一闭合区域，单击“完成天花板”按钮，完成绘制，即可在天花板上打开洞口。

图 7-26 填充样式窗口

在建筑中天花板的洞口一般都经过造型处理，可以通过内建族来创建、绘制天花板的翻边，如图 7-27 所示。

图 7-27 天花板翻边构造

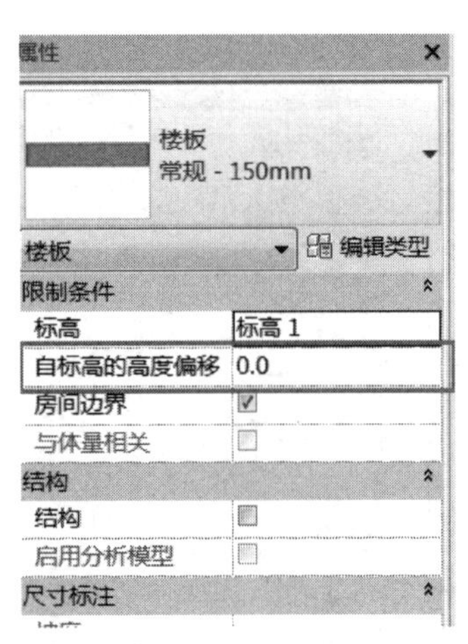

图 7-28 楼板属性窗口

7.2.3 综合应用技巧

1. 创建阳台、雨篷及卫生间楼板

创建阳台、雨篷时使用“楼板”工具，在绘制完成后，然后单击“楼板属性”工具，在弹出的“实例属性”对话框中，“限制条件”下“自标高的高度偏移”一栏中修改偏移值，如图 7-28 所示。

2. 楼板点编辑及楼板找坡层设置

选择楼板，单击“修改子图元”工具，楼板进入点编辑状态。单击“添加点”工具，然后在楼板需要添加控制点的地方单击，楼板将会增加一个控制点。单击“修改子图元”工具，再单击需要修改的点，在点的左上方会出现一个数值。该数值表示偏离楼板的相对标高的距离，我们可以通过修改其数值使该点高出或低于楼板的相对标高，如图 7-29 所示。

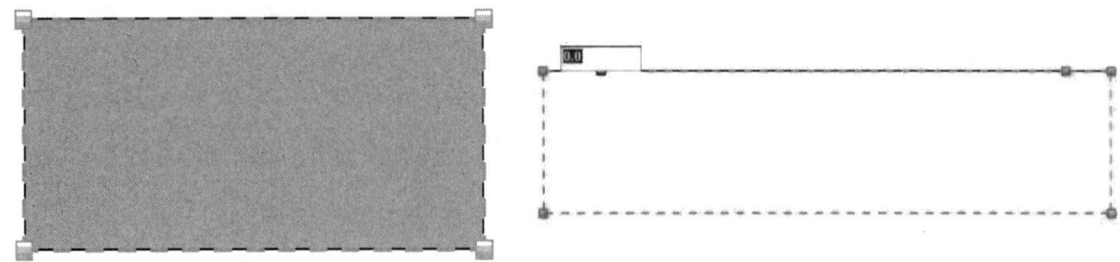

图 7-29 楼板形状编辑样式

“形状编辑”面板中还有“添加分割线”“拾取支座”和“重设形状”。“添加分割线”命令可以将楼板分为多块，以实现更加灵活的调节；“拾取支座”命令用于定义分割线，并在选择梁时为楼板创建恒定承重线；单击“重设形状”工具可以使图形恢复原来的形状。

当楼层需要做找坡层或做内排水时，需要在面层上做坡度。选择楼层，单击“图元属性”下拉按钮，选择“类型属性”，单击“结构”栏下“编辑”，在弹出的“编辑部件”对话框中勾选“保温层/空气层”后的“可变”选项，如图 7-30 所示。

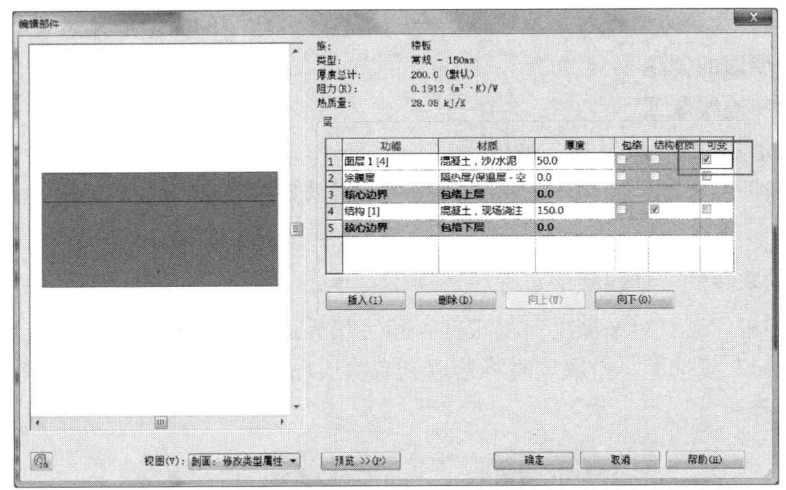

图 7-30　楼板构造可变层设置

这时在进行楼板的点编辑时，只有楼板的面层会变化，结构层不会变化，如图 7-31 所示。

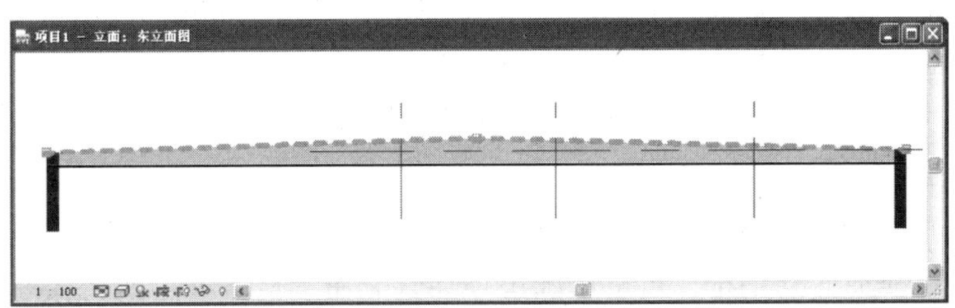

图 7-31　楼板面层变化效果

找坡层的设置：单击“形状编辑”面板中的“添加分割线”工具，在楼板的中线处绘制分割线，单击“修改子图元”工具，修改分割线两端端点的偏移值（即坡度高低差），完成绘制。

内排水的设置：单击“添加点”工具，在内排水的排水点添加一个控制点，单击“修改子图元”工具，修改控制点的偏移值（即排水高差），完成绘制，如图 7-32 所示。

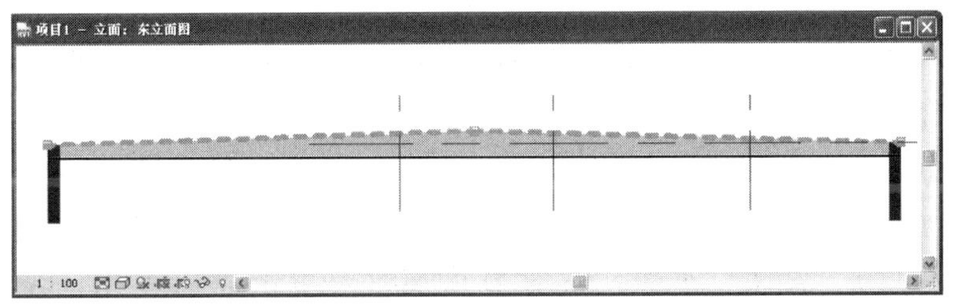

图 7-32　楼板排水点设置

7.3　屋顶的创建

屋顶是建筑的重要组成部分。在 Revit 中提供了迹线屋顶、拉伸屋顶、面屋顶、玻璃斜窗等创建屋顶的常规工具。此外，对于一些特殊造型的屋顶，我们还可以通过内建模型的工具来创建。为了方便理解，本章专门介绍了古建六角亭的完整创建过程。

7.3.1　屋顶的创建

7.3.1.1　迹线屋顶

1. 创建迹线屋顶（坡屋顶、平屋顶）

在“建筑”面板的“屋顶”面板下列表中选择“迹线屋顶”选项，进入绘制屋顶轮廓草图模式。

此时自动跳转到“创建楼层边界”选项卡，单击“绘制”面板下的“拾取墙”按钮，在选项栏中勾选“定义坡度”复选框，指定楼板边缘的偏移量，同时勾选“延伸到墙中（至核心层）”复选框，拾取墙时将拾取到有涂层和构造层的复合墙体的核心边界位置，如图 7-33 所示。

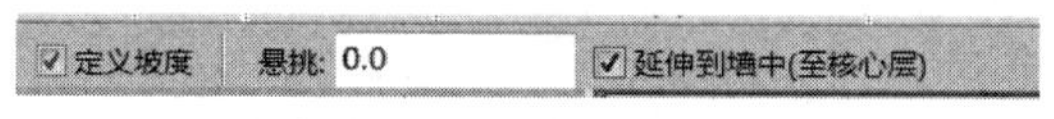

图 7-33　迹线屋顶命令选项栏

使用【Tab】键切换选择，可一次选中所有外墙，单击生成楼板边界，如出现交叉线条，使用“修剪”命令编辑成封闭楼板轮廓，或者选择“线”命令，用线绘制工具绘制封闭楼板轮廓。如取消勾选“定义坡度”复选框则生成平屋顶。

2. 创建圆锥屋顶

在“建筑”面板的“屋顶”下拉列表中选择“迹线屋顶”选项，进入绘制屋顶轮廓草图模式。打开“属性”对话框，可以修改屋顶属性。用“拾取墙”或“线”“起点-终点-半径弧”命令绘制有圆弧线条的封闭轮廓线，选择轮廓线，在选项栏勾选“定义坡度”复选框，“30.00°”符号将出现在其上方，单击角度值设置屋面坡度，单击完成绘制。

3. 四面双坡屋顶

1）在“建筑”面板的“屋顶”下拉列表中选择“迹线屋顶”选项，进入绘制屋顶轮廓草图模式。在选项栏取消勾选“定义坡度”复选框，用“拾取墙”或“线”命令绘制矩形轮廓。

2）选择“参照平面”绘制参照平面，调整临时尺寸使左、右参照平面间距等于矩形宽度。

3）在“修改”坡度箭头栏选择“拆分图元”选项，在右边参照平面处单击，将矩形长边分为两段。在添加坡度箭头选择“修改 屋顶”→“编辑迹线”选项卡，单击“绘制”面板中的“属性”按钮，设置坡度属性，单击完成屋顶，完成绘制，如图 7-34 所示。

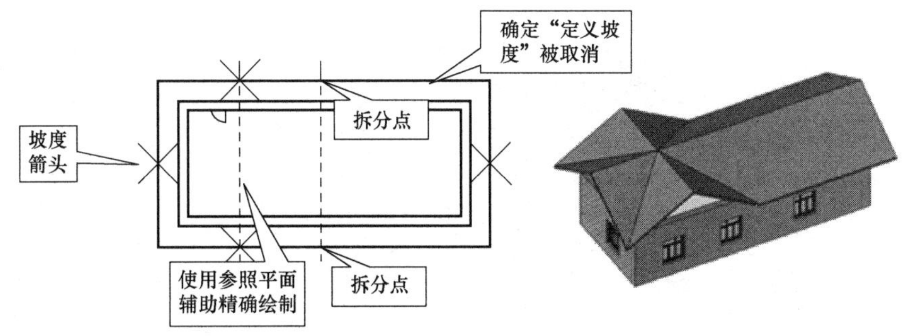

图 7-34 迹线屋顶效果

4. 双重斜坡屋顶（截断标高应用）

在“建筑”面板的“屋顶”下拉列表中选择“迹线屋顶”选项，进入绘制屋顶轮廓草图模式。使用“拾取墙”或“线”命令绘制屋顶，设置属性面板中“截断标高”和“截断偏移”，完成绘制。

5. 编辑迹线屋顶

1）选择迹线屋顶，单击屋顶，进入修改模式，选择“编辑迹线”按钮，修改屋顶轮廓草图，完成屋顶设置。

2）属性修改：“属性”修改所选屋顶的标高、偏移、截断层、椽截面、坡度角等；“编辑类型”可以设置屋顶的构造（结构、材质、厚度）、图形（粗略比例、填充样式）等，如图 7-35 所示。

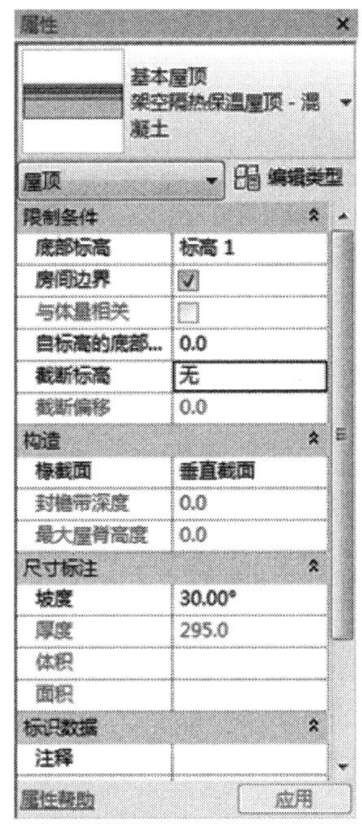

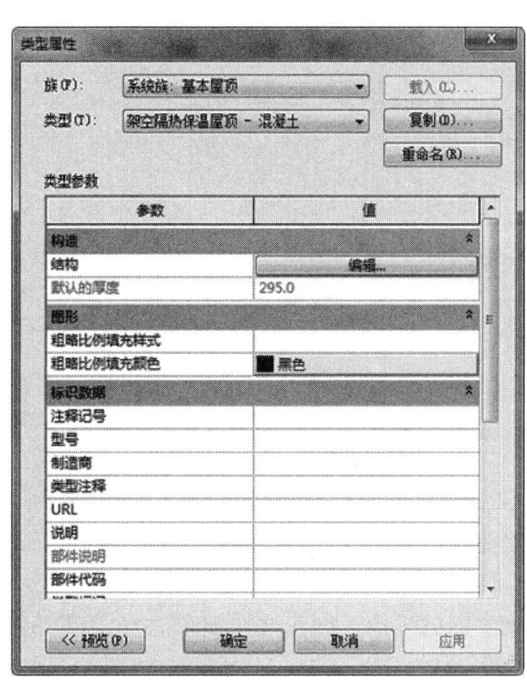

图 7-35 屋顶参数设置

3）选择“修改”选项卡下“编辑几何图形”中的连接/取消连接屋顶选项，连接屋顶到另一个屋顶或墙上，如图 7-36 所示。

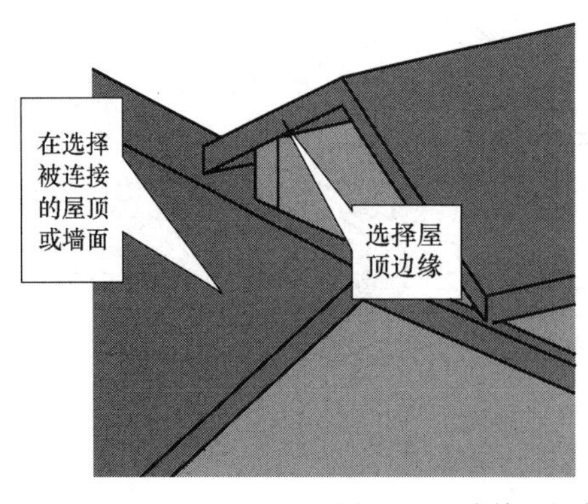

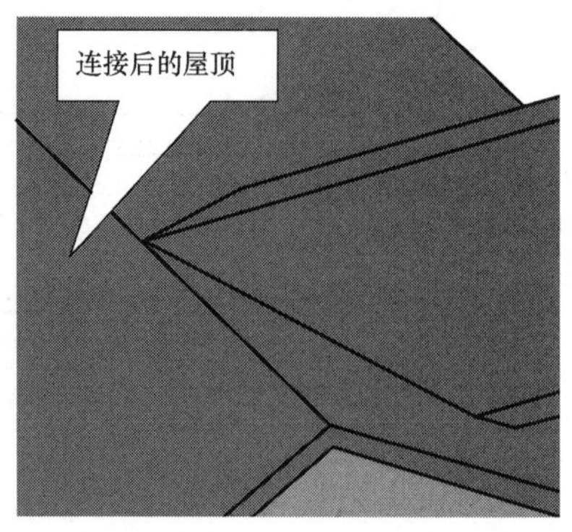

图 7-36 连接/取消连接屋顶示例

7.3.1.2 拉伸屋顶

对于从平面上不能创建的屋顶，可以从立面上用拉伸屋顶着手创建模型。创建拉伸屋顶。在“建筑”面板中单击“屋顶”下拉按钮，在弹出的下拉列表中选择“拉伸屋顶”选项，进入绘制轮廓草图模式。

1. 在“工作平面”对话框中设置工作平面（选择参照平面或轴网绘制屋顶截面线），选择工作视图（立面、框架立面、剖面或三维视图作为操作视图）。

2. 在“屋顶参照标高和偏移”对话框中选择屋顶的基准标高，如图 7-37 所示。

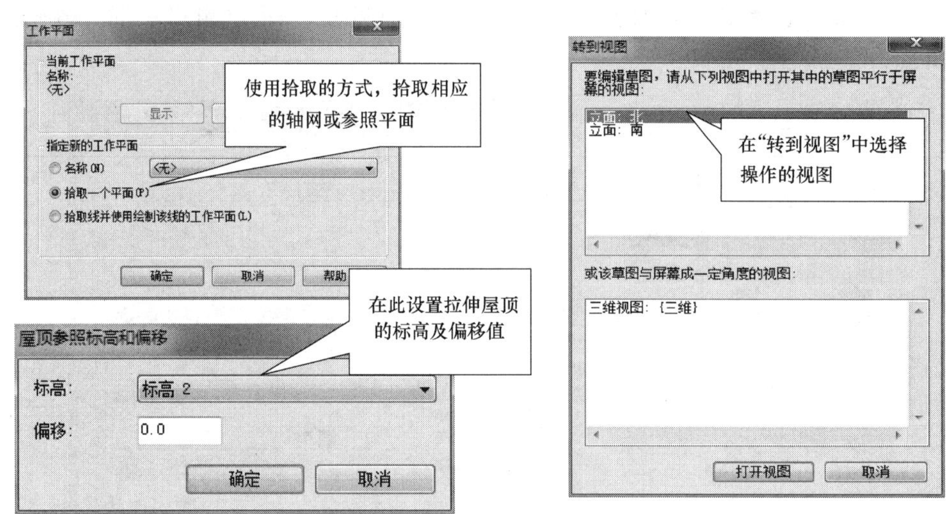

图 7-37 拉伸屋顶工作面设置

3. 绘制屋顶的截面线（单线绘制，无须闭合），单击设置拉伸屋顶起点、终点、半径，完成绘制。

4. 框架立面的生成。创建拉伸屋顶时经常需要创建一个框架立面，以便于绘制屋顶的截面线。

选择“视图”选项卡，在“创建”面板的“立面”下拉列表中选择“框架立面”选项，点选轴网或命名的参照平面，放置立面符号。

项目浏览器中自动生成一个“立面 1-a”视图，如图 7-38 所示。

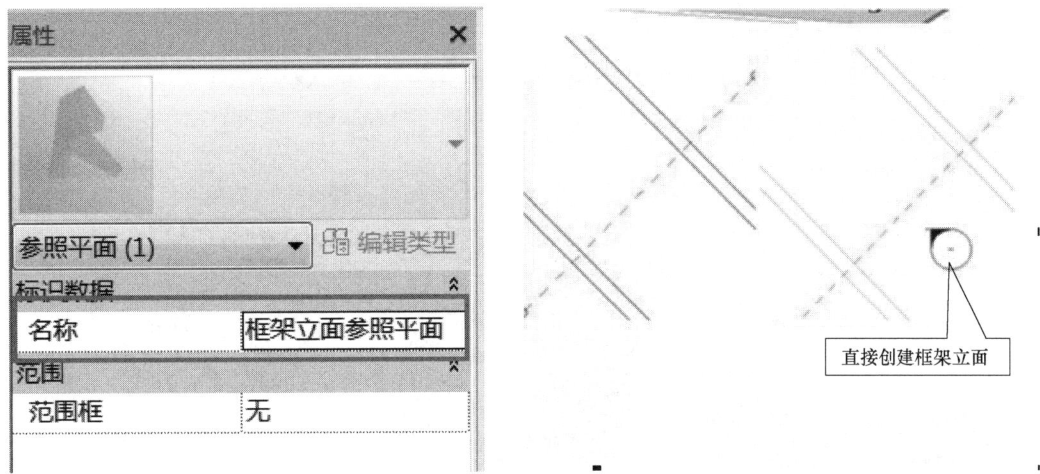

图 7-38 框架立面的创建

5. 编辑拉伸屋顶。选择拉伸屋顶，单击选项栏中的“编辑轮廓”按钮，修改屋顶草图，完成屋顶创建。

属性修改：修改所选屋顶的标高、拉伸起点、终点、椽截面等实例参数；编辑类型属性可以设置屋顶的构造（结构、材质、厚度）、图形（粗略比例填充样式）等。

7.3.1.3 面屋顶

在“建筑”面板中的“屋顶”下拉按钮，在弹出的下拉列表中选择“面屋顶”选项，进入“放置 面屋顶”选项卡，拾取体量图元或常规模型族的面生成屋顶。

选择需要放置的体量面，可在“属性”设置其屋顶的相应属性，可在类型选择器中直接设置屋顶类型，最后单击“创建屋顶”按钮完成面屋顶的创建，如需其他操作请单击“修改”按钮后恢复正常状态。

7.3.1.4 玻璃斜窗

单击“建筑”面板下的“屋顶”选项，在左侧属性栏中选择类型选择器下拉列表中选择“玻璃斜窗”选项，完成绘制。

单击“建筑”选项卡中“构建”面板下的“幕墙网格”按钮分割玻璃，用“竖梃”命令添加竖梃，如图 7-39 所示。

7.3.1.5 特殊屋顶

对于造型比较独特、复杂的屋顶，我们可以在位创建屋顶族。

选择“建筑”选项卡，在“创建”面板下的“构件”下拉列表中选择“内建模型”内建模型选项，在“族类别和族参数”对话框中选择族类别“屋顶”，输入名称进入创建族模式。

使用“形状”下拉列表中对应的拉伸、融合、旋转、放样、放样融合命令创建三维实体和洞口。

7.3.2 屋檐底板、封檐带和檐槽

7.3.2.1 屋檐底板

选择“建筑”选项卡，在“构建”面板的“屋顶”下拉列表中选择“屋檐底边”选

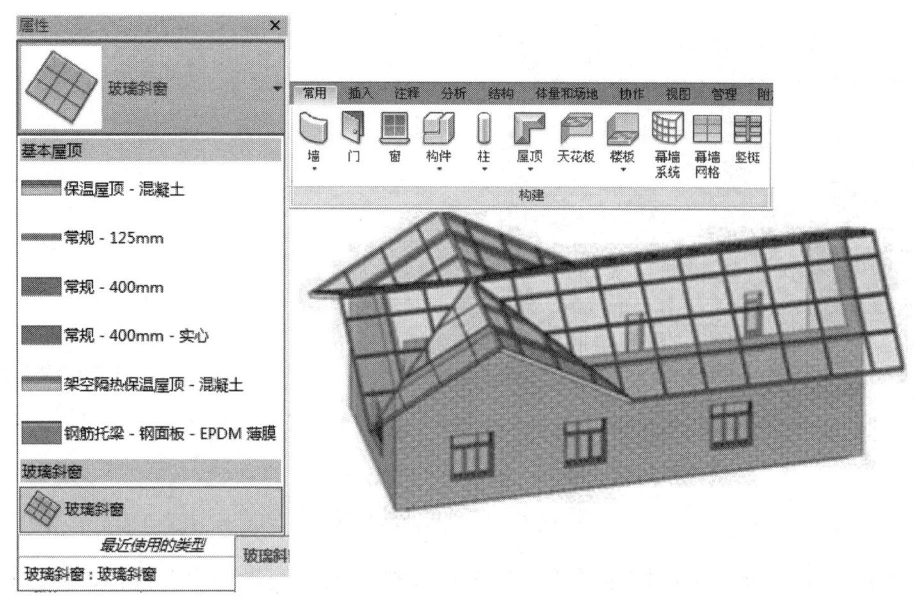

图 7-39 玻璃斜窗示例

项，进入绘制轮廓草图模式。单击“拾取屋顶”按钮选择屋顶，单击“拾取墙”按钮选择墙体，自动生成轮廓线。使用“修剪”命令修剪轮廓线成一个或几个封闭的轮廓，然后完成绘制。

在立面视图中选择屋檐底板，修改“属性”参数为“与标高的高度偏移”，设置屋檐底板与屋顶的相对位置。

7.3.2.2 封檐带

选择“建筑”选项卡，在“构建”面板中“屋顶”下拉列表中选择“封檐带”选项，进入拾取轮廓线草图模式。

单击拾取屋顶的边缘线，自动以默认的轮廓样式生成“封檐带”，单击“当前完成”按钮，完成绘制，如图 7-40 所示。

图 7-40 封檐带示例

7.3.2.3 檐槽

选择“建筑”选项卡，在“构建”面板下的“屋顶”下拉列表中选择“檐槽”选项，进入拾取轮廓线草图模式。单击拾取屋顶的边缘线，自动以默认的轮廓样式生成“檐沟”，单击“当前完成”按钮，完成绘制。

7.3.3 综合应用技巧

1. 拾取墙与直接绘制生成屋顶的差异

拾取墙生成的屋顶会与墙体发生约束关系，墙体移动屋顶会随之发生相应变化，而直接绘制的屋顶不会随墙体的变化而变化。

2. 设置屋顶檐口高度与对其屋檐

使用“屋顶”→“迹线屋顶”工具，定义“悬挑”数值绘制双坡屋顶，完成绘制。选择该屋顶，单击自动弹出的“修改 屋顶”上下文选项卡下“编辑边界”工具，把屋顶一边向外拉伸，完成绘制，如图 7-41 所示。

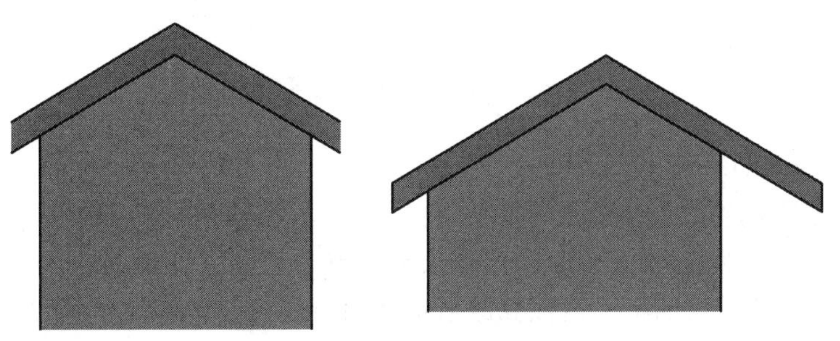

图 7-41 迹线屋顶悬挑示例

回到编辑屋顶模式，使用对齐屋檐命令。先单击要对齐的屋檐，再单击需要对齐的屋檐，如图 7-42 所示。

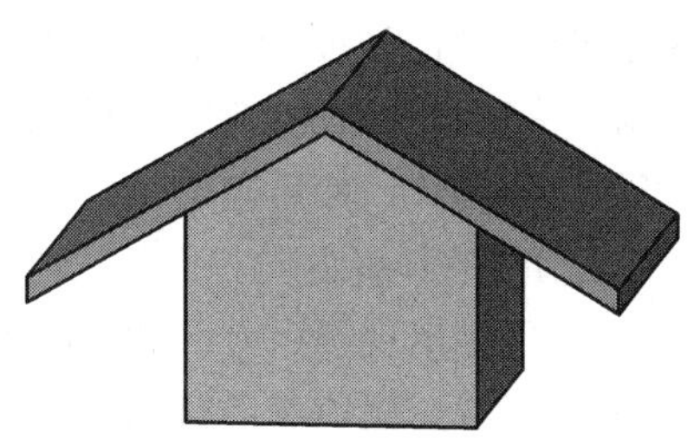

图 7-42 对齐屋檐效果示例

3. 屋檐及檐口详图构造的处理

屋脊具有不同的外形，我们采用“建筑”→“构件”→“内建模型”→“实心”→“放样”的方法来做。在进行建模放样的过程中要设好族类别，以便工程后期的统计。

7.4 门窗及洞口创建

7.4.1 门、窗

在三维模型中，门窗的模型与它们的平面表达并不是对应的剖切关系，这说明门窗模型与平立面表达可以相对独立。此外，门窗在项目中可以通过修改类型参数，如门窗的宽和高，以及材质等，形成新的门窗类型。门窗主体为墙体，它们对墙具有依附关系，删除墙体，门窗也随之被删除。

在门窗构件的应用中，其插入点、门窗平立剖面的图纸表达、可见性控制等都和门窗族的参数设置有关。所以，我们不仅需要了解门窗构件族的参数修改设置，还需要在未来的族制作课程中深入了解门窗族制作的原理。

7.4.1.1　插入门窗

选择“建筑”选项卡，然后在“构建”面板中单击“门”或“窗”按钮，在类型选择器中选择所需的门、窗类型，如果需要更多的门、窗类型，可选择从“插入”“载入族”中找到。先选定楼层平面，再到选项栏中选择“放置标记”自动标记门窗，选择“引线”可设置引线长度。在墙主体上移动鼠标，当门位于正确的位置时单击确定，如图 7-43 所示。

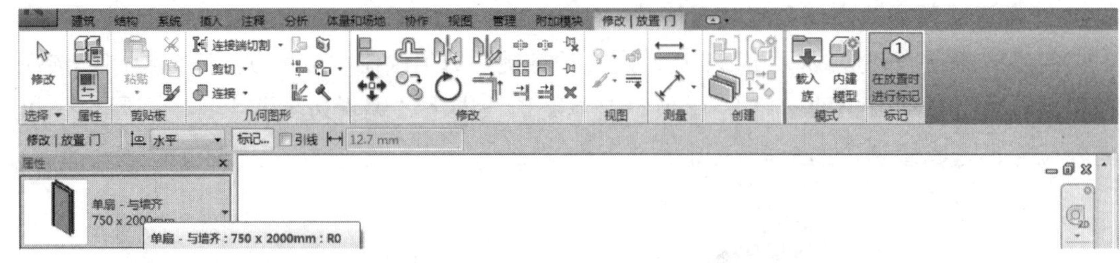

图 7-43　门窗放置命令

7.4.1.2　门窗的编辑

1. 修改门窗实例参数

选择门窗，自动激活“修改门/窗”选项卡，单击“图元”面板中的“图元属性”按钮，弹出“图元属性”对话框。可以修改所选择门窗的标高、底高度等实例参数。

2. 修改门窗类型参数

自动激活“修改门/窗”选项卡，在“图元”面板中选择“图元属性”命令，弹出“图元属性”对话框，单击“编辑类型”按钮，弹出“类型属性”对话框，然后再单击“复制”按钮创建新的门窗类型，修改门窗的高度、宽度，窗台高度，框架、玻璃材质，竖梃可见性参数，然后确定。

3. 门窗的开启方向

选择门窗出现开启方向和临时尺寸，单击改变开启方向和位置尺寸。用鼠标拖拽门窗改变门窗位置，墙体洞口自动修复，开启新的洞口如图 7-44 所示。

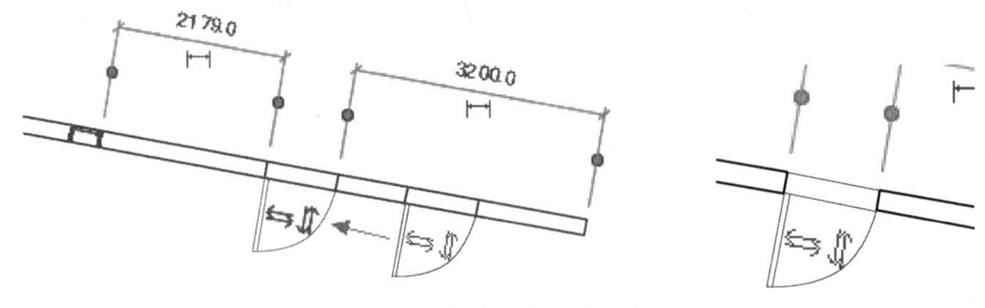

图 7-44　门窗开启方向示例

7.4.2　洞口

在 Revit 软件中，我们不仅可以通过编辑楼板、屋顶、墙体的轮廓来实现开洞口，而且软件还提供了专门的“洞口”命令来创建面洞口、垂直洞口、竖井洞口、老虎窗洞口等。此外，对于异形洞口造型，我们还可以通过创建内建族的空心形式，应用剪切几何形体命令来实现。

7.4.2.1 面洞口

在“建筑”选项卡的“洞口”面板中有可供选择的洞口命令按钮，如图 7-45 所示。

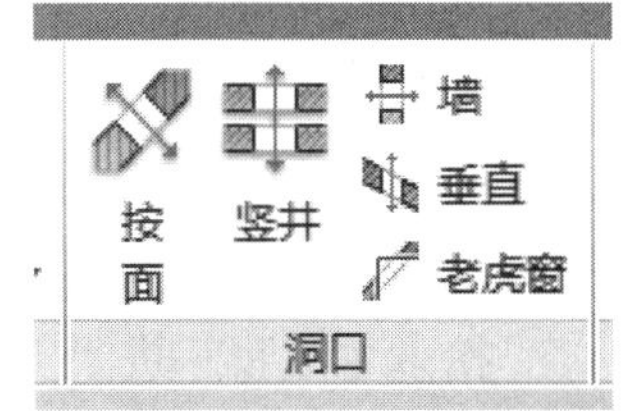

图 7-45 洞口面板

单击“按面洞口”按钮，点击拾取屋顶、楼板或天花板的某一面，进入草图绘制模式，绘制洞口形状，于该面进行垂直剪切，单击“完成洞口”按钮，完成洞口的创建。

7.4.2.2 竖井洞口

单击“竖井洞口”按钮，点击拾取屋顶、楼板或天花板的某一面，进入草图绘制模式，在属性选项中设置顶（底）部的偏移值和裁切高度，接下来绘制洞口形状，在建筑的整个高度上（或通过选定标高）剪切洞口，单击“完成洞口”按钮，完成洞口的创建，如图 7-46 所示。

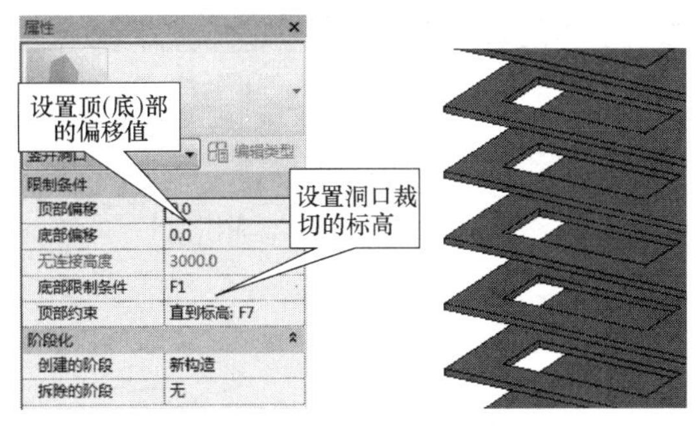

图 7-46 竖井洞口示例

7.4.2.3 墙洞口

单击“墙洞口”按钮，点击选择墙体，绘制洞口形状，完成洞口的创建。

7.4.2.4 垂直洞口

单击“垂直洞口”按钮，点击拾取屋顶、楼板或天花板的某一面，进入草图绘制模式，绘制洞口形状，于某个标高进行垂直剪切，单击“完成洞口”按钮，完成洞口的创建。

7.4.2.5 老虎窗洞口

1. 在双坡屋顶上创建老虎窗洞口所需的三面墙体，并设置其墙体的偏移值，如图 7-47 所示。

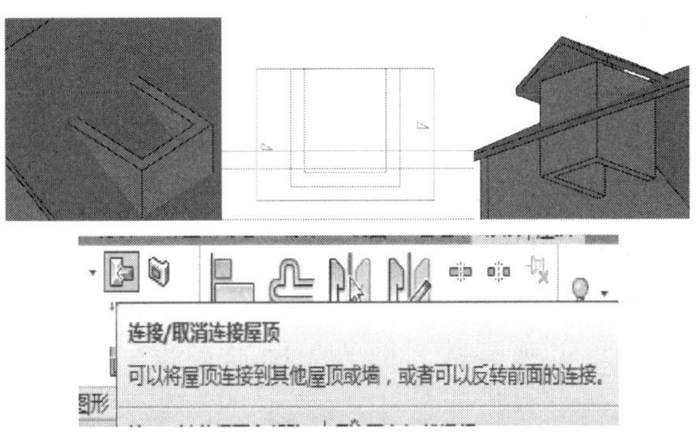

图 7-47 连接/取消连接屋顶命令

2. 创建双坡屋顶。

3. 将墙体与两个屋顶分别进行附着处理，将老虎窗屋顶与主屋顶进行“连接屋顶”处理。

4. 单击“老虎窗洞口”按钮。

5. 拾取主屋顶，进入“拾取边界”模式，选择老虎窗屋顶或其底面、墙的侧面、楼板的底面等有效边界，修剪边界线条，完成边界剪切洞口。

7.4.3　综合应用技巧

1. 复制门窗时约束选项的应用

选择门窗，单击“修改”面板中的“复制”命令，在选项栏中勾选“约束”，则可使门窗沿着与其垂直或共线的方向移动复制。若取消勾选“约束”，则可沿任意方向复制。如图 7-48 所示。

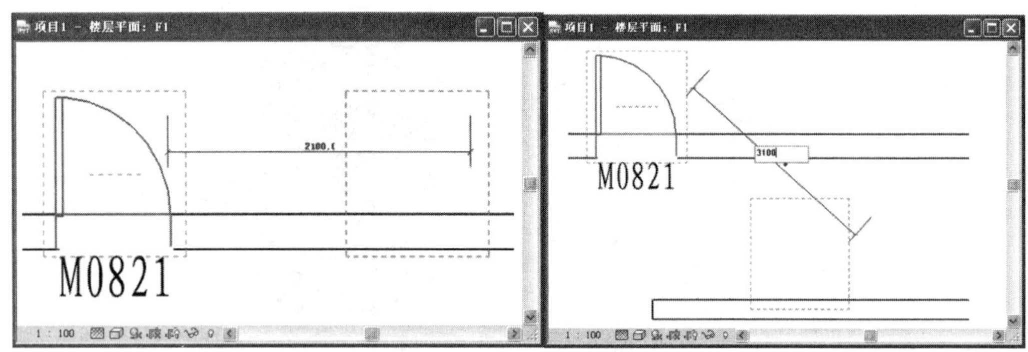

图 7-48　门窗位置约束设置

2. 图例视图——门窗分隔立面

单击“视图”选项卡中的“创建”面板中的“图例”下拉按钮，选择“图例”并单击，弹出“新图例视图”对话框，输入名称、比例，确定，创建图例视图。

1）方法一

插入窗族图例：进入刚刚创建的图例视图，单击“注释”选项卡中的“详图”面板下的“构件”下拉按钮，选择“图例构件”并单击，在选项栏中选择相应的“族”，“视图”中选择“立面：前”，在视图中的合适位置单击即可创建门窗分格立面。也可在“视图”中选择“楼层平面”，在视图中单击创建平面图例。

2）方法二

在项目浏览器中，展开“族”目录，选择窗族实例，直接拖拽到图例视图里。

3. 窗族的宽、高为实例参数时的应用

选择“窗”，单击“族”面板中的“编辑族”命令，进入族编辑模式。进入“楼板线”视图，选择“宽度”尺寸标签参数，在选项栏中勾选“实例参数”，此时，“宽度”尺寸标签参数改为实例参数。同理，将“高度”尺寸标签参数改为实例参数，如图 7-49 所示。

载入到项目中，在墙体中插入门窗，可以看到，可以任意改变窗的宽度、高度。

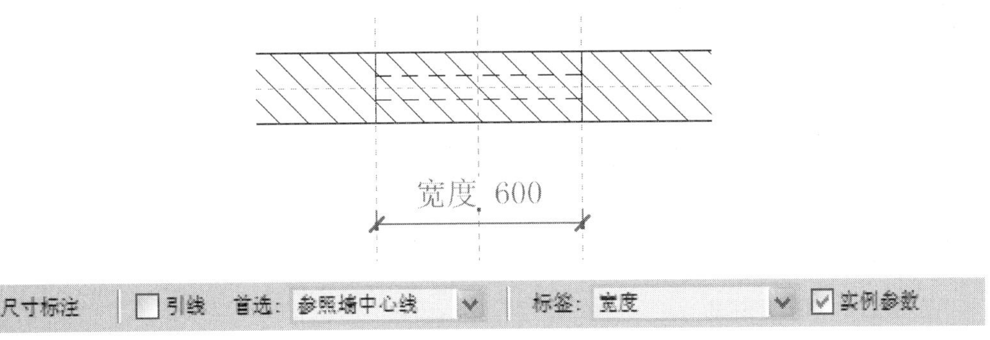

图 7-49 门窗实例参数创建

4. 异形洞口的创建

1）单击“建筑”选项卡下“构建”面板中“构件”工具的下拉按钮，选择“内建模型”工具。单击自动弹出的“族类别和族参数”选项中选择“常规模型”。单击确定后在弹出的“名称”中输入名称，并单击确定。

2）单击“创建”选项卡下“形状”面板中“空心形状”工具的下拉按钮，选择“空心融合”命令。

3）先绘制洞口下部边线，再单击“模式”面板中的“编辑顶部”工具，绘制洞口上部边线，单击“完成融合”，完成绘制过程。

4）然后在立面上调整其位置，使融合体下边与楼板下边重合，上边与楼板上边重合。点击“完成编辑”，绘制结束，如图 7-50 所示。

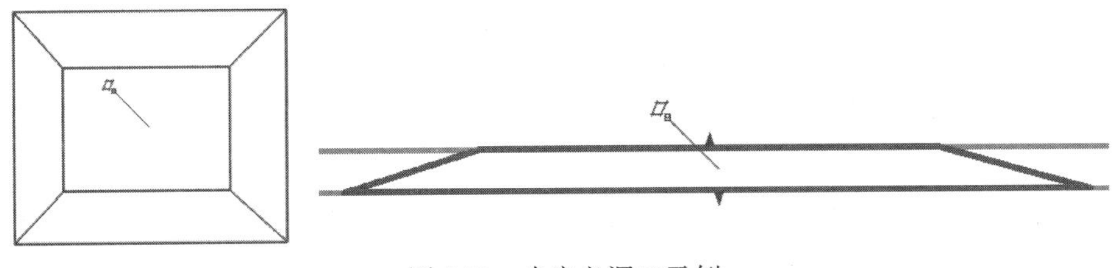

图 7-50 自定义洞口示例

5）单击“修改”选项卡下“几何图形”面板中“剪切几何形体”工具，用鼠标点击融合体与楼板，完成剪切。点击“完成模型”，完成绘制，如图 7-51 所示。

图 7-51 自定义洞口三维效果

7.5　楼梯及坡道创建

本节详细介绍了扶手楼梯和坡道的创建和编辑方法，并对项目应用中可能遇到的各类问题进行了细致地讲解。此外，结合案例介绍楼梯和栏杆扶手的拓展应用的思路是本节的亮点。

7.5.1　楼梯

7.5.1.1　创建楼梯

1. 直梯

1）用梯段命令创建楼梯

（1）单击“建筑”选项下“楼梯坡道”面板中的“楼梯”按钮，进入“修改|创建楼梯”模式，单击“构件”面板下的“梯段”按钮，不做其他设置即可开始直接绘制楼梯，如图 7-52 所示。

图 7-52　修改|创建楼梯面板

（2）在“属性”面板中，单击编辑类型，弹出“类型属性”对话框，创建自己的楼梯样式，设置类型属性参数：踏板、踢面、梯边梁等的位置、高度、厚度尺寸、材质、文字等，单击“确定”按钮。

（3）在“属性”面板中设置楼梯宽度、标高、偏移等参数，系统自动计算实际的踏步高和踏步数，单击“确定”按钮。

（4）单击“梯段”按钮，捕捉每跑的起点、终点位置绘制梯段。注意梯段草图下方的提示：创建了 10 个踢面，剩余 0 个。

（5）调整休息平台边界位置，完成绘制，楼梯扶手自动生成，如图 7-53 所示。

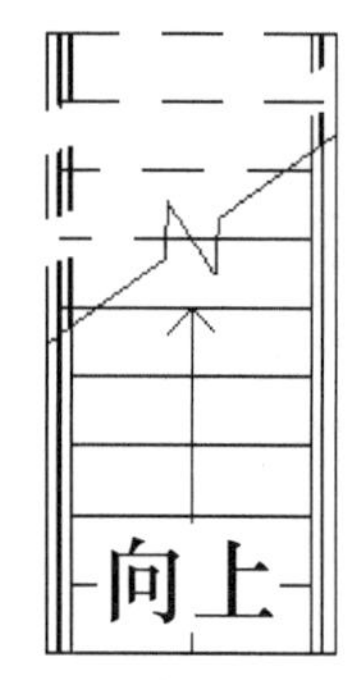

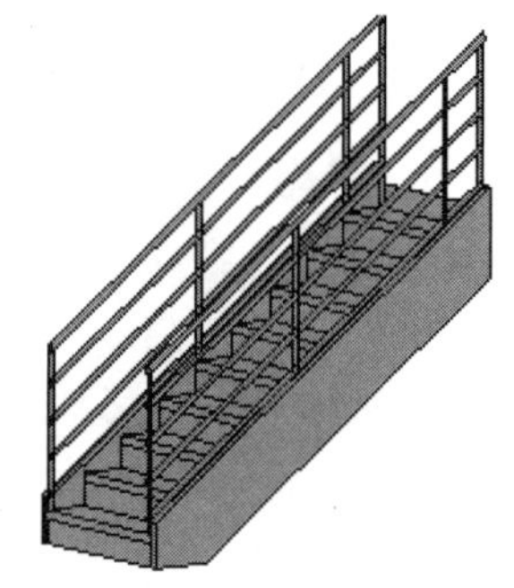

图 7-53　直梯示例

2）草图绘制创建楼梯

（1）单击“建筑”选项下“楼梯坡道”面板中的“楼梯”按钮，进入“修改|创建楼梯”模式，单击“构件”面板下的“ ”创建草图按钮，进入“修改|创建楼梯＞绘制梯段”模式，如图 7-54 所示。

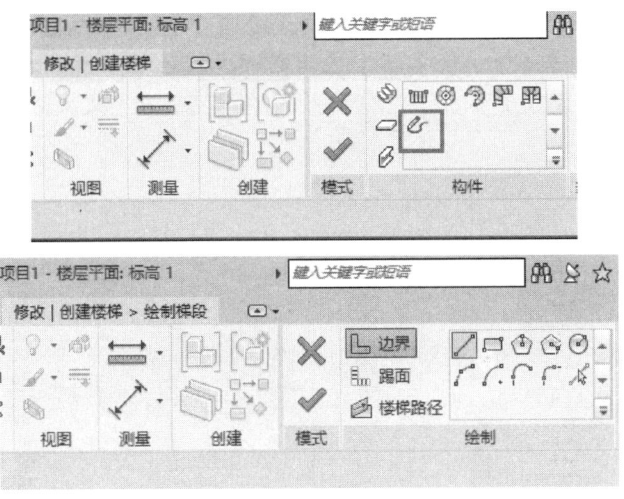

图 7-54　草图绘制创建楼梯命令

（2）单击“边界”按钮，分别绘制楼梯踏步和休息平台边界。

（3）单击“踢面”按钮，绘制楼梯踏步线。同前，注意梯段草图下方的提示，“剩余 0 个”时即表示楼梯跑到了预定层高位置。

2. 弧形楼梯

弧形楼梯的绘制步骤如下：

1）单击“建筑”选项卡下“楼梯坡道”面板中的“楼梯”按钮，进入绘制楼梯草图模式。

2）选择“楼梯属性”→“编辑类型”，创建自己的楼梯样式，设置类型属性参数：踏板、踢面、梯边梁等的高度、厚度尺寸、材质、文字等。

3）在“属性”中设置楼梯宽度、基准偏移等参数，系统自动计算实际的踏步高和踏步数。

4）绘制中心点、半径、起点位置参照平面，以便精确定位。

5）单击“绘制”面板下的“梯段”按钮，选择“中心-端点弧” 开始创建弧形楼梯。

6）捕捉弧形楼梯梯段的中心点、起点、终点位置绘制梯段，注意梯段草图下方的提示。如有休息平台，应分段绘制梯段，“完成楼梯”绘制，如图 7-55 所示。

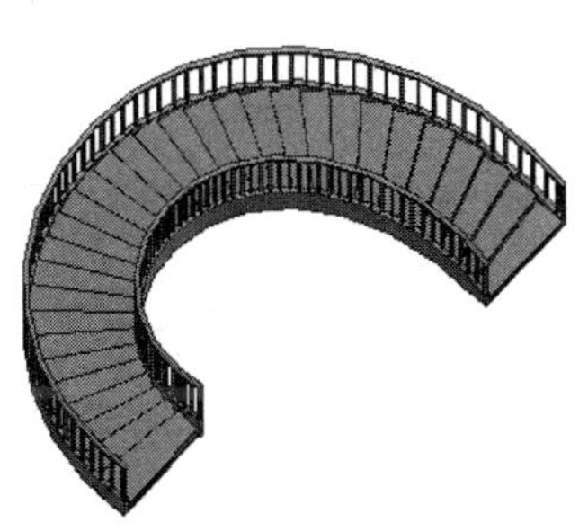

图 7-55　弧形楼梯三维效果

3. 旋转楼梯

1）单击“常用”选项卡下“楼梯坡道”面板中的“楼梯”按钮，进入绘制楼梯草图模式。

2）在楼梯的绘制草图模型下，选择“楼梯属性”→“编辑类型”，使用“复制”命令，创建旋转楼梯，并设置其属性：踏板、踢面、梯边梁等的高度，以及厚度尺寸、材质、文字等。

3）在“属性”面板中设置楼梯宽度、基准偏移等参数，系统自动计算实际的踏步高和踏步数。

4）单击“绘制”面板下的“梯段”按钮，选择“中心-端点弧”开始创建旋转楼梯。捕捉旋转楼梯梯段的中心点、起点、终点位置绘制梯段，如图 7-56 所示。

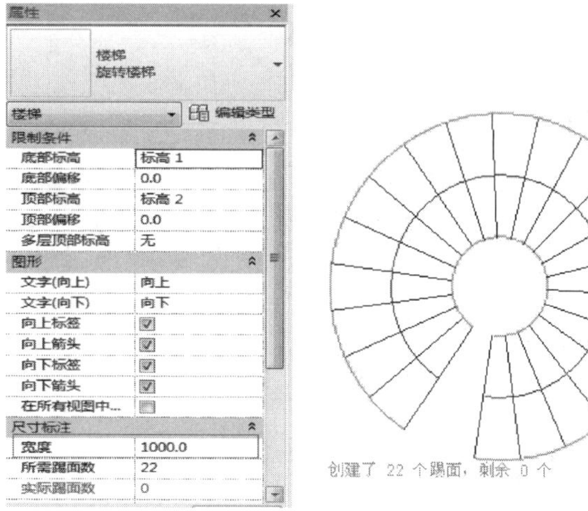

图 7-56 旋转楼梯创建步骤

5）“完成楼梯”绘制，如图 7-57 所示。

7.5.1.2 楼梯平面显示设置

1. 当绘制首层楼梯完毕，平面显示如图 7-58 所示。按照规范要求，通常要设置它的平面显示，如图 7-58 所示。

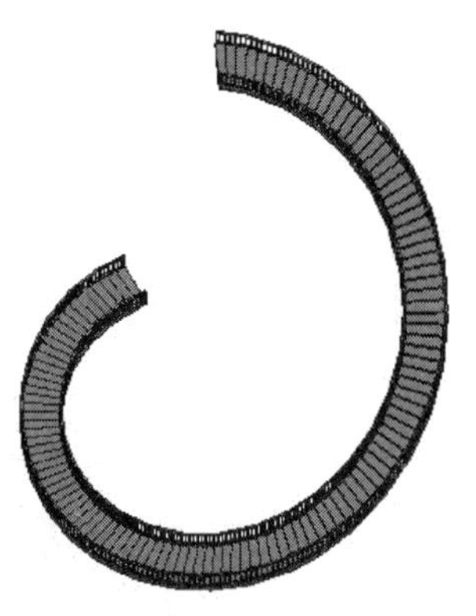

图 7-57 旋转楼梯三维效果

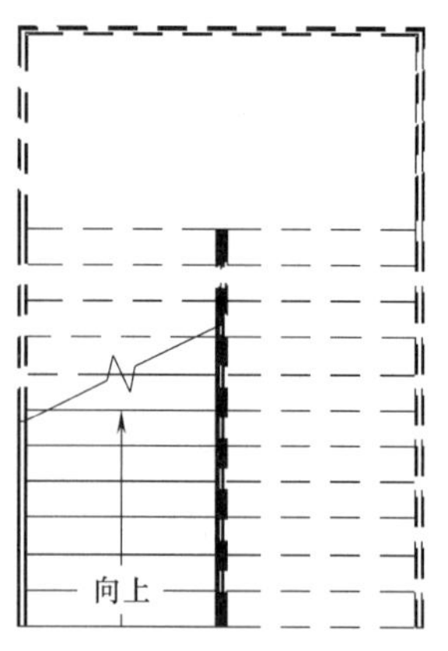

图 7-58 楼梯平面视图表达

单击“视图”选项卡下“图形”面板中的“可见性/图形”命令。从列表中单击“栏杆扶手”前的“+”号展开，取消选择“＜高于＞扶手”“＜高于＞栏杆扶手截面线”“＜高于＞顶部栏杆”复选框。从列表中单击“楼梯”前的“+”号展开，取消勾选

“＜高于＞剪切标记”“＜高于＞支撑”“＜高于＞楼梯前缘线”“＜高于＞踢面线”“＜高于＞轮廓”复选框，单击“确定”按钮，如图 7-59 所示。

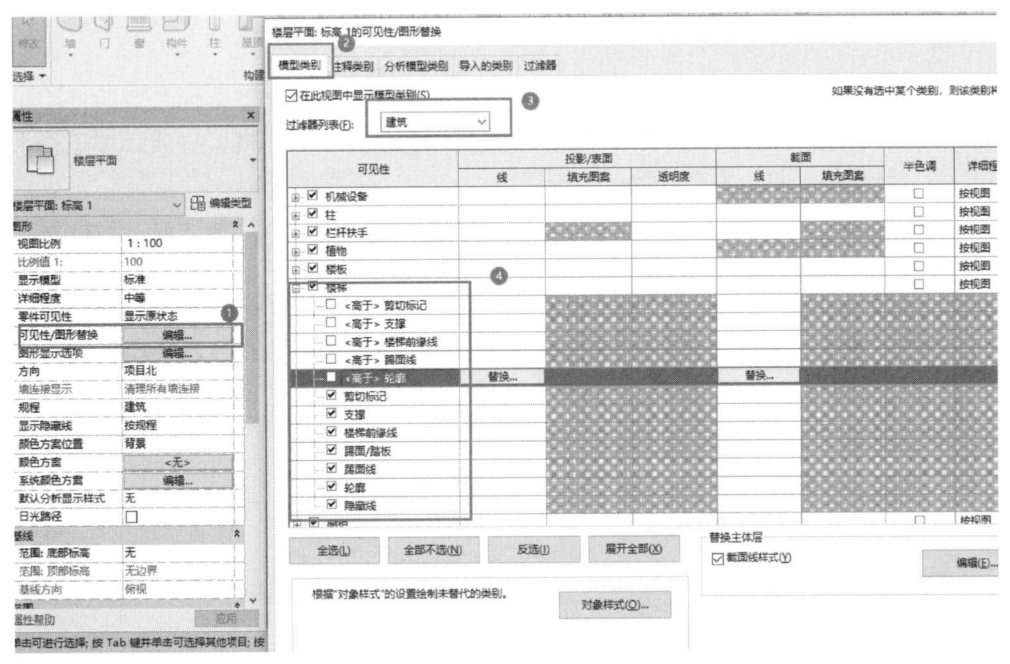

图 7-59　楼梯平面视图平面表达设置

2. 根据设计需要可以自由调整视图的投影条件，以满足平面显示要求。

单击“视图”选项卡下“图形”面板中的“视图属性”按钮，弹出“视图属性”对话框，单击“范围”选项区域中“视图范围”后的“编辑”按钮，弹出“视图范围”对话框。调整“主要范围”选项区域中“剖切面”的值，修改楼梯平面显示如图 7-60 所示。

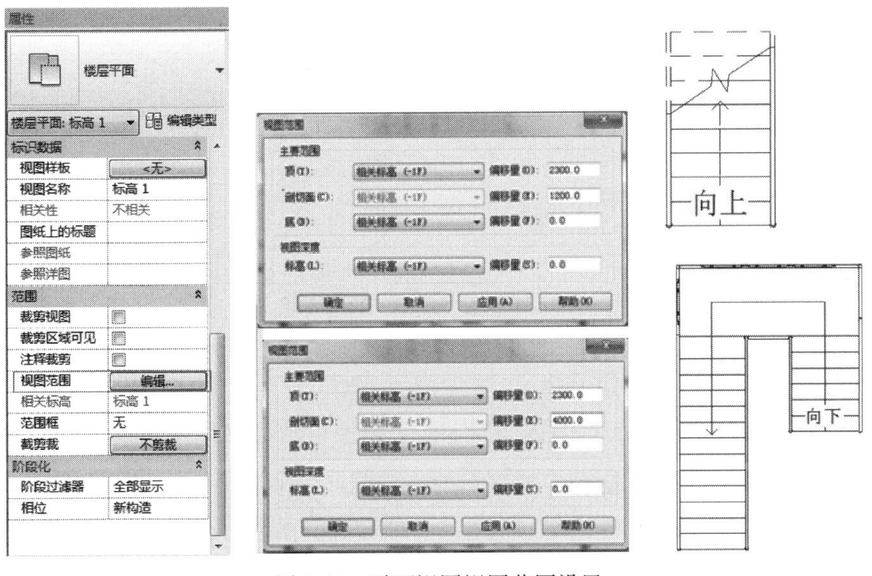

图 7-60　平面视图视图范围设置

7.5.2　坡道

7.5.2.1　直坡道

1）单击“建筑”选项卡下“楼梯坡道”面板中的“坡道”按钮，进入“创建坡道草图”模式。

2）单击“属性”面板中的“编辑类型”按钮，在弹出的“类型属性”对话框中单击“复制”按钮，创建自己的坡道样式，设置类型属性参数：坡道厚度、材质、坡道最大坡度（$1/x$）、结构等，单击“完成坡道”按钮。

3）在“属性”面板中设置坡道宽度、底部标高、底部偏移和顶部标高、顶部偏移等参数，系统自动计算坡道长度确定，如图7-61所示。

4）绘制参照平面：起跑位置线、休息平台位置、坡道宽度位置。

5）单击“梯段”按钮，捕捉每跑的起点、终点位置绘制梯段，注意梯段草图下方的提示：×××创建的倾斜坡道，×××剩余。

6）单击“完成坡道”按钮，创建坡道，坡道扶手自动生成，如图7-62所示。

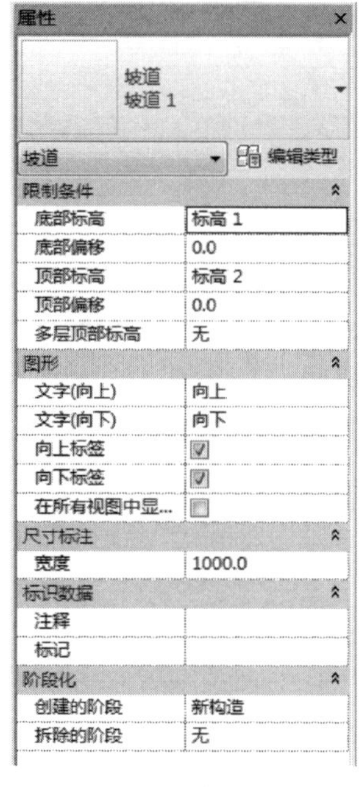

图7-61　坡道属性窗口

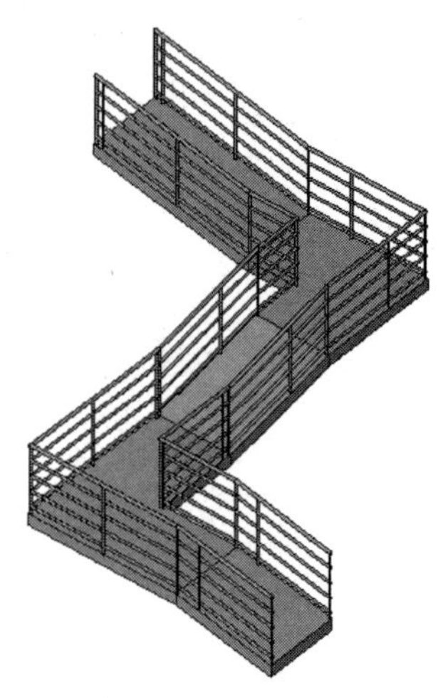

图7-62　创建坡道示例

7.5.2.2　弧形坡道

1）单击“建筑”选项卡下“楼梯坡道”面板中的“坡道”按钮，进入绘制楼梯草图模式。

2）在“属性”面板中，同前所述设置坡道的类型、实例参数。

3）绘制中心点、半径、起点位置参照平面，以便精确定位。

4）单击“梯段”按钮，选择选项栏的“中心-端点弧”选项，开始创建弧形坡道。

5）捕捉弧形坡道梯段的中心点、起点、终点位置绘制弧形梯段，如有休息平台，应分段绘制梯段。

6）可以删除弧形坡道的原始边界和踢面，并用“边界”和“踢面”命令绘制新的边界和踢面，创建特殊的弧形坡道。单击“完成坡道”按钮创建弧形坡道，如图 7-63 所示。

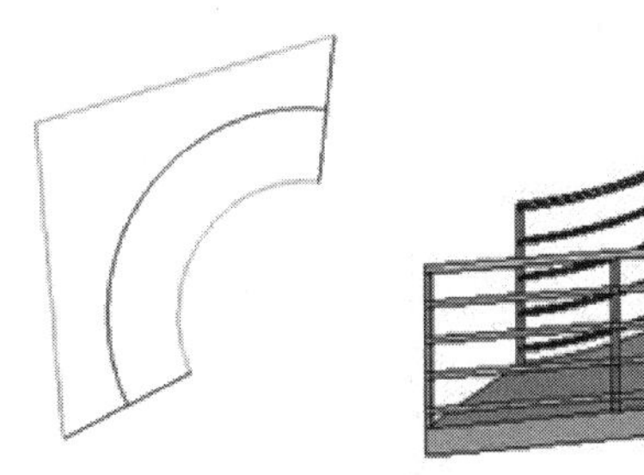
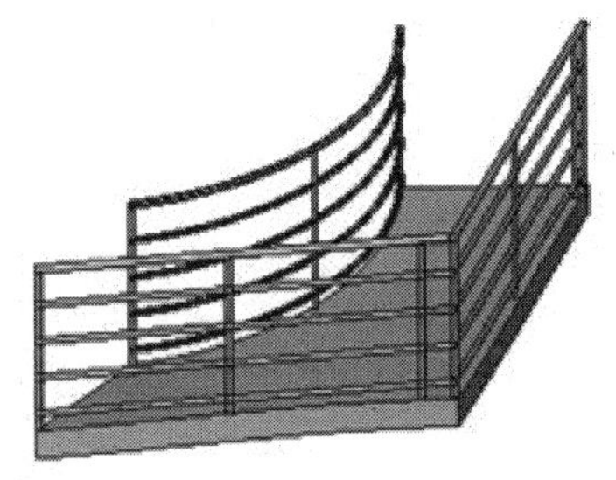
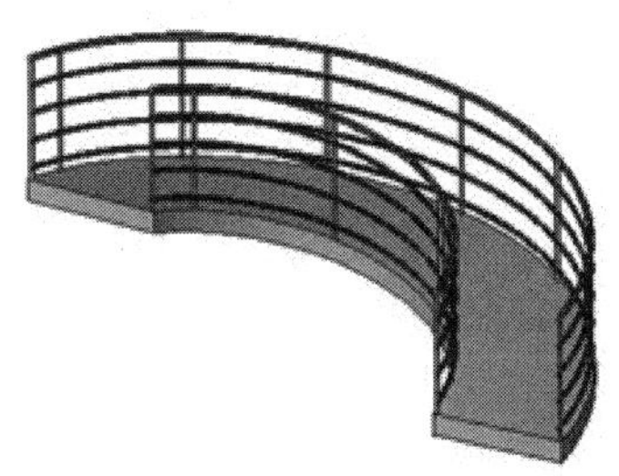

图 7-63　创建弧线坡道示例

7.5.3　综合应用技巧

1. 带边坡坡道族

单击应用程序菜单下拉按钮，选择“新建-族”，打开“新族-选择样板文件”对话框，选择“公制常规模型 .rft”样板文件，打开。

在“参照标高”平面视图中绘制水平参照平面，标注尺寸并添加“坡长”参数。

单击“创建”选项卡中的“形状”面板下的“实心-融合”命令，进入“创建融合底部边界”模式。绘制底部边界，并添加“底部宽度”参数。单击“模式”面板下的“编辑顶部”命令，绘制顶部边界（顶部边界是宽度为 1 的矩形），并添加“顶部宽度”参数。进入“参照标高”平面视图，将边缘与参照平面锁定，完成融合，如图 7-64 所示。

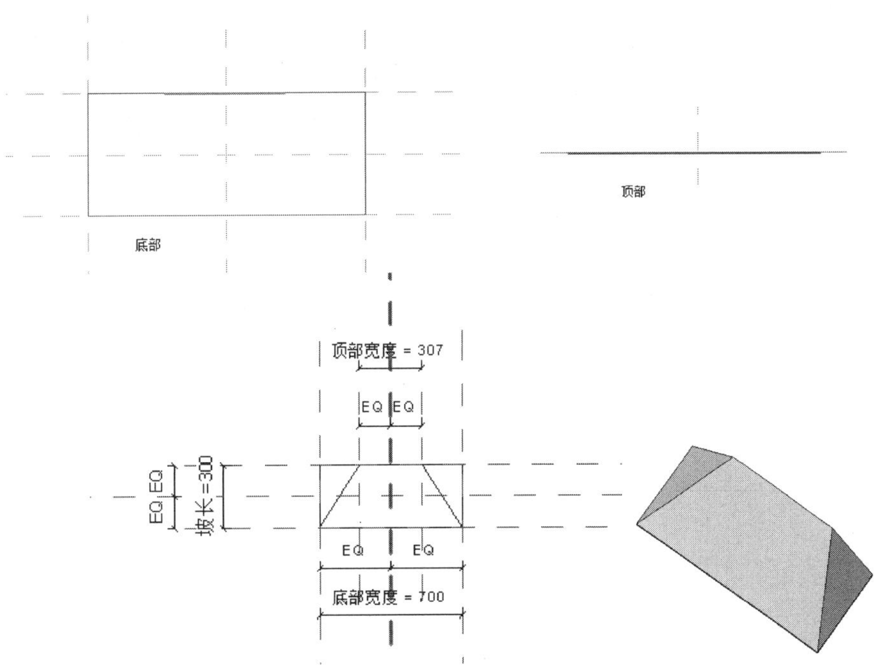

图 7-64　带边坡坡道创建示例

2. 中间带坡道楼梯

绘制一个整体式楼梯，将扶手删掉，单击应用程序菜单下拉按钮，选择“新建-族”，打开“新族-选择样板文件”对话框，选择“公制轮廓-扶手 . rft”样板文件，打开。在“公制轮廓-扶手 . rft”中绘制坡道截面，载入项目中。

进入 F1 平面视图，单击“建筑”选项卡“楼梯坡道”面板下的“栏杆扶手”命令，进入扶手草图绘制模式。单击“扶手属性”，编辑“类型属性”中的“栏杆位置”和“扶手结构”。设置楼梯为主体，并沿着楼梯边缘绘制“扶手线”，完成扶手的创建，如图 7-65 所示。

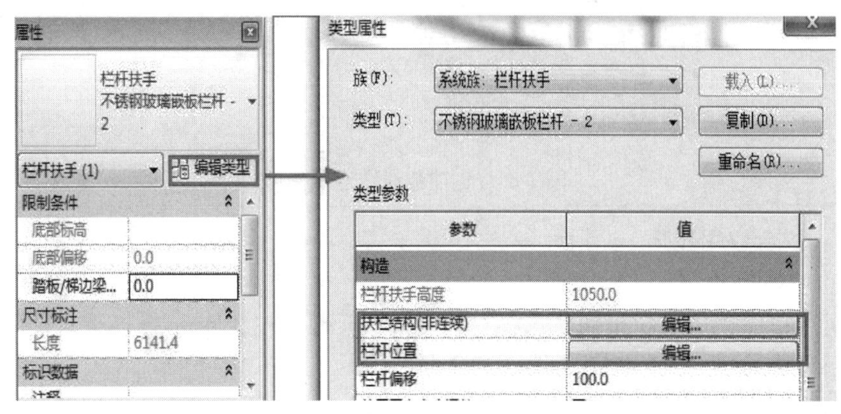

图 7-65 栏杆扶手参数设置

进入东立面，利用参照平面量取坡道与楼梯间高度间距，选择坡道，单击“图元属性”下拉按钮，选择“类型属性”并单击，设置“扶手结构”的高度为“－174.0”，如图 7-66 所示。

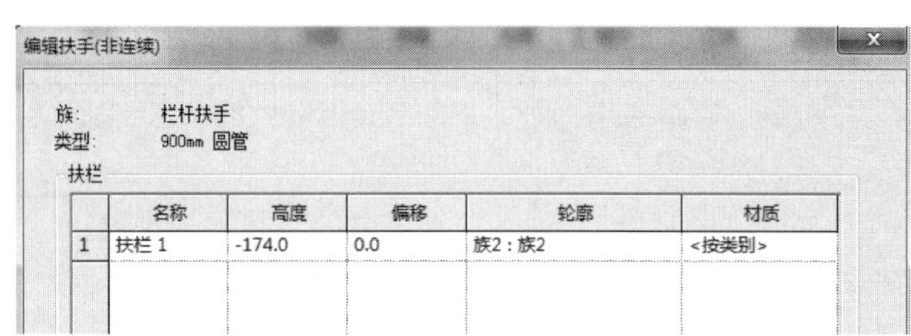

图 7-66 编辑扶手（非连续）窗口

单击“修改”面板下的“复制”命令，复制整体式楼梯。此时中间带坡道的楼梯绘制完毕。

3. 剪刀梯的绘制

首先把标高建起来，以 11 层为例，进入平面一层，画一个整体式楼梯，如图 7-67 所示。

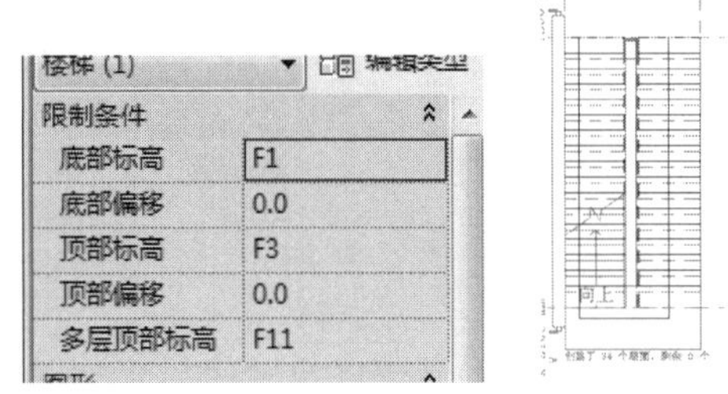

图 7-67 创建剪刀梯示例

完成后把绘制好的楼梯相对楼梯垂直中心线镜像，再把垂直镜像相对水平中心线镜像。因靠墙一侧不需要楼梯手，所以把垂直镜像与外扶手删掉。后把内扶手修整一下，如图 7-68 所示。

再给第一次添加楼板、墙、门和竖井，切记在最上面一层要加两堵小墙，防止人坠落，如图 7-69 所示。

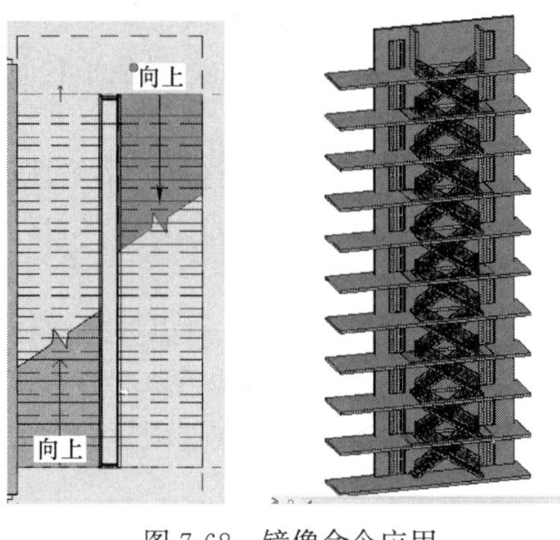

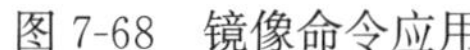

图 7-68 镜像命令应用

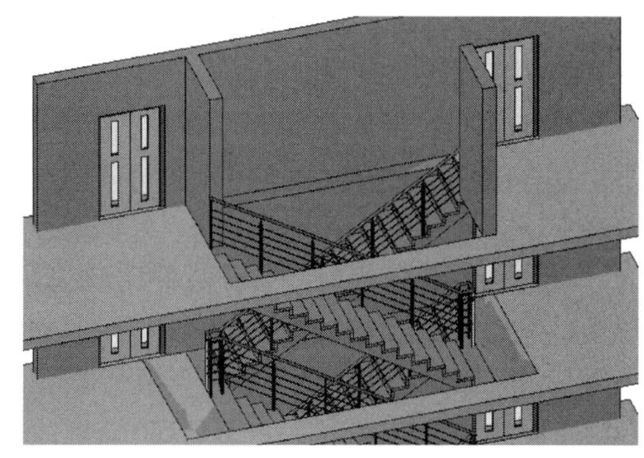

图 7-69 剪刀梯效果图

7.6 栏杆扶手创建

7.6.1 栏杆扶手的创建

单击“建筑”选项卡下“楼梯坡道”面板中的“栏杆扶手”按钮，进入绘制栏杆扶手轮廓模式。用“线”绘制工具绘制连续的扶手轮廓线（楼梯扶手的平段和斜段要分开绘制）。单击“完成扶手”按钮创建扶手。

7.6.2 栏杆扶手的编辑

1. 选择扶手，然后单击“修改栏杆扶手”选项卡下“模式”面板中的“编辑路径”按钮，编辑扶手轮廓线位置。

2. 属性编辑：自定义扶手。

点击“插入”选项卡下“从库中载入”面板中的“载入族”按钮，载入需要的扶手、栏杆族。点击“建筑”选项卡下“楼梯坡道”面板中的“栏杆扶手”按钮，在“属性”面板中，单击“编辑类型”，弹出“类型属性”对话框，编辑类型属性，如图 7-70 所示。

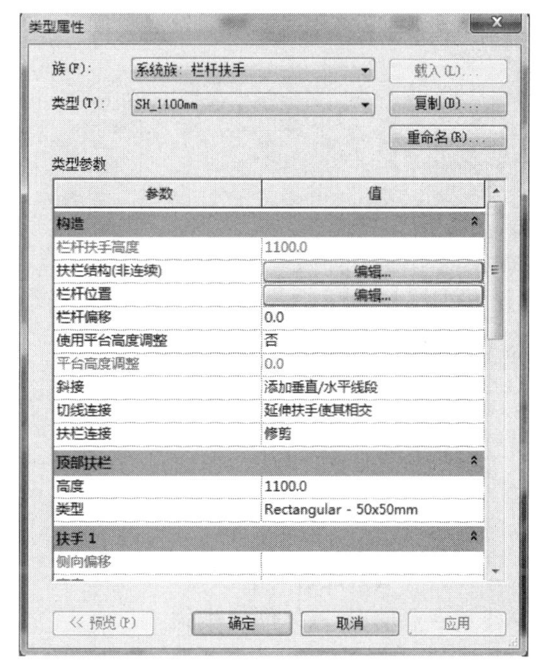

图 7-70 栏杆扶手类型属性窗口

单击“扶栏结构”栏对应的“编辑”按钮，弹出“编辑扶手”对话框，编辑扶手结构：插入新扶手或复制现有扶手，设置扶手名称、高度、偏移、轮廓、材质等参数，调整扶手上、下位置。

7.6.3 扶手连接设置

Revit 允许用户控制扶手的不同连接形式，扶手类型属性参数包括“斜接”

“切线连接”“扶手连接”。

1. 斜接：如果两段扶手在平面内成角相交，但没有垂直连接，Revit 既可添加垂直或水平线段进行连接，也可不添加连接件保留间隙，这样即可创建连续扶手，且从平台向上延伸的楼梯梯段的起点无法由一个踏板宽度显示。

2. 切线连接：如果两段相切扶手在平面内共线或相切，但没有垂直连接，Revit 既可添加垂直或水平线段进行连接，也可不添加连接件保留间隙。这样即可在修改了平台处扶手高度，或扶手延伸至楼梯末端之外的情况下创建光滑连接。

3. 扶手连接：修剪、结合两种类型。如果要控制单独的扶手接点，可以忽略整体的属性：选择扶手，单击“编辑”面板中的“编辑路径”按钮，进入编辑扶手草图模式，单击“工具”面板下的“编辑扶手连接”按钮，单击需要编辑的连接点，在选项栏的“扶手连接”下拉列表中选择需要的连接方式。

7.6.4 综合应用技巧

1. 带翻边楼板边扶手

单击“栏杆扶手”命令，点击“扶手属性”，设置“类型属性”中的“扶手结构”中一个扶手的“轮廓”为“楼板翻边”类型的轮廓。设置扶手轮廓的位置，并绘制扶手，如图 7-71 所示。

2. 顶层楼梯栏杆的绘制与连接

使用 Tab 键拾取楼梯内侧扶手，单击“编辑”面板中的“编辑路径”命令，进入扶手草图绘制模式。单击“绘制”面板的“/”工具，分段绘制扶手，如图 7-72 所示。

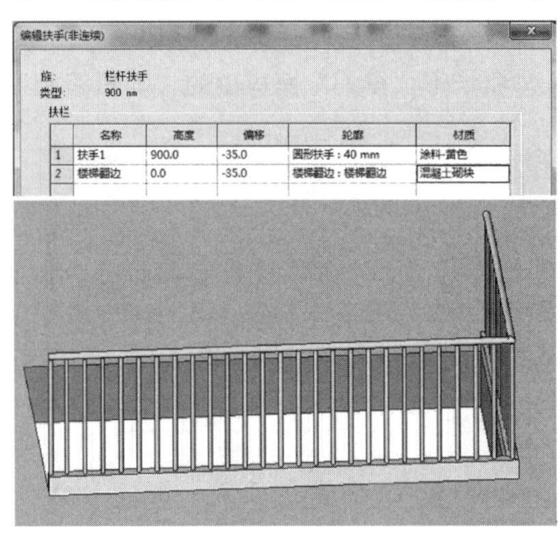

图 7-71 带翻边楼板边扶手示例

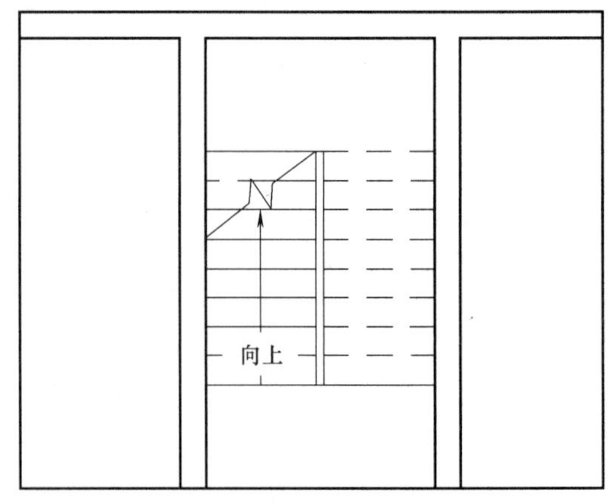

图 7-72 顶部栏杆扶手路径编辑

7.7 实 操 练 习

7.7.1 “墙：建筑”的创建

建筑专业模型_墙体创建步骤：

1. 打开“教材资源\教材模型\基准模型\建筑专业\建筑专业_轴网 . rvt”（图 7-73），完成建筑专业模型_墙体的创建。

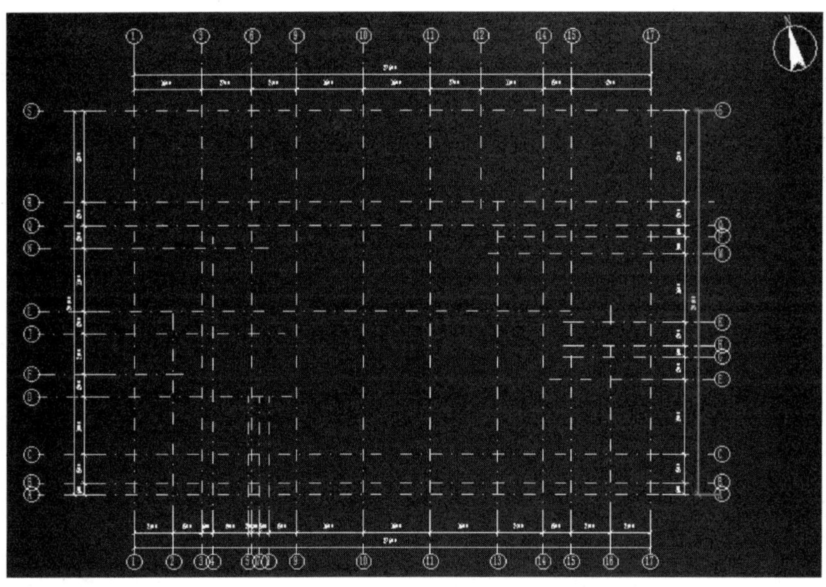

图 7-73 建筑专业_轴网项目示例

2. 鼠标双击“项目浏览器”窗口中“建筑平面”下“1F”平面视图，绘图区域切换到“1F”楼层平面视图。

3. 鼠标点击功能区“插入”上下文选项卡中“链接”功能面板的【链接 CAD】，弹出“链接 CAD 格式”对话框，选择“教材资源\教材图纸\02 建筑图纸\1F 楼层平面图. dwg”，完成如图设置，点击“打开”完成 CAD 文件的链接，如图 7-74 所示。

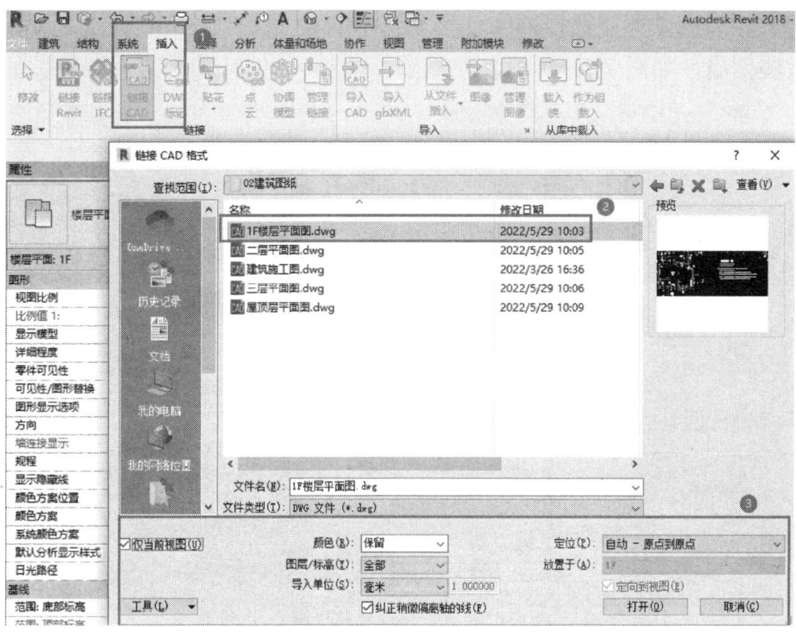

图 7-74 链接 CAD 文件操作步骤

4. 将链接 CAD 文件中轴线 1 和轴线 A，与当前项目文件中轴线 1 和轴线 A 对齐，使得链接 CAD 文件与项目中轴线一一对齐，效果如图 7-75 所示。

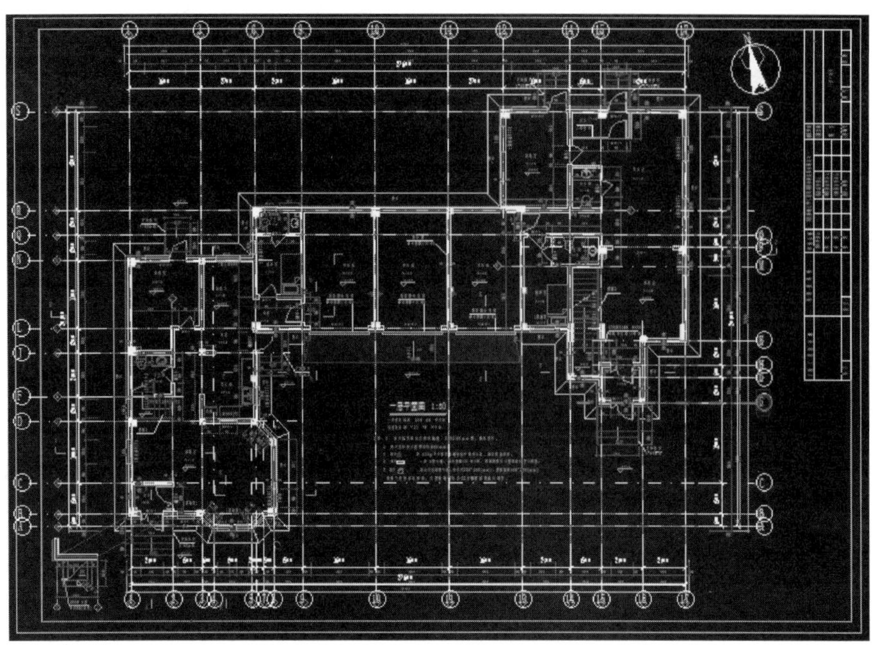

图 7-75 链接 CAD 文件项目效果

5. 根据建筑施工图信息，在软件中创建墙体类型如下：“1F—W—300mm”，“1F—W—400mm”“NGQ—200mm”“NGQ—100mm”以“1F—W—300mm”为例演示讲解创建方法：

1）鼠标点击功能区“建筑”上下文选项卡下“构建”面板中【墙】命令下【墙：建筑】。

2）在“属性”窗口类型选择器中选择“基本墙 常规－200mm”。

3）修改实例属性如图 7-76 所示。

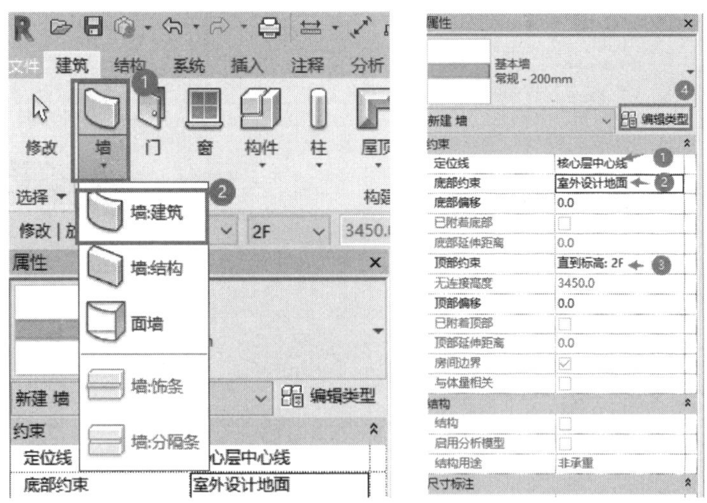

图 7-76 墙类型的设置

4）点击“编辑类型”，弹出窗口中点击“复制”输入“1F—W—300mm”，确定后点击“结构”后【编辑】按钮，进行构造设置，如图 7-77 所示。

5）按照下图步骤设置“1F—W—300mm”墙体构造，如图 7-78～图 7-81 所示。

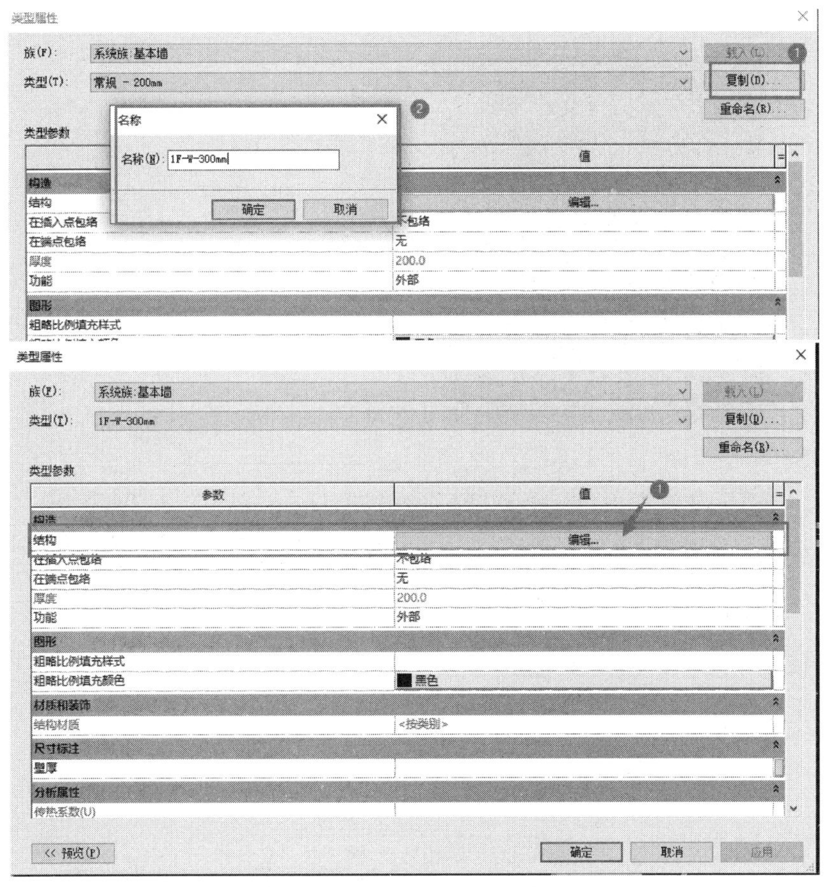

图 7-77 墙类型属性结构参数

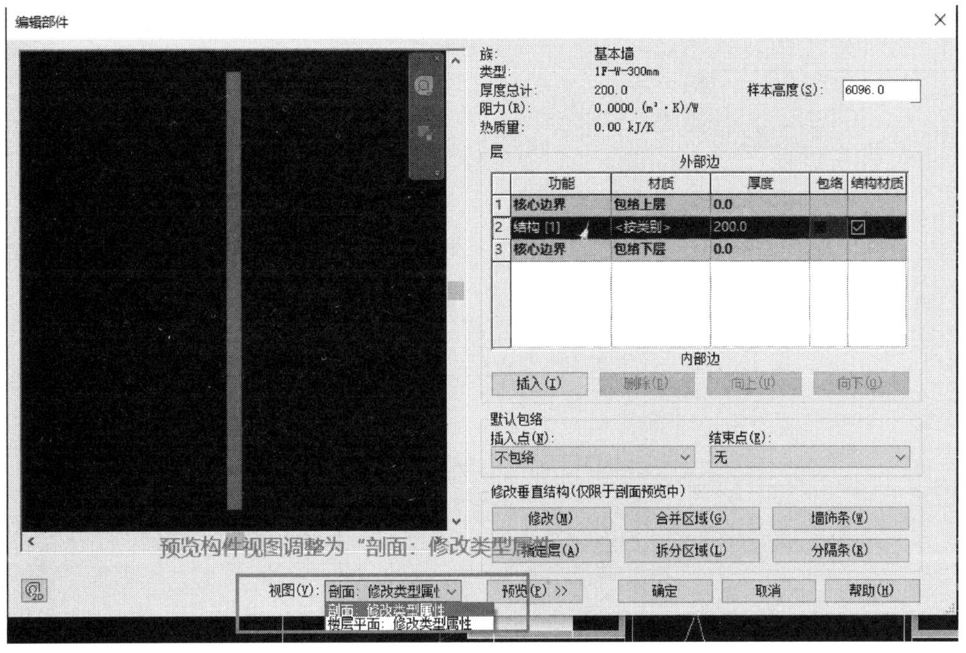

图 7-78 预览视图设置

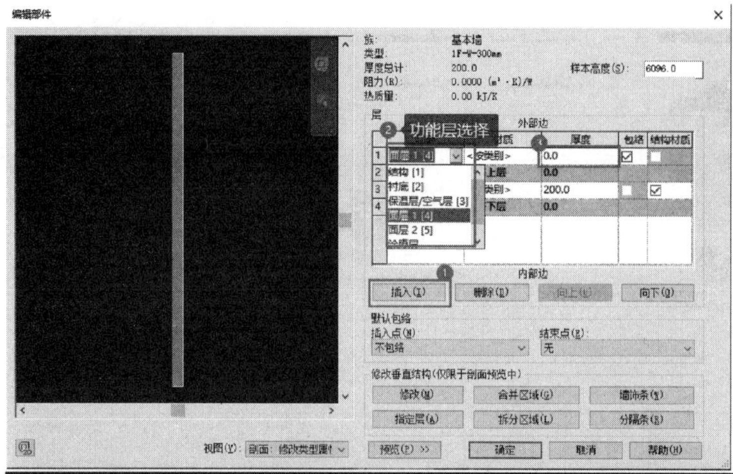

本工程的外围护墙体采用200厚高保温陶粒混凝土夹心砌块复合100mm厚挤塑板保温层（燃烧性能B1级）建筑物的内隔墙为100/200mm厚陶粒混凝土空心砌块，其构造和砌筑技术要求详见结施；

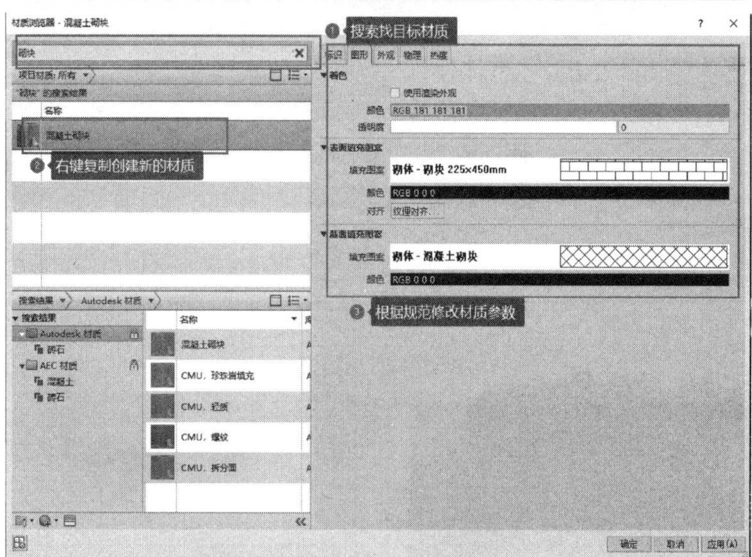

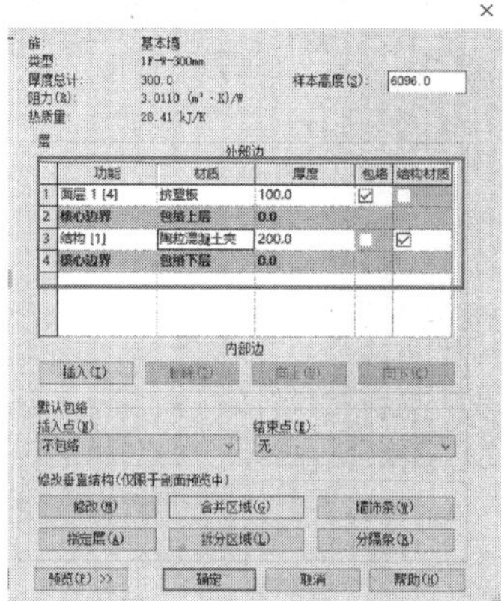

图 7-79　构造层的编辑步骤

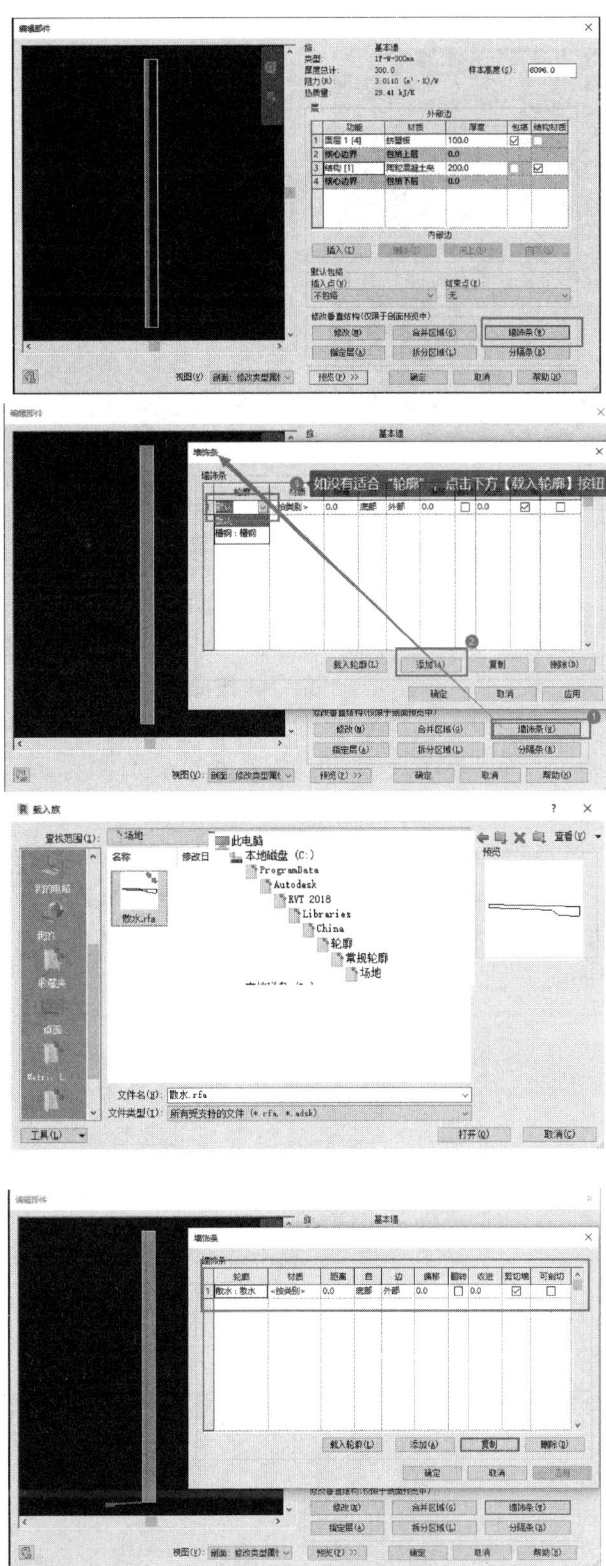

图 7-80　墙饰条构造设置

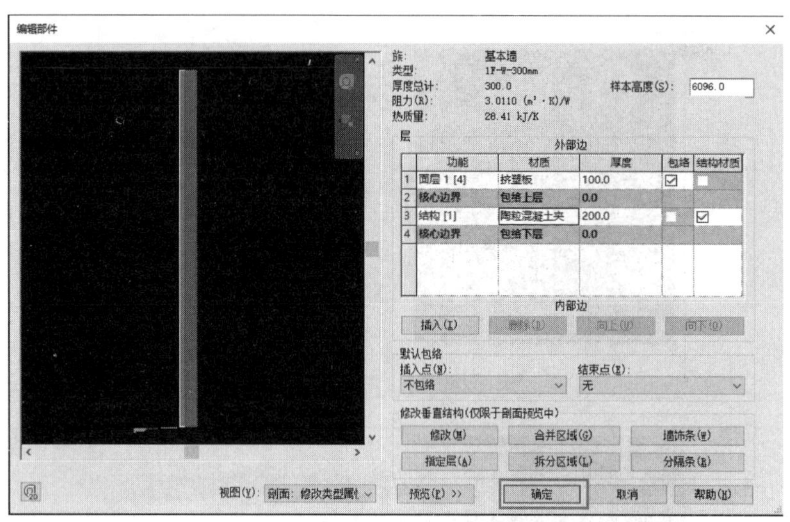

图 7-81 带散水墙构造设置示例

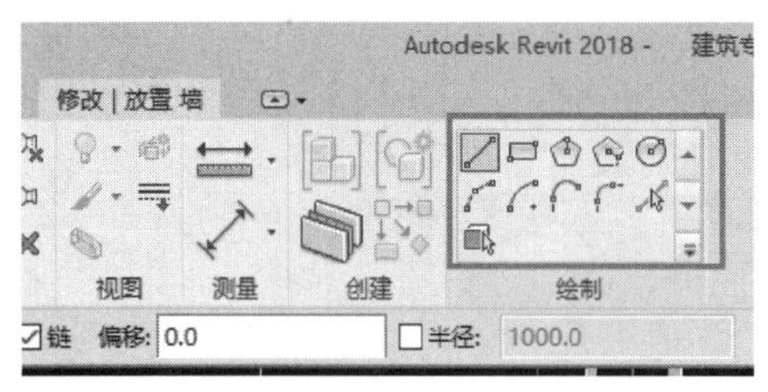

图 7-82 创建墙面板

6. 选择正确的墙体类型，点击“修改|放置 墙”上下文选项卡“绘制”面板【直线】命令，按照图纸绘制，如图 7-82 所示。

注意：外墙底标高为“室外设计地面”，内墙底标高为“1F”。

7. 项目浏览器窗口“族”下，双击“轮廓”下“散水”修改“散水宽度”为“570.0”，1F 楼层墙体效果如图 7-83 所示。

8. 同样的绘制方式，完成其他楼层的墙体模型，注意墙体的命名和墙体的竖向高度，完成效果如图 7-84 所示。

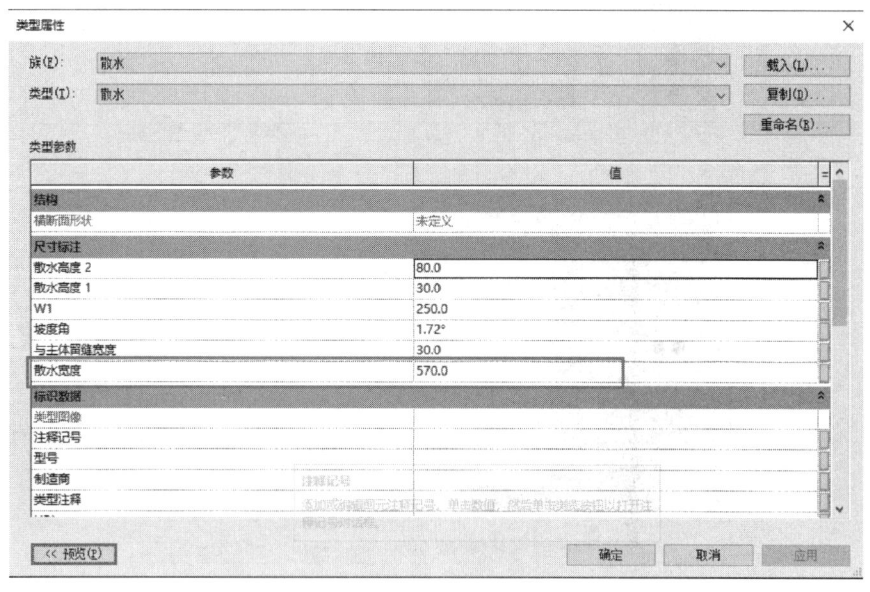

图 7-83 室外墙体平面图效果（一）

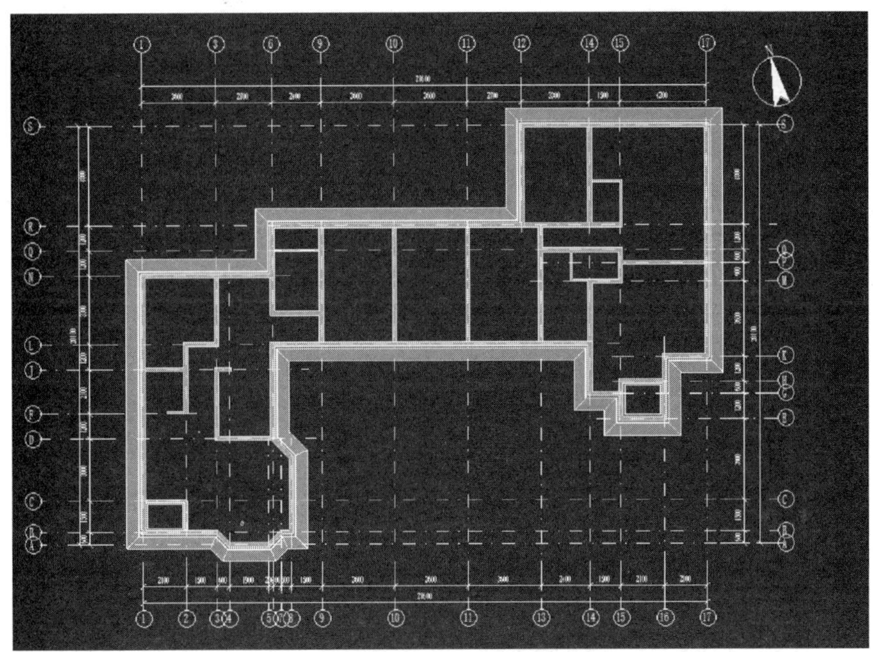

图 7-83　室外墙体平面图效果（二）

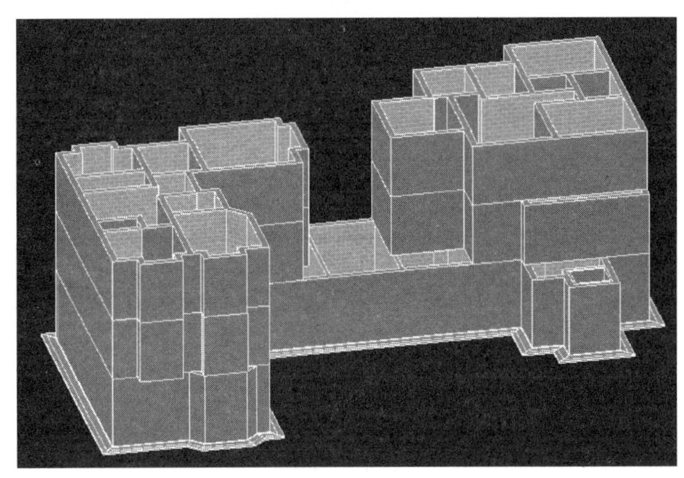

图 7-84　墙体效果图

9. 保存项目名称“建筑专业模型_墙体”，存储到“教材资源\教材模型\建筑专业\”文件夹内。

7.7.2　门窗的创建

门窗创建的主要步骤

1. 打开“教材资源\教材模型\基准模型\建筑专业\建筑专业模型_墙体 . rvt”，完成“建筑专业模型_门窗 . rvt”的创建。

2. 根据建筑施工图内“门窗表”和“门窗图例”在 Revit 2018 软件中创建对应的门窗类型，如图 7-85 所示。步骤如下：

1）点击“插入”功能上下文选项卡“从库中载入”面板【载入族】命令，如图 7-86 所示。

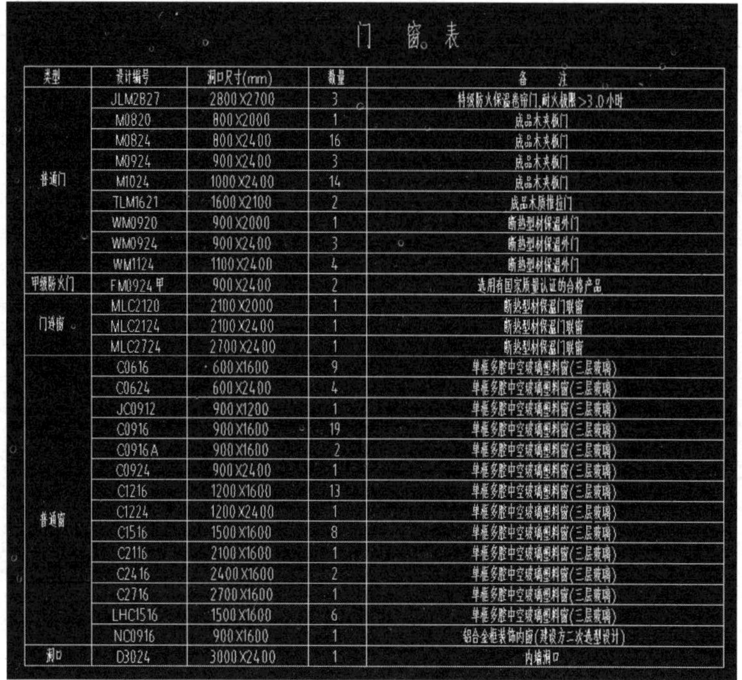

门窗表

类型	设计编号	洞口尺寸(mm)	数量	备注
普通门	JLM2827	2800X2700	3	特级防火保温卷帘门,耐火极限>3.0小时
	M0820	800X2000	1	成品木夹板门
	M0824	800X2400	16	成品木夹板门
	M0924	900X2400	3	成品木夹板门
	M1024	1000X2400	14	成品木夹板门
	TLM1621	1600X2100	2	成品木质推拉门
	WM0920	900X2000	1	断热型材保温外门
	WM0924	900X2400	3	断热型材保温外门
	WM1124	1100X2400	4	断热型材保温外门
甲级防火门	FM0924甲	900X2400	2	选用有国家质量认证的合格产品
门连窗	MLC2120	2100X2000	1	断热型材保温门联窗
	MLC2124	2100X2400	1	断热型材保温门联窗
	MLC2724	2700X2400	1	断热型材保温门联窗
普通窗	C0616	600X1600	9	单框多腔中空玻璃塑料窗(三层玻璃)
	C0624	600X2400	4	单框多腔中空玻璃塑料窗(三层玻璃)
	JC0912	900X1200	1	单框多腔中空玻璃塑料窗(三层玻璃)
	C0916	900X1600	19	单框多腔中空玻璃塑料窗(三层玻璃)
	C0916A	900X1600	2	单框多腔中空玻璃塑料窗(三层玻璃)
	C0924	900X2400	1	单框多腔中空玻璃塑料窗(三层玻璃)
	C1216	1200X1600	13	单框多腔中空玻璃塑料窗(三层玻璃)
	C1224	1200X2400	1	单框多腔中空玻璃塑料窗(三层玻璃)
	C1516	1500X1600	8	单框多腔中空玻璃塑料窗(三层玻璃)
	C2116	2100X1600	1	单框多腔中空玻璃塑料窗(三层玻璃)
	C2416	2400X1600	2	单框多腔中空玻璃塑料窗(三层玻璃)
	C2716	2700X1600	1	单框多腔中空玻璃塑料窗(三层玻璃)
	LHC1516	1500X1600	6	单框多腔中空玻璃塑料窗(三层玻璃)
	NC0916	900X1600	1	铝合金框装饰内窗(建设方二次选型设计)
洞口	D3024	3000X2400	1	内墙洞口

图 7-85　图纸门窗表

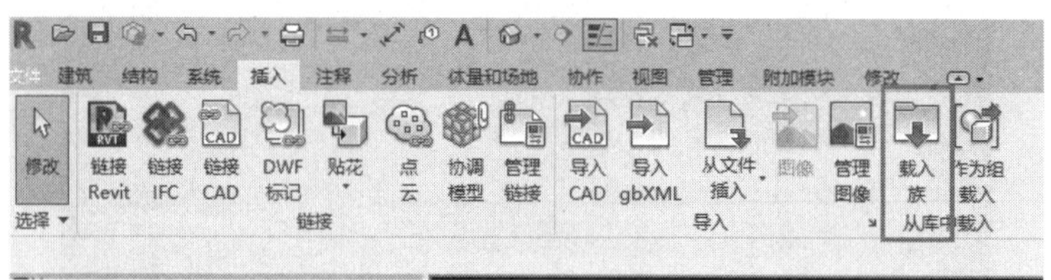

图 7-86　载入族命令

2）载入“教材资源\教材模型\基准模型\建筑专业\族\门窗族”文件夹内所有族，如图 7-87 所示。

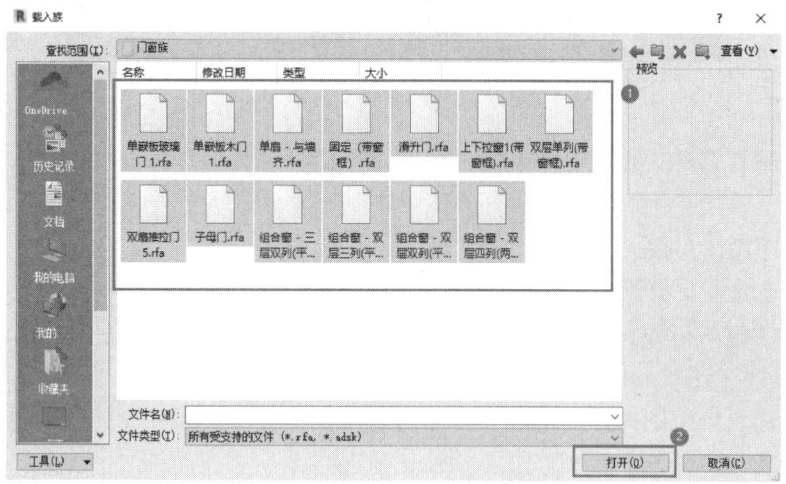

图 7-87　载入项目所需门窗族

3）鼠标双击“项目浏览器”窗口中“建筑平面”下“1F”平面视图，绘图区域切换到“1F”楼层平面视图。

4）按照图纸选择相应的门窗族进行鼠标点击放置即可，以放置“C0924”为例，如图 7-88 所示。

5）鼠标点击功能区“建筑”上下文选项卡下“构建”面板中【窗】命令。在“属性”窗口类型选择器中选择“C0924”并修改窗实例属性和类型尺寸如图 7-89 所示。

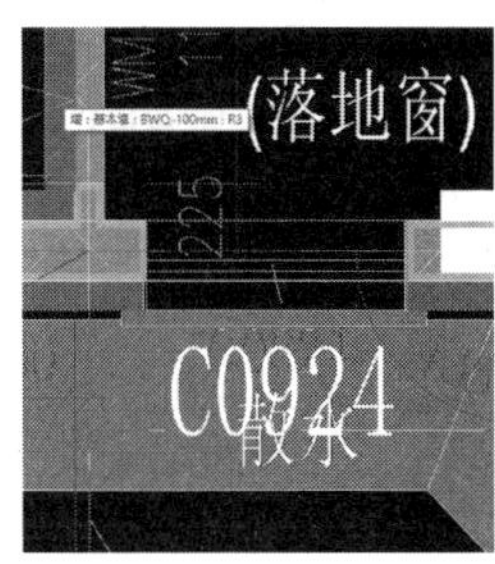

图 7-88 C0924 窗放置前后对比图

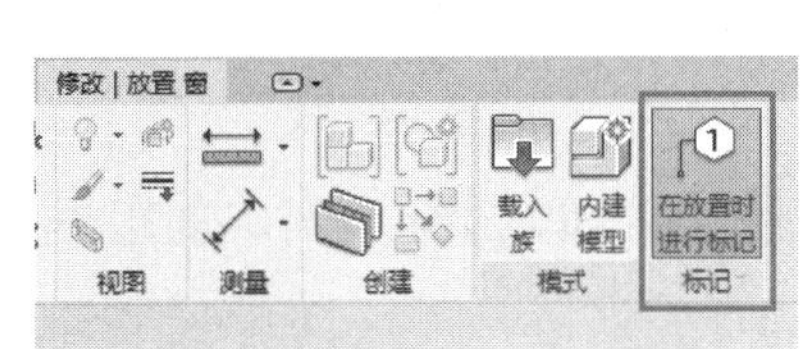

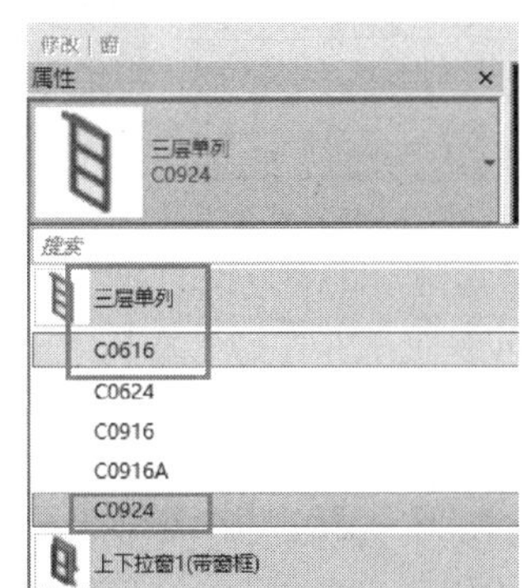

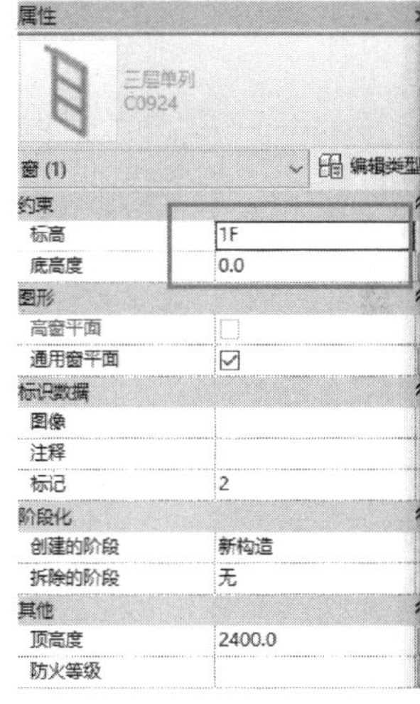

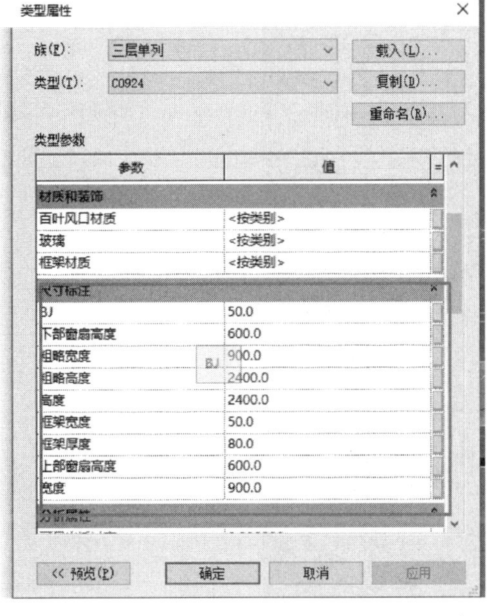

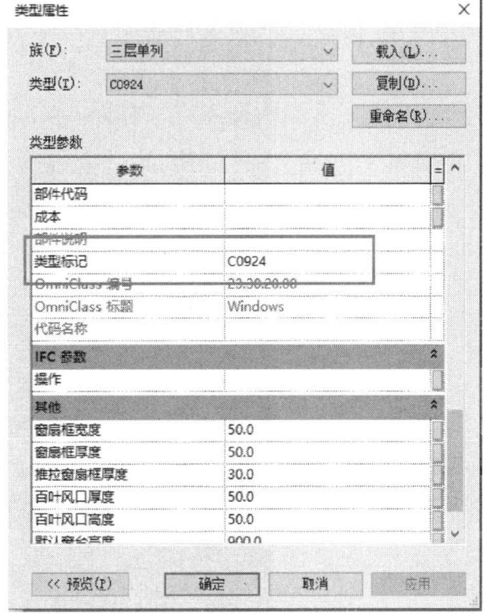

图 7-89 放置窗 C0924 操作步骤

6）门的创建与窗的创建一致，此项目门斗处内加 100mm 厚保温层，需要以门口尺寸开洞口，选中墙体，点击功能区“模式”面板【编辑轮廓】命令，切换视图，编辑墙轮廓边界线，完成门洞口的创建，如图 7-90 所示。

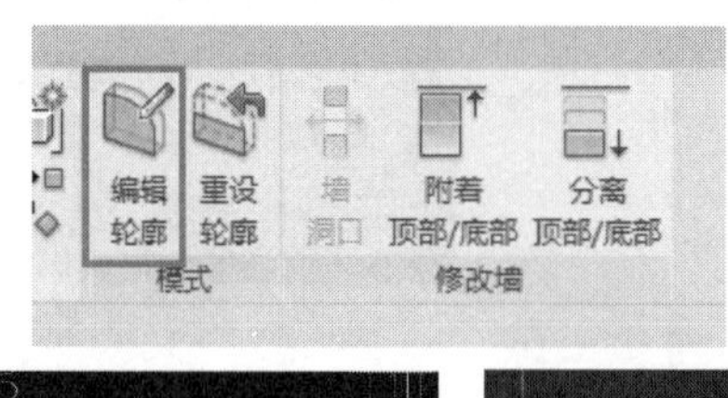

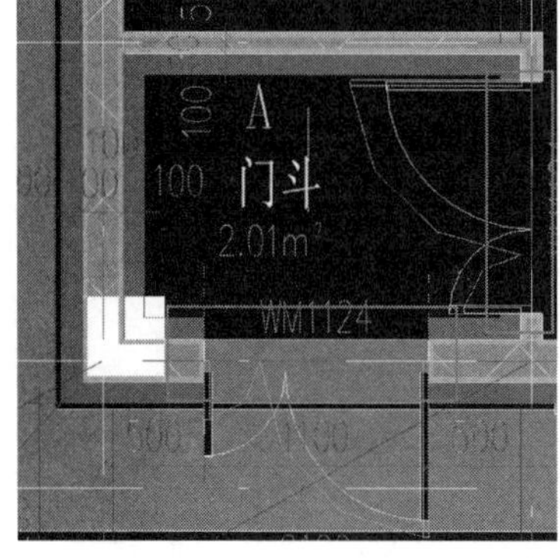

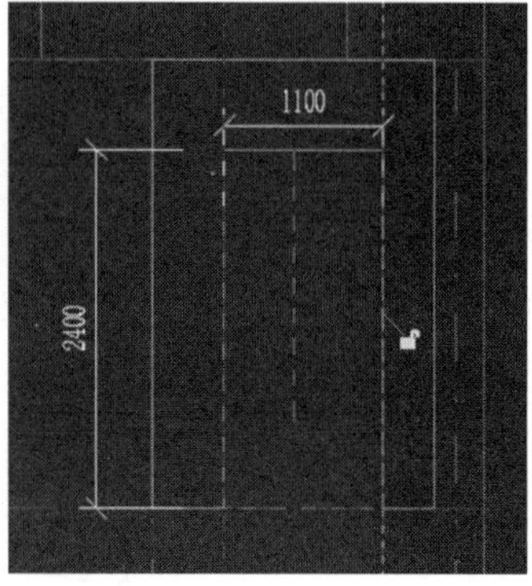

图 7-90　墙洞口创建示例

3. 门联窗的创建，采用幕墙命令完成门联窗构件的创建，以 MLC2124 为例，如图 7-91 所示。

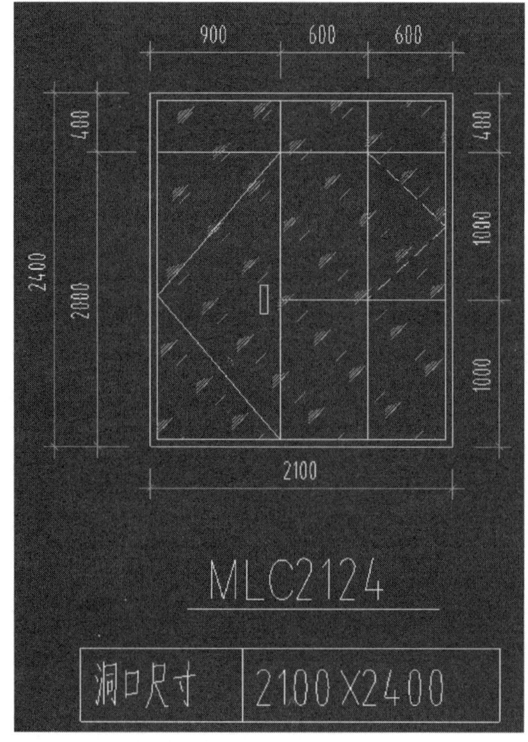

图 7-91　MLC2124 大样图

1）鼠标点击功能区“建筑”上下文选项卡下“构建”面板中【墙】命令下【墙：建筑】。

2）在“属性”窗口类型选择器中选择“幕墙”。点击“编辑类型”弹出“类型属性”窗口，点击“复制”命名为“MLC2124”，如图 7-92 所示。

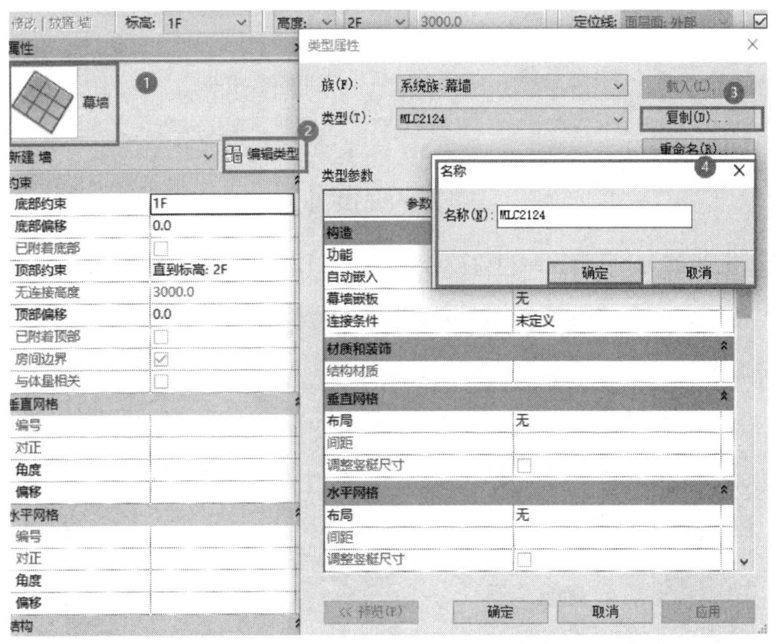

图 7-92 幕墙类型创建示例

3）在 1F 楼层平面视图，绘制一个高 2400mm，宽 2100mm 的幕墙，绘制完成后按照 MLC2124 大样图绘制网格、竖梃及门窗嵌板，如图 7-93 所示。

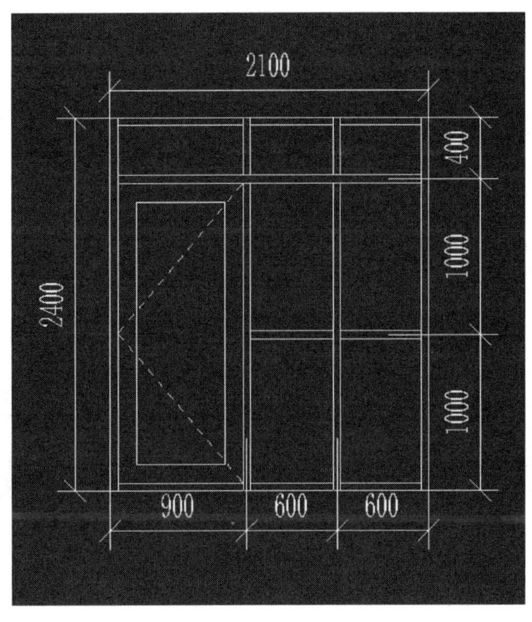

图 7-93 MLC2124 构件族

4）选择绘制的幕墙“MLC2124”，点击“修改|墙”功能区上下文选项卡“创建”面板“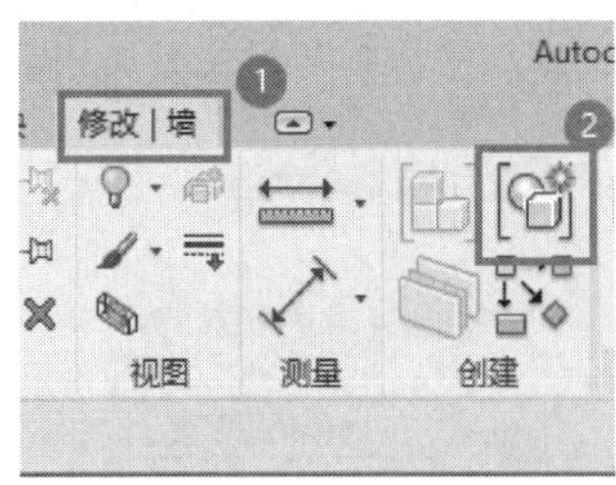”【创建组】命令，名称为“MLC2124”，如图 7-94 所示。

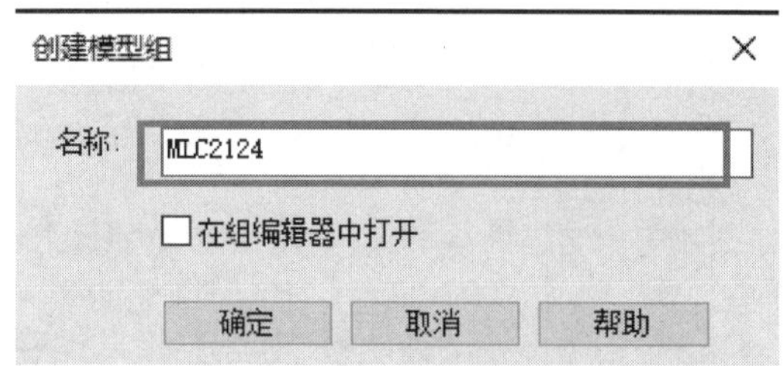

图 7-94 创建组

5）按照以上步骤分别创建 MLC2724 和 MLC2120，如图 7-95 所示。

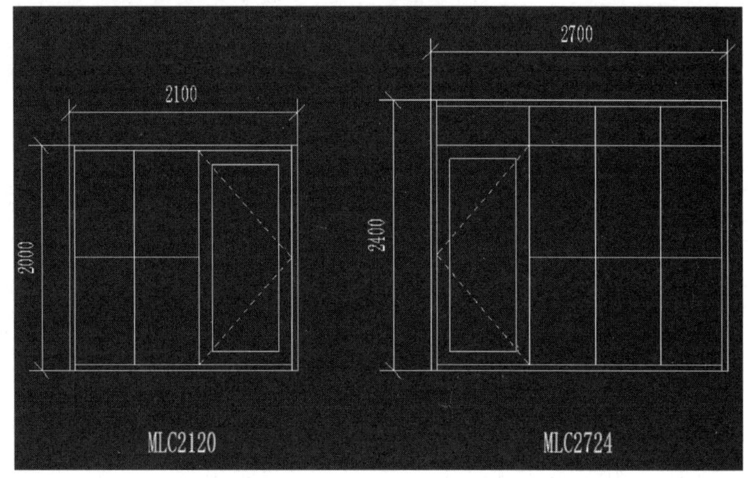

图 7-95 门联窗示例

4. 按照以上操作步骤完成建筑专业模型中门窗的创建，如图 7-96 所示。

图 7-96 放置门窗示例效果

5. 保存项目名称“建筑专业模型_门窗”，存储到“教材资源\教材模型\建筑专业\”文件夹内。

7.7.3 “楼板 建筑”的创建

1. 打开“教材资源\教材模型\基准模型\建筑专业\建筑专业模型_门窗.rvt”，完成“建筑专业模型_楼板.rvt”的创建。

2. 鼠标双击“项目浏览器”窗口中“建筑平面”下“1F”平面视图，绘图区域切换到“1F”楼层平面视图。

3. 根据建筑施工图与结构施工图，建筑楼板为结构楼板厚度基础上的面层 50mm 后，这里考虑到专业的协同，构件的扣减规则，项目室内建筑楼板厚度统一为 50mm 厚，创建楼板类型：“JLB 50mm”，如图 7-97 所示。

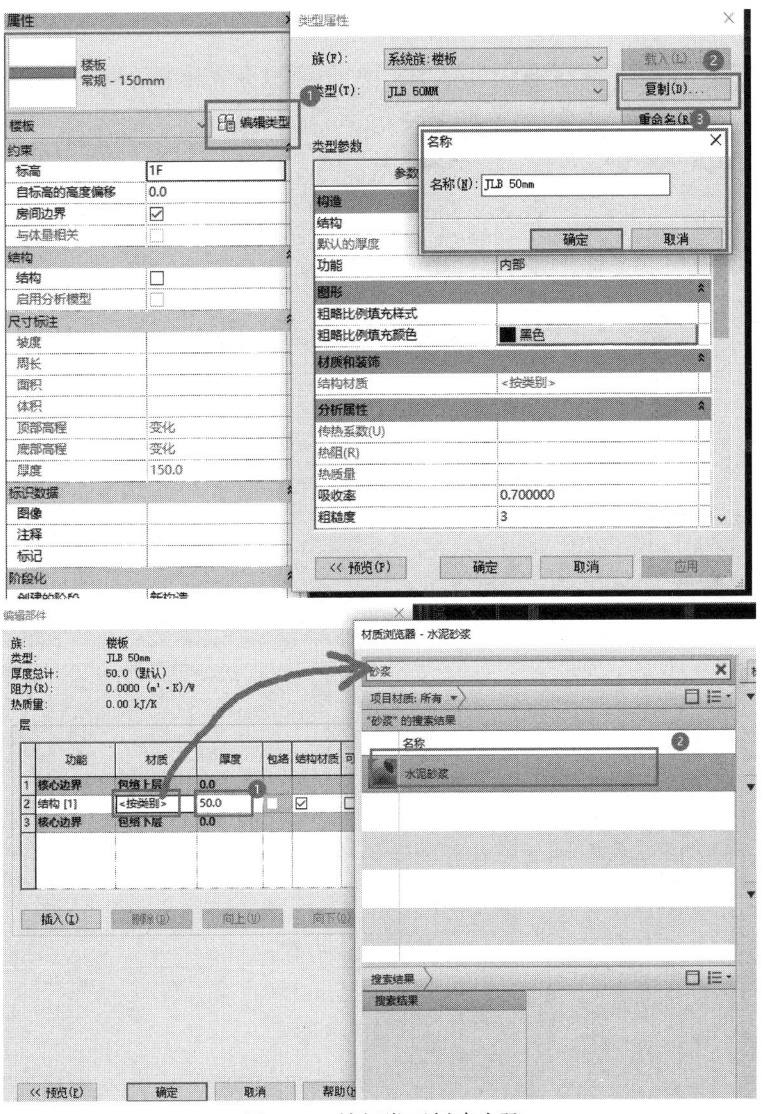

图 7-97 楼板类型创建步骤

4. 点击“修改|创建楼层边界”功能上下文选项卡“绘制”面板“边界线”【拾取墙】命令，如图 7-98 所示。

5. 按照建筑施工图拾取建筑墙，绘制出“1F 楼层平面”建筑楼板，如图 7-99 所示。

图 7-98　拾取墙创建楼板命令示例

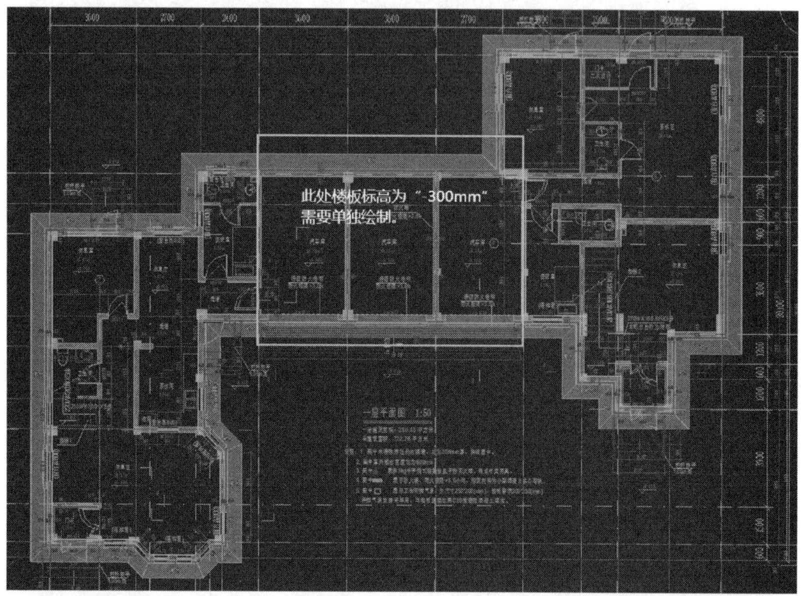

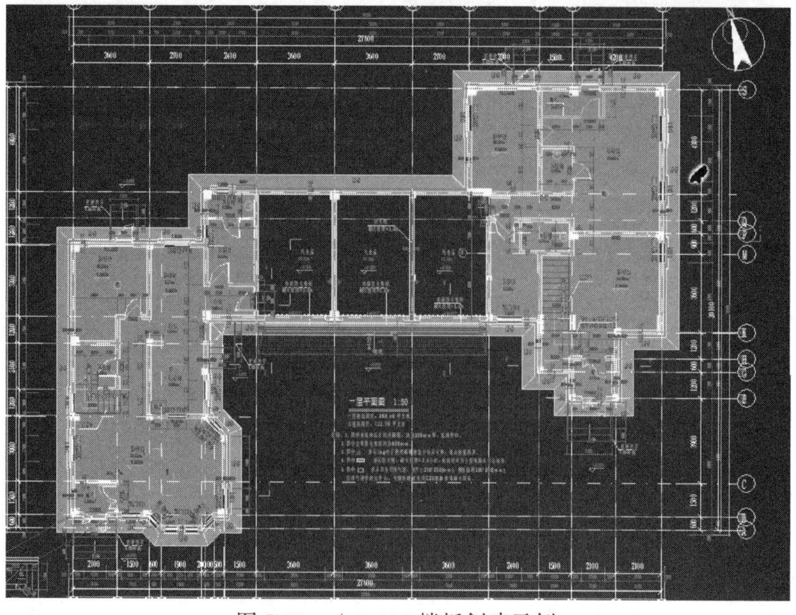

图 7-99　±0.000 楼板创建示例

6. 继续绘制标高为－300mm 楼板，修改“JLB 50mm”属性窗口“自标高的高度偏移”为“－300.0”，拾取楼板边界线，完成楼板绘制，如图 7-100 所示。

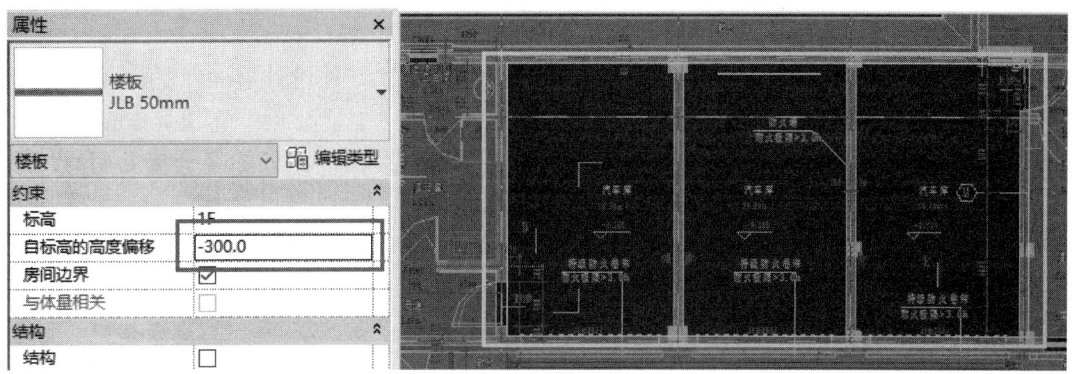

图 7-100　降板创建示例

7. 鼠标双击“项目浏览器”窗口中“建筑平面”下“2F”平面视图，绘图区域切换到“1F”楼层平面视图，按照以上方法绘制二、三层建筑楼板，其中施工图中标有“结构板顶”字样位置，因在结构专业模型中已绘制结构板，这里不进行绘制，如图 7-101 所示。

8. 绘制完成后的项目建筑专业楼板，效果如图 7-102 所示。

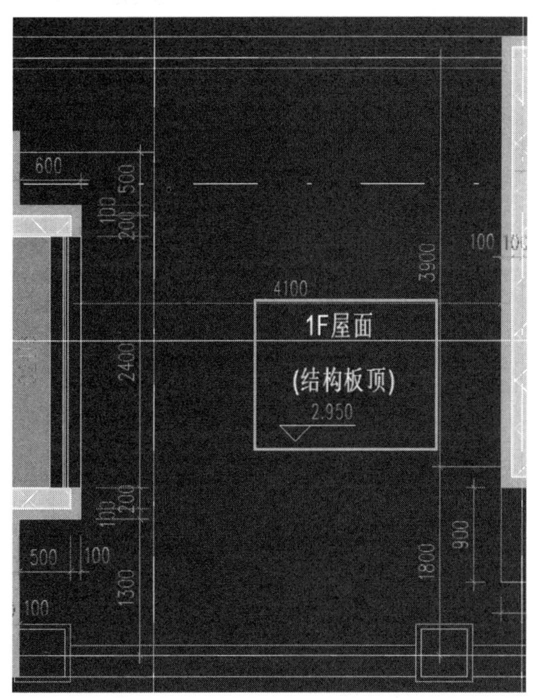

图 7-101　结构模型楼板

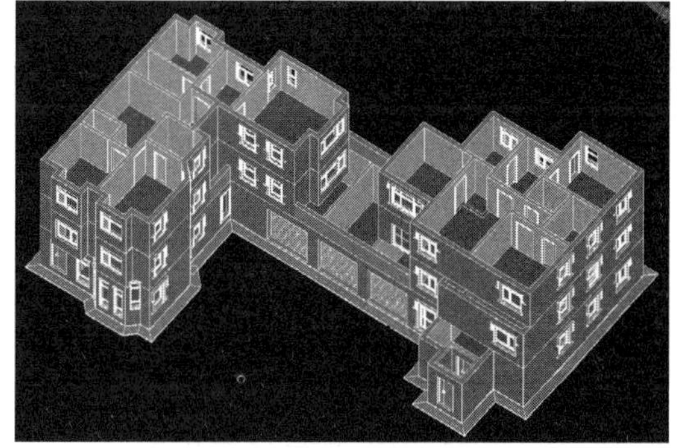

图 7-102　楼板完成后三维效果

9. 保存项目名称“建筑专业模型_楼板”，存储到“教材资源\教材模型\建筑专业\”文件夹内。

7.7.4 室外楼梯、坡道与室内楼梯的创建

7.7.4.1 室外楼梯、坡道的创建

1. 打开“教材资源\教材模型\基准模型\建筑专业\建筑专业模型_楼板.rvt”，完成“建筑专业模型_楼梯坡道.rvt”的创建。

2. 鼠标双击“项目浏览器”窗口中“建筑平面”下“室外设计地面”平面视图，绘图区域切换到“室外设计地面”楼层平面视图。

3. 鼠标点击功能区“插入”上下文选项卡中“链接”功能面板的【链接 CAD】，弹出“链接 CAD 格式”对话框，选择“教材资源\教材图纸\02 建筑图纸\1F 楼层平面图. dwg”，完成如图 7-103 所示设置，点击“打开”完成 CAD 文件的链接。

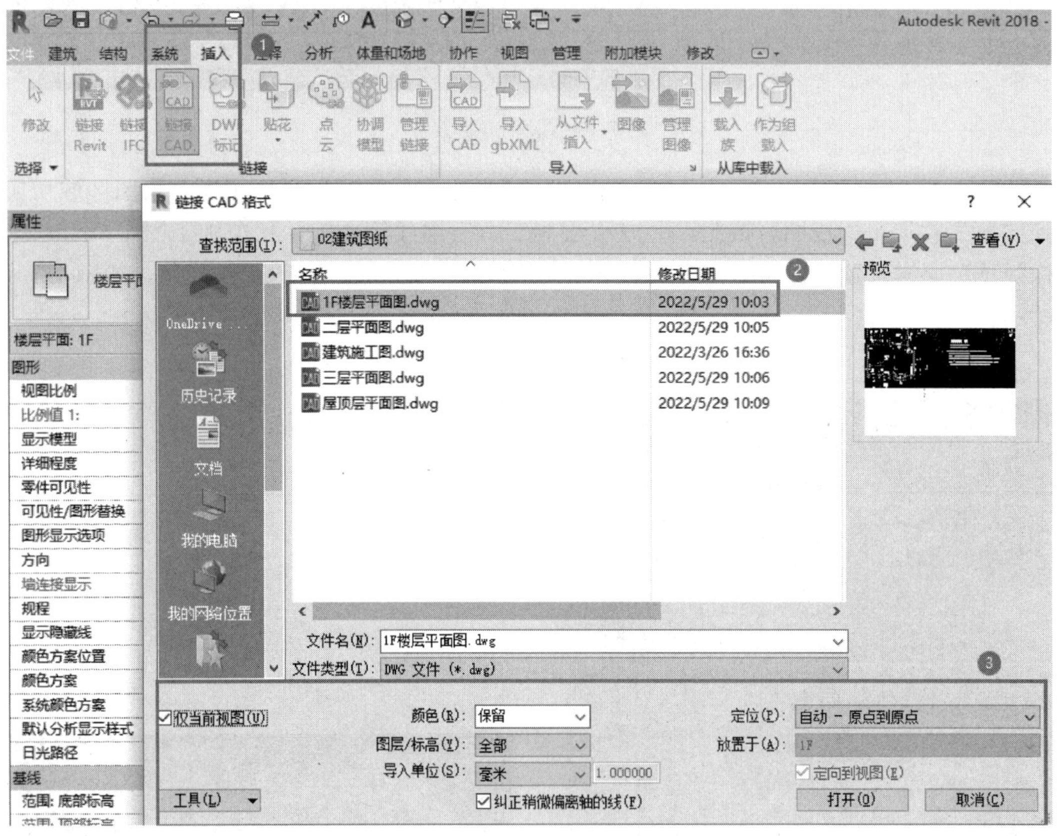

图 7-103 链接 CAD 文件步骤

4. 将链接 CAD 文件中轴线 1 和轴线 A，与当前项目文件中轴线 1 和轴线 A 对齐，使得链接 CAD 文件与项目中轴线一一对齐，效果如图 7-104 所示。

5. 根据图纸绘制轴网 1 和轴网 2 间室外楼梯，读图得到信息如下：楼梯从高度 −0.450m 到 ±0.000m，梯段宽为 2100mm，梯面数为 3，踏板深度为 300mm，栏杆扶手为 1.05m 高自定义，平台尺寸 2100mm×1200mm，如图 7-105 所示。

6. 根据以上信息，鼠标点击功能区“建筑”上下文选项卡下“楼梯坡道”面板中【楼梯】命令，并以“现场浇筑楼梯 整体浇筑楼梯”编辑类型复制“室外楼梯”类型，并修改属性参数，如图 7-106 所示。

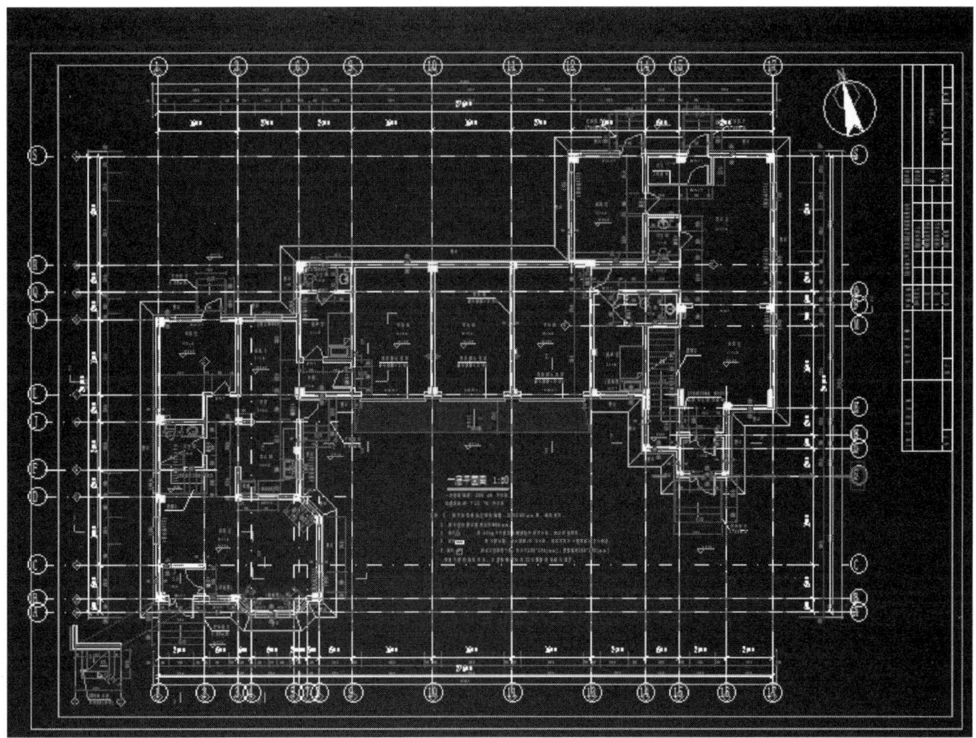

图 7-104　链接 CAD 文件项目效果

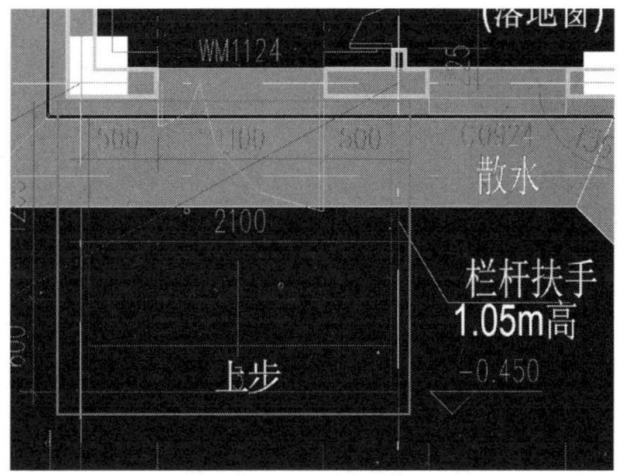

图 7-105　室外楼梯位置

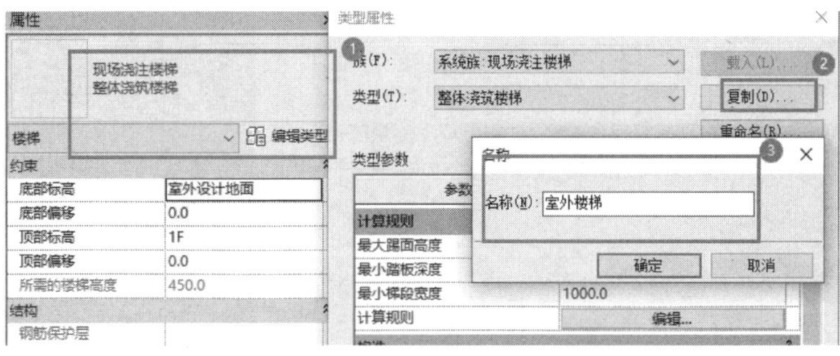

图 7-106　室外楼梯类型创建步骤（一）

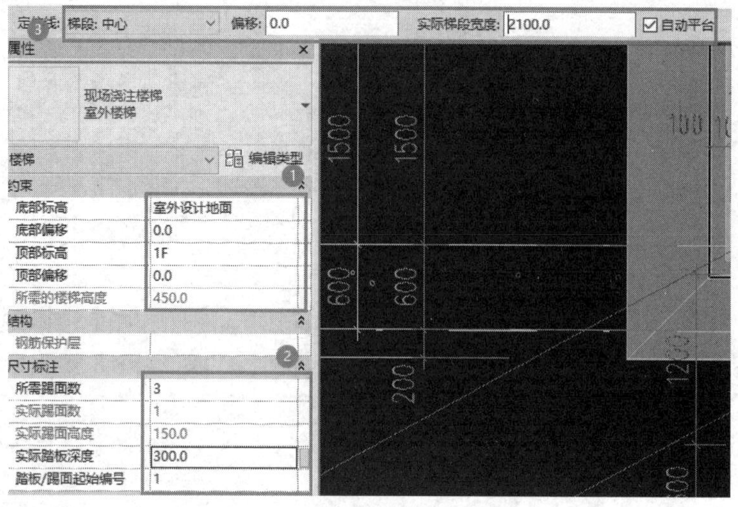

图 7-106 室外楼梯类型创建步骤（二）

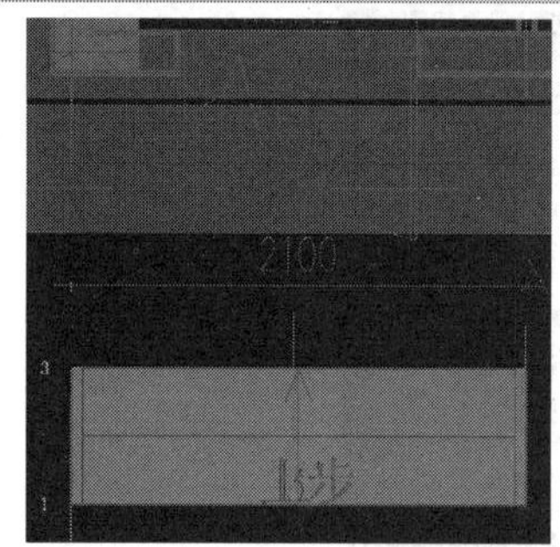

图 7-107 室外楼梯创建步骤

7. 点击“修改|创建楼梯”功能上下文选项卡“构件”面板“梯段”【直梯】命令，按照施工图纸绘制室外楼梯如图 7-107 所示。

8. 点击“修改|创建楼梯”功能上下文选项卡“构件”面板“平台”【绘制草图】命令，功能区切换到“修改|创建楼梯>绘制平台”选项卡，选择“边界”线按照施工图纸绘制室外楼梯平台，如图 7-108 所示。

9. 如果要创建显示为实体楼梯，我们可以继续设置室外楼梯的属性参数“梯段厚度”和“平台厚度”，将厚度设置为 450mm。最后效果如图 7-109 所示。

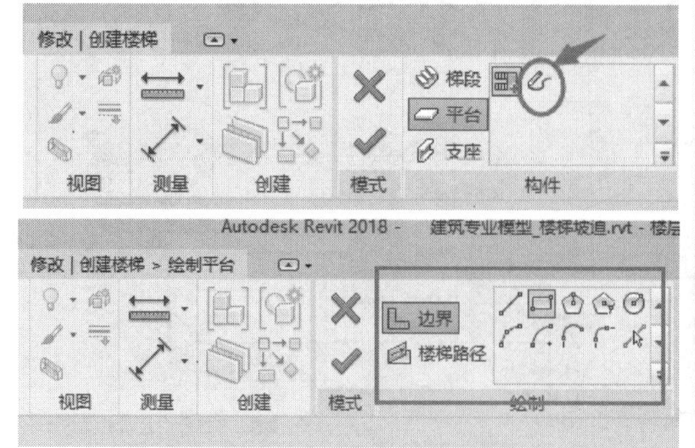

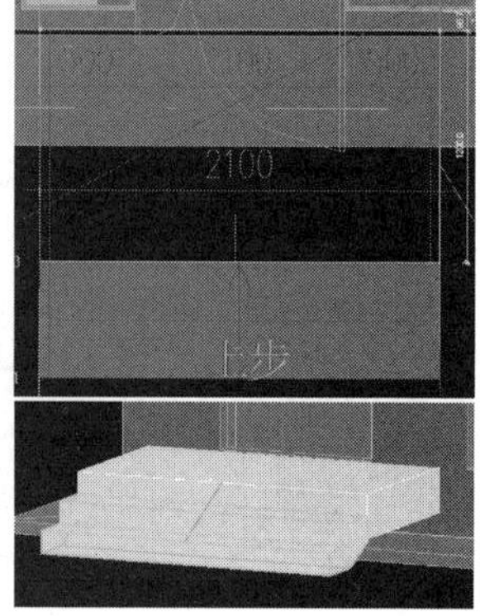

图 7-108 室外楼梯换台创建步骤

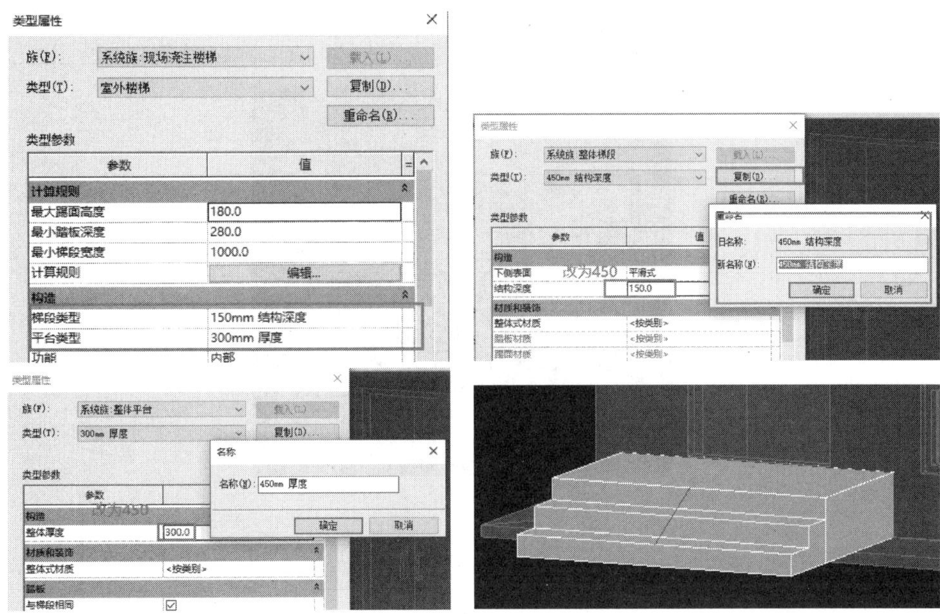

图 7-109 室外楼梯设置示例

10. 点击“修改|创建楼梯”功能上下文选项卡“工具”面板【栏杆扶手】命令，弹出“栏杆扶手”窗口，选择“900mm 圆管”类型，点击“✔”完成室外楼梯的创建，如图 7-110 所示。

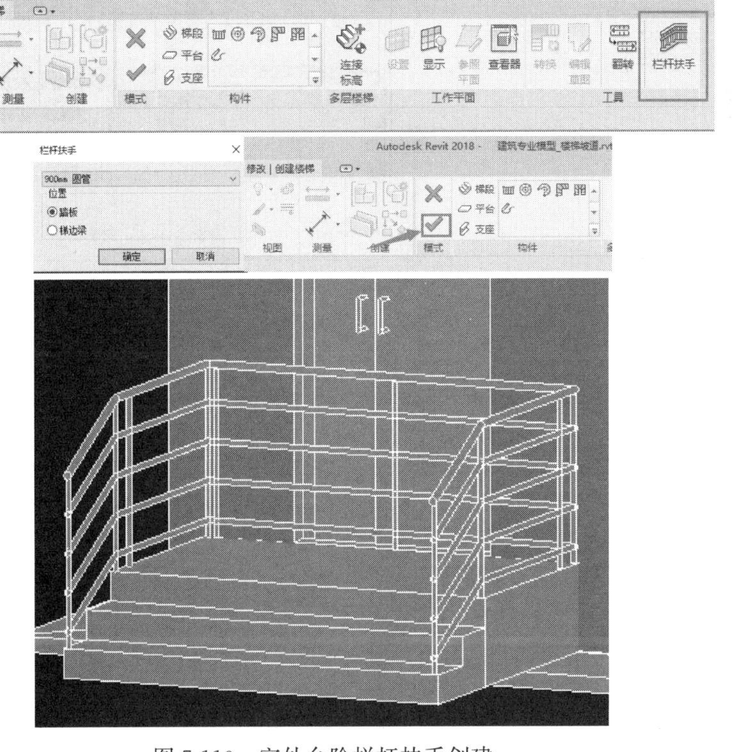

图 7-110 室外台阶栏杆扶手创建

11. 鼠标点击选中刚刚生成的“900mm 圆管”栏杆扶手，点击“属性”窗口“编辑类型”复制新的类型“1.05m 圆管”并修改“高度”值为 1050，如图 7-111 所示。

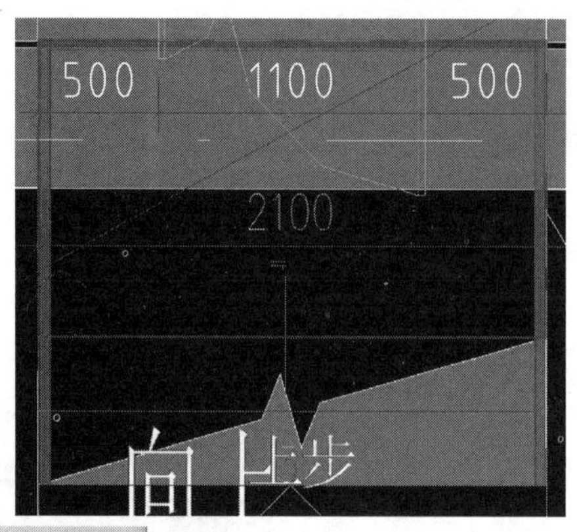

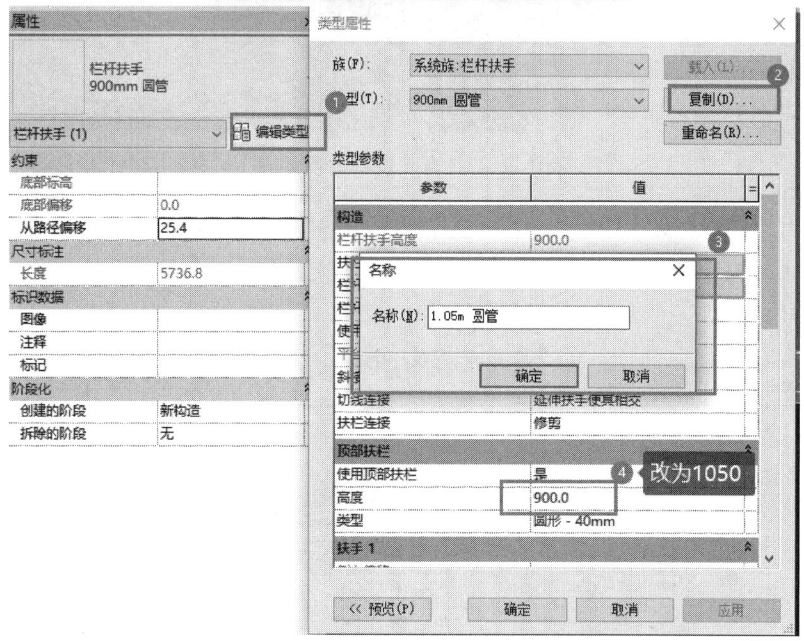

图 7-111 室外台阶栏杆扶手参数编辑

12. 点击“修改|栏杆扶手”上下文选项卡“模式”面板内【编辑路径】命令，修改栏杆扶手路径如图，点击“✔”完成，并用【复制】命令将楼梯另一侧栏杆扶手复制完成，如图 7-112 所示。

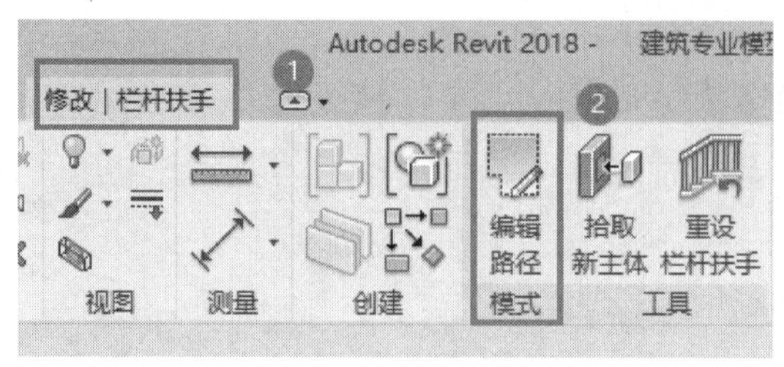

图 7-112 室外台阶栏杆扶手路径编辑（一）

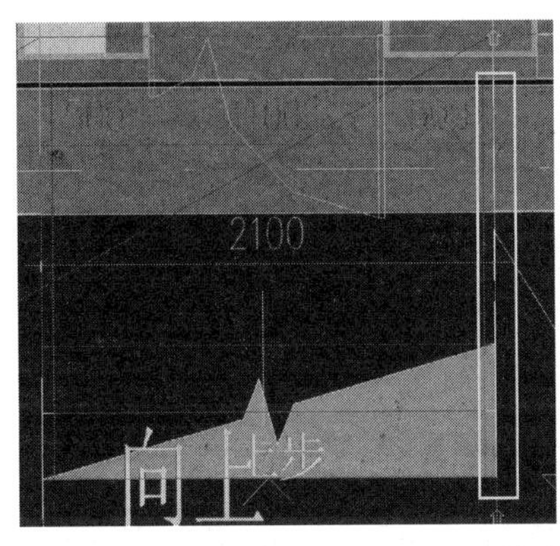

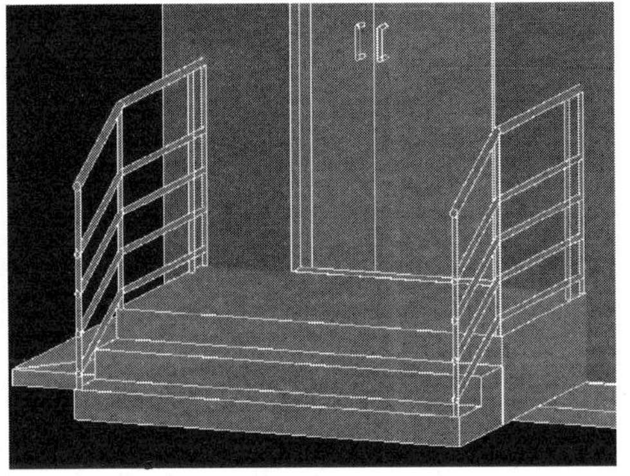

图 7-112 室外台阶栏杆扶手路径编辑（二）

13. 按照同样的方法完成所有室外楼梯部分。

14. 坡道的创建，从施工图中得到为三面坡坡道，这里我们采用楼板命令创建，并通过楼板“形状编辑”实现放坡，首先新建楼板类型“室外坡道”厚度 150mm，并勾选“可变”，按照图纸绘制轮廓边界，如图 7-113 所示。

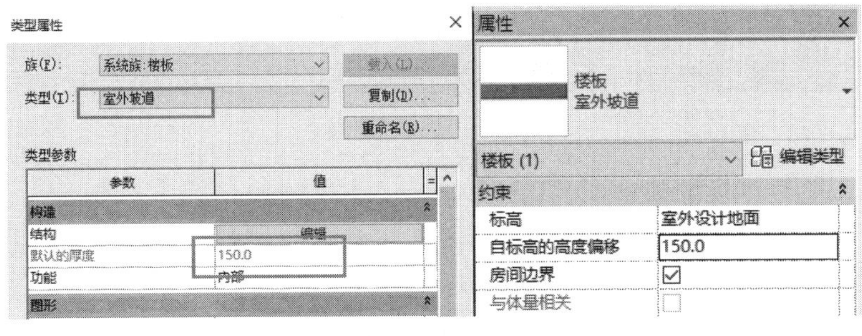

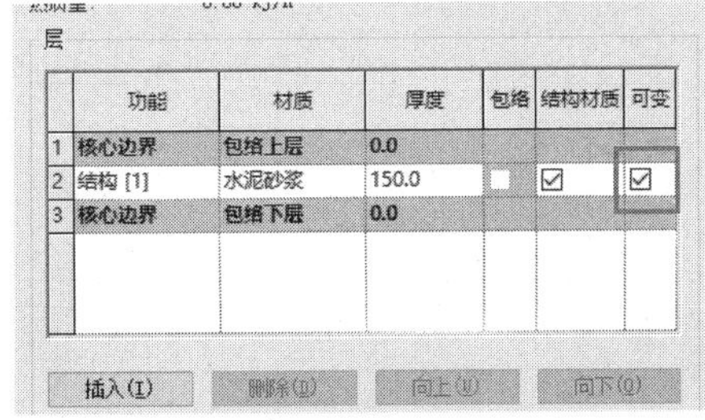

层
功能
材质
厚度
包络
结构材质
可变
1 核心边界 包络上层 0.0
2 结构 [1] 水泥砂浆 150.0
3 核心边界 包络下层 0.0
插入(I)
删除(D)
向上(U)
向下(O)

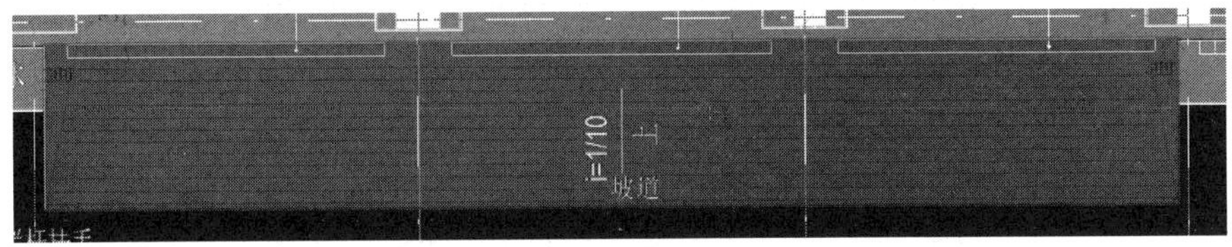

图 7-113 室外坡道创建步骤

15. 选中刚刚绘制“室外坡道”楼板，点击功能选项卡，“形状编辑”面板，【添加点】命令，在指定位置添加两个点，并点击【修改子图元】修改相应点、线的高度，如图 7-114 所示。

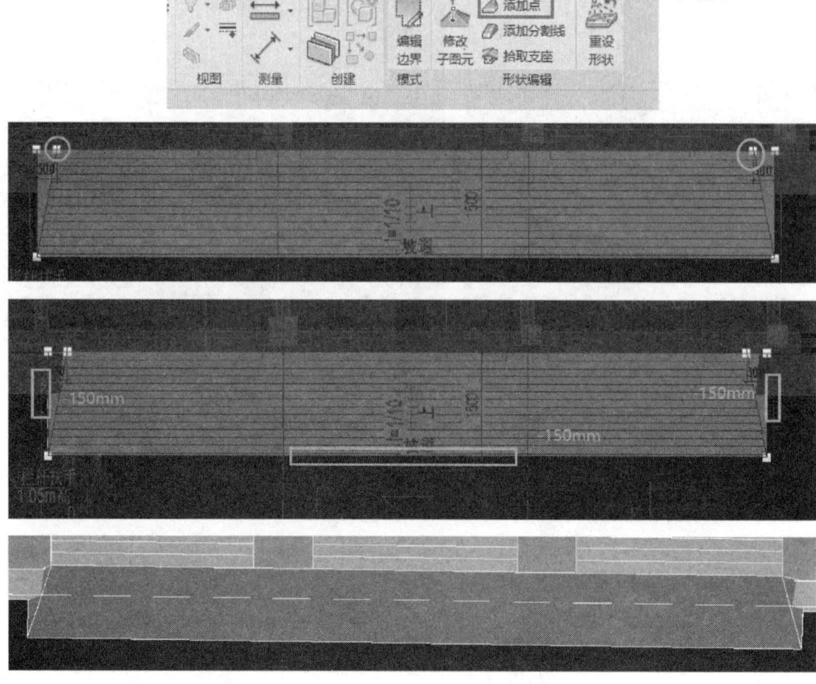

图 7-114 室外坡道设置

7.7.4.2 室内楼梯的创建

1. 室内楼梯的创建方式与室外楼梯的创建方式一样，这里只演示创建项目中“楼梯1”，如图 7-115 所示。

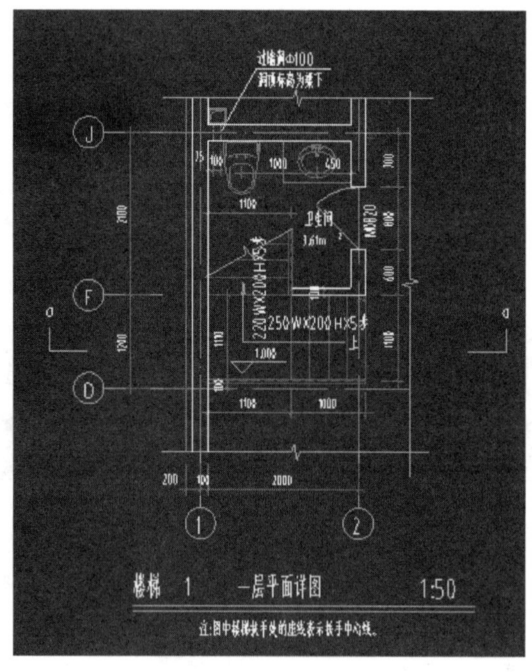

图 7-115 楼梯详图

2. 通过建筑施工图读取楼梯信息、创建楼梯类型、绘制楼梯、创建栏杆扶手等步骤完成室内楼梯 1 的创建，主要步骤如图 7-116 所示。

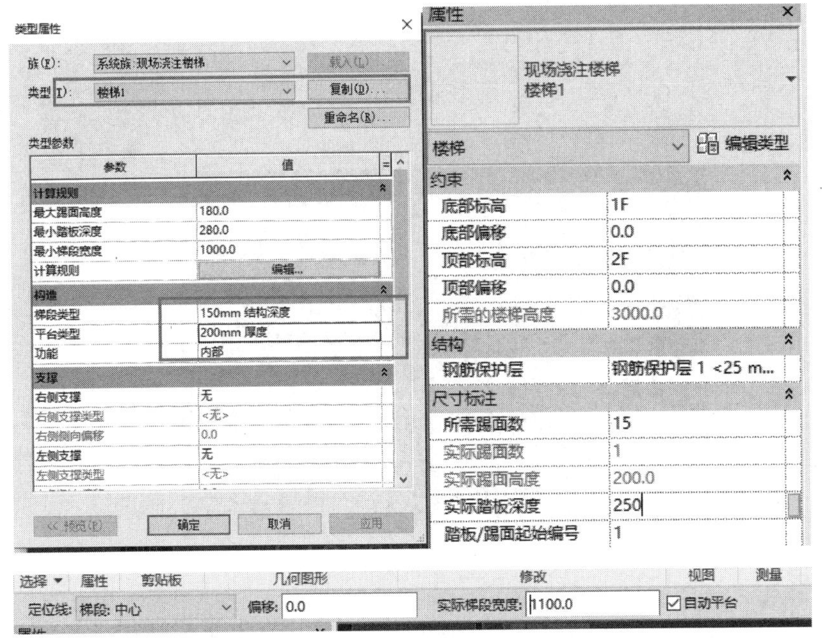

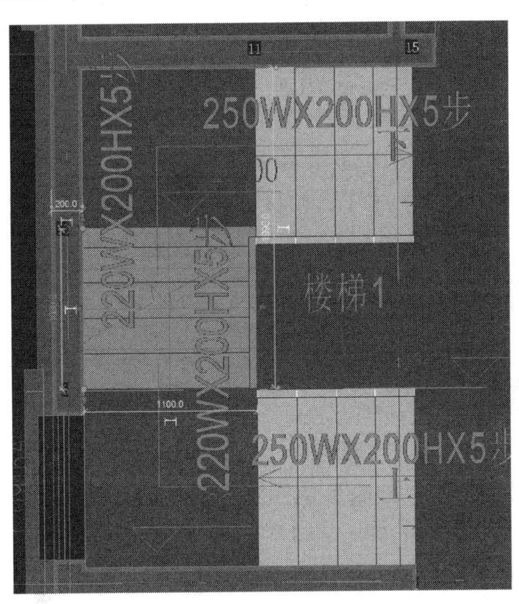

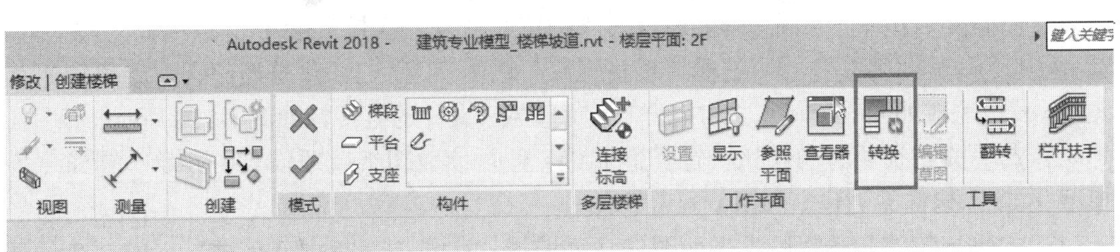

图 7-116 室内楼梯创建步骤（一）

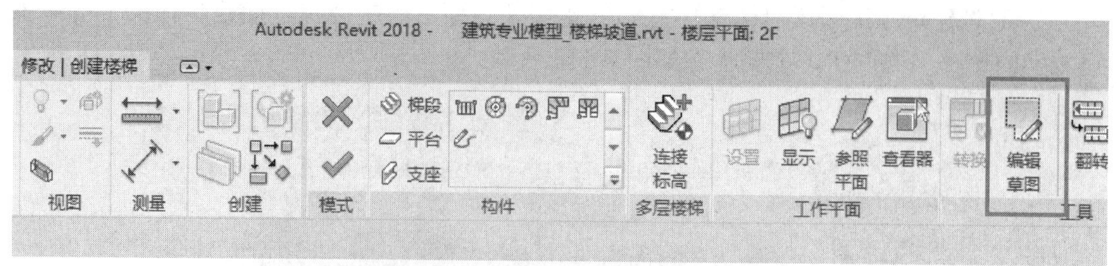

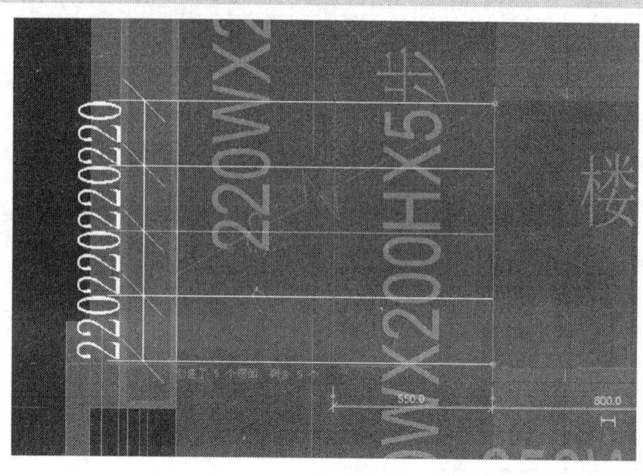

图 7-116　室内楼梯创建步骤（二）

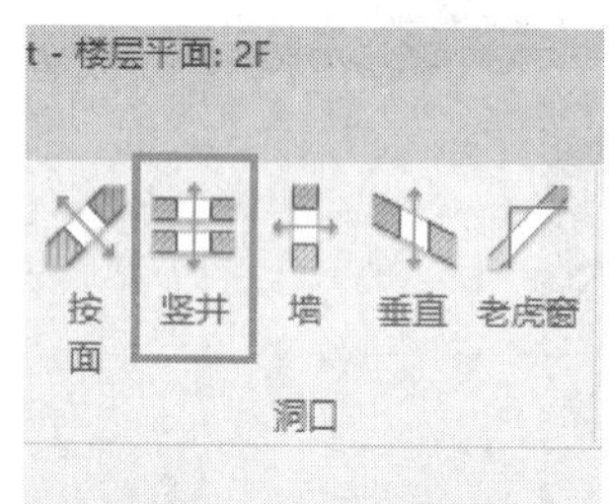

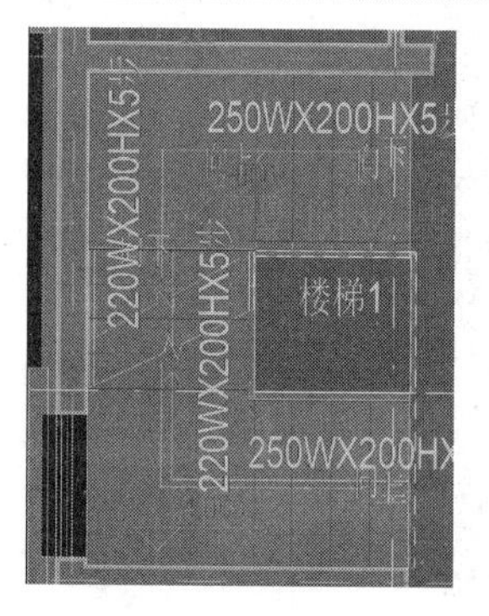

图 7-117　楼梯间洞口的创建

3. 点击功能区“建筑”上下文选项卡“洞口”【竖井】命令，完成楼梯间洞口的创建，如图 7-117 所示。

4. 根据图纸调整楼梯 1 的栏杆扶手，根据相同步骤完成楼梯 2 的创建。

5. 保存项目名称“建筑专业模型_楼梯坡道”，存储到“教材资源\教材模型\建筑专业\”文件夹内。

7.7.5　屋顶与老虎窗的创建

7.7.5.1　坡屋顶的创建

1. 打开“教材资源\教材模型\基准模型\建筑专业\建筑专业模型_楼梯坡道. rvt”，完成“建筑专业模型_屋顶. rvt”的创建。

2. 鼠标双击“项目浏览器”窗口中“建筑平面”下“3F 棚面吊顶”平面视图，绘图区域切换到“3F 棚面吊顶”楼层平面视图。

3. 鼠标点击功能区“插入”上下文选项卡中“链接”功能面板的【链接 CAD】，弹出“链接 CAD 格式”对话框，选择“教材资源 \ 教材图纸 \ 02 建筑图终 \ 1 屋顶层平面图. dwg”，完成如图设置，点击“打开”完成 CAD 文件的链接，如图 7-118 所示。

4. 打开教材资源\教材图纸\建筑施工图文件，读取图纸屋顶信息，开始“建筑专业模型_屋顶”构件的创建。如图 7-119 所示。

5. 根据建筑施工图中屋顶平面图信息，选择“建筑”面板中【屋顶】下的“迹线屋顶”如图 7-120 所示。

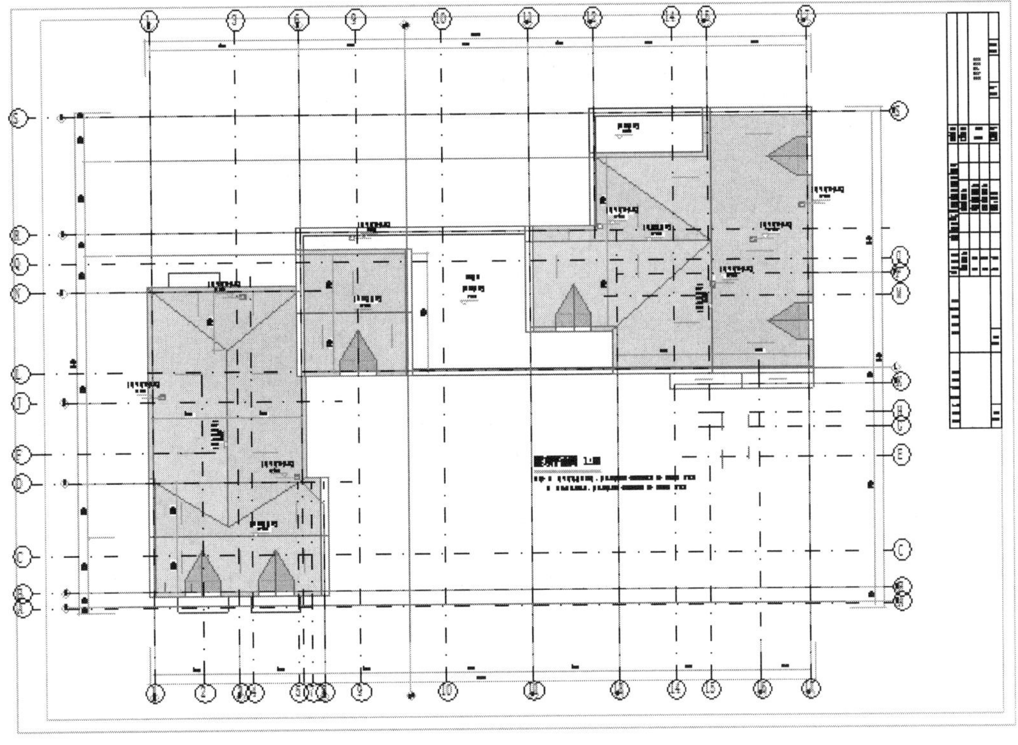

图 7-118　链接 CAD 项目平面视图效果

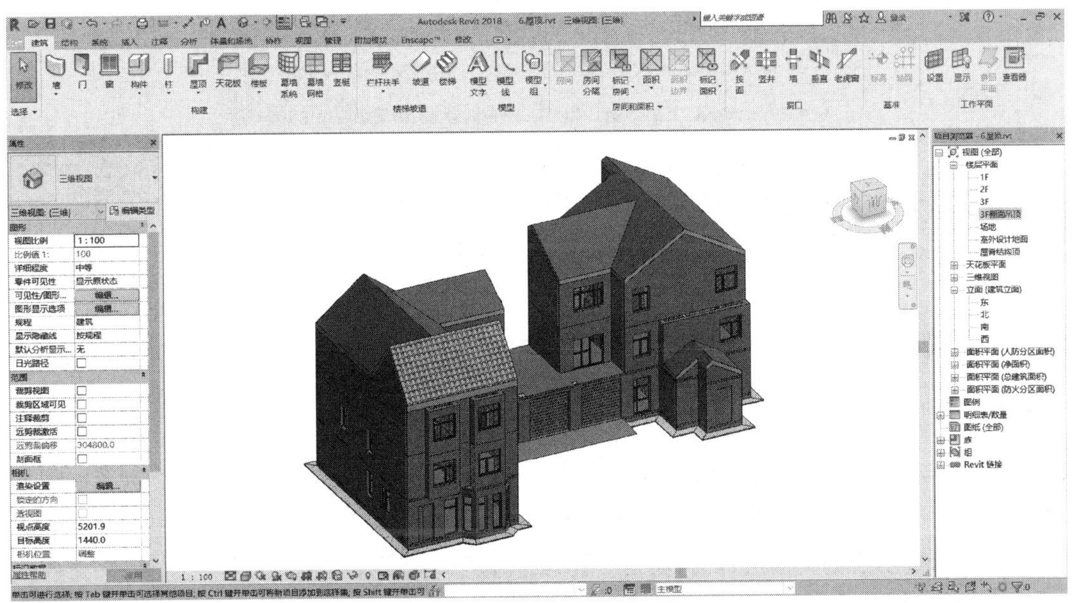

图 7-119　屋顶创建后项目三维效果

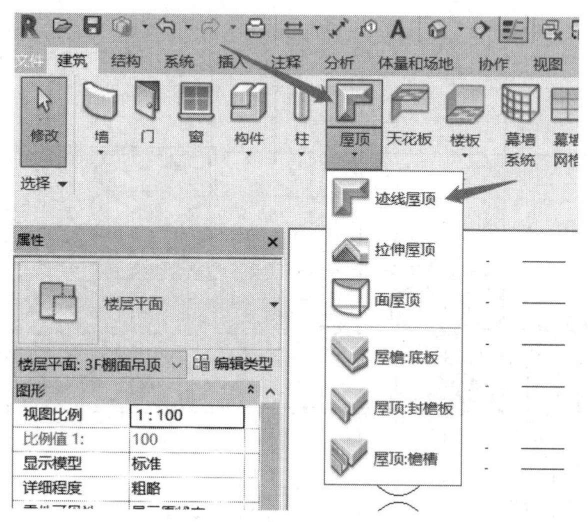

图 7-120　迹线屋顶命令

6. 在左侧属性窗口中点击“编辑类型”，出现类型属性窗口，如图 7-121 所示。

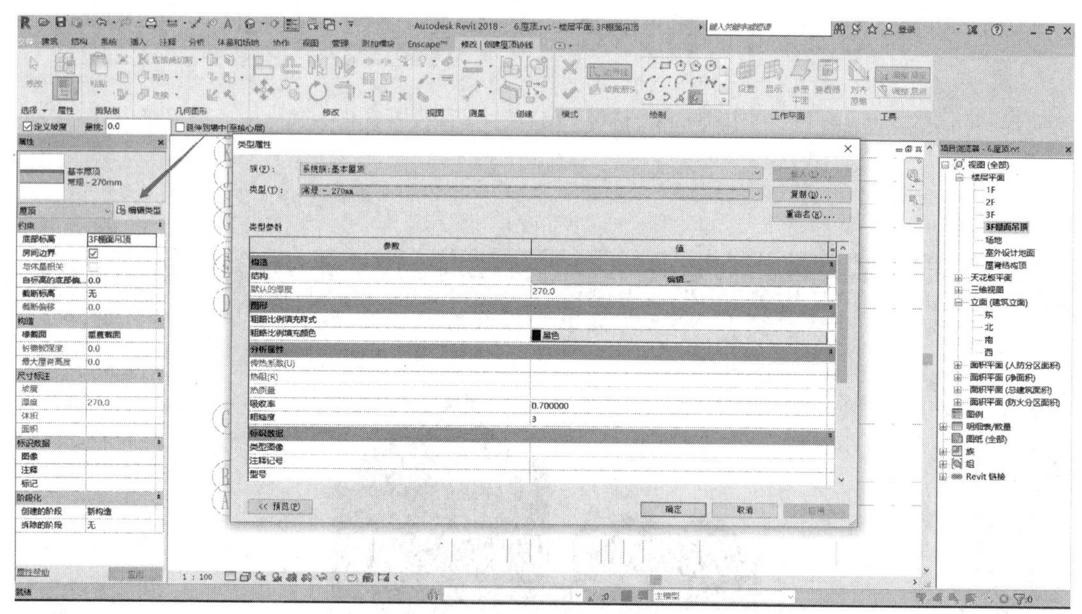

图 7-121　屋顶类型属性对话框

7. 单击复制选项，修改名称为“屋顶”，在结构参数中点击“编辑”，弹出编辑部件视图。单击“插入”选项将新生成的面层通过“向上”选项放置于结构层之上，核心边界之下，并修改功能为“面层”，材质为“瓦片-筒瓦”，厚度调整为“50”，将结构层材质修改为现浇混凝土，厚度调至“220”，最后单击确定，如图 7-122 和图 7-123 所示。

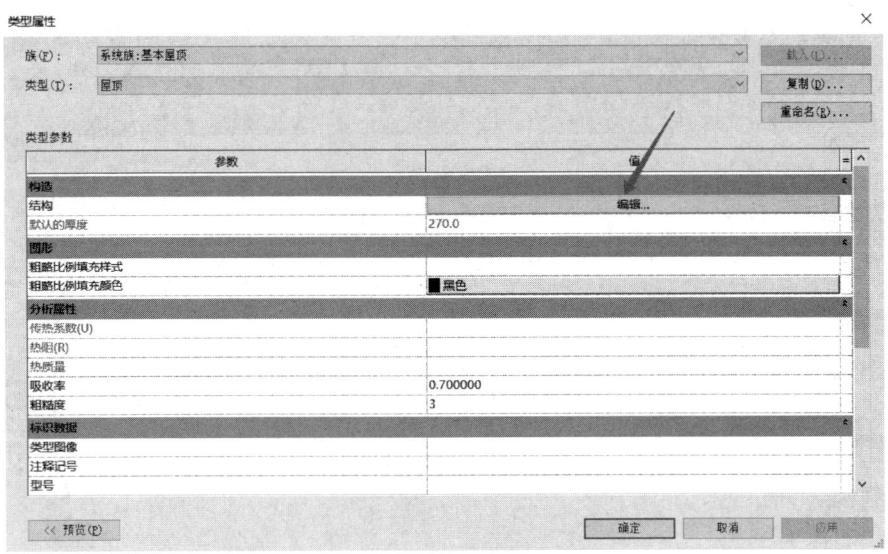

图 7-122　屋顶类型属性结构属性

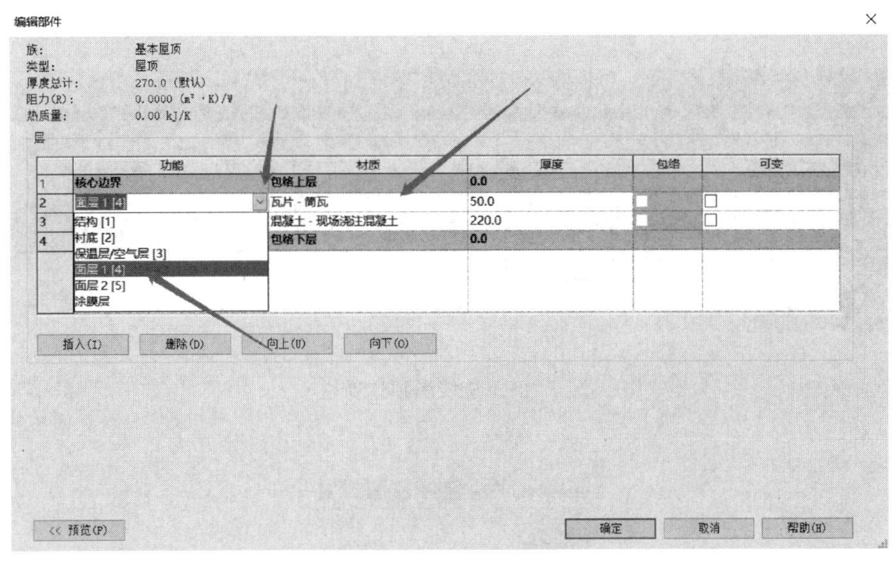

图 7-123　屋顶构造设置

8. 根据建筑施工图中屋顶平面图信息，使用“修改”面板下“边界线”功能，按照屋顶平面图绘制屋顶轮廓，如图 7-124 所示。

9. 选取左右两根屋顶迹线，在左上角“定义坡度”处取消前方对勾，如图 7-125 所示。

10. 选取上下两根屋顶迹线，在左侧属性视图中，根据建筑施工图屋顶信息，将坡度定义为 50°。最后点击“修改”面板下对号 ✔ 最终完成效果如图 7-126 和图 7-127 所示。

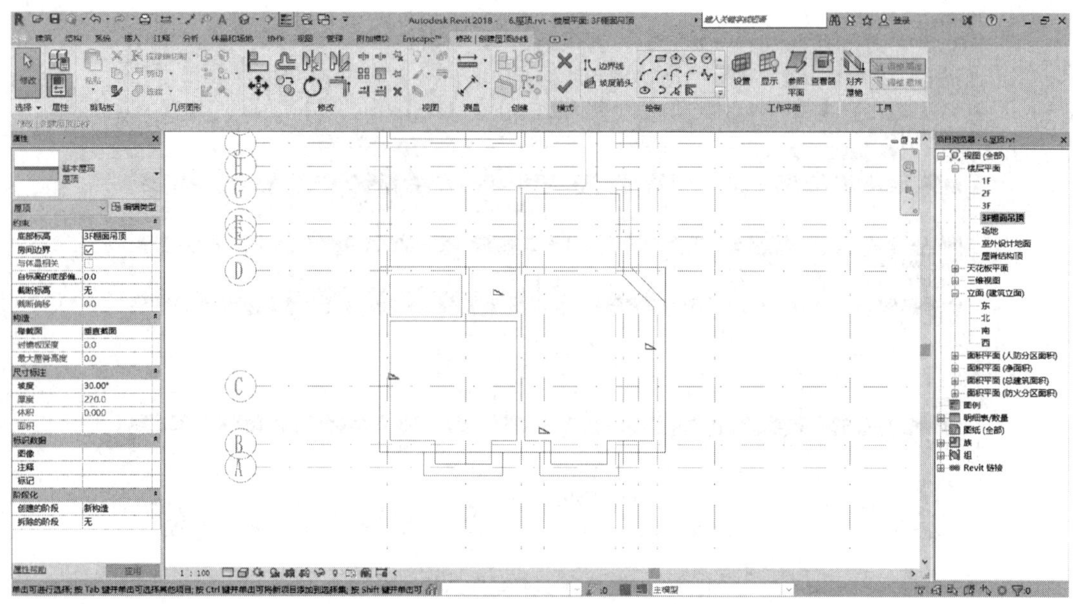

图 7-124　屋顶边界线轮廓

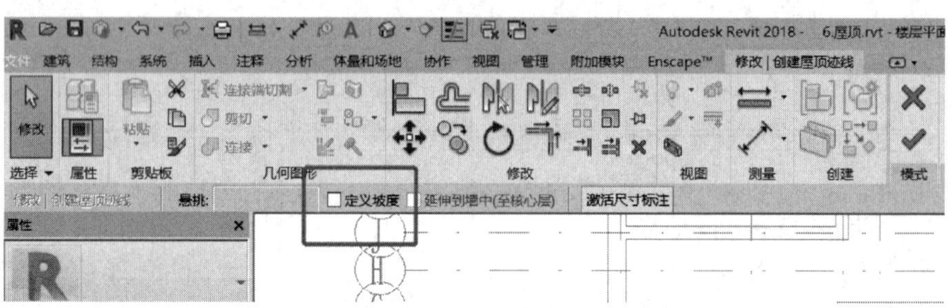

图 7-125　迹线屋顶选项栏

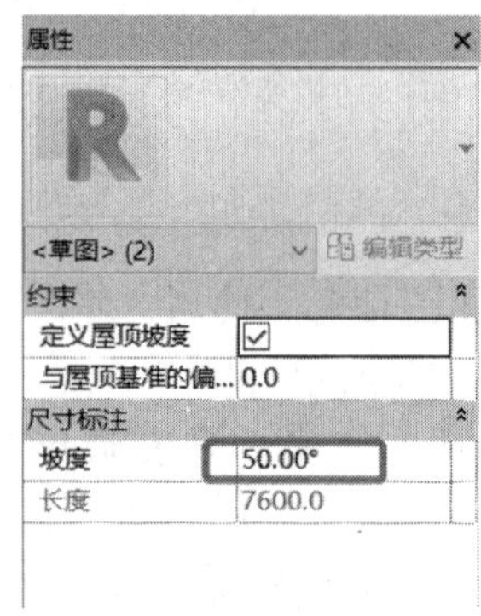

图 7-126　迹线屋顶坡度设置

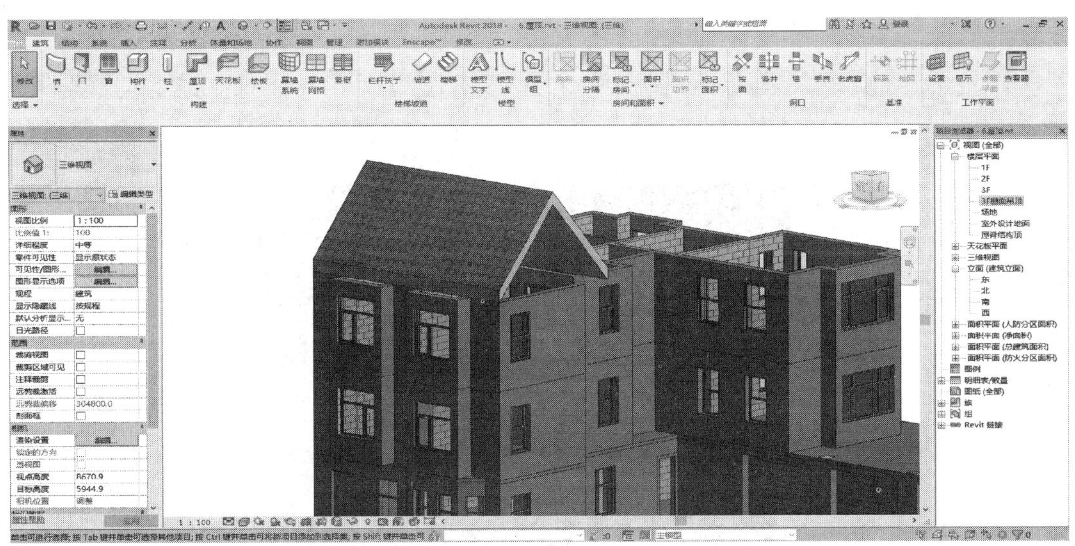

图 7-127　迹线屋顶三维效果

11. 选择三层墙体，单击【附着】功能，单击屋顶，将墙体附着于屋顶上，如图 7-128 所示。

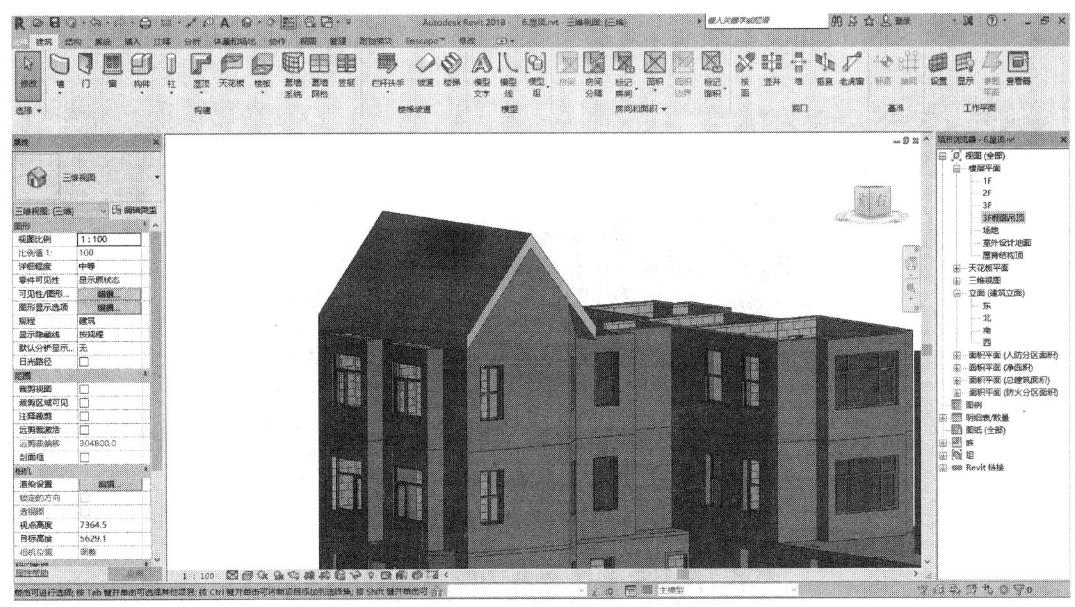

图 7-128　墙附着屋顶后效果

12. 同法将其余屋顶绘制。如图 7-129 所示。单击“连接屋顶”命令选择后方屋顶前屋檐连接与前方屋顶屋面上，如图 7-130 所示。最终完成效果如图 7-131 所示。

图 7-129　屋顶三维效果

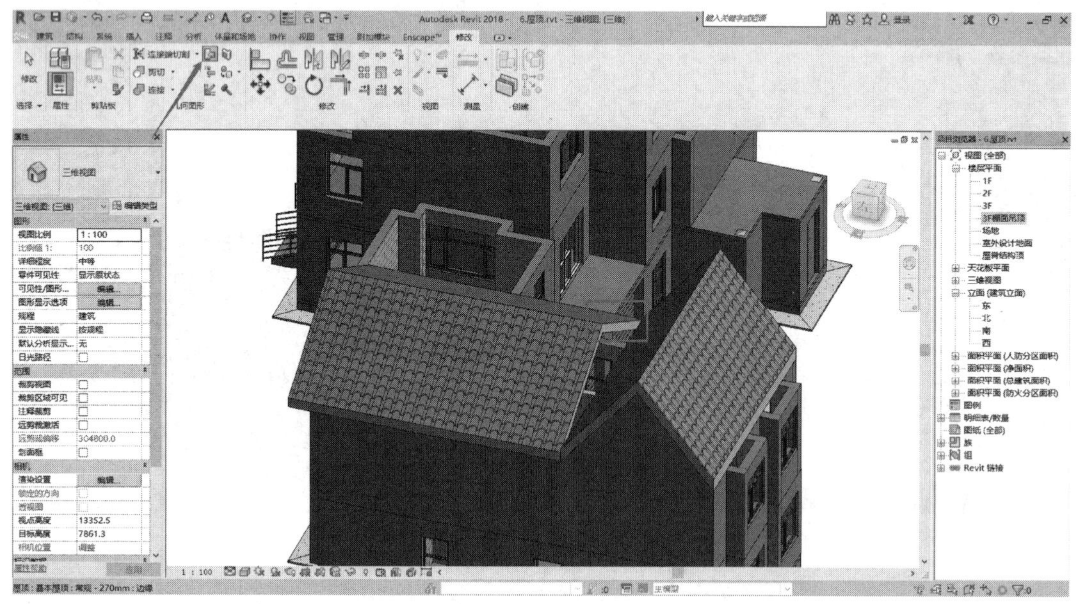

图 7-130　屋顶连接/取消连接命令

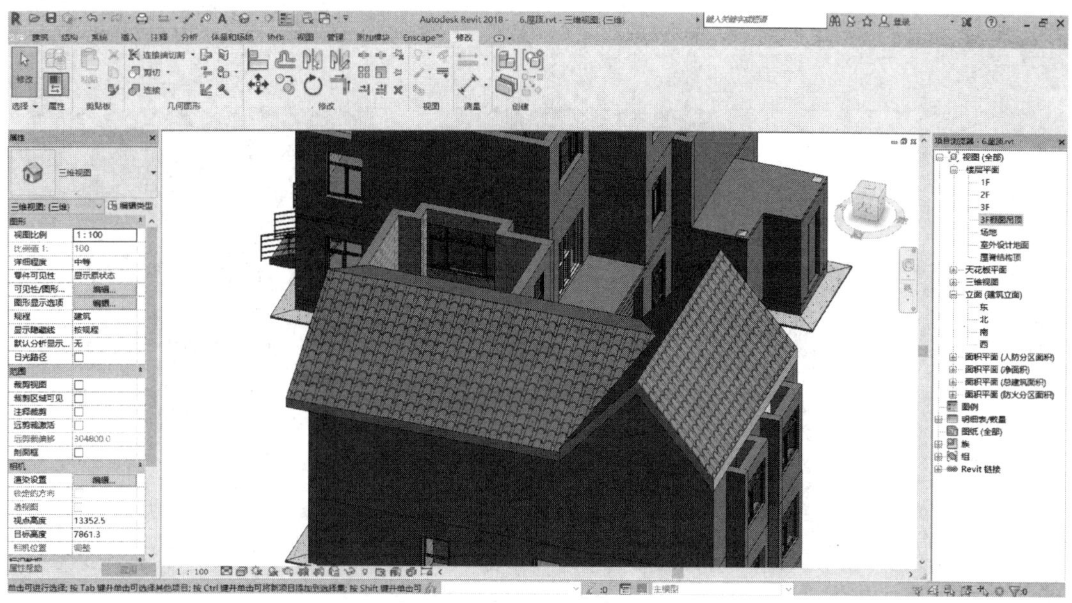

图 7-131 屋顶连接三维效果

13. 按相同方法将其余屋顶全部绘制，最终效果如图 7-132 所示。

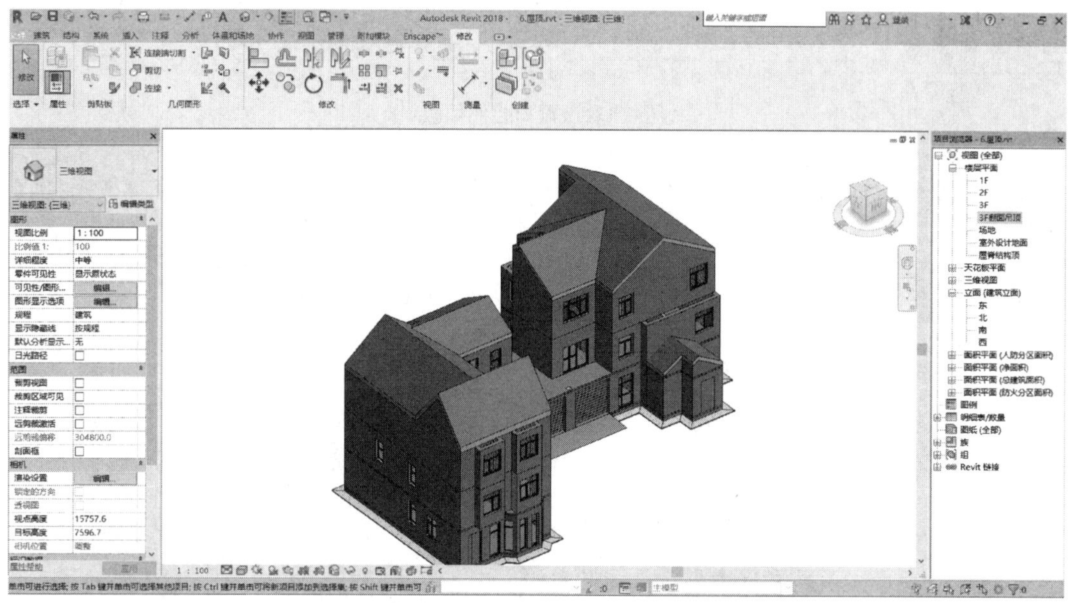

图 7-132 屋顶三维效果

7.7.5.2 老虎窗的创建

1. 同屋顶画法，将老虎窗坡屋顶绘制并与屋顶连接如图 7-133 所示。

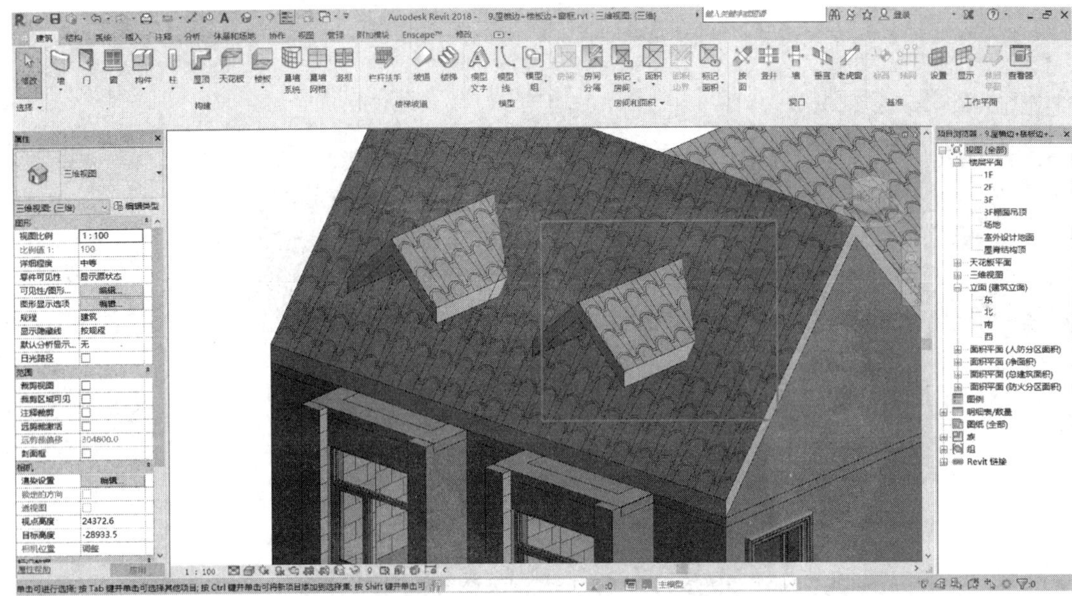

图 7-133　老虎窗屋顶创建三维效果

2. 点击建筑面板下【洞口】功能。选择需要开老虎窗洞的屋顶，根据屋顶平面图在屋顶上绘制老虎窗洞，如图 7-134 和图 7-135 所示。

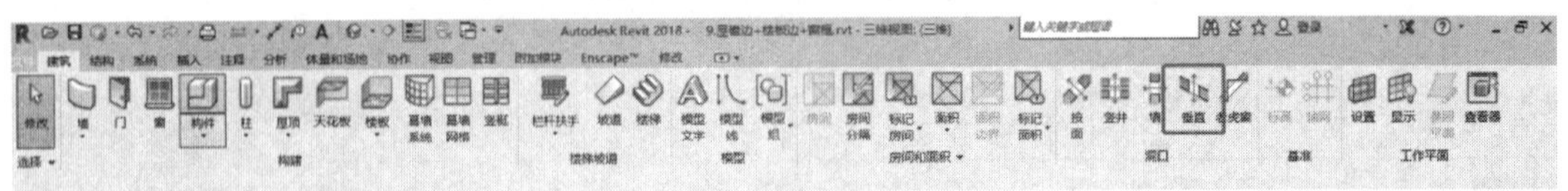

图 7-134　洞口控制面板

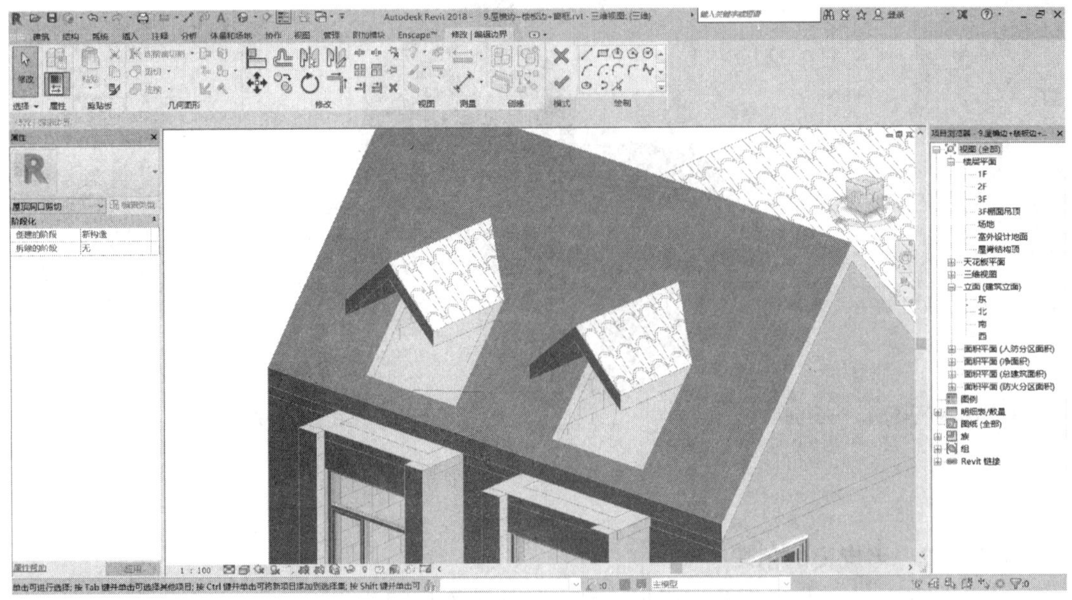

图 7-135　老虎窗洞口轮廓

3. 进入右侧楼层平面中的“3F 棚面吊顶”视图，使用建筑面板下【墙】选择 200mm 厚墙体，根据屋顶平面图绘制老虎窗三面围墙，并将墙体连接于老虎窗屋顶如图 7-136 所示。

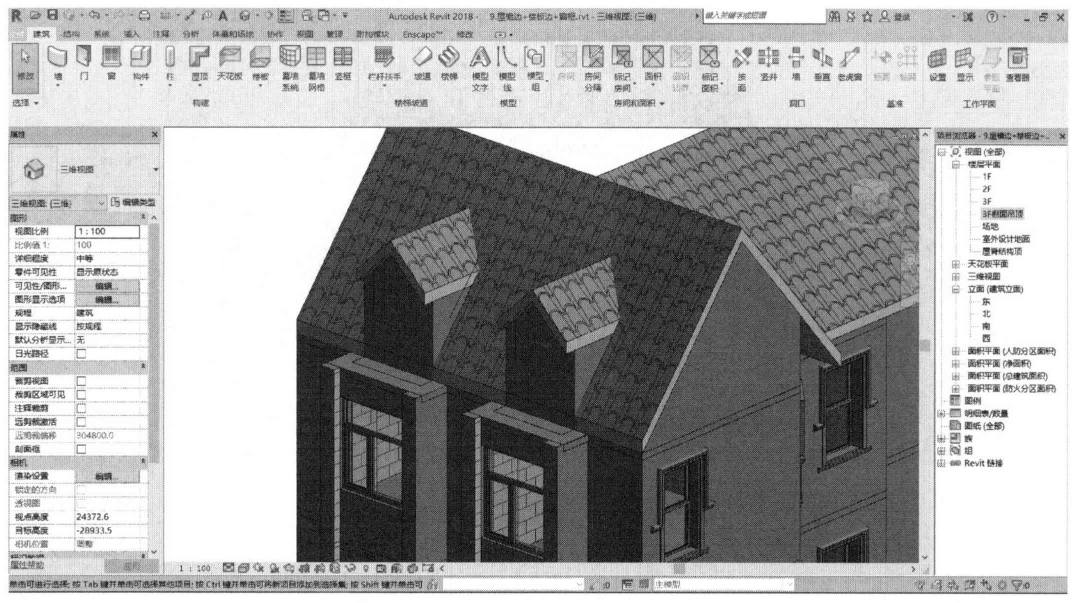

图 7-136 老虎窗三维效果

4. 进入右侧楼层平面中的“3F 棚面吊顶”视图，使用建筑面板下【墙】选择 200mm 厚墙体，在属性视口中将“底部约束”与“顶部约束”分别调整为“3F 棚面吊顶”与“屋脊结构顶”。根据屋顶平面图绘制老虎窗三面围墙，并将墙体连接于老虎窗屋顶，如图 7-137 和图 7-138 所示。

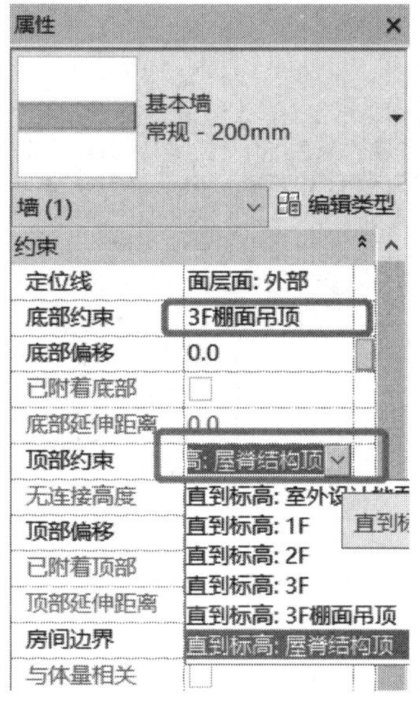

图 7-137 老虎窗墙参数设置

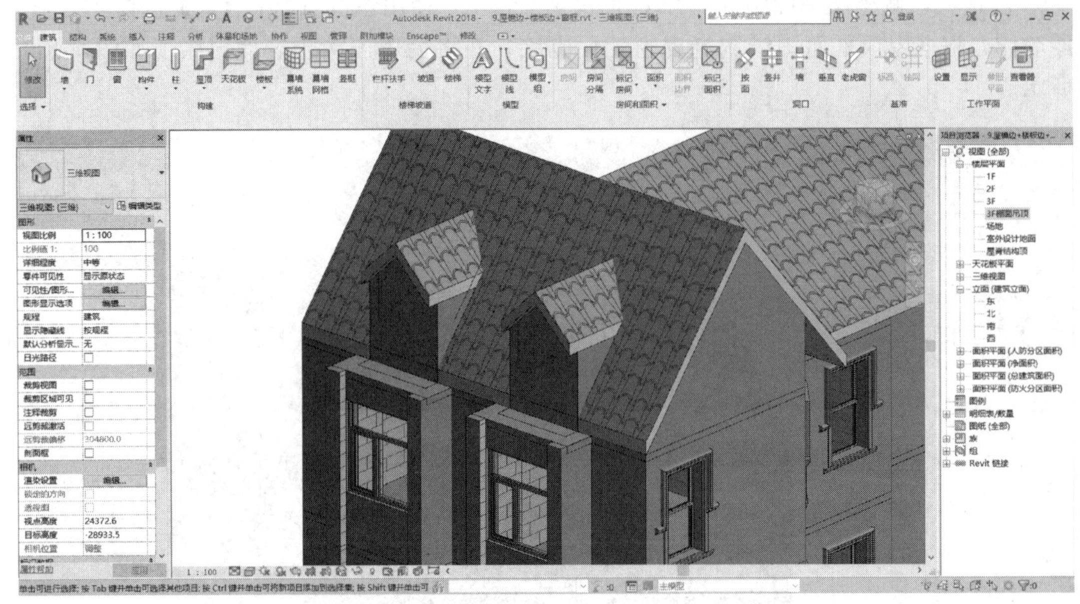

图 7-138　老虎窗三维效果

5. 在“3F 棚面吊顶”视图中，选择建筑面板下的【窗】命令，根据施工图将窗绘制于老虎窗墙体上，如图 7-139 所示。

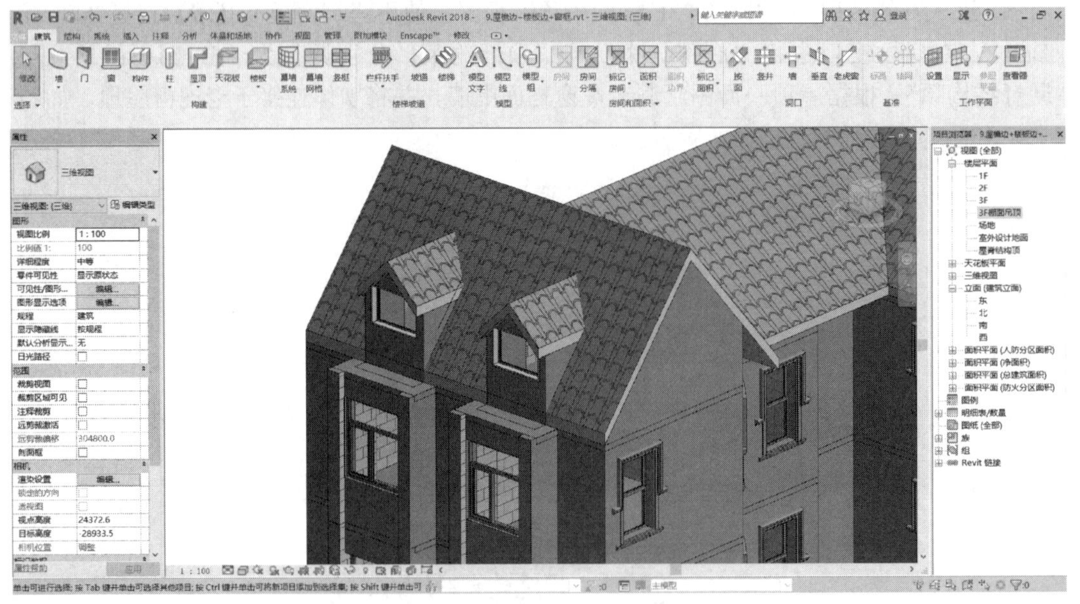

图 7-139　老虎窗效果

6. 将其余老虎窗，逐一绘制，保存项目名称“建筑专业模型_屋顶”，存储到“教材资源\教材模型\建筑专业\”文件夹内，如图 7-140 所示。

图 7-140 屋顶三维效果

7.7.6 其他造型的创建

7.7.6.1 屋顶封檐板的创建

1. 打开 Revit 2018 软件，选择族文件中的“公制轮廓”文件，创建族文件，如图 7-141 所示。

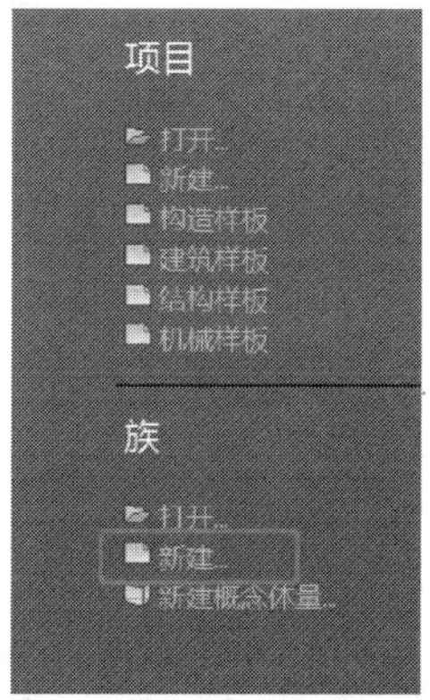

图 7-141 构件轮廓族创建步骤

2. 选择“创建”面板下【线】命令，根据“素材\图纸资料\建筑施工图文件”读取屋顶封檐板截面图信息，绘制封檐板截面，如图 7-142 所示。

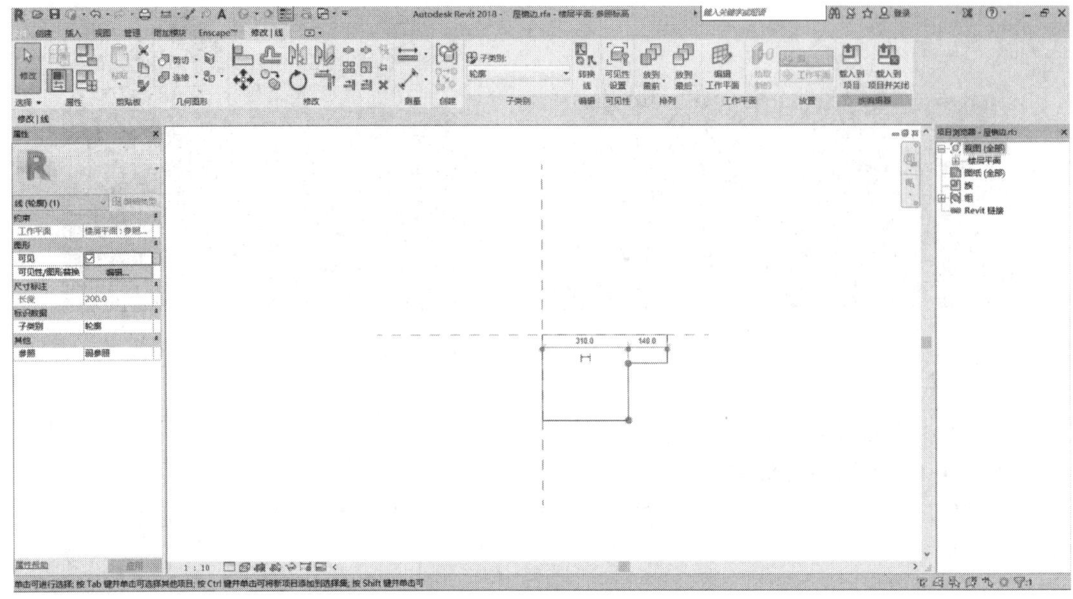

图 7-142 轮廓绘制

3. 将封檐板轮廓保存至相应文件夹。

4. 打开“屋顶”项目文件，选择“插入”面板下【插入组】命令，将封檐板截面轮廓文件载入到“屋顶”项目文件中，如图 7-143 所示。

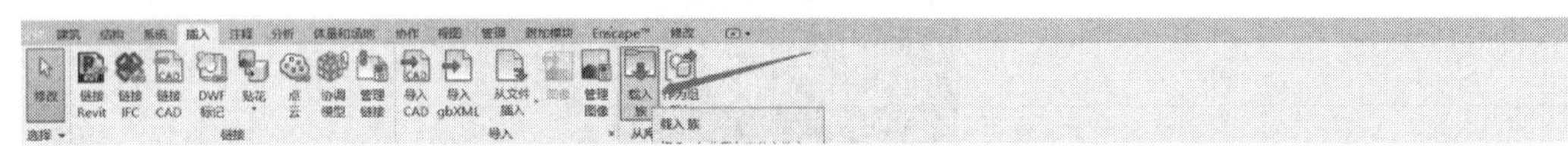

5. 选择“建筑”面板下【屋顶】命令下的“屋顶：封檐板”命令。

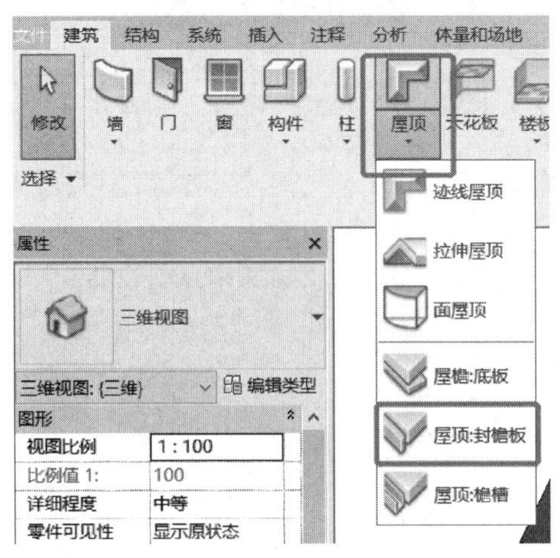

图 7-143 屋顶：封檐板命令

6. 点击左侧属性视图中的“编辑类型”，弹出“类型属性”视图，如图 7-144 所示。

7. 将“轮廓”值修改为封檐板，如图 7-145 所示。

8. 点击屋顶檐的上边缘，将封檐板布置如图 7-146 所示。

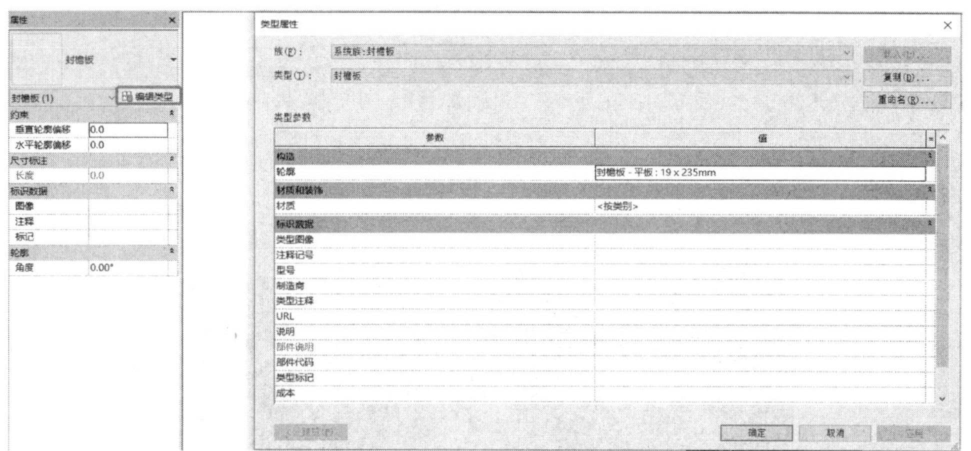

图 7-144 屋顶：封檐板类型参数设置

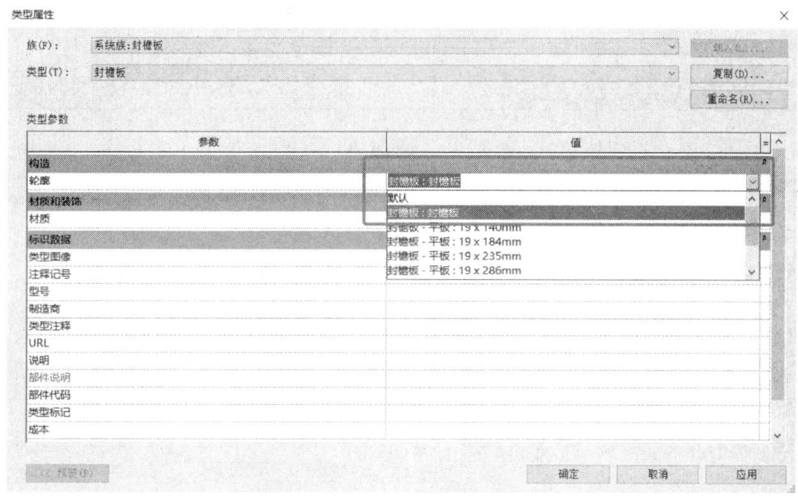

图 7-145 修改屋顶：封檐板轮廓

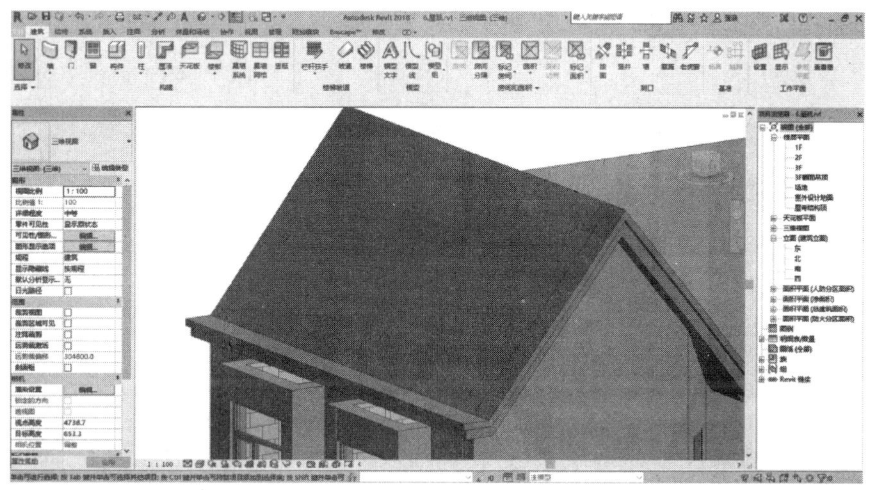

图 7-146 屋顶：封檐板创建后效果

9. 将其余屋顶与老虎窗按照相同方法布置，最终效果如图 7-147 所示。

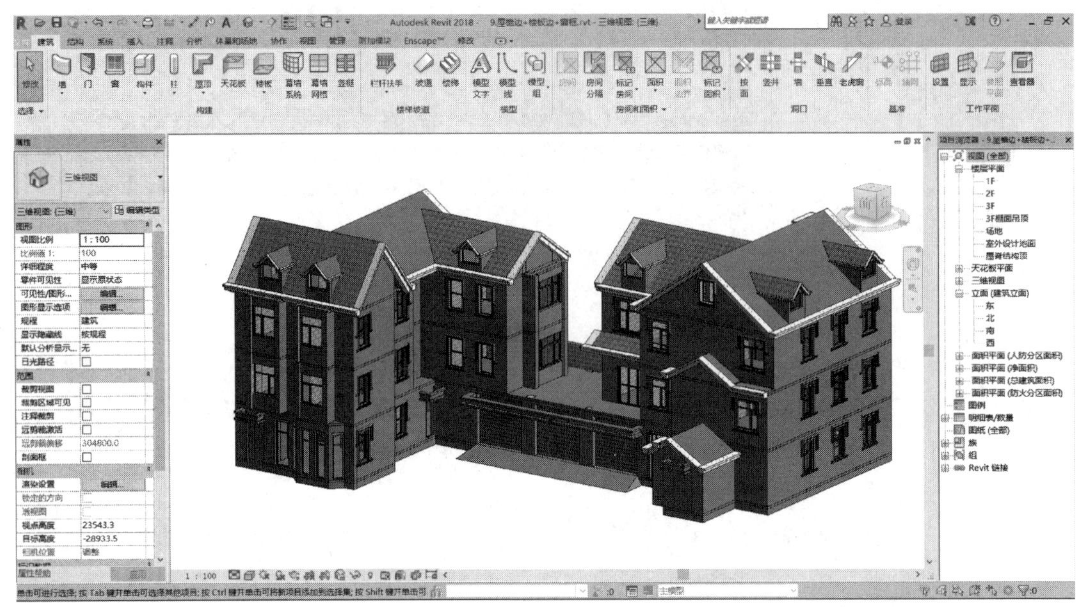

图 7-147 屋顶构造效果

7.7.6.2 楼板边缘构件的创建

1. 同封檐板轮廓绘制方法相同绘制楼板边缘轮廓，如图 7-148 所示。

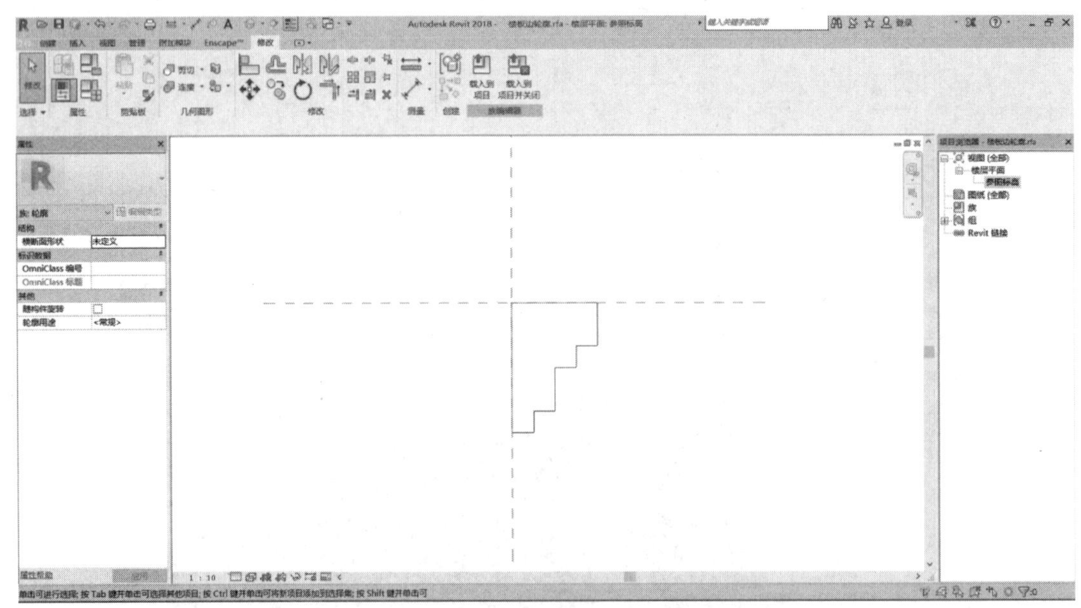

图 7-148 楼板边缘轮廓

2. 楼板边轮廓载入到“屋顶”文件中。选择“建筑”面板下【楼板】命令下“楼板边”功能。如图 7-149 所示。

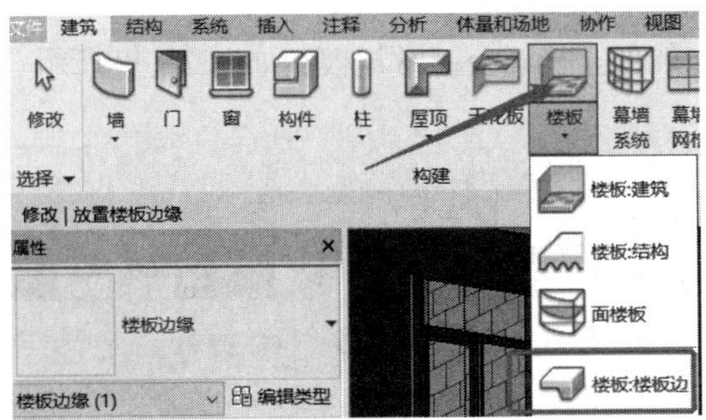

图 7-149 楼板：楼板边命令

3. 与“封檐板”轮廓设置方式相同。楼板边轮廓设置，如图 7-150 所示。

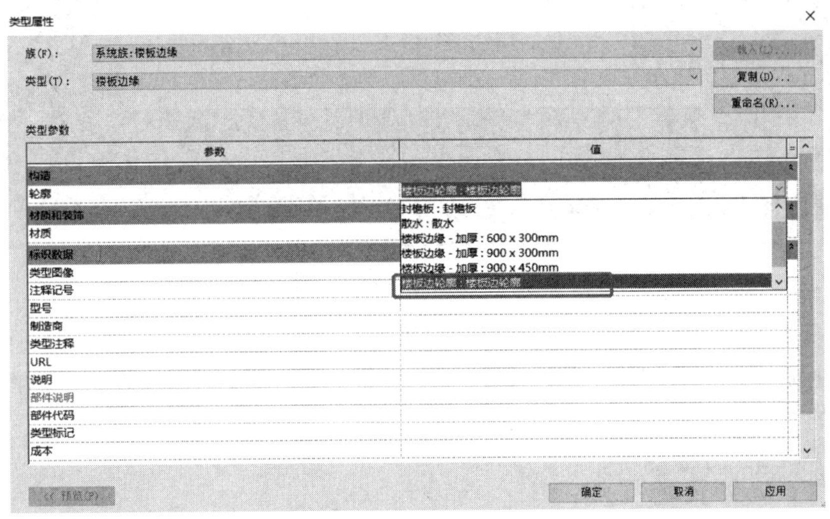

图 7-150 楼板边缘设置

4. 点击楼板下边缘，将“楼板边”成功绘制，如图 7-151 所示。

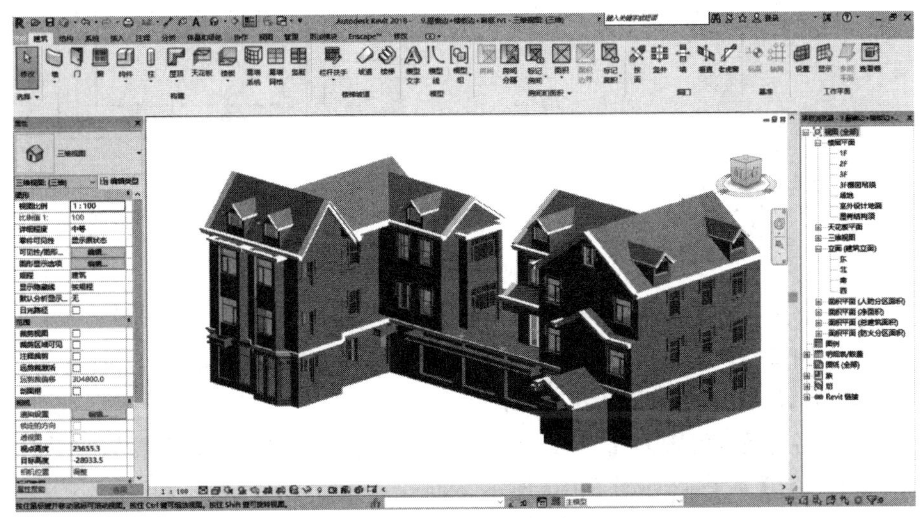

图 7-151 楼板边缘创建后效果

7.7.6.3 入口雨篷的创建

1. 打开 Revit 2018 软件，打开公制常规模型如图 7-152 所示。

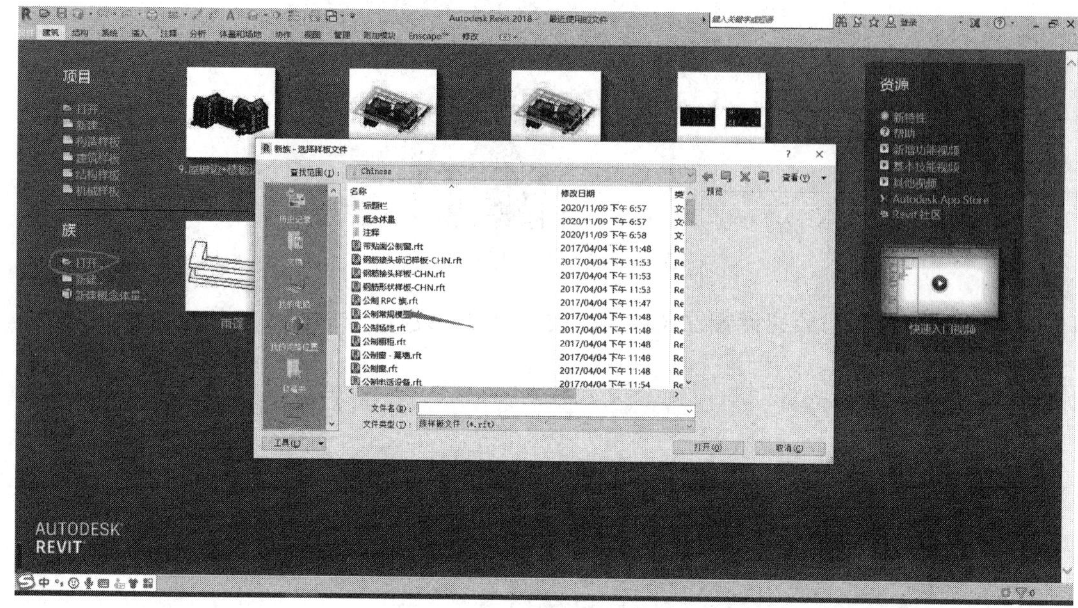

图 7-152 公制常规模型样板自定义族

2. 根据施工图的雨篷数据，先打开楼层平面的“参照标高”，如图 7-153 所示。

3. 根据施工图的数据使用创建菜单栏下的【拉伸】命令，用线画出平面图，注意一定要在轴的中心画出来，如图 7-154 所示。

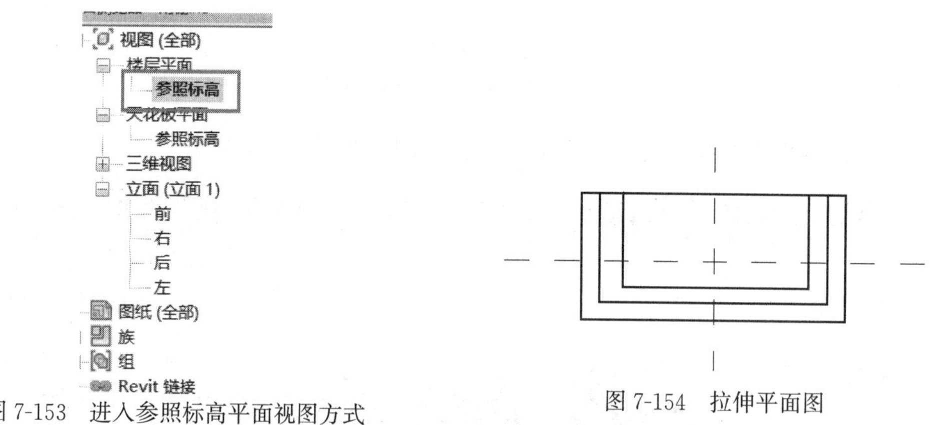

图 7-153 进入参照标高平面视图方式

图 7-154 拉伸平面图

4. 创建好之后，进入立面视角中的“前”立面视角，如图 7-155 所示。

5. 点击左侧属性栏中的“拉伸终点”来设置雨篷的高度，根据施工图可知，雨篷的高度为 450mm，设置好的效果如图 7-156 所示。

6. 设置完高度后，发现雨篷中有一部分是镂空的，需要借助创建菜单栏下的【空心形状】→【空心放样】命令，如图 7-157 所示。

7. 先在参照平面来绘制放样的路径，如图 7-158 所示。

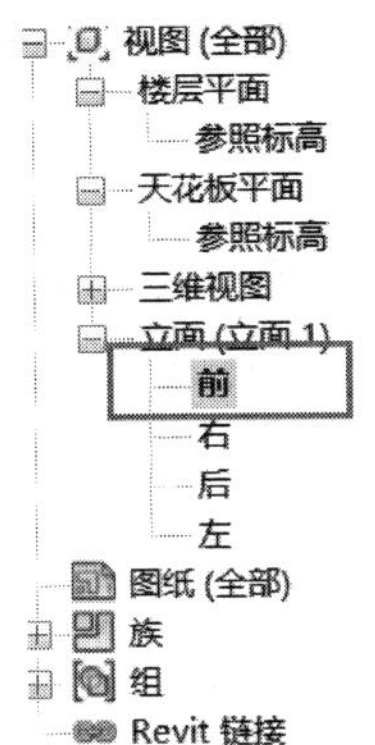

图 7-155 进入“前”立面视图方式

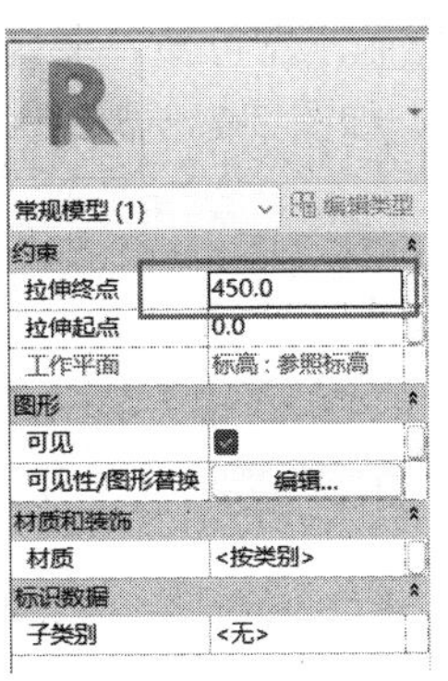

图 7-156 设置族参数

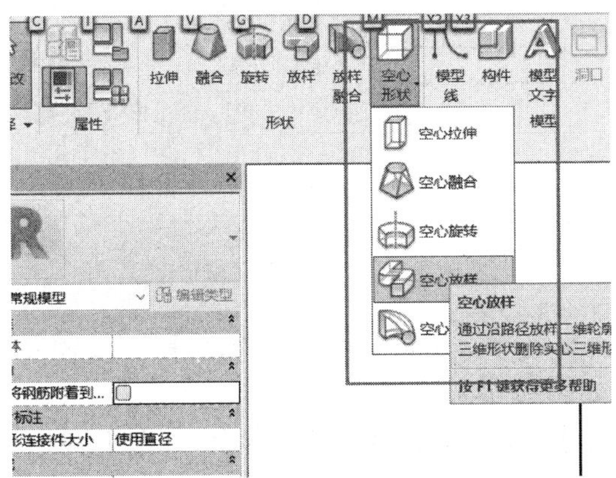

图 7-157 空心放样命令

8. 绘制好的效果如图 7-159 所示。

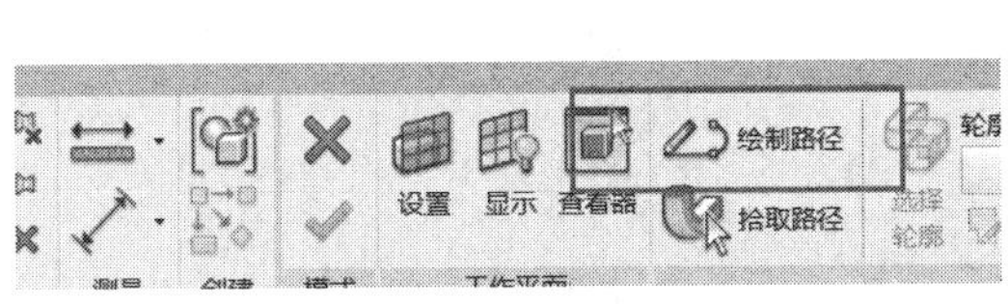

图 7-158 绘制放样路径

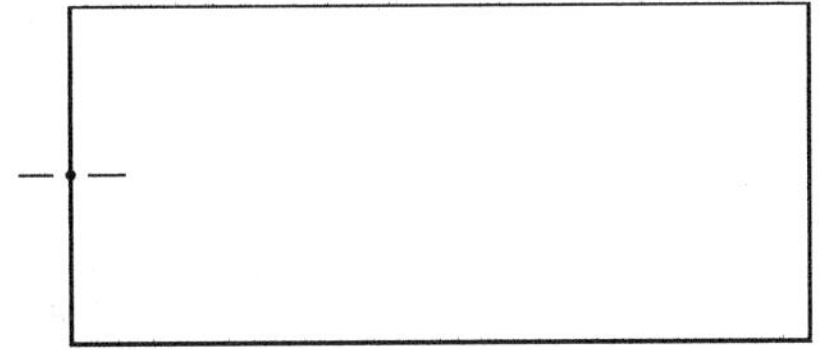

图 7-159 放样路径效果

9. 继续画放样轮廓，点击【选择轮廓】下的【编辑轮廓】，如图 7-160 所示。

10. 选择“后”立面图绘制空心轮廓，绘制好的效果如图 7-161 所示。

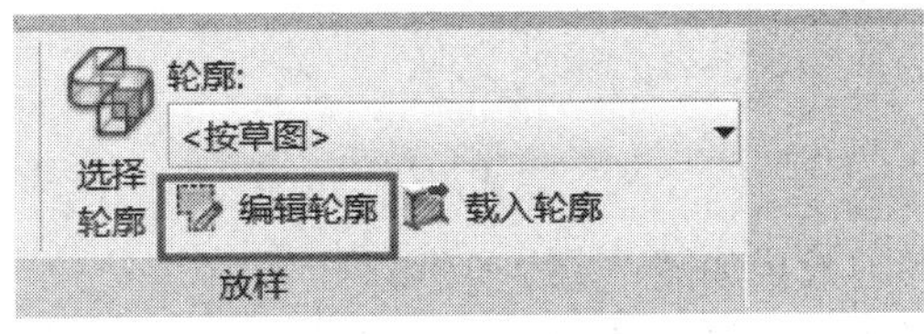

图 7-160 放样轮廓选择

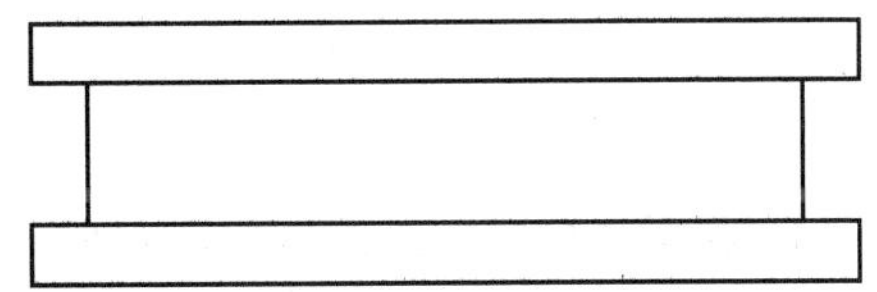

图 7-161 空心裁剪后族效果

11. 根据施工图可知，上面还有一点镂空，选择“前”立面图，点击【设置】选择拾取一个平面，如图 7-162 所示。

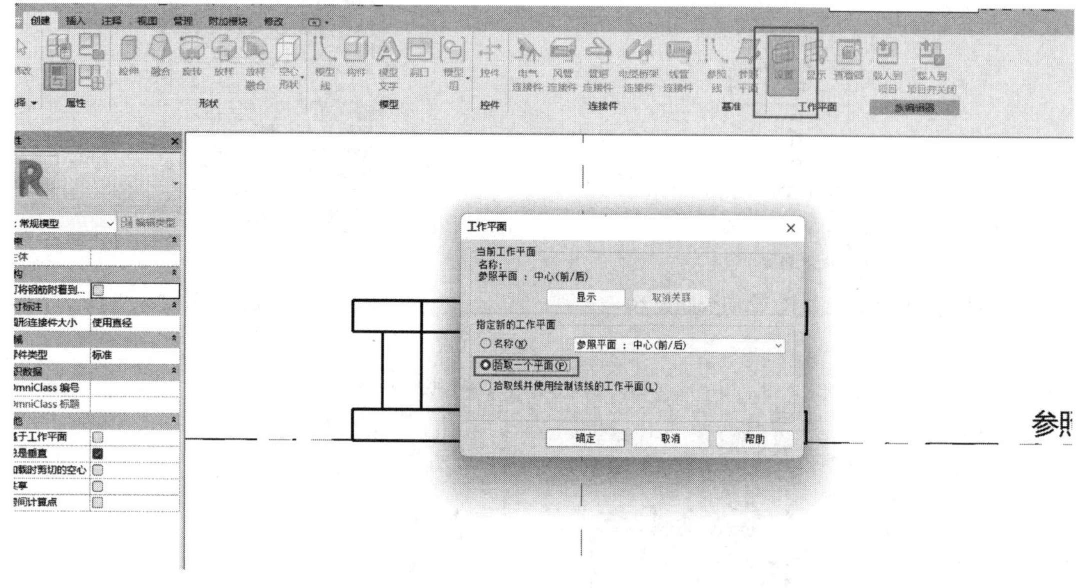

图 7-162　工作面窗口

12. 选择最上面一条线选择“楼层平面：参照标高”，这样可以保证掏空的地方是最上面我们需要的地方，如图 7-163 所示。

13. 点击菜单栏下的【空心形状】→【空心拉伸】，如图 7-164 所示。

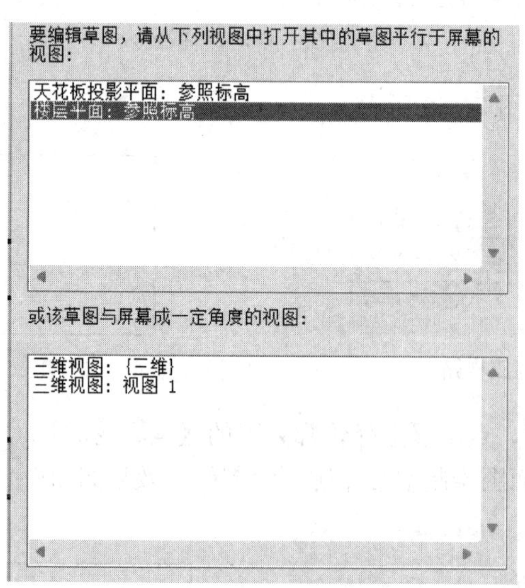

图 7-163　切换工作面

14. 利用“矩形”来绘制空心形状，绘制好的效果如图 7-165 所示。

15. 选择“后”视角单击创建的空心形状，点击左侧的属性栏修改约束，完成雨篷的创建，如图 7-166 所示。

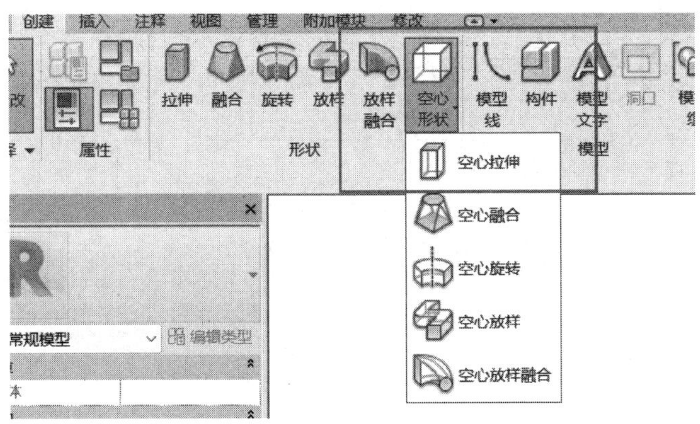

图 7-164 空心拉伸命令

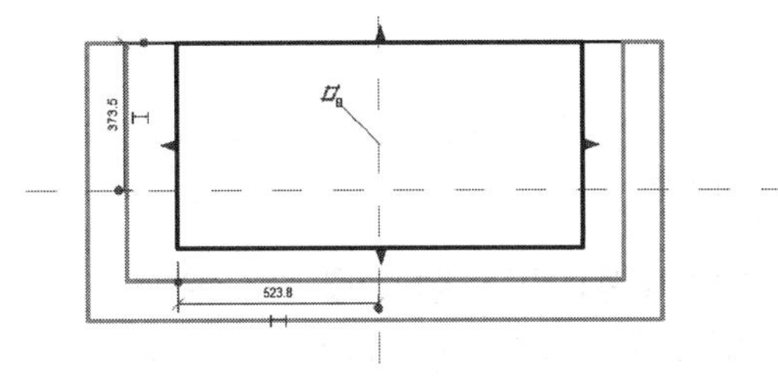

图 7-165 空心拉伸轮廓

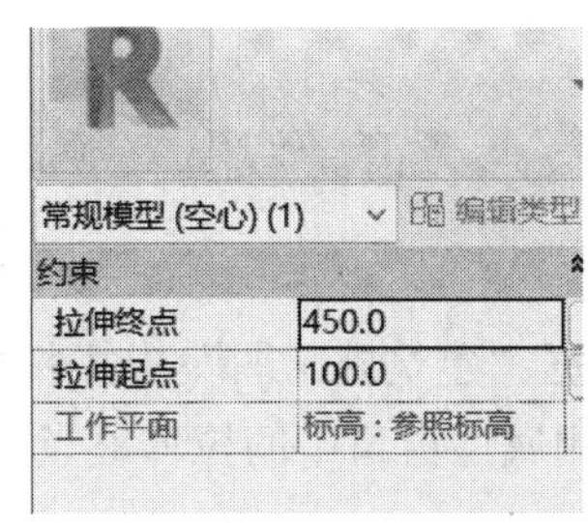

图 7-166 空心参数设置

7.7.6.4 屋顶平台扶栏构件族的创建

1. 打开 Revit 2018 软件，选择族下的新建文件，创建项目文件如图 7-167 所示。

2. 打开光盘中“素材\图纸资料\建筑施工图”文件，读取栏杆信息，开始结构模型“栏杆”族图元的创建，如图 7-168 所示。

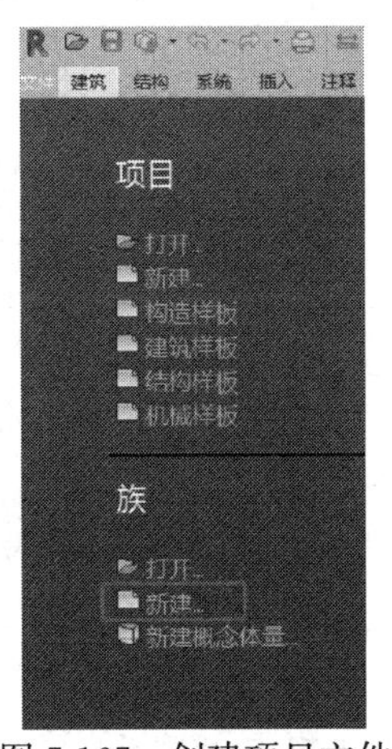

图 7-167 创建项目文件

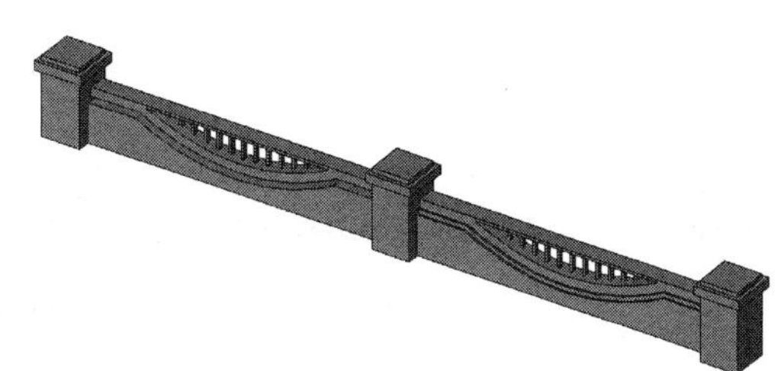

图 7-168 室外栏杆扶手族

3. 鼠标双击“项目浏览器”窗口中“立面（立面 1）”下任意立面如“前”，软件进入“前立面视图”，视图中可见参照标高如图 7-169 所示。

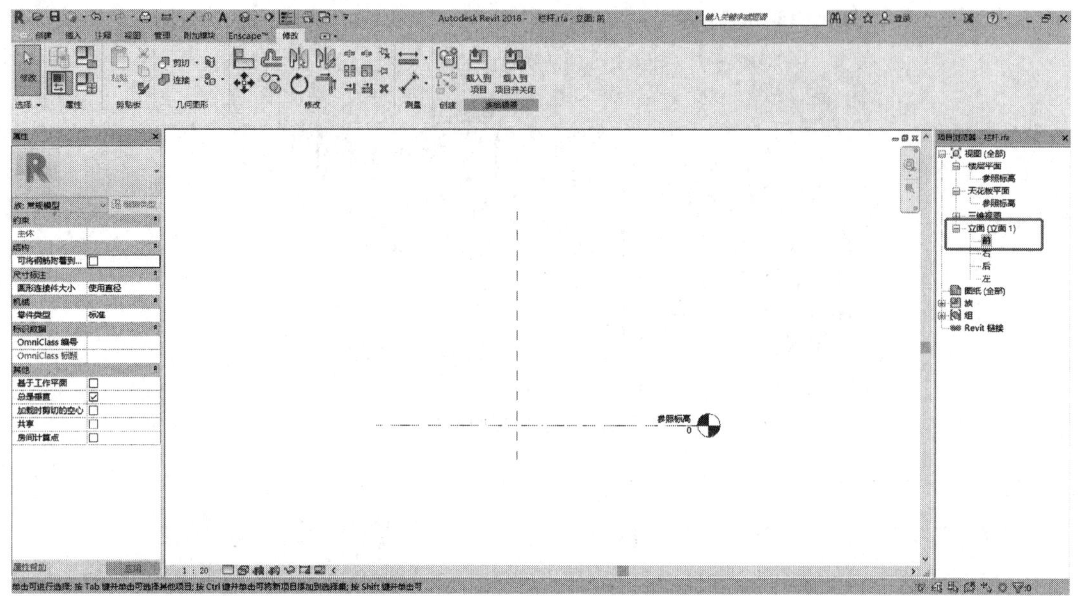

图 7-169　前立面视图

4. 根据“建筑施工图”中栏杆模型信息，使用创建面板下【拉伸】命令绘制如图形状。将左侧属性窗口中的拉伸终点与拉伸起点分别设置为 450 与 0，如图 7-170 所示。

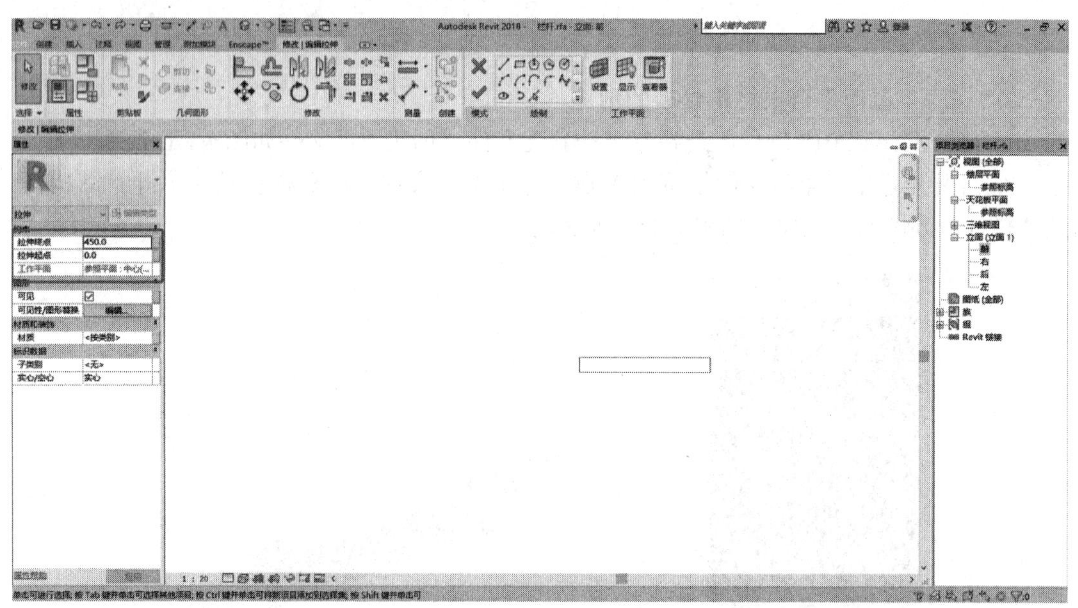

图 7-170　拉伸命令轮廓绘制

5. 使用相同方法绘制下半部分图元，将拉伸终点与拉伸起点设置为－50 与 500，如图 7-171 所示。

6. 使用相同方法绘制其余图元，将拉伸终点与拉伸起点按照“建筑施工图”中信息设置，如图 7-172 所示。

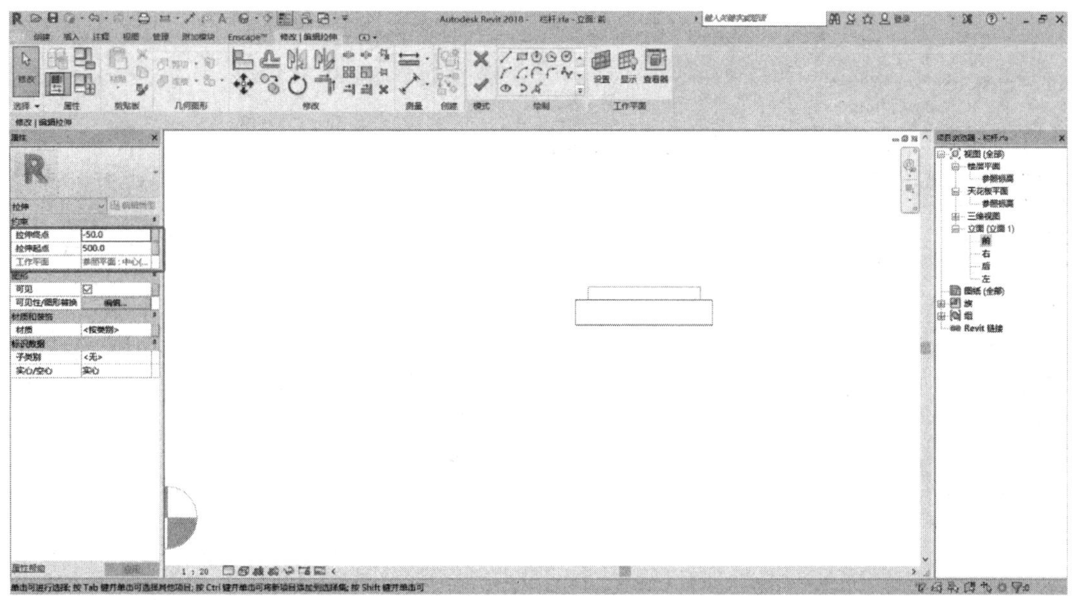

图 7-171　拉伸命令轮廓绘制

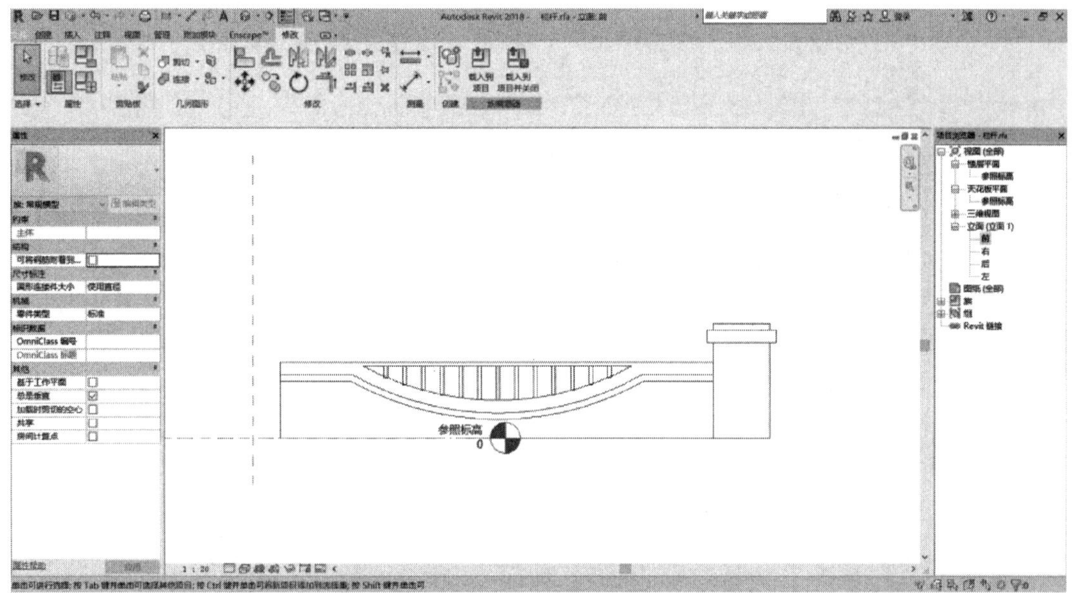

图 7-172　阶段拉伸命令效果

7. 选中所有模型，使用修改面板下【复制】命令，将模型复制，如图 7-173 所示。

8. 选中“立柱”模型，使用修改面板下【复制】命令，将模型复制，如图 7-174 所示。

9. 最终完成效果如图 7-175 所示，最后保存族文件名称“栏杆 .rfa”，存储到相应文件夹内，并根据平面图完成布置，完成“建筑专业模型_整体”。

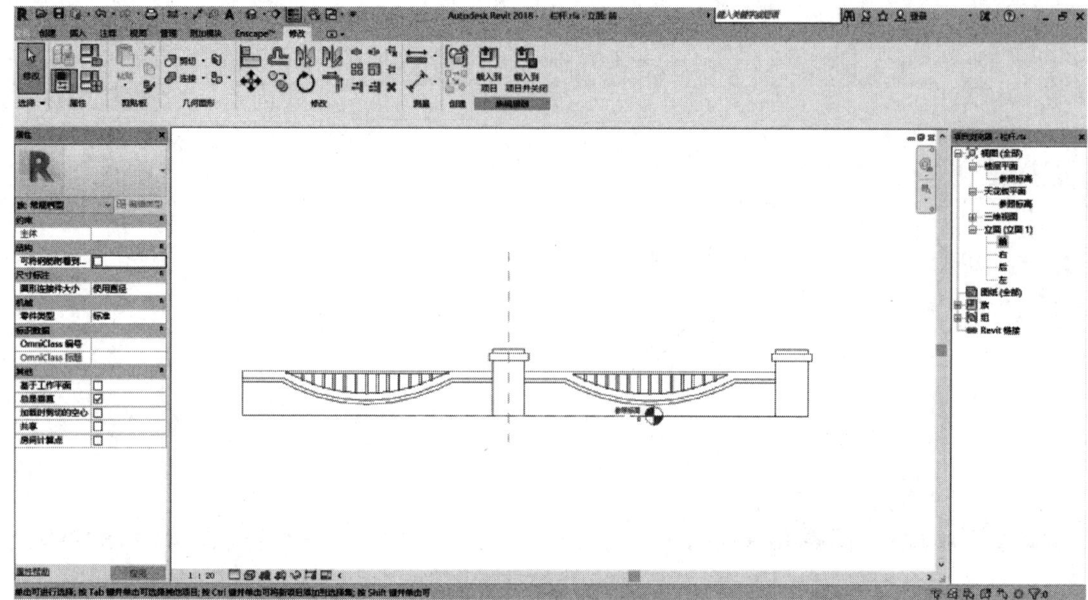

图 7-173　复制后效果

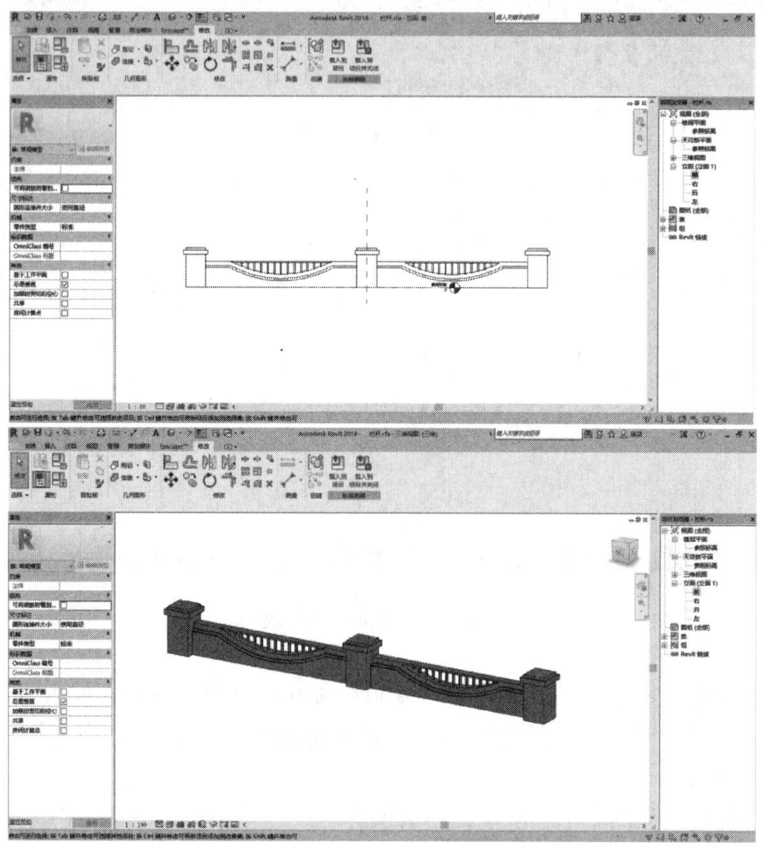

图 7-174　室外平台扶栏构件

图 7-175　项目三维效果

10. 保存项目名称“建筑专业模型_整体”，存储到“教材资源\教材模型\建筑专业\”文件夹内。

第 8 章

工程项目模型的应用

8.1 房间和面积的应用

房间和面积是建筑中重要的组成部分，使用房间、面积和颜色方案规划建筑的占用和使用情况，并执行基本的设计分析。

8.1.1 房间

8.1.1.1 创建房间

1. 选择“建筑”选项卡，在“房间和面积”面板中单击“房间”下拉按钮，在下拉列表中选择“房间”选项，可以创建房间，进入任意楼层平面视图，在需要的房间内添加房间，如图 8-1 所示。

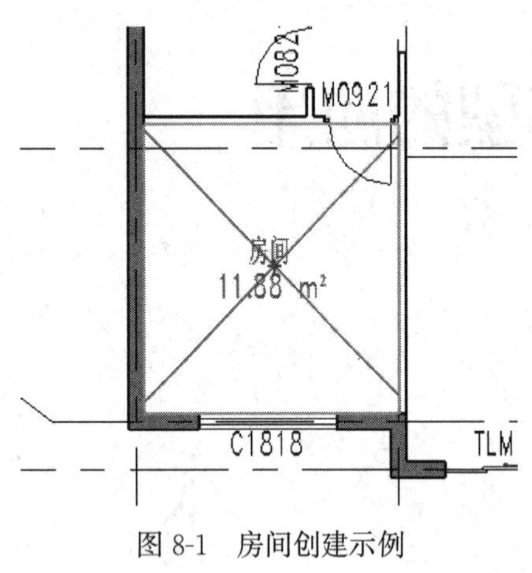

图 8-1 房间创建示例

可以在平面视图和剖面视图中选择房间。选择一个房间可以检查其边界，修改其属性，将其从模型中删除或移至其他位置。

2. 修改房间名称

选择房间标记，单击“房间”房间名称可变为输入状态，输入新的房间名称。

3. 控制房间可见性

默认情况下，房间在平面视图和剖面视图中不会显示，但是，可以更改“可见性/图形”设置，使房间及其边界线在视图中可见，这些属性成为视图属性的组成部分。

在视图面板中单击“可见性/图形”按钮，在“可见性/图形替换”对话框的“模型类别”选项卡上向下滚动至“房间”，然后单击节点以便展开。要在视图中显示内部填充，勾选“内部填充”复选框，要显示房间的参照线，勾选“参照”复选择框，然后单击“确定”按钮，如图 8-2 所示。

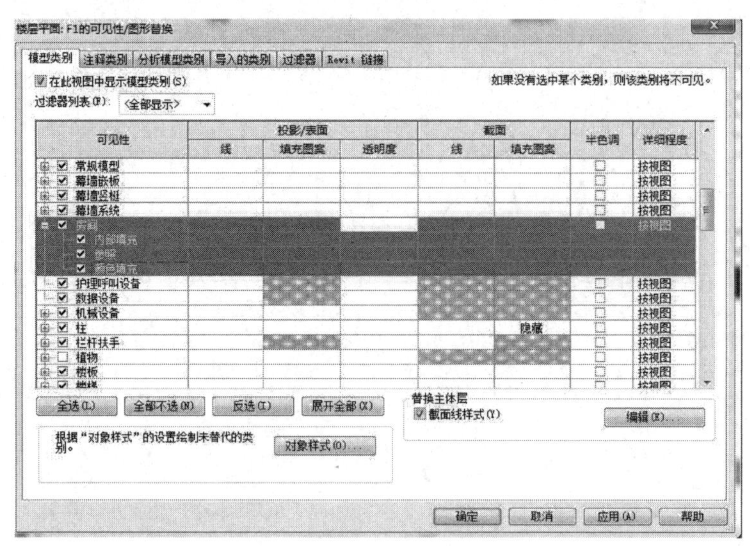

图 8-2 房间可见性设置

8.1.1.2 房间边界

1. 平面视图中的房间边界的设定

进入楼层平面，使用平面视图可以直接查看房间的外部边界（周长）。

默认情况下，Revit 使用墙面面层作为外部边界来计算房间面积，也可以指定墙中心、墙核心层或墙核心层中心作为外部边界。如果需要修改房间的边界，可修改模型图元的“房间边界”参数，或者添加房间分隔线。

2. 房间边界图元

其中的图元包括：

1）墙（幕墙、标准墙、内建墙、基于面的墙）。

2）屋顶（标准屋顶、内建屋顶、基于面的屋顶）。

3）楼板（标准楼板、内建楼板、基于面的楼板）。

4）天花板（标准天花板、内建天花板、基于面的天花板）。

5）柱（建筑柱、材质为混凝土的结构柱）。

6）幕墙系统。

7）房间分隔线。

建筑地坪通过修改图元属性，可以指定很多图元是否可作为房间边界，例如，可能需要将盥洗室隔断定义为非边界图元，因为它们通常不包括在房间计算中。如果将某个图元指定为非边界图元，当 Revit 计算房间或任何共享此非边界图元的相邻房间的面积或体积时，将不使用该图元。

8.1.1.3 房间分割线

在“房间与面积”面板下的“房间”下拉列表中单击按钮，在房间未分隔处添加分隔线，如图 8-3 所示。

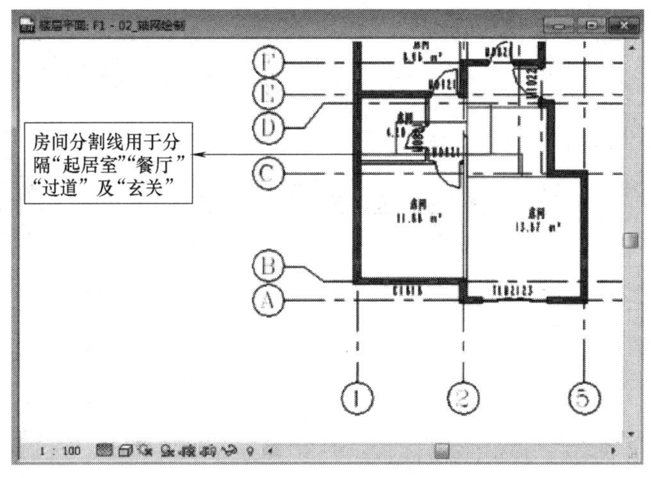

图 8-3　房间分隔命令

8.1.1.4 房间标记

在“房间和面积”面板中单击“标记房间”，对已添加的房间进行标记，如图 8-4 所示。

8.1.2　面积

8.1.2.1　创建与删除面积方案

在“房间和面积”的选项卡的下拉菜单中，选择 面积和体积计算 选项，在弹出的对话框中选择“面积方案”选项卡，单击“新建”按钮，如图 8-5 和图 8-6 所示。

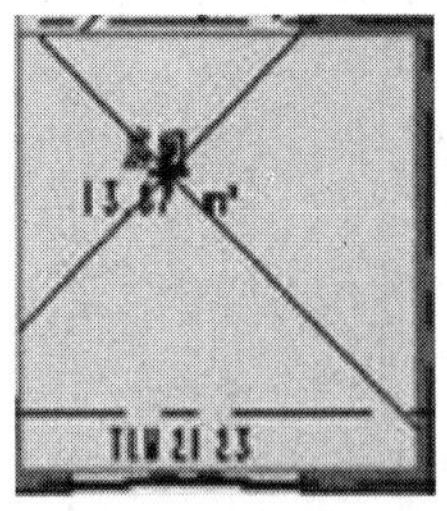

图 8-4　房间标记示例

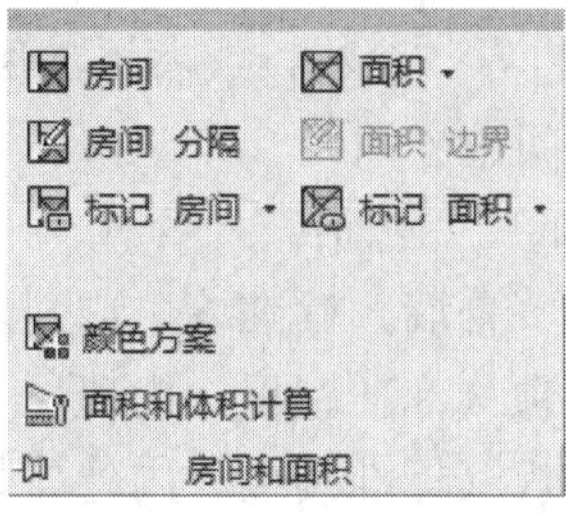

图 8-5　房间和面积面板

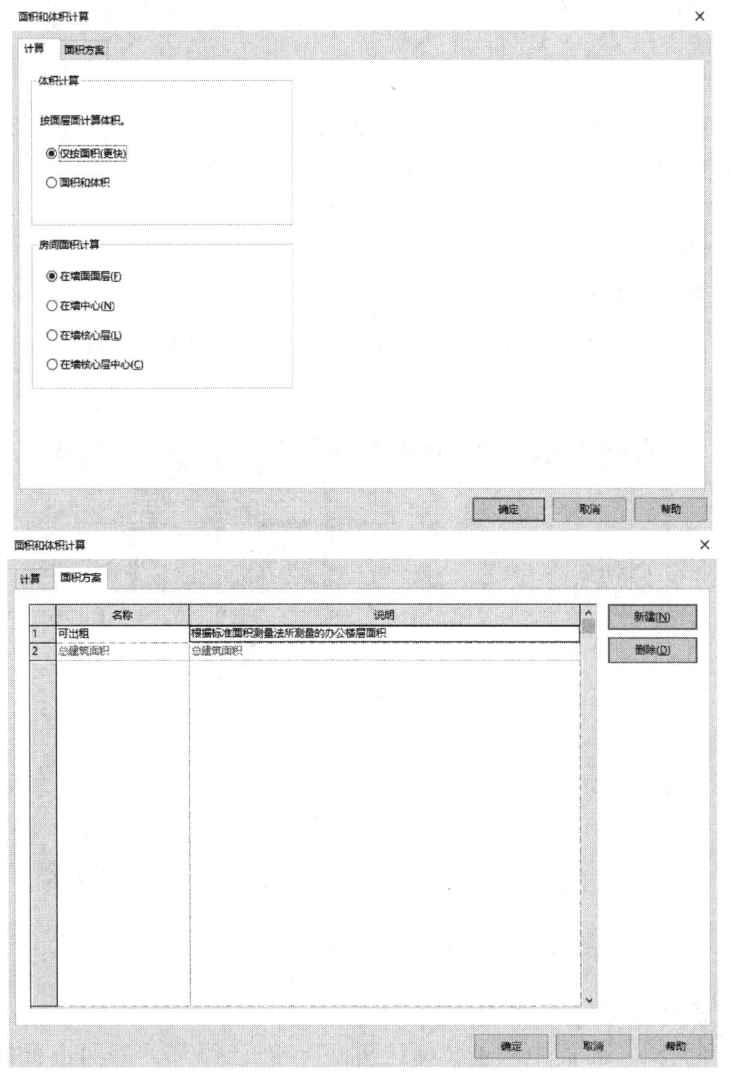

图 8-6　面积和体积计算窗口

删除面积方案与创建面积方案类似，其区别是选中要删除的面积方案，单击后面的“删除”按钮，完成面积方案的删除。

8.1.2.2　创建面积平面

在“房间和面积”面板中单击“面积”下拉按钮，在弹出的下拉菜单中选择面积平面选项，进行创建在“类型”下拉列表中可选择要创建面积平面的类型和面积平面视图，然后单击“确定”按钮。

8.1.2.3　添加面积标记

在“房间和面积”面板中单击“标记”下拉按钮，在弹出的下拉列表中选择面积标记选项，Revit 将在面积平面中高亮显示定义的面积。

8.2　明细表统计应用

明细表是 Revit 软件的重要组成部分。通过定制明细表，我们可以从所创建的 Revit 模型（建筑信息模型）中获取项目应用中所需要的各类项目信息，应用表格的形式直观地表达。此外，Revit 模型中所包含的项目信息还可以通过 ODBC 数据库导出到其他数据库管理软件中。

创建实例明细表和类型明细表的方法如下。

8.2.1　创建实例明细表

1. 单击“视图”选项卡下“创建”面板中的“明细表”下拉按钮，在弹出的下拉列表中选择“ 明细表/数量”命令，在弹出的“新建明细表”对话框中选择要统计的构件类别，例如窗，设置明细表名称，选择“建筑构件明细表”单选按钮，设置明细表应用阶段，单击“确定”按钮，如图 8-7 所示。

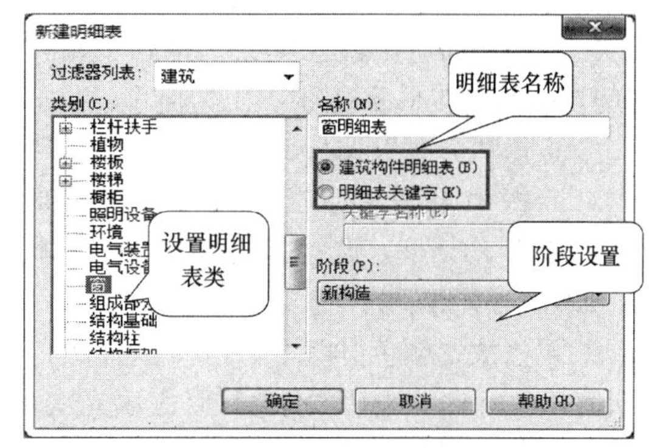

图 8-7　新建数量明细表

2. “字段”选项卡：从“可用字段”列表框中选择要统计的字段，单击“添加”按钮移动到“明细表字段”列表框中，利用“上移”“下移”按钮调整字段顺序。

3. “过滤器”选项卡：设置过滤器可以统计其中部分构件，不设置则统计全部构件。

4. “排序/成组”选项卡：设置排序方式，勾选“总计”“逐项列举每个实例”复选框。

5. “格式”选项卡：设置字段在表格中的标题名称（字段和标题名称可以不同，如“类型”可修改为窗编号）、方向、对齐方式，需要时可勾选“计算总数”复选框。

6. “外观”选项卡：设置表格线宽、标题和正文文字字体与大小，单击“确定”按钮。

8.2.2　创建类型明细表

在实例明细表视图左侧“视图属性”面板中单击“排序/成组”对应的“编辑”按钮，

在“排序/成组”选项卡中取消勾选☐逐项列举每个实例(Z)复选框，注意，“排序方式”选择构件类型，确定后自动生成类型明细表。

8.2.2.1　创建关键字明细表

1. 在功能区“视图”选项卡“创建”面板中的“明细表”下拉列表中选择“明细表/数量”选项，选择要统计的构件类别，如房间。设置明细表名称，选择“明细表关键字”单选按钮，输入“关键字名称”，单击“确定”按钮，如图8-8所示。

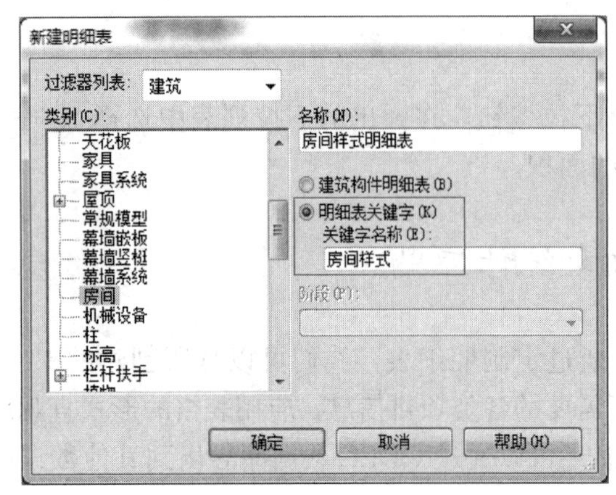

图8-8　新建关键字明细表

2. 按上述步骤设置明细表的字段、排序/成组、格式、外观等属性。

3. 在功能区，单击“行”面板中的“插入”按钮向明细表中添加新行，创建新关键字，并填写每个关键字的相应信息。

4. 将关键字应用到图元中：在图形视图中选择含有预定义关键字的图元。

5. 将关键字应用到明细表：按上述步骤新建明细表，选择字段时添加关键字名称字段，如“房间样式”，设置表格属性，单击“确定”按钮。

8.2.2.2　定义明细表与颜色图案

创建房间颜色图表步骤如下：

1. 在对房间应用颜色填充之前，单击“建筑”选项卡下“房间和面积”面板中的“房间”按钮，在平面视图中创建房间，并给不同的房间指定名称。

2. 点击“分析”选择“颜色填充”在“属性”对话框中单击“编辑类型”按钮，弹出“类型属性”对话框，设置其颜色方案的基本属性，如图8-9所示。

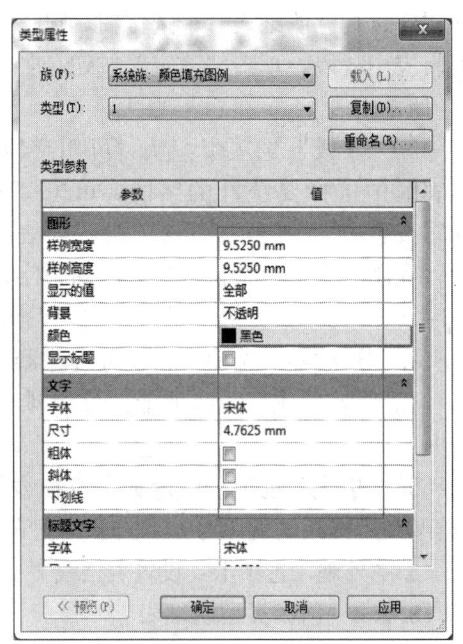

图8-9　颜色填充图例类型属性

3. 单击放置颜色方案，并再次选择颜色方案图例，此时自动激活“修改|颜色填充实例”选项卡，在“方案”面板中单击“编辑方案”按钮，弹出“编辑颜色方案”对话框。

4. 从“颜色”下拉列表中选择“名称”为填色方案，修改房间的颜色值，单击“确定”按钮退出对话框，此时房间将自动填充颜色，如图8-10所示。

8.2.3　创建共享参数明细表

1. 使用共享参数可以将自定义参数添加到族构件中进行统计。

1）单击“管理”选项卡下“设置”面板中的“共享参数”按钮，弹出“编辑共享参数”

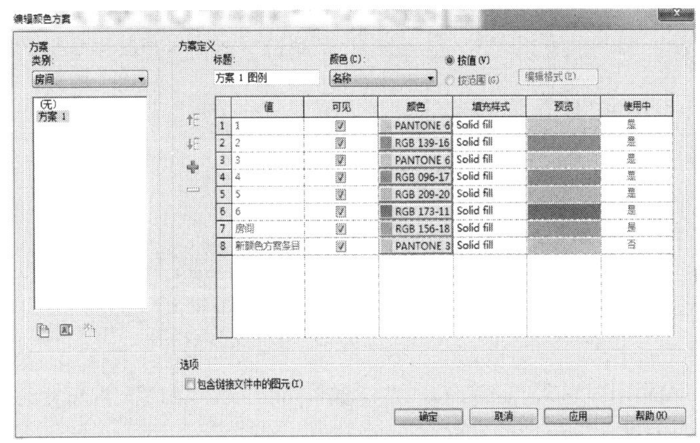

图 8-10　编辑颜色方案

对话框。单击“创建”按钮在弹出的对话框中设置共享参数文件的保存路径和名称，单击“确定”按钮，如图 8-11 所示。

图 8-11　编辑共享参数窗口

2）单击“组”选项区域的“新建”按钮，在弹出的对话框中输入组名创建参数组；单击“参数”选项区域的“新建”按钮，在弹出的对话框中设置参数的名称、类型，给参数组添加参数。确定创建共享参数文件。

2. 将共享参数添加到族中

新建族文件时，在“族类型”对话框中添加参数时，选择“共享参数”单选按钮，然后单击“选择”按钮即可为构件添加共享参数并设置其值。

8.2.4　创建多类别明细表

1. 在“视图”选项卡下单击“创建”面板中的“明细表”下拉按钮，在弹出的下拉列表中选择“明细表/数量”选项，在弹出的“新建明细表”对话框的列表中选择“多类别”，单击“确定”按钮。

2. 在“字段”选项卡中选择要统计的字段及共享参数字段，单击“添加”按钮移动到“明细表字段”列表中，也可单击“添加参数”按钮选择共享参数。

3. 设置过滤器、排序/成组、格式、外观等属性，确定创建多类别明细表。

8.3 实操练习

8.3.1 项目房间的创建

8.3.1.1 房间的创建

1. 打开“教材资源 \ 教材模型 \ 建筑专业 \ 建筑专业模型_整体 . rvt”，完成建筑专业模型 _ 房间面积的创建。

2. 鼠标双击“项目浏览器”窗口中“建筑平面”下“1F”平面视图，绘图区域切换到“1F”楼层平面视图，如图 8-12 所示。

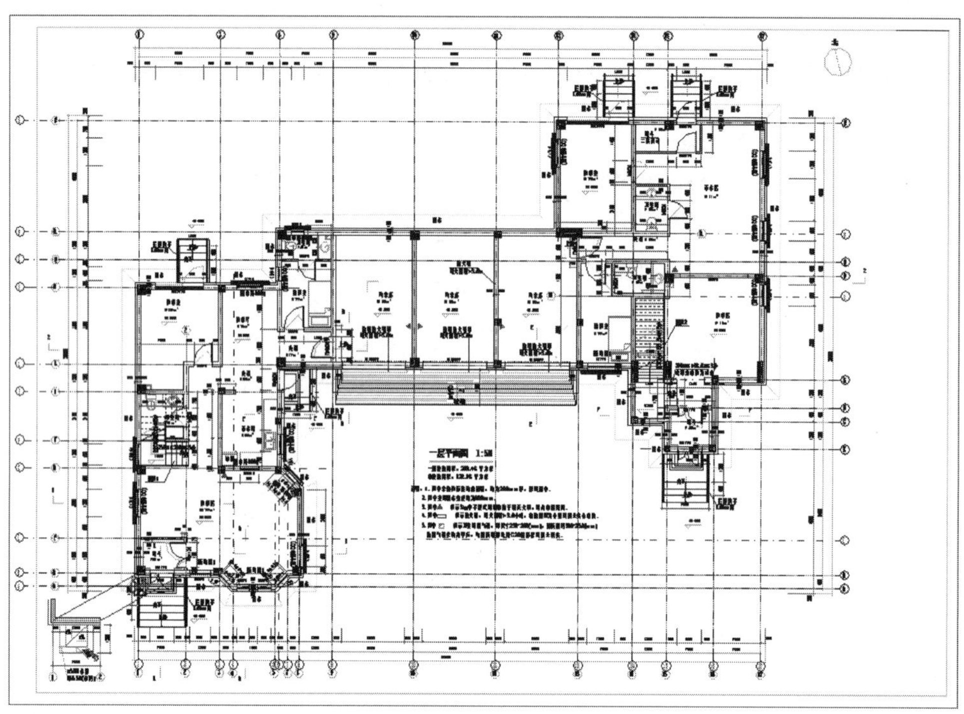

图 8-12　1F 平面视图链接 CAD 效果

3. 鼠标点击功能区“建筑”上下文选项卡下“房间和面积”面板中【房间】命令，按照图纸进行房间的标记，无物理隔断时，可以用【房间分隔】命令实现房间的分隔，房间标记后效果如图 8-13 所示。

图 8-13　房间命令

4. 选中创建的房间，在属性窗口修改名称为图纸对应名称，如图 8-14 所示。

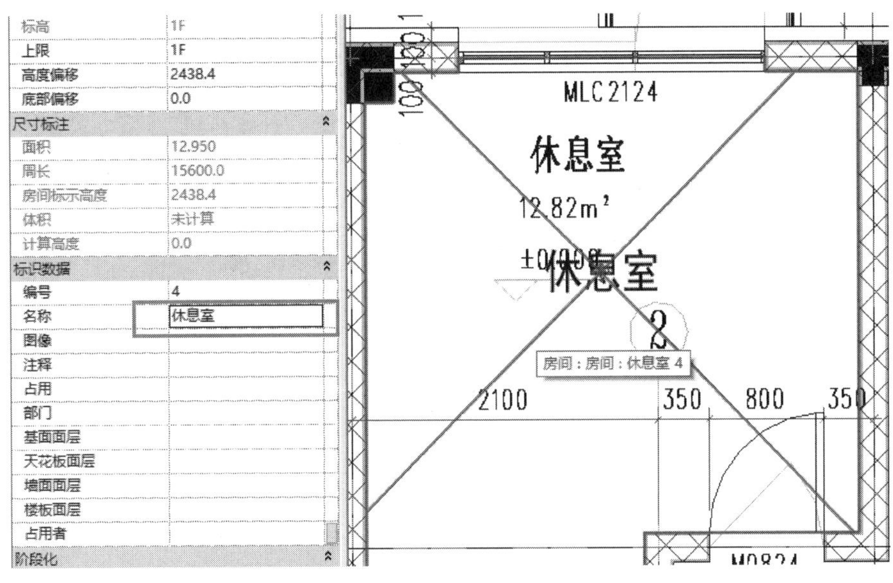

图 8-14 创建房间

5. 选中“房间”标记，在属性窗口中选择“标记_房间-有面积-施工-仿宋 3mm 0-67”类型，如图 8-15 所示。

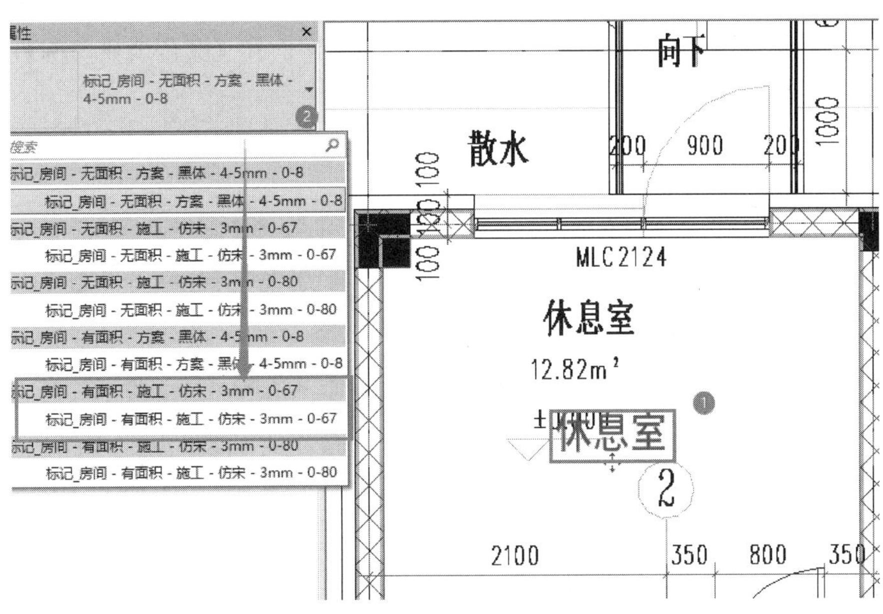

图 8-15 房间标记类型设置

6. 按照以上步骤完成 1F 楼层所有房间与房间标记的创建，如图 8-16 所示。

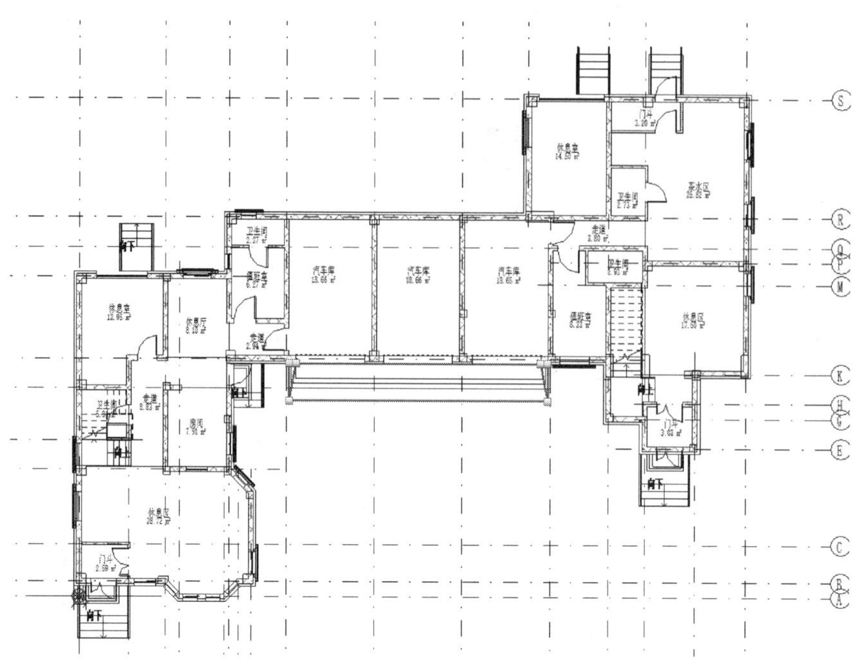

图 8-16 房间与房间标记

8.3.1.2 平面颜色方案的设置

1. 点击“1F”楼层平面“属性”窗口“颜色方案”实例属性后按钮，弹出“编辑颜色方案”窗口，按照如下设置，最终效果如图 8-17 所示。

2. 选择功能区“注释”上下文选项卡“颜色填充”面板【颜色填充图例】，放置在“1F 楼层平面图”合适位置，如图 8-18 所示。

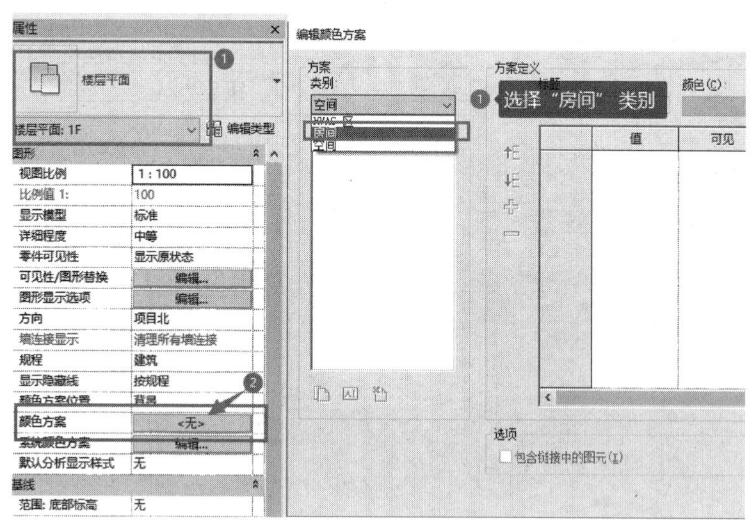

图 8-17 平面视图颜色方案设置（一）

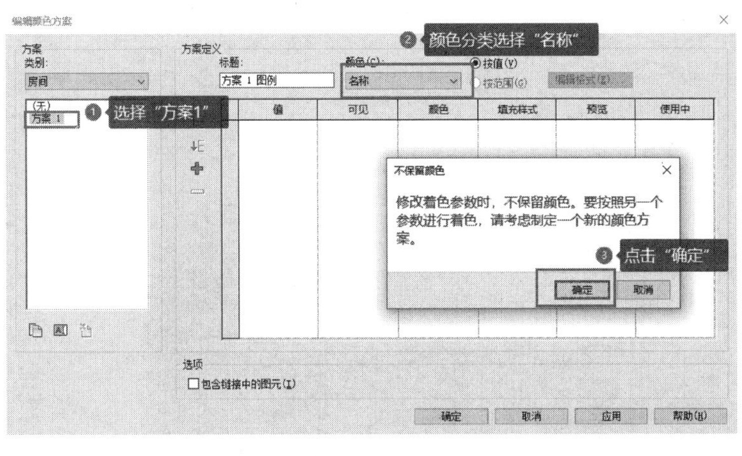

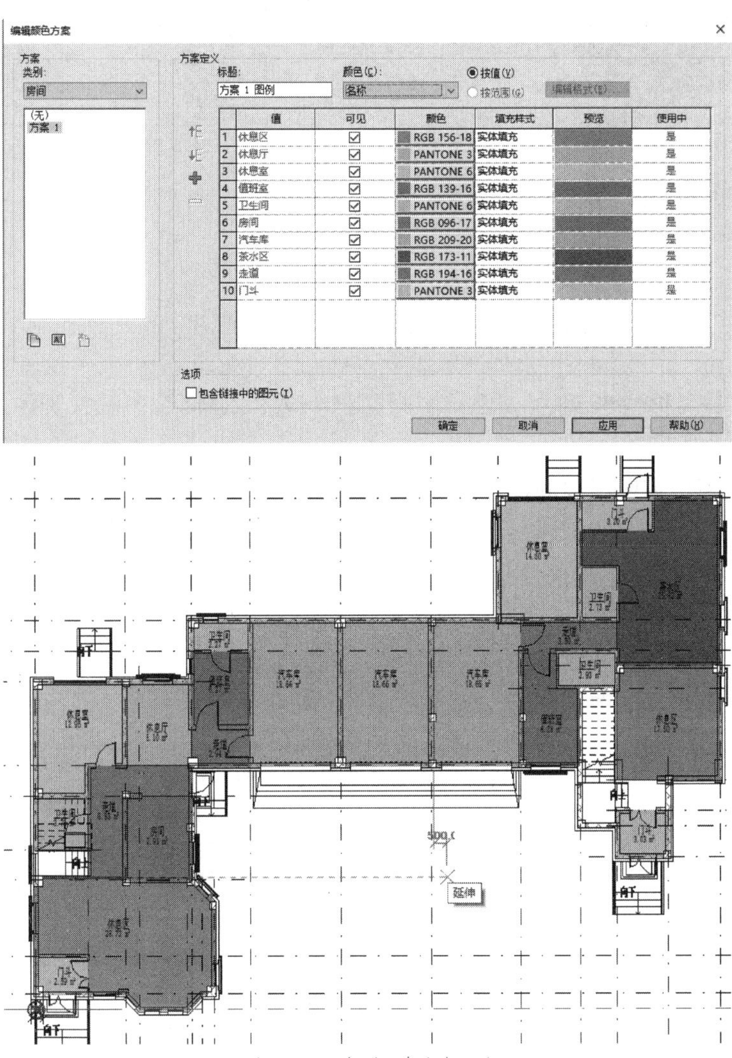

图 8-17 平面视图颜色方案设置（二）

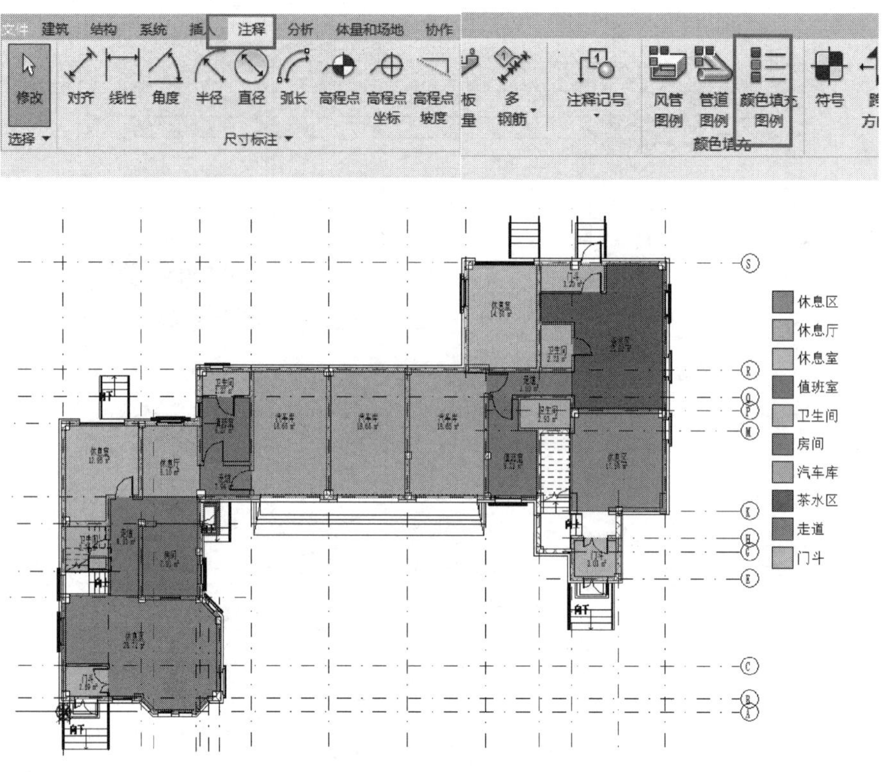

图 8-18 平面视图颜色方案与颜色图例

3. 保存项目名称“建筑专业模型_房间面积.rvt”，存储到“教材资源\教材模型\建筑专业\”文件夹内。

8.3.2 项目门窗明细表的创建

8.3.2.1 门明细表的创建

1. 打开“教材资源\教材模型\建筑专业\建筑专业模型_房间面积.rvt”，完成“建筑专业模型_明细表”的创建。

2. 点击“视图”上下文选项卡“创建”面板【明细表】下【明细表/数量】，弹出“新建明细表”窗口，如图 8-19 所示设置。

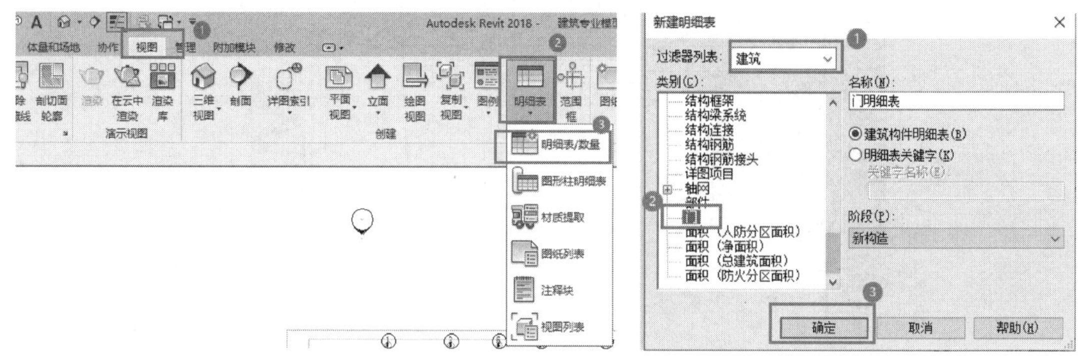

图 8-19 门明细表创建布置（一）

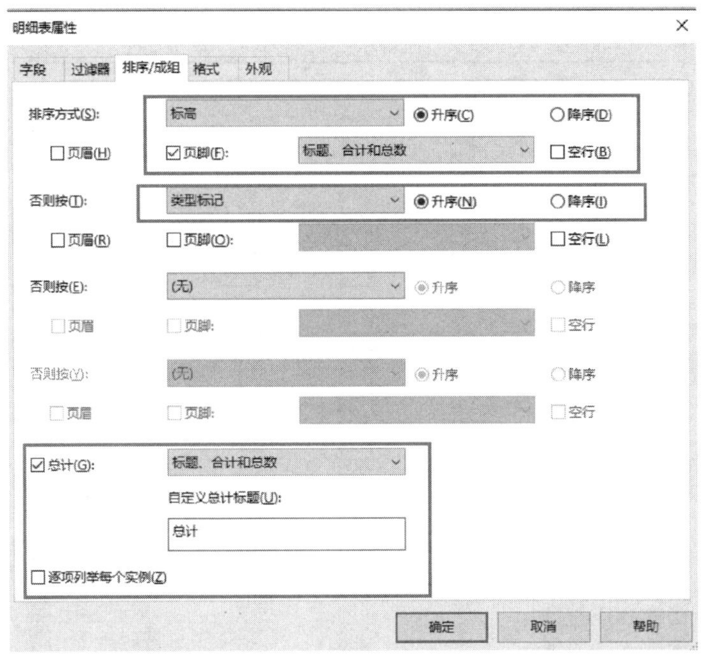

<门明细表>

A	B	C	D	E
标高	类型标记	宽度	高度	合计
1F	FM0924	900	2400	2
1F	JLM2827	2800	2700	3
1F	M0820	800	2000	1
1F	M0824	800	2400	3
1F	M0924	900	2400	2
1F	WM0924	900	2400	3
1F	WM1124	1100	2400	4
1F: 18				18
2F	M0824	800	2400	6
2F	M1024	1000	2400	6
2F	TLM1621	1600	2100	1
2F: 13				13
3F	M0824	800	2400	6
3F	M0920	900	2000	1
3F	M1024	1000	2400	8
3F: 15				15
总计: 46				46

图 8-19　门明细表创建布置（二）

8.3.2.2　窗明细表的创建

1. 窗明细表创建方法与门明细表创建方法一致，在此不再赘述。最终明细表效果如图 8-20 所示。

2. 保存项目名称“建筑专业模型_明细表 . rvt”，存储到“教材资源\教材模型\建筑专业\”文件夹内。

<窗明细表>					
A	B	C	D	E	F
标高	类型	宽度	高度	底高度	合计
1F	C0616	600	1600	800	1
1F	C0616	600	1600	800	1
1F	C0616	600	1600	800	1
1F	C0624	600	2400	0	4
1F	C0916	900	1600	800	3
1F	C0916	900	1600	800	1
1F	C0916	900	1600	800	1
1F	C0916A	900	1600	900	1
1F	C0924	900	2400	0	1
1F	C1216	1200	1600	800	1
1F	C1216	1200	1600		4
1F	C1224	1200	2400	0	1
1F	双层单列	900	1600	900	2
1F: 22					22
2F	C0616	600	1600	800	1
2F	C0616	600	1600	800	2
2F	C0916	900	1600	800	2
2F	C0916	900	1600	800	6
2F	C1216	1200	1600		4
2F	C1516	1500	1600	800	2
2F	C1516	1500	1600	800	2
2F	C2416	2400	1600	800	1
2F	C2716 2	2700	1600	800	1
2F	双层单列	900	1600		3
2F: 24					24
3F	C0616	600	1600	900	1
3F	C0616	600	1600	900	2
3F	C0916	900	1600	900	4
3F	C1216	1200	1600	900	5
3F	C1516	1500	1600	900	2
3F	C1516	1500	1600	900	2
3F	C2116 2	2100	1600	900	1
3F	C2416	2400	1600	900	1
3F	双层单列	900	1600	900	3
3F: 21					21
3F棚面吊项	JC0912	900	1200	900	1
3F棚面吊项	老虎窗	1200	800		6
3F棚面吊项: 7					7
总计: 74					74

图 8-20 窗明细表

第9章

工程项目模型的表现与成果输出

9.1 视图控制

9.1.1 视图缩放

在视图区有三种方式可以将视图缩放（局部视图缩放）：

1. 把鼠标放在想要放大的部位，放置鼠标的位置即为中心点，以这个中心的放大或缩小，使用鼠标滚轮滚动，即可实现缩放，向上滚动鼠标滚轮是放大，反之，向下滚动鼠标滚轮是缩小。

2. 可以利用视图导航栏，将鼠标移动到视图导航栏的向下箭头，点击箭头，在弹出的面板上选择区域放大，在视图中左键选择放大的起点，拉伸移动鼠标，把要放大的区域框选起来，松开鼠标，即可把选中的区域进行放大，这个功能我们在前面已经讲解过了。

3. 也是利用导航栏，单击导航栏上的导航盘，弹出导航盘模式，鼠标左键选择导航盘上的缩放，进入缩放模式，向上或向右移动鼠标是放大，向下或向左移动是缩小。按Esc键退出导航盘模式。

9.1.2 视图拖动

移动视图有两种方式：

1. 按住鼠标滚轮，指针就变成了平移形状，按住滚轮即可实现上下左右的拖动。

2. 利用导航栏，单击导航栏上的导航盘，弹出导航盘模式，鼠标左键选择导航盘上的平移，左右上下拖动鼠标即可实现平移，按Esc键退出导航盘模式。

9.1.3 视图旋转

切换到三维视图中，注意视图旋转，只有在三维视图中可用。

视图旋转有两种方式：

1. 同时按住键盘Shift键和鼠标滚轮，拖动鼠标滚轮进行旋转。

2. 打开导航盘，鼠标左键选择环视，可以将视图旋转。

9.1.4 导航盘

上面我们已经介绍了二维视图中导航盘的缩放和平移功能，下面我们接着说导航盘的回放功能，回放功能也就是可以查看浏览过的视图。

导航盘的右下角有个黑色的下拉箭头，单击，弹出对话框，有“布满窗口”“帮助”“选项”等选项，单击选项，弹出对话框，我们可以对导航盘相关信息进行设置，如导航盘大小、尺寸、透明度等。

三维视图中导航盘，我们看到有全导航控制盘，其功能有缩放、平移、中心、回放、环视、动态观察、向上/向下、漫游等功能。

9.2 渲染与漫游

在Revit 2018软件中，利用现有的三维模型，还可以创建效果图和漫游动画，全方位展示建筑师的创意和设计成果。因此，在一个软件环境中即可完成从施工图设计到可视化设计的所有工作，又改善了以往在几个软件中操作所带来的重复劳动、数据流失等弊端，提高了设计效率。

Revit 2018 软件集成了 Mental Ray 渲染器，可以生成建筑模型的照片级真实感图像，可以及时看到设计效果，从而可以向客户展示设计或将它与团队成员分享。Revit 2018 软件的渲染设置非常容易操作，只需要设置真实的地点、日期、时间和灯光即可渲染三维及相机透视图视图。设置相机路径，即可创建漫游动画，动态查看与展示项目设计。

本节将重点讲解设计表现内容，包括材质设置、给构件赋材质、创建室内外相机视图、室内外渲染场景设置及渲染，以及项目漫游的创建与编辑方法。

9.2.1 透视图的创建

渲染之前，一般要先创建相机透视图，生成渲染场景。创建透视图步骤如下：

1. 打开一个平面视图、剖面视图或立面视图，并且平铺窗口。

2. 在“视图”选项卡下“创建”面板的“三维视图”下拉列表中选择“相机”选项，如图 9-1 所示。

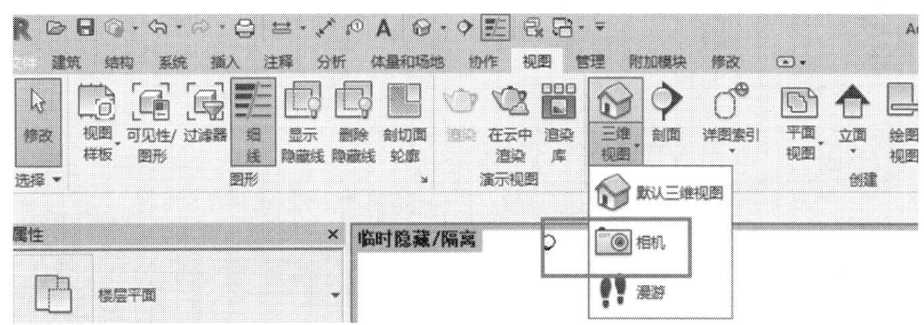

图 9-1 相机命令

3. 在平面视图绘图区域中单击放置相机并将光标拖拽到所需目标点。

4. 光标向上移动，超过建筑最上端，单击放置相机视点。

5. 在立面视图中按住相机可以上下移动，相机的视口也会跟着上下摆动，以此可以创建鸟瞰透视图或者仰视透视图。

6. 创建完成的透视图，需要进一步地调整，才能达到使用或是渲染的要求，可以通过视图控制栏中设置透视的精细程度及视觉样式等，如图 9-2 所示。

图 9-2 视图控制栏

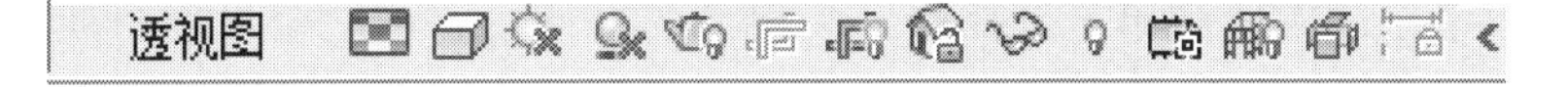

7. 在透视图的四周均有一个编辑控制点“-●-”，通过拖拽此控制点可以调整透视图的范围大小，也可以通过单击“修改|相机”上下文选项卡【尺寸裁剪】命令，进行精确范围的设置，如图 9-3 所示。

8. 使用同样的方法在室内放置相机就可以创建室内三维透视图。

9.2.2 材质的设置

在渲染之前，需要先给构件设置材质。

1. 单击“管理”选项卡下“设置”面板中的“材质”按钮，弹出“材质”对话框，如图 9-4 所示。

图 9-3 透视图范围设置

图 9-4 材质命令

2. 在该对话框的左侧可单击选择项目中包含的材质，右侧就会显示材质的各类属性，可通过修改完成对该材质的材质标识、图形、外观、物理和热度的属性的修改，如图 9-5 所示。

3. Revit 2018 软件可以对左侧项目中包含的材质单击右键，进行编辑、复制、重命名、删除和添加到收藏夹的操作，如图 9-6 所示。

4. 当材质浏览器中项目材质不符合要求时，可以根据需要创建新的材质类型，并对新材质类型赋予新的实体材质。创建新材质步骤如下：

1）单击左侧下方的按钮，从弹出的下拉菜单中选择【新建材质】命令，如图 9-7 所示。

2）材质浏览器左侧项目材质中，创建新的材质，名称为“默认为新的材质”，如图 9-8 所示。选择该材质可对其重命名。

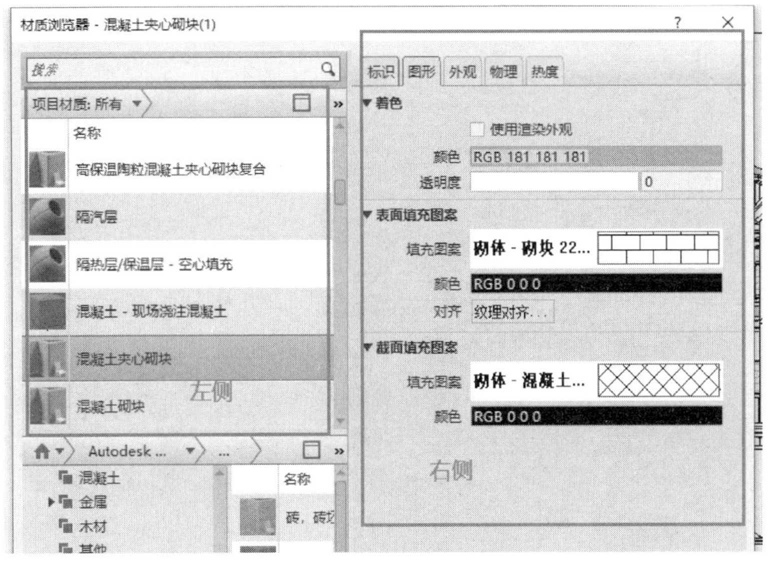

图 9-5 材质浏览器

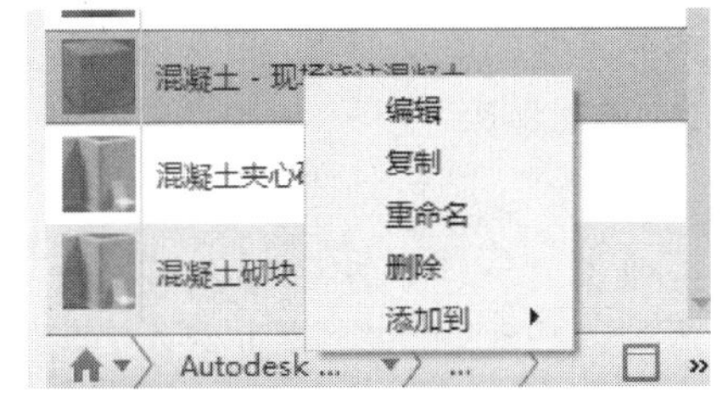

图 9-6 材质右键命令

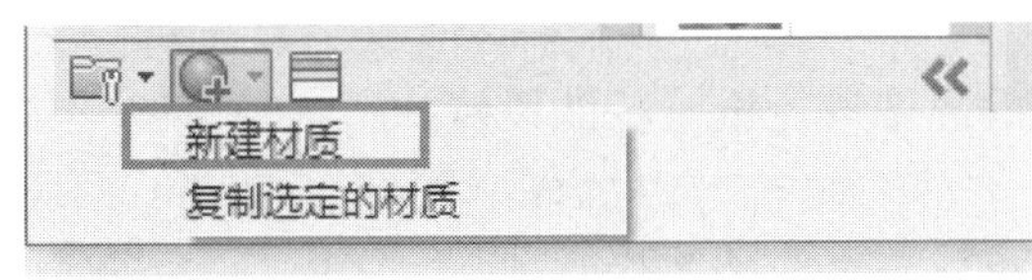

图 9-7 新建材质命令

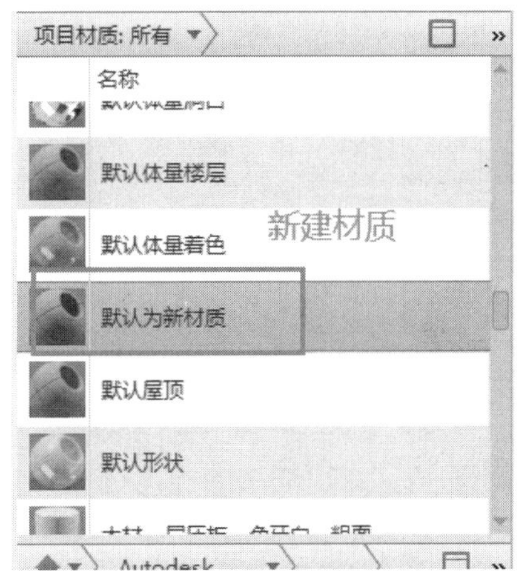

图 9-8 新建材质

3）点击左侧下方的按钮，打开资源浏览器，如图 9-9 所示。

4）资源浏览器资源库分类在左侧，从树状目录下，展开需要的材质，并从右侧找到需要的资源，双击后，材质资源就赋予到材质浏览器中的新建材质上。

5）返回到材质浏览器界面，通过修改右侧材质的材质标识、图形、外观等选项卡的参数信息，点击“确定”按钮完成新建材质的设置。

5. 在项目中可以将项目中的材质赋予到墙体、楼板、屋顶等各个构件上。

9.2.3 渲染图的创建

Revit 根据渲染方式的不同分为“单机渲染”与“云渲染”两种，其中单击渲染指通过本地计算机，设置相关渲染参数，进行独立渲染。云渲染也称为联机渲染，可以使用

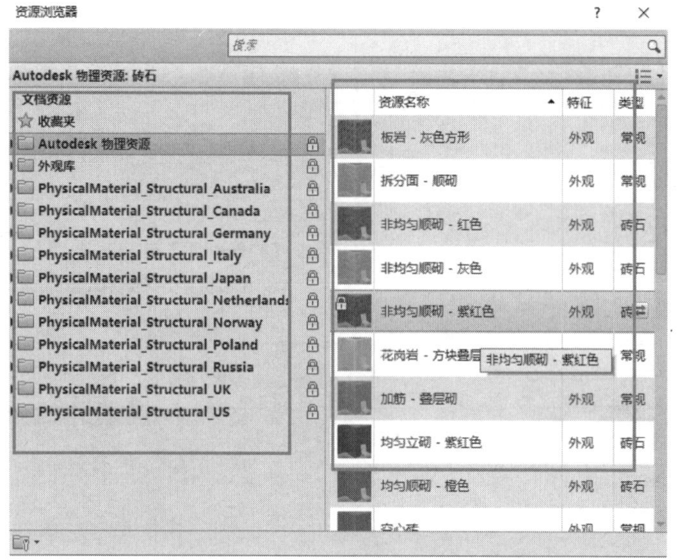

图 9-9　材料资源浏览器

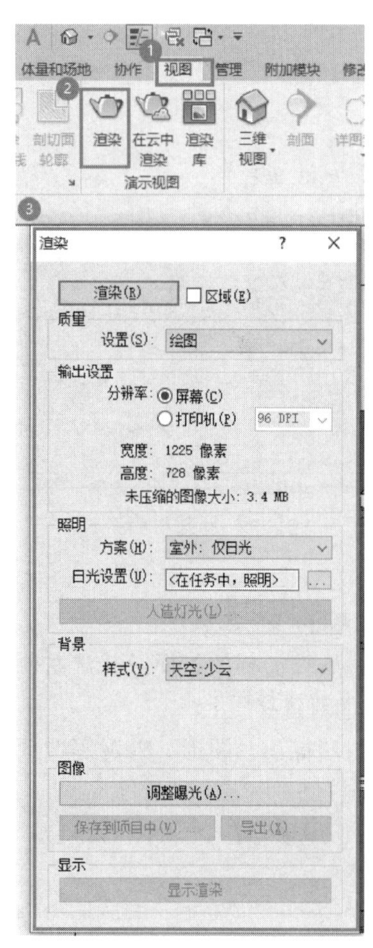

图 9-10　渲染设置

Autodesk 360 中的渲染从任何计算机上创建真实照片级的图像和全景。

9.2.3.1　单机渲染

1. 单击“视图”上下文选项卡“演示视图”面板中选中“渲染”按钮，弹出“渲染”对话框，对话框中各选项的功能如图 9-10 所示。

2. 对“渲染”对话框相应参数进行设置后，点击“渲染”按钮开始渲染，视图渲染完成后生成对应的图像，还可以继续根据渲染框中的参数对完成的图像进行进一步的设置。

3. 渲染图像后可以选择“保存到项目中”或是“导出”为独立的图像文件。

9.2.3.2　云渲染

1. 登录 Autodesk 账户，如图 9-11 所示。

2. 单击“视图”上下文选项卡“演示视图”面板中选中“云渲染”按钮，弹出“在 Cloud 中渲染”对话框，可以根据对话框中提示的步骤进行操作，如果已熟悉云渲染操作步骤，可以勾选左下角的“下次不再显示此消息”复选框，点击“继续”按钮进入下一步，如图 9-12 所示。

3. 在对话框中进行相关参数设置，包括从下拉列表中选择将要渲染的视图名称、输出类型、渲染质量、图像尺寸、曝光、文件格式等。对话框提示了预计的等待时间，以及是否在完成后向用户发送电子邮件，如图 9-13 所示。

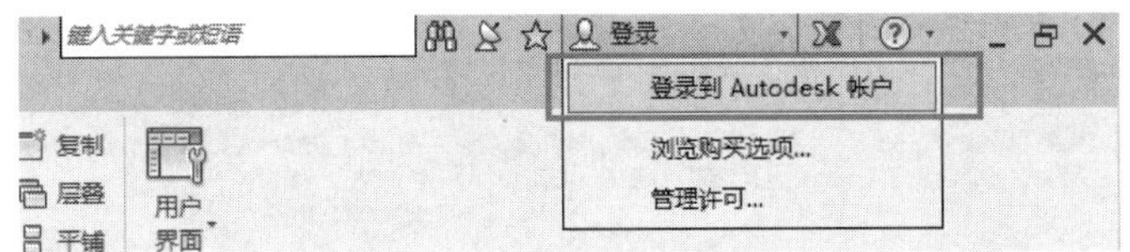

图 9-11　登录 Autodesk 账户

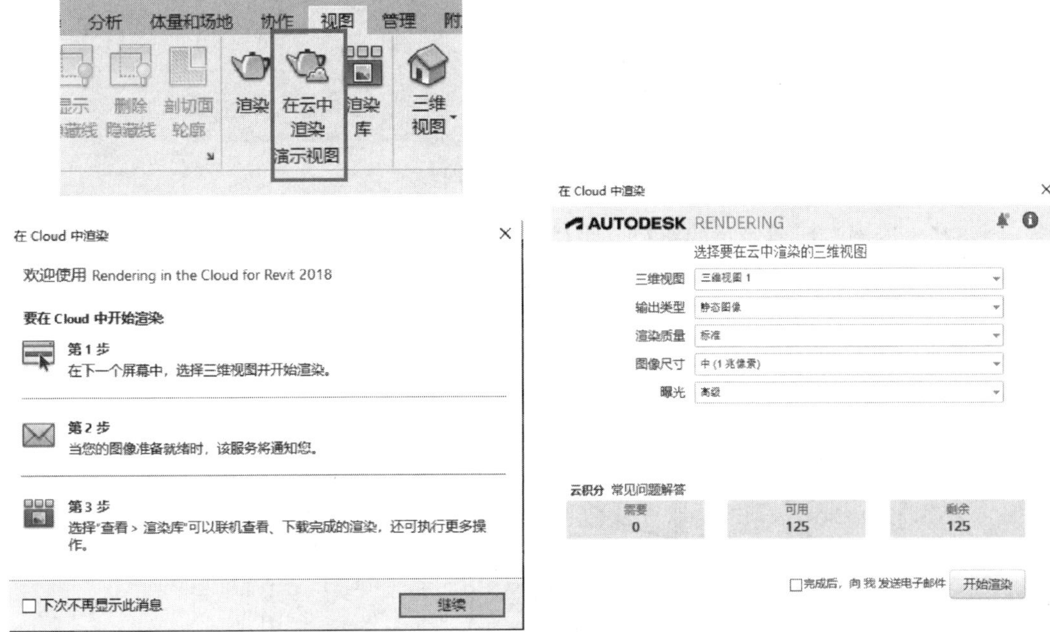

图 9-12　云渲染（一）　　　　图 9-13　云渲染（二）

4. 各项参数设置完成后，单击“开始渲染”按钮，软件就开始进行渲染。

5. 完成渲染后，软件会自动提示，用户可以在网页中下载已经渲染好的视图图像，保存到计算机中。

9.2.4　漫游的创建

Revit 2018 软件可以通过使用漫游工具对创建的三维模型进行漫游动画展示，仿真地观察整体建筑模型。漫游工具可以导出为 AVI 格式文件或是图像文件，导出图像文件时，以帧为单位，漫游每个帧都会保存为单个文件，便于后续视频文件的生成与编辑。

9.2.4.1　动画漫游的创建

1. 在项目浏览器中双击“1F 楼层平面”，绘图区进入 1F 平面视图。

2. 单击“视图”选项卡下“创建”面板“三维视图”下拉按钮【漫游】命令，如图 9-14 所示。

3. 设置选项栏参数。若取消勾选“透视图”复选框，则漫游作为正交三维视图创建，“偏移量”值即自标高的偏移量高度，为漫游相机的位置高度，如图 9-15 所示。

4. 将光标移至绘图区域，在“1F 楼层平面视图”中建筑模型南面中间位置单击，开

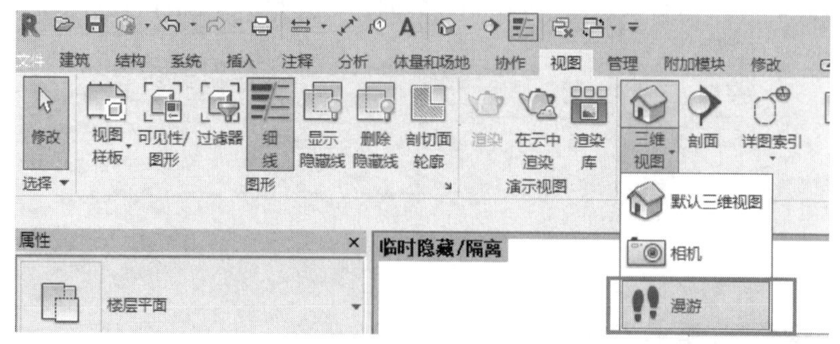

图 9-14　漫游命令

图 9-15　漫游选项栏

始绘制路径，即漫游所要经过的路径，路径围绕建筑一周后，单击选项栏上的“完成”按钮或按“Esc”键完成漫游路径的绘制，如图 9-16 所示。

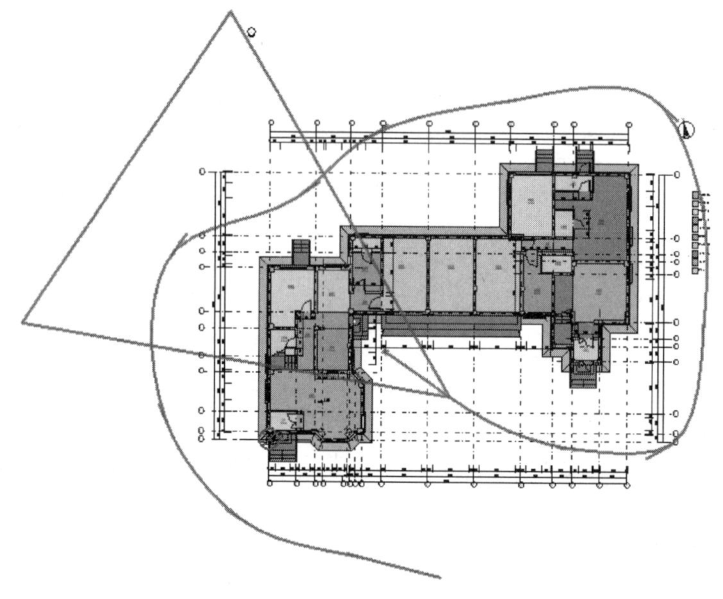

图 9-16　漫游路径

5. 完成路径后，项目浏览器中出现“漫游”项，双击“漫游”项显示的名称是“漫游 1”，双击“漫游 1”打开漫游视图。

9.2.4.2　动画漫游的调整

1. 漫游路径的调整

1）选择创建完成的漫游路径，在弹出的上下文选项卡下单击【编辑漫游】命令，在选项栏中，控制编辑模式可选择为“活动相机”“路径”“添加关键帧”“删除关键帧”，如图 9-17 所示。

图 9-17 修改|相机编辑漫游命令

2）编辑漫游路径各符号意义见图 9-18 标识框。

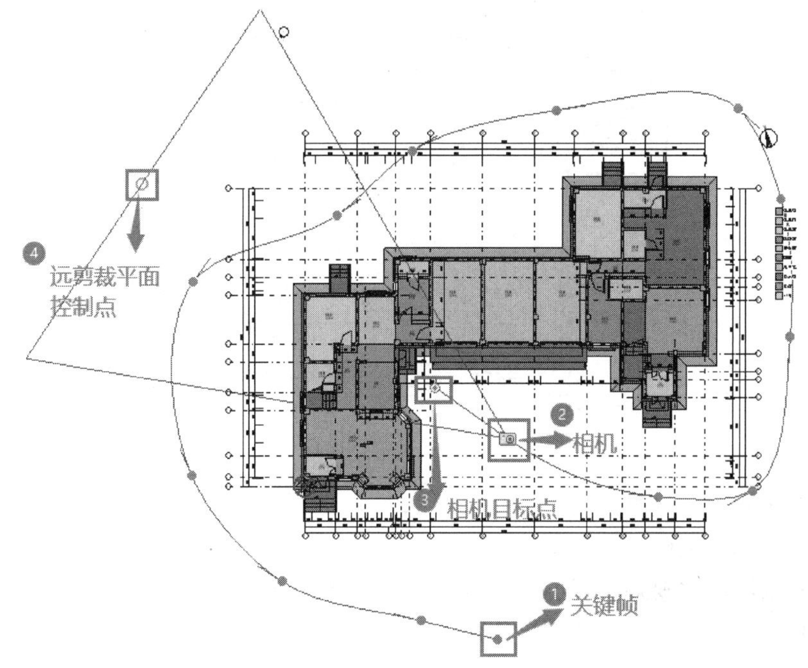

图 9-18 漫游路径各符号意义

3）控制编辑模式为“活动相机”时，当位于关键帧时，可以拖拽相机的目标点和远剪裁平面，当没有位于关键帧时，则只能修改远剪裁平面。

4）控制编辑模式为“路径”，则关键帧变为路径上的控制点，可以将关键帧拖拽到所需位置上。

5）控制编辑模式为“添加关键帧”，则可沿路径放置光标并单击以添加新的关键帧。

6）控制编辑模式为“删除关键帧”，则将光标放置在路径上的现有关键帧上，单击以删除此关键帧。

2. 动画漫游帧数调整

1）设置完漫游路径后，在状态栏点击“300”按钮，弹出“漫游帧”对话框，如图 9-19 所示。

2）默认情况下，相机沿漫游路径的移动速度保持不变，通过增加/减少“总帧数”或者增加/减少“帧/秒（F）”，修改相机移动速度。

3）若要修改关键帧的速度，可以取消勾选“匀速”复选框，并在加速器列中修改介

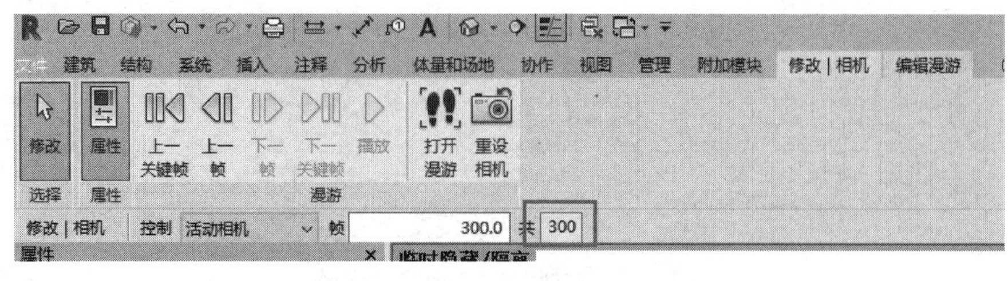

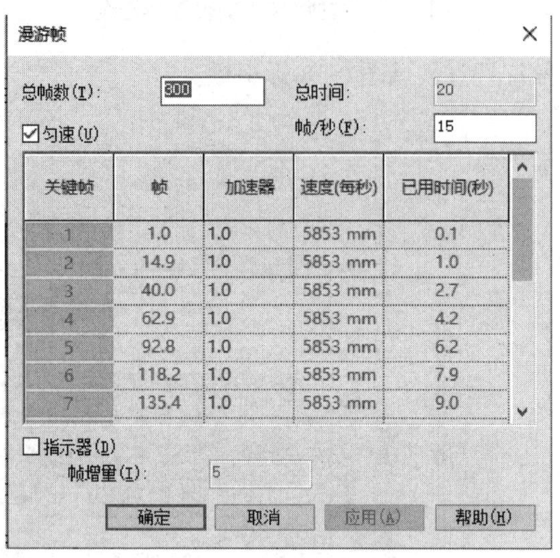

图 9-19　漫游帧设置

于 0.1 至 10 之间的有效值。

3. 漫游动画的导出

1）绘图区域为“漫游”视图，点击“文件”菜单→“导出”→“图像和动画”→“漫游”，软件会弹出“长度/格式”对话框，如图 9-20 所示。

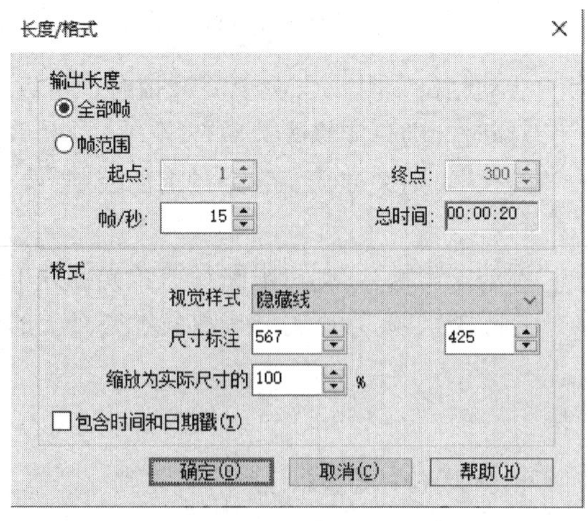

图 9-20　漫游长度/格式设置

2）在“输出长度”框下，选择“全部帧”或“帧范围”，其中全部帧表示将所有帧包括在输出文件中。帧范围表示仅导出特定范围内的帧。

3）在“格式”框下，将视觉样式、尺寸标注、缩放设置为需要的值。

4）单击“确定”按钮，软件弹出“导出漫游”对话框，修改调整输出文件名称和路径，或浏览至新位置并输入新的名称。在“文件类型选择”下拉列表中，选择保存的漫游格式类型，AVI或图像文件（JPG，TIFF，BMP或PNG）。完成后单击“保存”按钮完成漫游动画的导出，如图9-21所示。

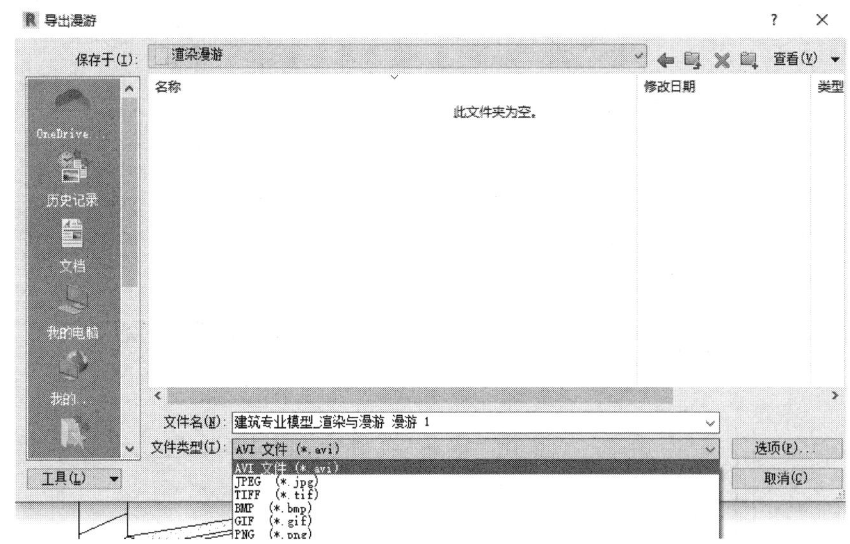

图9-21 导出漫游设置

9.3 注释、布图与打印

9.3.1 注释

9.3.1.1 临时尺寸标注

1. 选择一个构件，会出现蓝色现实的与相邻图元间距的临时尺寸标注。

2. 选择构件前点击管理→项目设置→设置→临时尺寸标注，可修改临时尺寸标注的标注点。

3. 单击临时尺寸标注尺寸线下的蓝色尺寸符号，可将临时尺寸转变为永久尺寸标注。

9.3.1.2 永久尺寸标注

永久尺寸标注分为五个类型，包括“对齐标注”“线性标注”“角度标注”“径向标注”“弧长标注”，如图9-22所示。

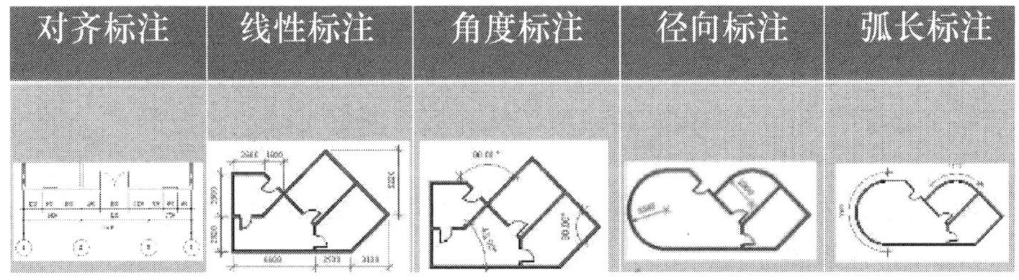

图9-22 尺寸标注类型

1. 将永久尺寸标注替换为文字，修改类型属性，如图 9-23 所示。

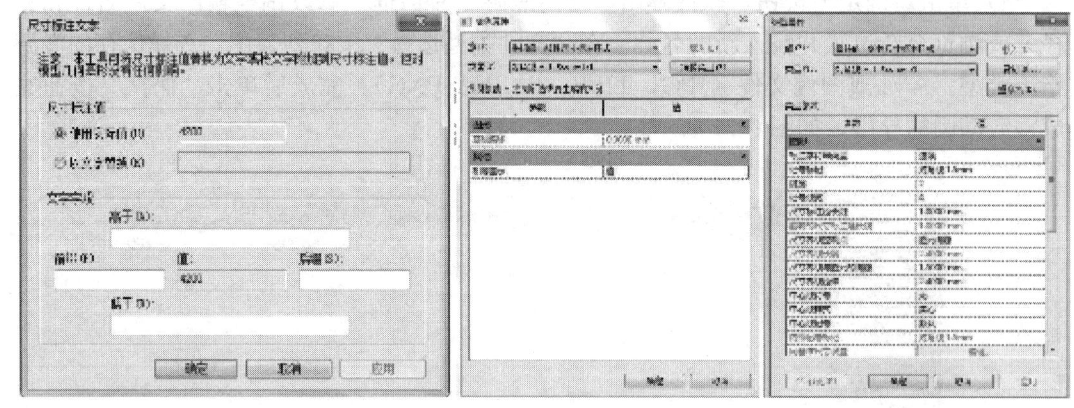

图 9-23 尺寸标注设置

2. 编辑永久尺寸标注，利用永久尺寸标注调整构件位置，调整标注文字和尺寸线等，如图 9-24 所示。

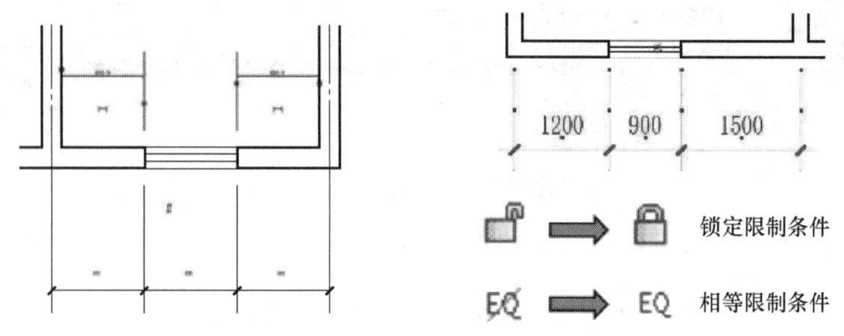

图 9-24 尺寸标注限制条件

9.3.1.3 创建高程点标注

“注释”选项卡→“尺寸标注”面板→“高程点”命令，类型选择其中选中标注类型，例如“高程点：室外地坪”。

9.3.1.4 添加尺寸标注

1. 点击“注释”面板中的“尺寸标注”→“对齐”。

2. 点击左侧实例属性选项板中的编辑类型，更改成自己需要的类型，点击确定。

3. 确定选项栏中的选项为“参照墙中心线”，拾取“单个参照点”，进入视图开始标注。

9.3.2 图纸布图

9.3.2.1 创建图纸

1. 单击“视图”选项卡下“图纸组合”面板中的“图纸”按钮，在弹出的“新建图纸”对话框中通过“载入”会得到相应的图纸。这里我们选择载入图签“A1 公制”，单击“确定”按钮，完成图纸的新建。

2. 创建图纸视图后，在项目浏览器中“图纸”项下自动增加了图纸“J0-1-未命名”。

9.3.2.2 布置视图

创建了图纸后，即可在图纸中添加建筑的一个或多个视图，包括楼层平面、场地平面、天花板平面、立面、三维视图、剖面、详图视图、绘图视图、图例视图、渲染视图及明细表视图等。将视图添加到图纸后还需要对图纸位置、名称等视图标题信息进行设置。

9.3.2.3 布置视图的步骤

1. 定义图纸编号和名称：在项目浏览器中展开“图纸”选项，用鼠标右键单击图纸“J0-1-未命名”，在弹出的快捷菜单中选择“重命名”命令，弹出“图纸标题”对话框，按图示内容定义，例如建施-1a，如图 9-25 所示。

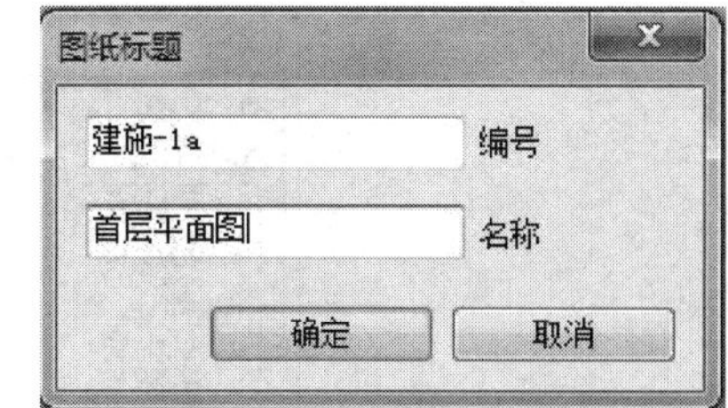

图 9-25 图纸标题对话框

2. 放置视图：在项目浏览器中按住鼠标左键，分别拖曳楼层平面“1F”到“建施-1a”图纸视图。

3. 添加图名：选择拖进来的平面视图 1F，在“属性”中修改“图纸上的标题”为“首层平面图”。按相同操作，修改平面视图 2F 属性中“图纸上的标题”为“二层平面图”。拖曳图纸标题到合适位置，并调整标题文字底线到适合标题的长度。

4. 改变图纸比例：如需修改视口比例，可在图纸中选择 F1 视图并单击鼠标右键，在弹出的快捷菜单中选择“激活视图”命令。此时“图纸标题栏”灰显，单击绘图区域左下角视图控制栏比例，弹出比例列表，可选择列表中的任意比例值，也可选择“自定义”选项。

9.3.2.4 图纸列表、措施表及设计说明

1. 图纸列表

1）单击“视图”选项卡下“创建”面板中的“明细表”下拉按钮，在弹出的下拉列表中选择“图纸列表”选项。

2）在弹出的“图纸列表属性”对话框中根据项目要求添加字段。

3）切换到“排序/成组”选项卡，根据要求选择明细表的排序方式，单击“确定”按钮完成图纸列表的创建。

2. 措施表及设计说明

1）单击“视图”选项卡下“创建”面板中的“图例”下拉按钮，在弹出的下拉列表中选择“图例”选项，在弹出的对话框中调整比例，单击“确定”按钮，如图 9-26 所示。

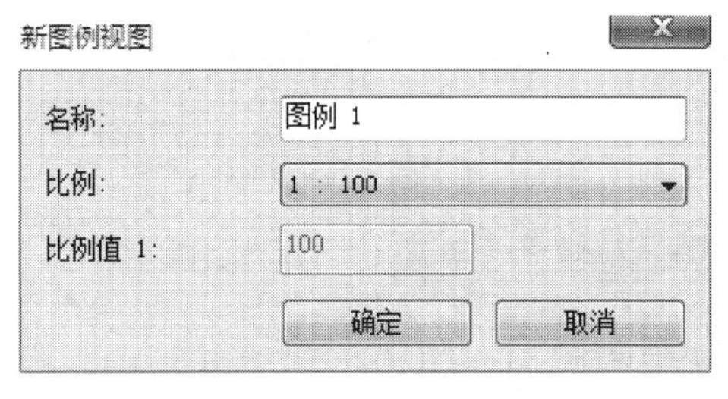

图 9-26 新建图例

2）进入图例视图，单击“注释”选项卡下“文字”面板中的“文字”按钮，根据项目要求添加设计说明，如图 9-27 所示。

3）装修做法表可以运用房间明细表来做，单击“视图”选项卡下“创建”面板中的“明细表”按钮，在弹出的下拉列表中选择“明细表”选项，弹出的“新建明细表”对话框。在“类别”列表框中选择“房间”，修改名称为“装修做法表”，如图 9-28 所示。

4）单击“确定”按钮，出现“明细表属性”对话框。在做装修做法表时，也要把内墙、踢脚、天花板计算在内，在“明细表属性”中的“可用字段”列表框下是没有这几个

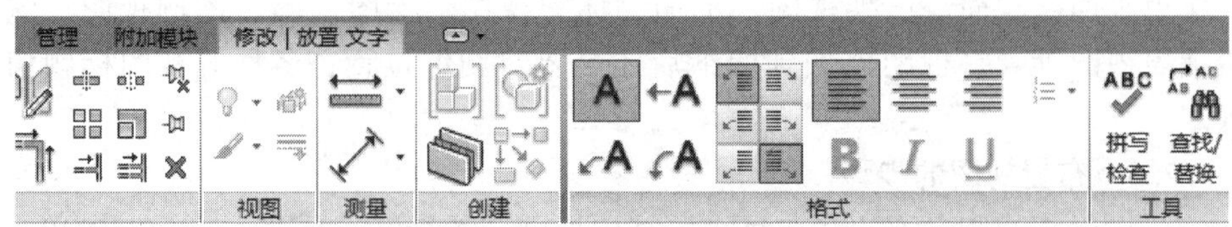

图 9-27 注释文字命令

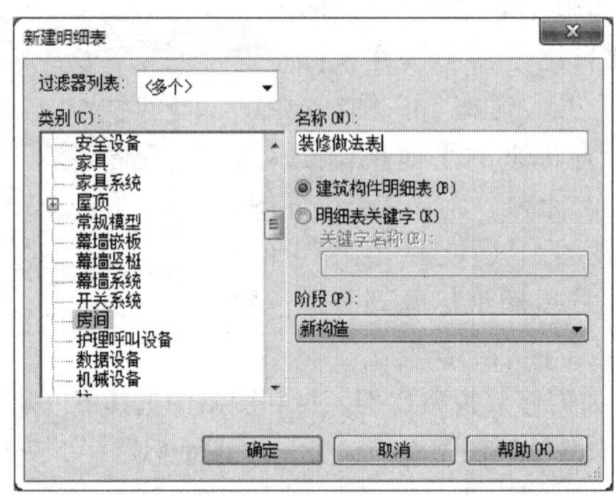

图 9-28 新建数量明细表

选项的。

5）运用同样的方法完成对踢脚、天花板的编辑。

6）在“明细表属性”对话框中选择“过滤器”选项卡，在“过滤条件”下拉列表中选择“标高 1”选项，如图 9-29 所示。

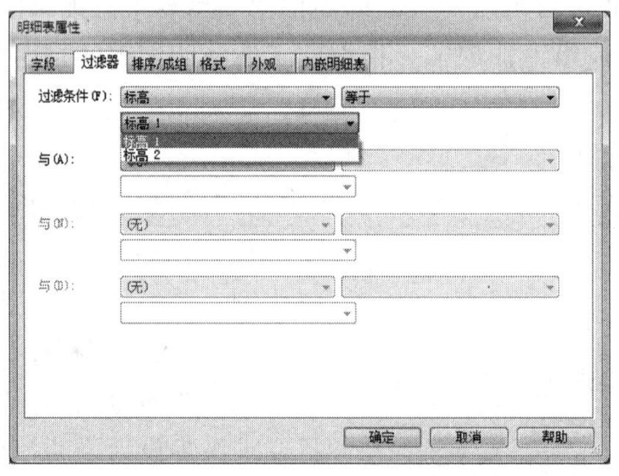

图 9-29 明细表过滤器设置

7）完成上步操作后单击“确定”按钮，完成明细表的创建。

8）在项目浏览器中分别把设计说明、图纸列表、装修做法表拖拽到新建的图纸中。

9.3.3 打印与导出 DWG

9.3.3.1 打印

1. 创建图纸之后，可以直接打印出图。选择“应用程序菜单”→“文件”→“打印”命令，弹出“打印”对话框，如图 9-30 所示。

2. 在“名称”下拉列表框中选择可用的打印机名称。

3. 单击“名称”后的“属性”按钮，弹出打印机的“文档属性”对话框。选择方向为“横向”，并单击“高级”按钮，弹出“高级选项”对话框，如图 9-31 所示。

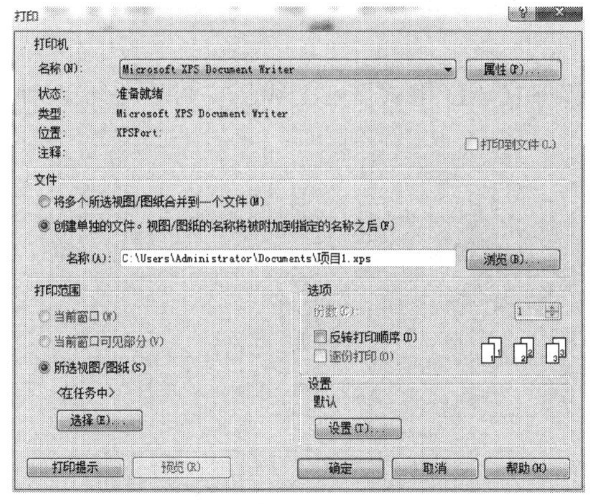
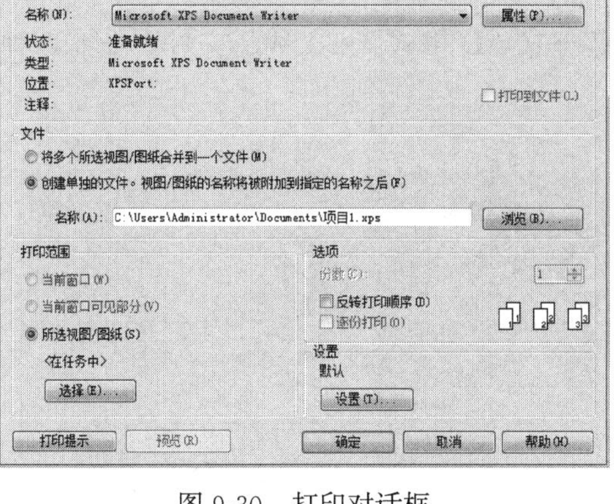

图 9-30 打印对话框

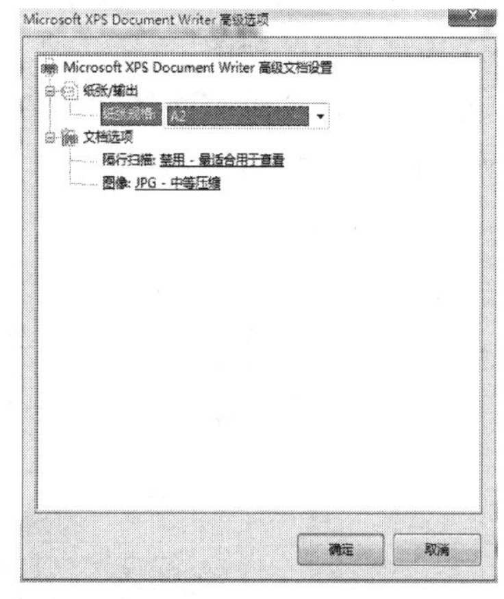

图 9-31 打印高级选项设置

4. 在“纸张规格”下拉列表框中选择纸张“A2”选项，单击“确定”按钮，返回“打印”对话框。

5. 在“打印范围”选项区域中选择“所选视图/图纸”单选按钮，下面的“选择”按钮由灰色变为可用项。单击“选择”按钮，弹出“视图/图纸集”对话框，如图 9-32 所示。

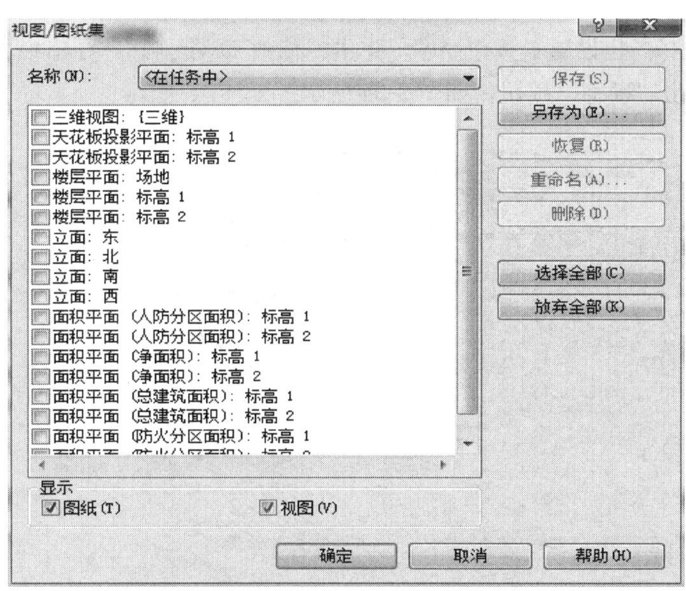

图 9-32 视图/图纸集对话框

6. 勾选对话框底部“显示”选项区域中的“图纸”复选框，取消勾选“视图”复选框，对话框中将只显示所有图纸。单击右边的“选择全部”按钮自动勾选所有施工图图纸，单击“确定”按钮回到“打印”对话框。

7. 单击“确定”按钮，即可自动打印图纸。

9.3.3.2 导出 DWG

Revit 2018 所有的平、立、剖面、三维视图及图纸等都可以导出为 DWG 格式图形，而且导出后的图层、线型、颜色等可以根据需要在 Revit 2018 中自行设置。

1. 打开要导出的视图。

2. 在应用程序菜单中选择“文件”→“导出”→“CAD 格式”→“DWG 文件”命令，弹出“DWG 导出”对话框，如图 9-33 所示。

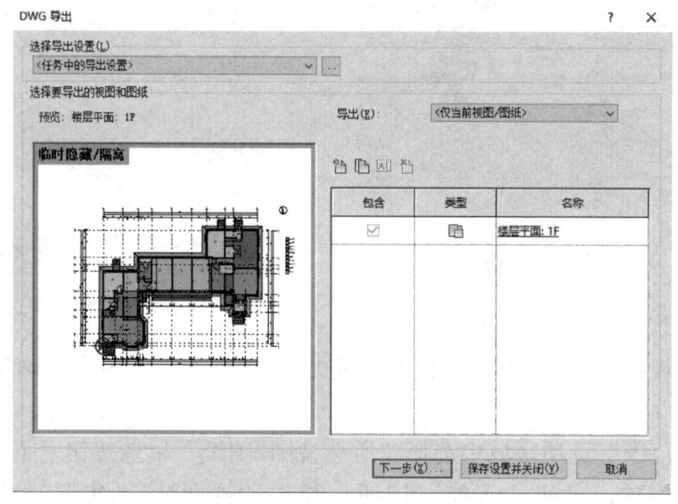

图 9-33 DWG 导出对话框

3. 单击“选择导出设置”按钮 ，弹出“修改 DWG/DXF 导出设置”对话框，进行相关修改后单击“确定”按钮，如图 9-34 所示。

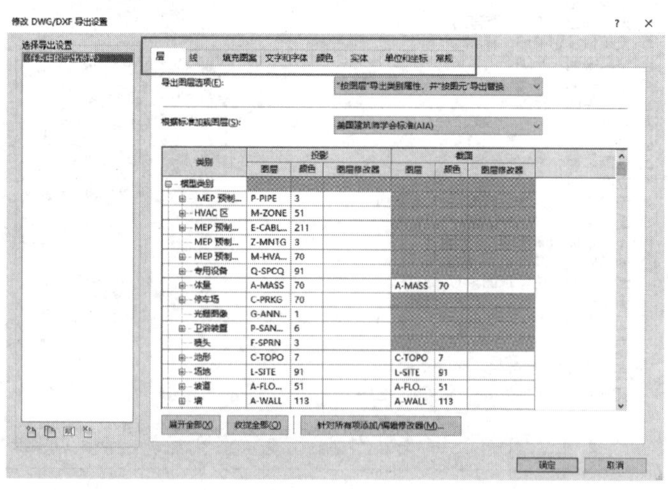

图 9-34 修改 DWG/DXF 导出设置对话框

1) 在“DWG 导出图层”对话框中的“图层名称”对应的是 AutoCAD 中的图层名称。以轴网的图层设置为例，向下拖拽，找到“轴网”，默认情况下轴网和轴网标头的图层名称均为“S-GRIDIDM”，因此，导出后，轴网和轴网标头均位于图层“S-GRIDIDM”上，无法分别控制线型和可见性等属性。

2）单击“轴网”图层名称“S-GRIDIDM”，输入新名称“AXIS”；单击“轴网标头”图层名称“S-GRIDIDM”；输入新名称“PUB _ BIM”。这样，导出的 DWG 文件，轴网在“AXIS”图层上，而轴网标头在“PUB _ BIM”图层上，符合我们的绘图习惯。

3）“DWG 导出”对话框中的颜色 ID 对应 AutoCAD 中的图层颜色，如颜色 ID 设为“7”，导出的 DWG 图纸中该图层为白色。

4. 在“DWG 导出”对话框中单击“下一步”按钮，在弹出的“导出 CAD 格式保存到目标文件夹”对话框的“保存于”下拉列表中设置保存路径，在“文件类型”下拉列表中选择相应 CAD 格式文件的版本，在“文件名/前缀”文本框中输入文件名称，如图 9-35 所示。

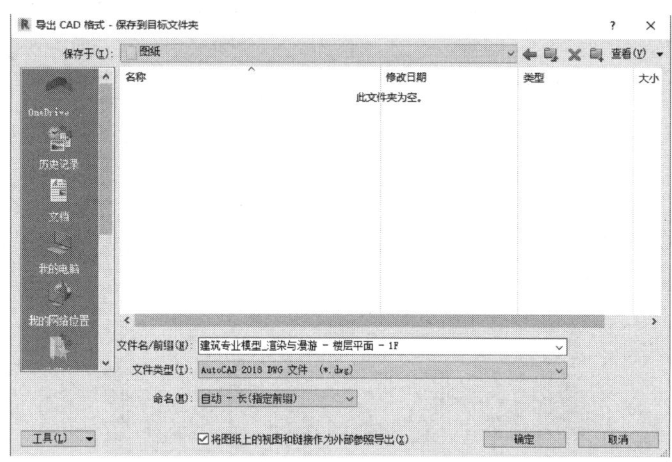

图 9-35　导出 CAD 格式保存到目标文件夹

9.4　实操练习

9.4.1　项目的注释与标注

1. 打开“教材资源\教材模型\建筑专业\建筑专业模型_明细表 . rvt”，完成“建筑专业模型_注释与标注”的创建。

2. 鼠标双击“项目浏览器”窗口中“建筑平面”下“1F”平面视图，绘图区域切换到“1F”楼层平面视图。

3. 点击功能区“注释”上下文选项卡“尺寸标注”面板【对齐】命令，选项区将“拾取”设置为“整个墙”，点击“选项”按钮，设置“自带尺寸标注选项”如图 9-36 所示。

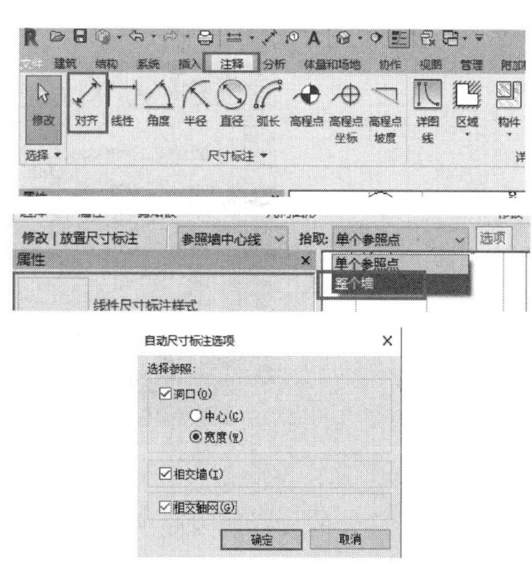

图 9-36　尺寸标注命令选项栏

4. 鼠标拾取模型中的墙体，对门窗洞

口及开间进深进行标注，根据规范完成“1F 楼层平面图”的尺寸标注，如图 9-37 所示。

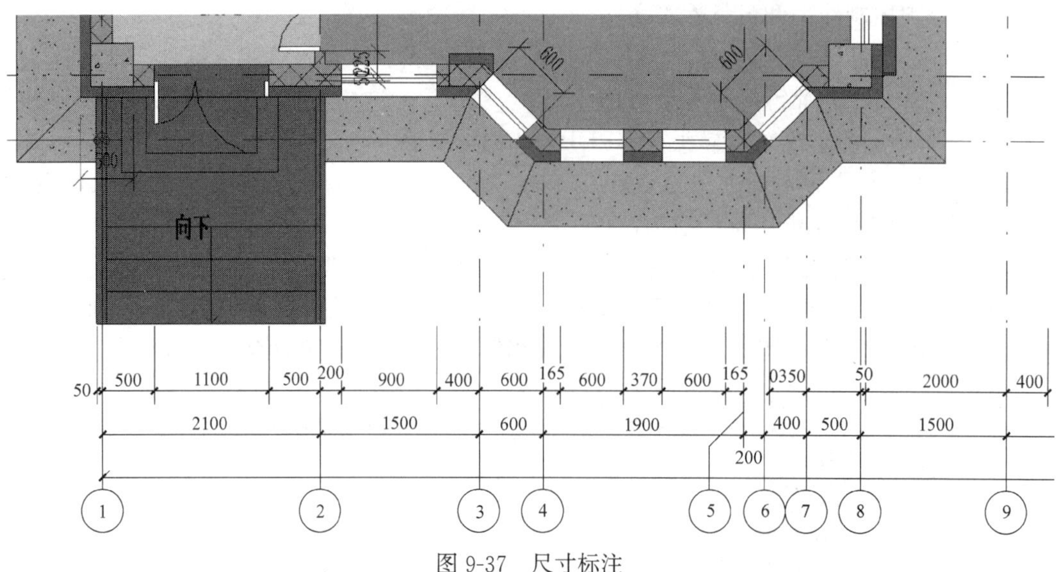

图 9-37　尺寸标注

5. 点击功能区“注释”上下文选项卡“尺寸标注”面板【高程点】命令，对楼板进行高程标注，如图 9-38 所示。

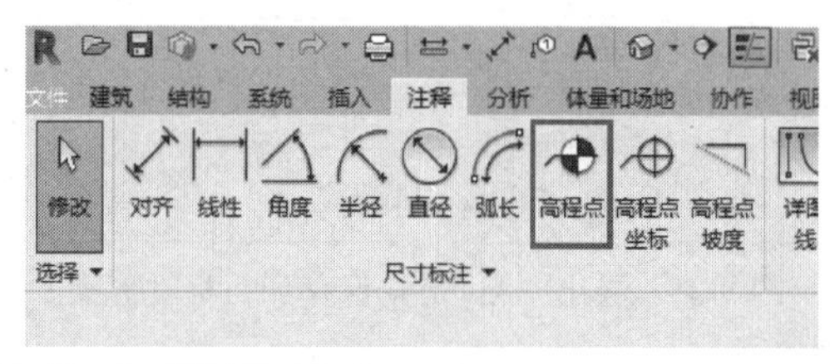

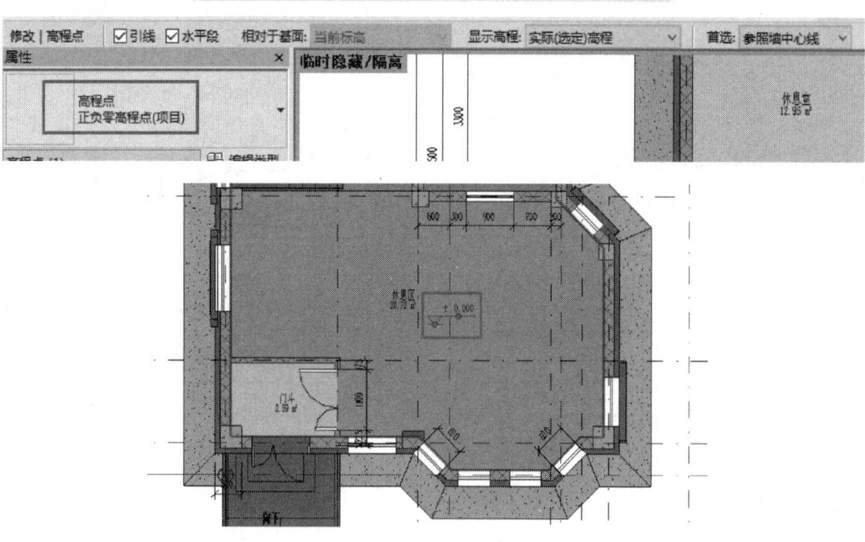

图 9-38　高程点标注

6. 项目指北针的放置，因此项目正北方向偏项目北 13.55°，所以放置指北针时，应将项目方向切换为“正北”方向，再放置“指北针”注释，设置步骤如图 9-39 所示。

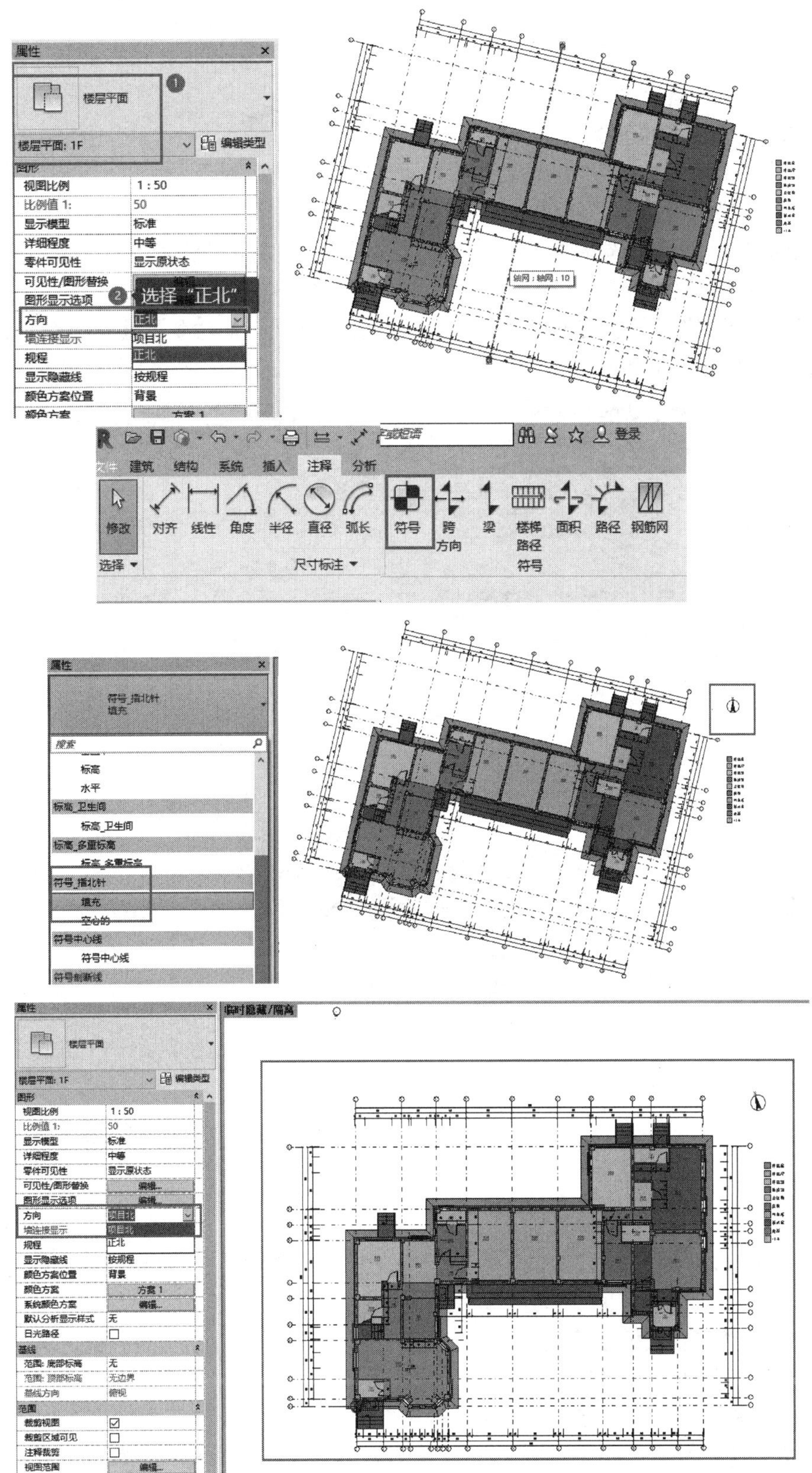

图 9-39 放置指北针步骤

保存项目名称“建筑专业模型_注释与标注”，存储到“教材资源\教材模型\建筑专业\”文件夹内。

9.4.2　渲染与漫游

9.4.2.1　透视图的创建

1. 打开“教材资源\教材模型\建筑专业\建筑专业模型_注释与标注.rvt”，完成“建筑专业模型_渲染与漫游”的创建。

2. 鼠标双击“项目浏览器”窗口中“建筑平面”下“1F”平面视图，绘图区域切换到“1F”楼层平面视图。

3. 点击“视图”上下文选项卡“创建”面板【三维视图】命令下【相机命令】，在图中位置放置，如图9-40所示。

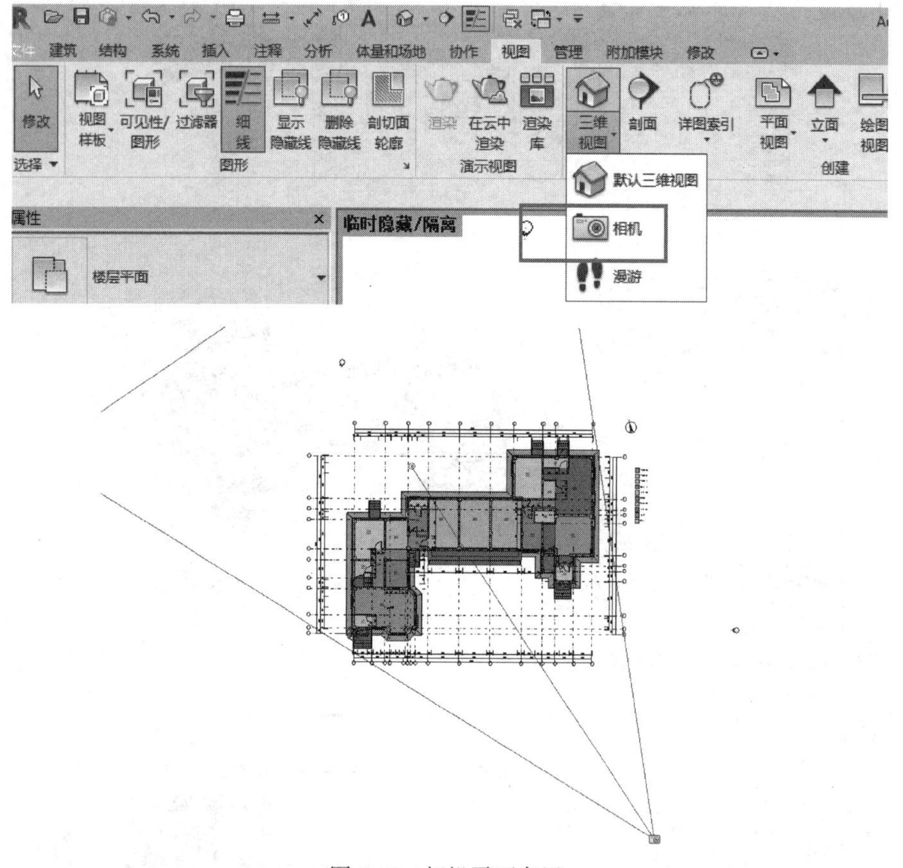

图9-40　相机平面布置

4. 项目浏览器内“三维视图”下自动创建视图“三维视图1”并且绘图区自动切换到该视图中，如图9-41和图9-42所示。

9.4.2.2　渲染视图的创建

1. 项目浏览器中双击“三维视图1”，进入上面创建的透视图。

2. 单击“视图”上下文选项卡“演示视图”面板中选中“渲染”按钮，弹出“渲染”对话框，设置质量为“高”，照明方案为“室外：仅日光”，背景样式为“天空：少云”，如图9-43和图9-44所示。

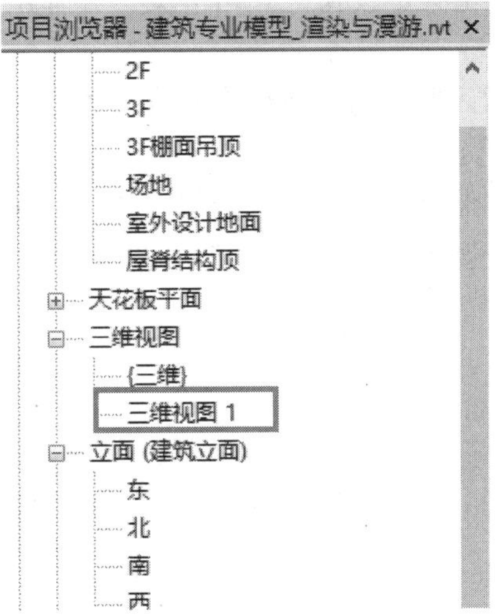

图 9-41　相机命令创建三维视图

图 9-42　相机创建的三维视图

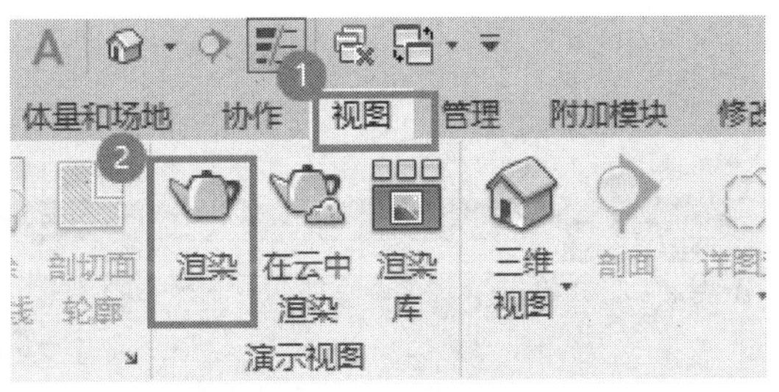

图 9-43　视图渲染命令

3. 设置完成后，单击“渲染”按钮，开始渲染，并弹出“渲染进度”对话框，显示渲染进度。

4. 勾选“渲染进度”对话框中的“当渲染完成时关闭对话框”复选框，渲染后此工具条自动关闭，如图 9-45 所示。

5. 渲染完成后，单击“保存到项目中”按钮，弹出“保存到项目中”对话框，命名后项目浏览器中自动生成渲染视图“建筑——渲染图”，如图 9-46 所示。

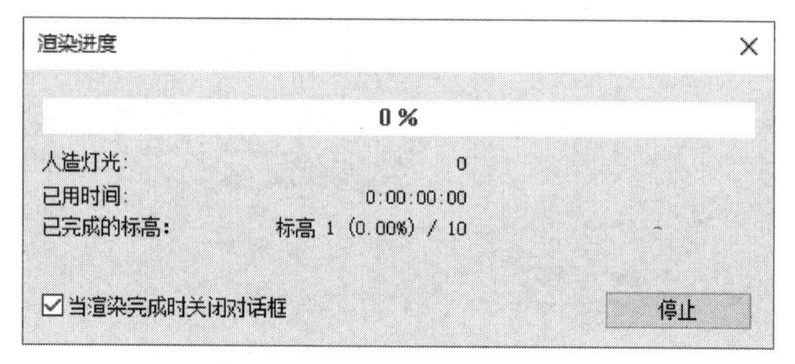

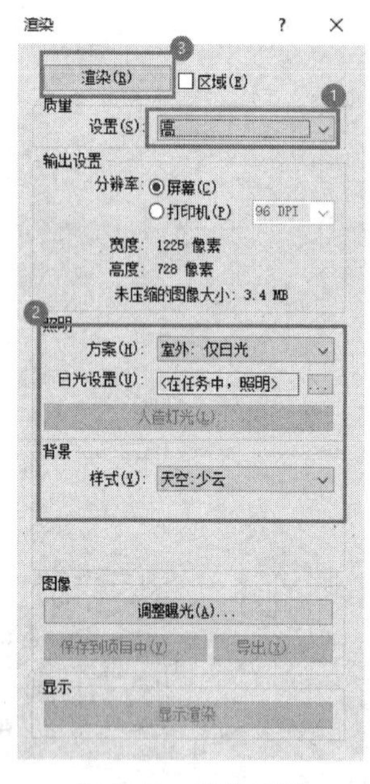

图 9-44　渲染设置

渲染进度
0 %
人造灯光: 0
已用时间: 0:00:00:00
已完成的标高: 标高 1 (0.00%) / 10
当渲染完成时关闭对话框
停止

图 9-45　渲染进度

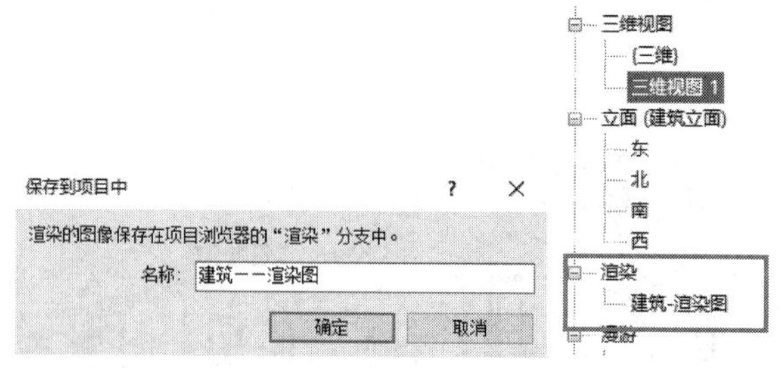

图 9-46　渲染图保存项目中

6. 单击“导出”按钮，弹出“保存图像”对话框，将渲染图片另存为“建筑——渲染图”，存到“教材资源\渲染漫游”文件夹内，如图 9-47 所示。

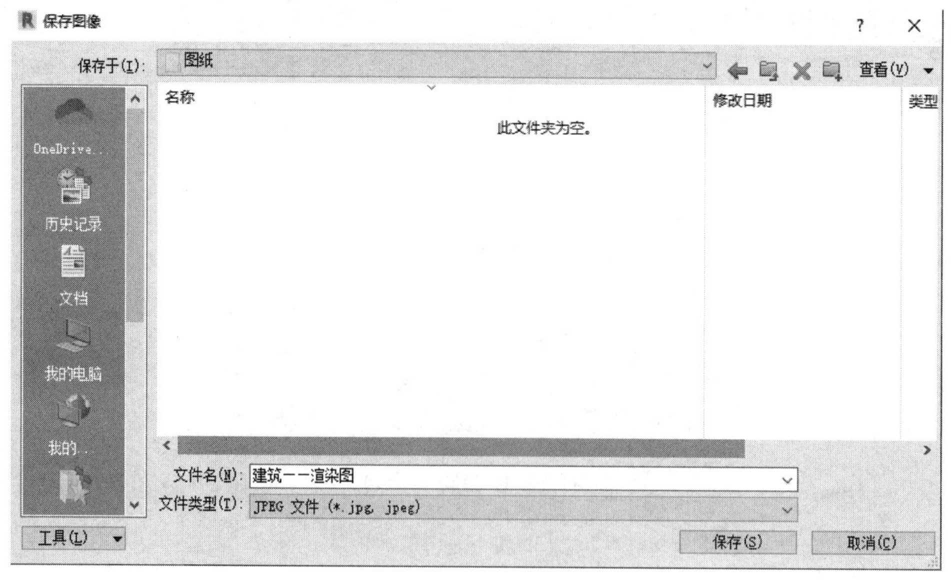

图 9-47　保存图像窗口

9.4.2.3 动画漫游的创建

1. 双击项目浏览器中的“1F 楼层平面”项，绘图区进入 1F 楼层平面图，在功能区选择“窗口”→“平铺”命令，此时绘图区域同时显示 1F 楼层平面图、漫游视图和三维视图，如图 9-48 所示。

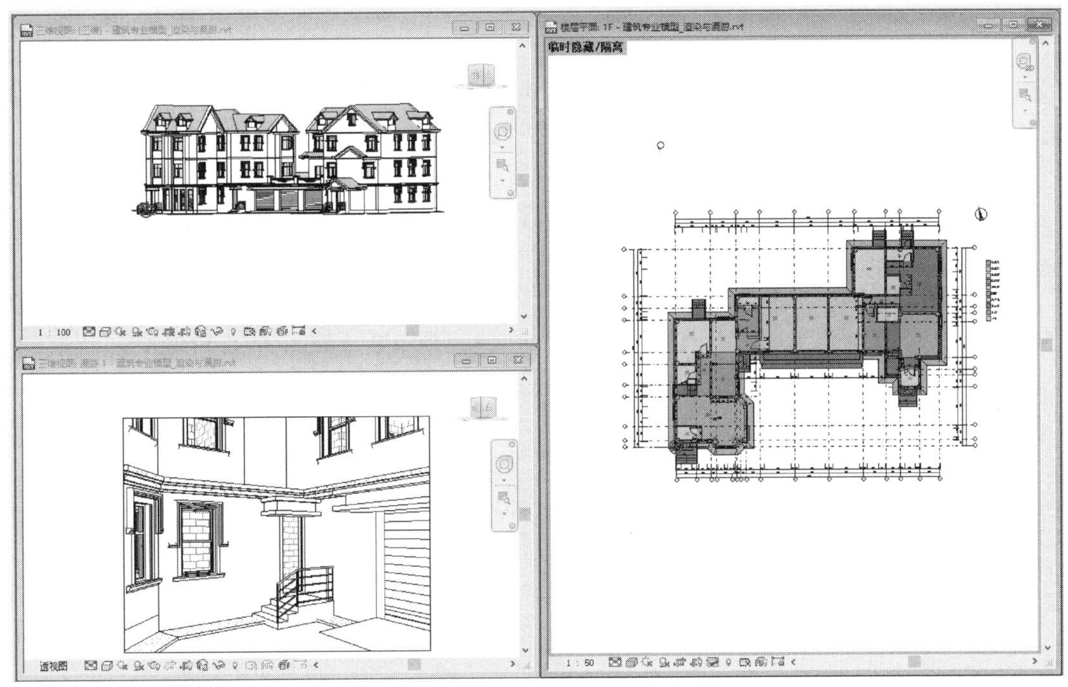

图 9-48 平铺窗口命令

2. 单击漫游视图中的边框线，选择漫游视口边框线，单击视口四边上的控制点，按住鼠标左键向外拖拽，放大视口。

3. 选择漫游视口边界，单击“漫游”面板上的“编辑漫游”按钮，在 1F 视图上单击，此时选项栏的工具可以用来设置漫游单击帧数“300”，输入“1”，按【Enter】键确认。使用“控制”“活动相机”时，1F 视图中的相机为可编辑状态，此时可以拖拽相机视点改变相机方向，直至观察三维视图该帧的视点合适。

4. 在“控制”下拉列表框中选择“路径”选项即可编辑每帧的位置，在 1F 视图中关键帧变为可拖拽位置的蓝色控制点。

5. 第一个关键帧编辑完毕后单击选项栏的下一关键帧按钮，借此工具可以逐帧编辑漫游，使每帧的视线方向和关键帧位置合适，得到完美的漫游。

6. 如果关键帧过少，则可以在“控制”下拉列表框中选择“添加关键帧”选项，就可以在现有两个关键帧中间直接添加新的关键帧；而“删除关键帧”则是删除多余关键帧的工具。

7. 编辑完成后可单击选项栏上的“播放”按钮，播放刚刚完成的漫游。

8. 漫游创建完成后可选择“文件”→“导出”→“漫游”命令，弹出“长度/格式”对话框，点击确定，如图 9-49 所示。

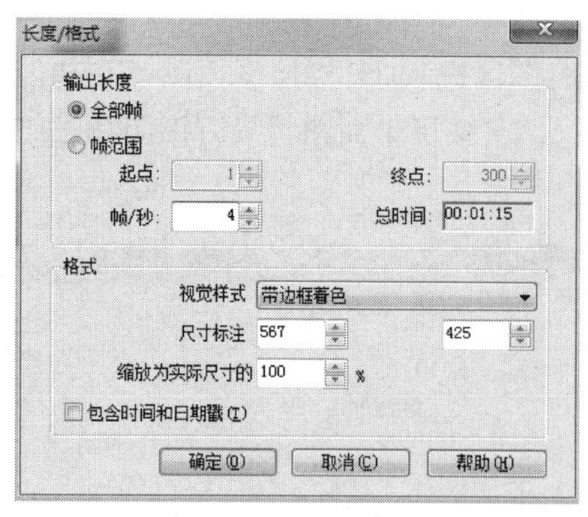

图 9-49 漫游时长及格式设置

9. 保存项目名称“建筑专业模型_渲染与漫游”，存储到“教材资源\教材模型\建筑专业\”文件夹内。

9.4.3 图纸的创建

9.4.3.1 首层平面图图纸创建

1. 打开“教材资源\教材模型\建筑专业\建筑专业模型_渲染与漫游.rvt”，完成“建筑专业模型_图纸”的创建。

2. 鼠标双击“项目浏览器”窗口中“建筑平面”下“1F”平面视图，绘图区域切换到“1F”楼层平面视图。

3. 点击“视图”上下文选项卡“图纸组合”面板中【图纸】命令，在弹出的“新建图纸”对话框中选择 A0 公制，单击“确定”按钮打开图纸，如图 9-50 和图 9-51 所示。

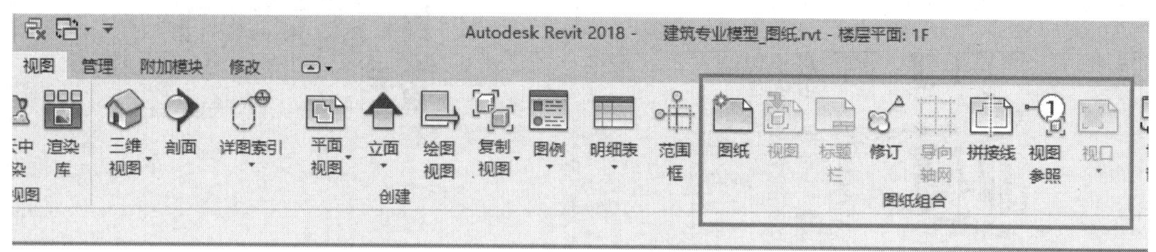

图 9-50 图纸组合面板

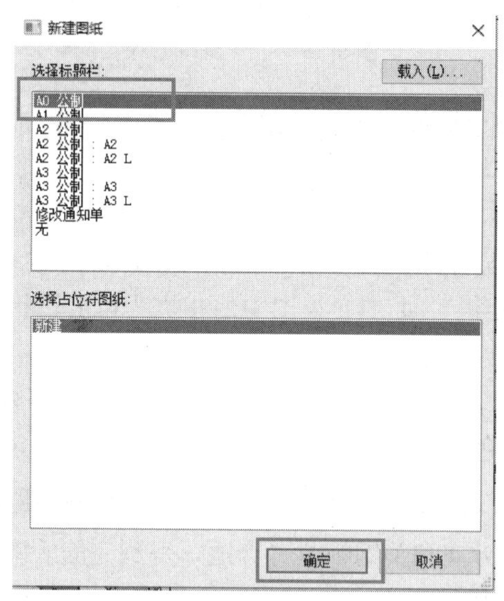

图 9-51 新建图纸

4. 视图跳转至图纸界面，在项目浏览器中，单击“1F”楼层平面图并拖拽到图纸中，调整到合适位置时单击放置视图，如图 9-52 所示。

5. 在视口属性框中，勾选“裁剪视图”后方的复选框，取消勾选“裁剪区域可见”复选框，并在“标题”一栏后方输入“首层平面图”，如图 9-53 所示，点击“应用”按钮保存。

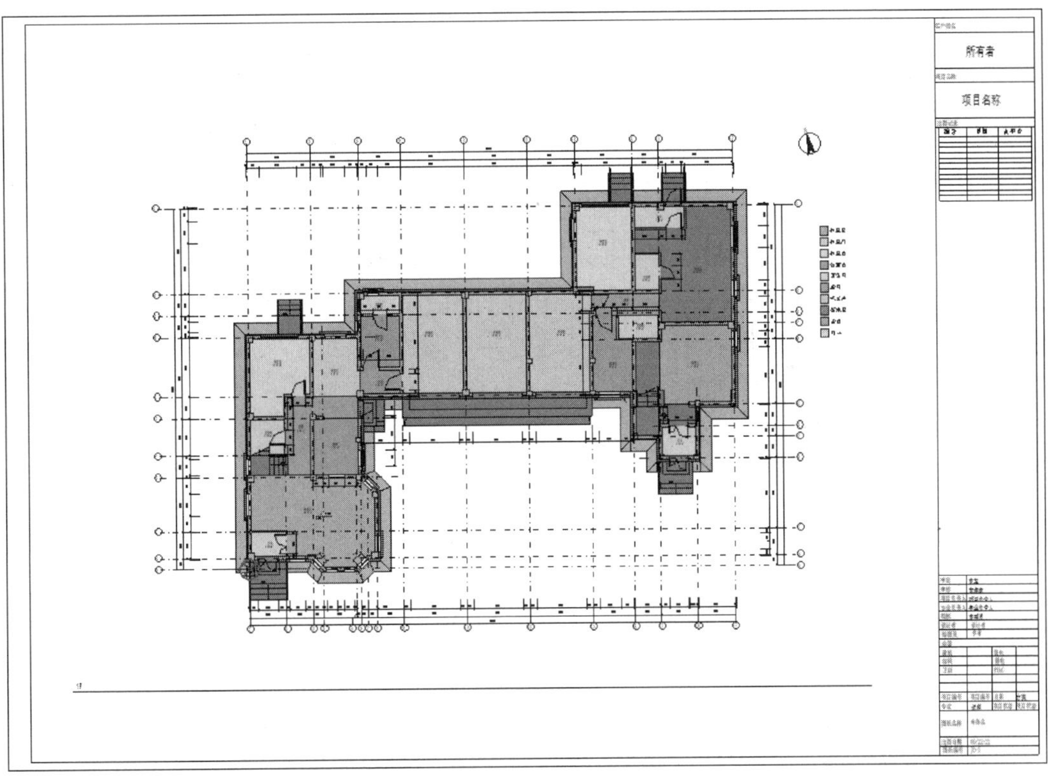

图 9-52 图纸效果图

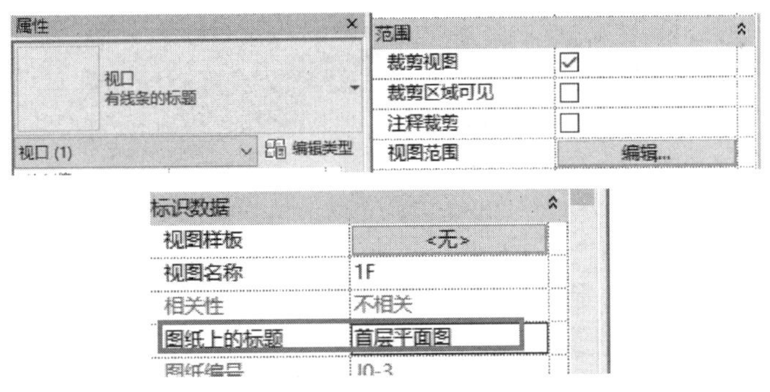

图 9-53 视口属性编辑

6. 按照上述步骤，对项目中其他楼层平面图进行图纸的创建。

9.4.3.2 首层平面图图纸的导出

1. 双击项目浏览器中要导出的图纸视图。

2. 在应用程序菜单中选择“文件”→“导出”→“CAD 格式”→“DWG 文件”命令，弹出“DWG 导出”对话框，如图 9-54 所示。

3. 单击“选择导出设置”按钮 …，弹出“修改 DWG/DXF 导出设置”对话框，进行相关修改后单击“确定”按钮，返回到“DWG 导出”对话框中，如图 9-55 所示。

4. 在“DWG 导出”对话框中单击“下一步”按钮，在弹出的“导出 CAD 格式保存

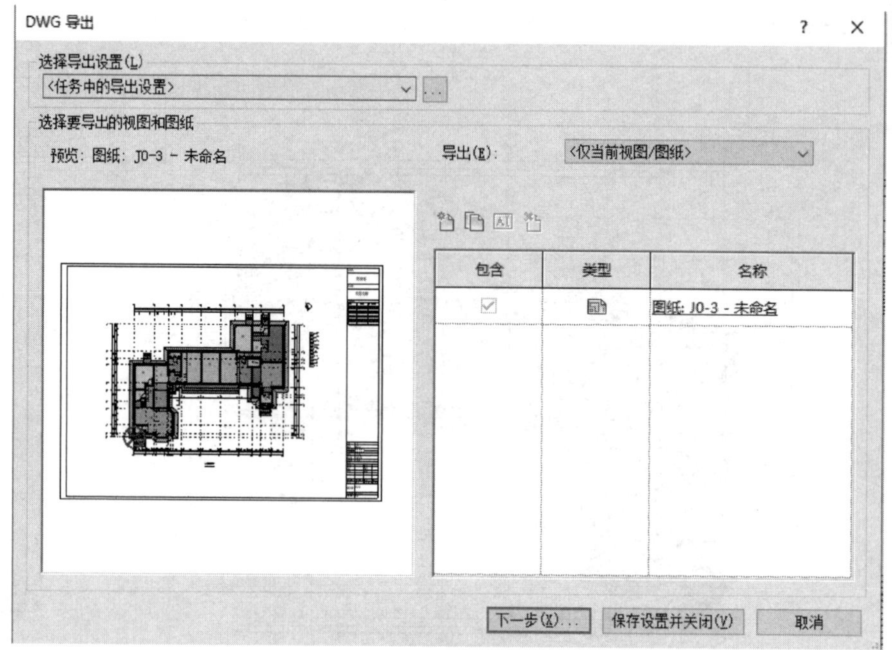

图 9-54 DWG 导出窗口

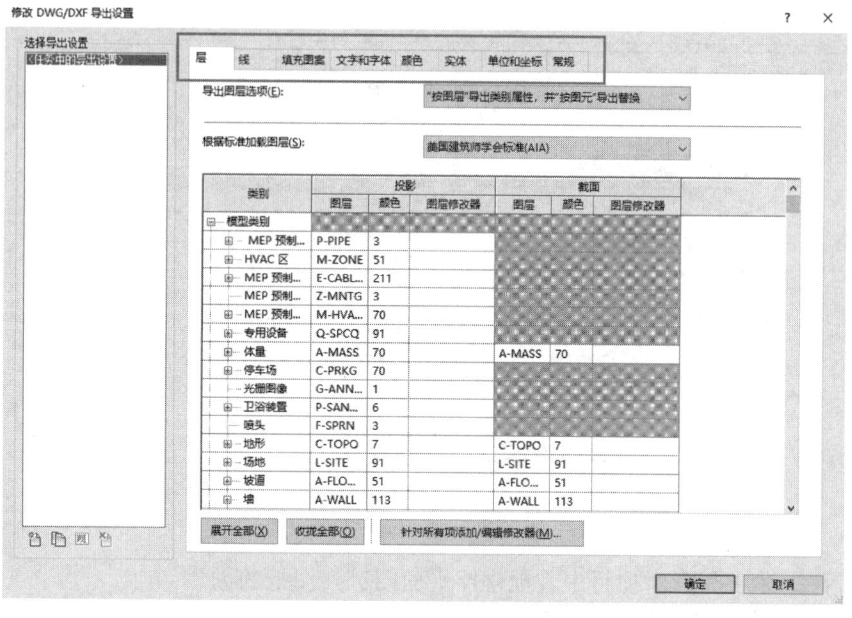

图 9-55 DWG 导出设置

到目标文件夹”对话框的“保存于”下拉列表中设置保存路径：“教材资源\图纸”，在“文件类型”下拉列表中选择相应格式文件的版本，在“文件名/前缀”文本框中输入文件名称“首层平面图”，点击“确定”按钮完成 DWG 文件的导出，如图 9-56 所示。

5. 保存项目名称“建筑专业模型_图纸”，存储到“教材资源\教材模型\建筑专业\”文件夹内。

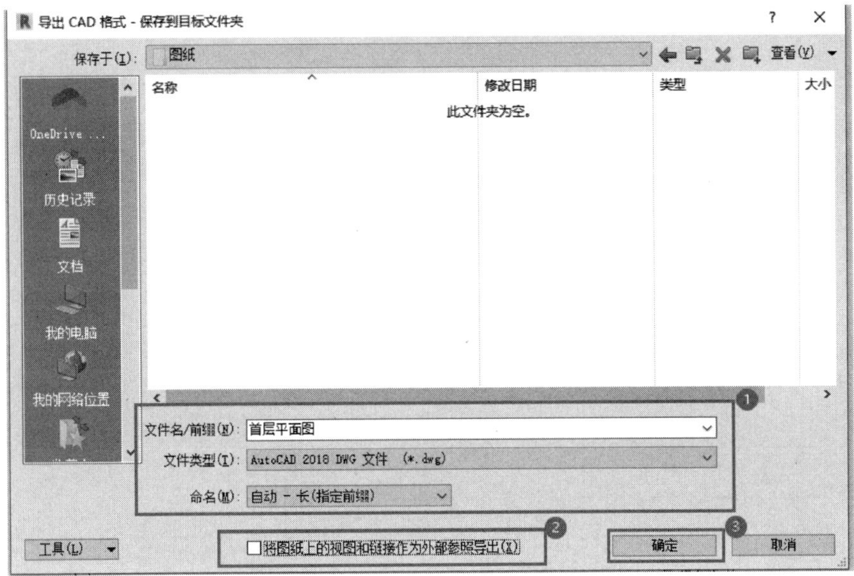

图 9-56 导出 CAD 文件保存窗口

第10章

自定义构件的创建及应用

10.1　体量的创建及应用

在本节中，我们将了解 Revit 2018 全新的体量设计工具的应用方法，学习体量族的创建方法及创建基于公制幕墙嵌板填充图案构件族。

正是因为 Revit 2018 体量建模能力极大加强，使得各种异型建筑的设计及平立剖面图纸的自动生成成为 Revit 2018 的一大亮点。Revit 2018 提供了以下两种创建体量的方式：

1. 内建体量：用于表示项目独特的体量形状。

2. 创建体量族：在一个项目中放置体量的多个实例，或者在多个项目中需要使用同一体量族时，通常使用可载入体量族。

10.1.1　内建体量

10.1.1.1　新建内建体量

1. 单击“体量和场地”选项卡下“概念体量”面板中的“显示体量形状和楼层”按钮，如图 10-1 所示。

2. 单击“体量和场地”选项卡下“概念体量”面板中的“内建体量”按钮，如图 10-2 所示。

3. 在弹出的“名称”对话框中输入内建体量族的名称，然后单击“确定”按钮，即可进入内建体量的草图绘制模型。如图 10-3 所示。

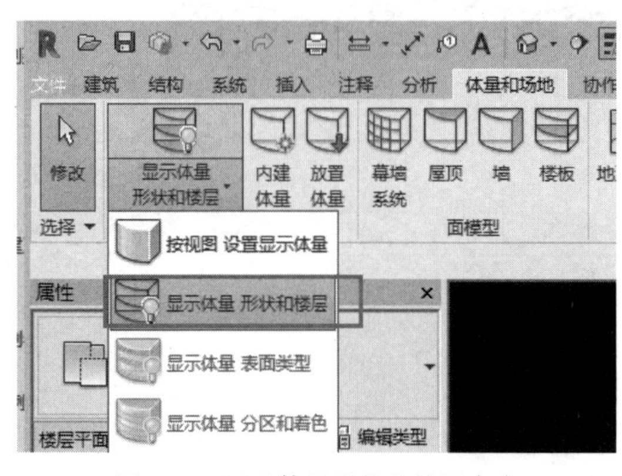

图 10-1　显示体量形状和楼层命令

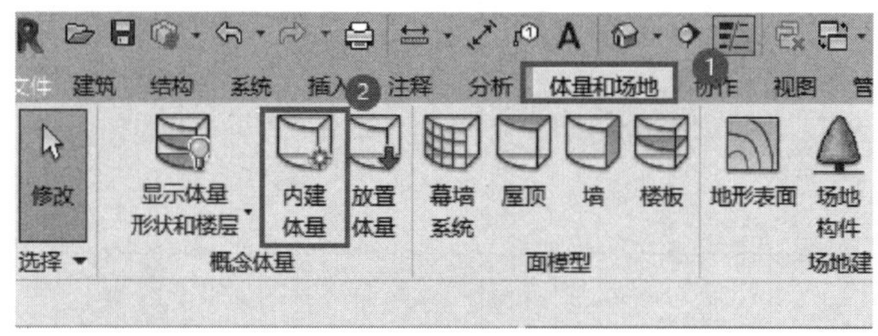

图 10-2　内建体量命令

10.1.1.2　创建不同形式的内建体量

体量包括实心和空心两种形式，空心形式几何图形的作用为剪切实心几何图形，达到剪切体量和体量上洞口的实现。空心形式和实心形式可以通过形式实例属性进行转换。

体量草图创建包括模型线和参照线两种形式，模型线绘制的图形显示为实线，可以直接编辑边、表面和顶点，并且无须依赖另一个形状或参照类型创建。参照线绘制的图形显示为虚线参照平面，只能通过编辑参照图元来进行编辑，并且依赖于其参照，其依赖的参照发生变化时，基于参照的形状也随之变化。

概念体量的形式的创建方法有如下几种：拉伸，旋转，放样，放样融合等。通过功能区“创建”上下文选项卡“绘制”面板“模型”命令，绘制体量草图线，选择绘制的草

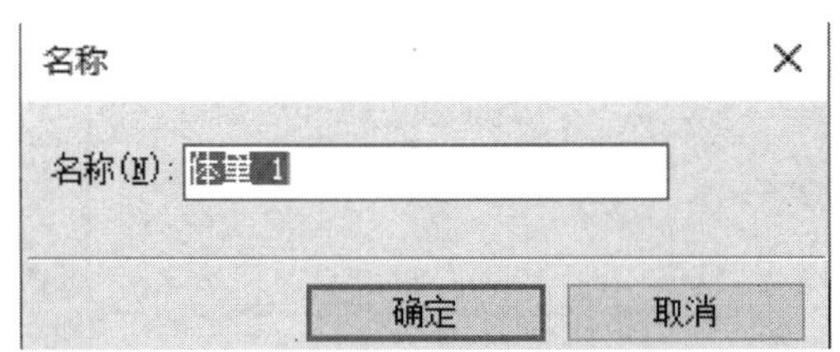

图 10-3　内建体量功能上下文选项卡

图线，点击功能区“修改 线”选项卡下“形状”面板中的“创建形状”按钮可创建精确的实心形状或空心形状，如图 10-4 所示。

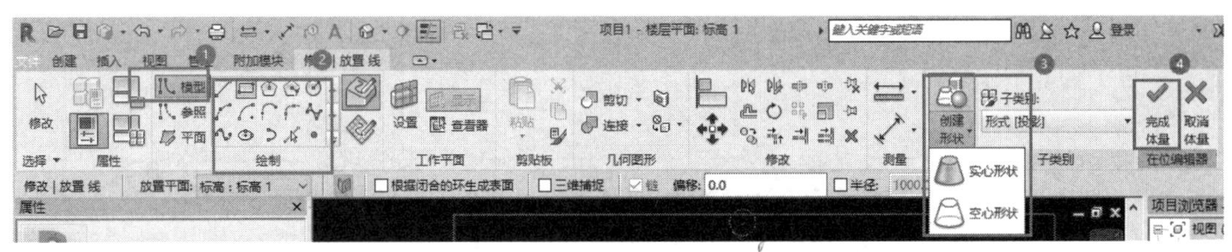

图 10-4　体量的创建形状命令

通过拖拽这些形状可以创建所需的造型，可直接操纵形状，不再需要为更改形状造型而进入草图模式。

1. 按【Tab】键选择点、线、面，选择后将出现坐标系，当光标放在 X、Y、Z 任意坐标方向上，该方向箭头将变为亮显，此时按住并拖拽将在被选择的坐标方向移动点、线或面，如图 10-5 所示。

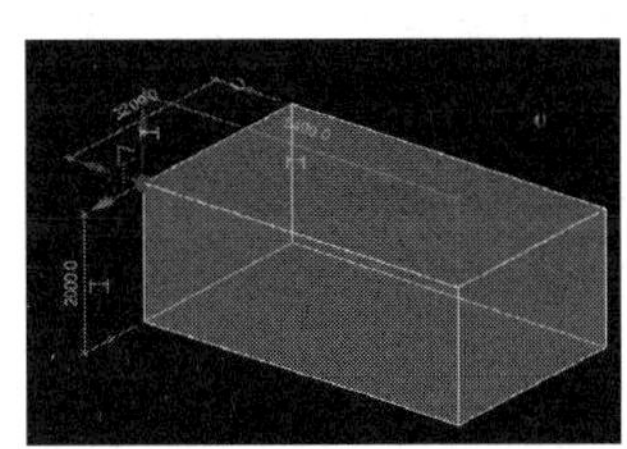
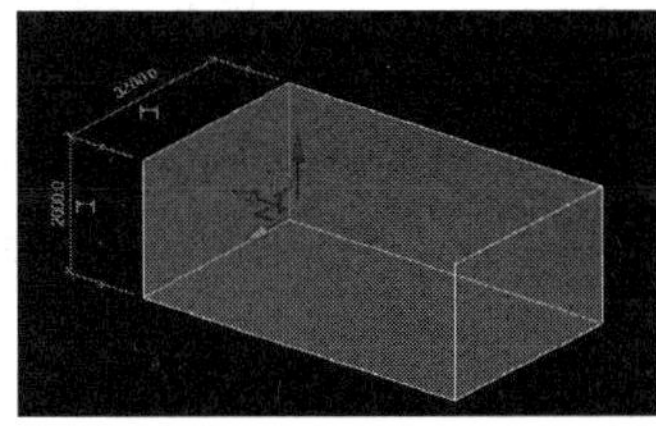
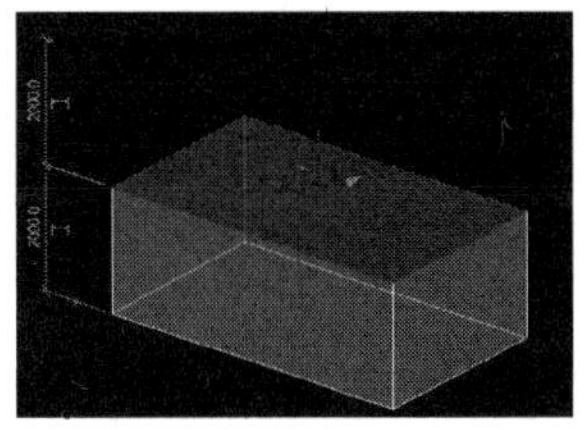

图 10-5　点、线、面编辑

2. 选择体量，单击“修改 形式”上下文选项卡下“形状图元”面板中的“透视”按钮，观察体量模型，可以进行“添加边”“添加轮廓”等操作，如图 10-6 和图 10-7 所示。

10.1.1.3　体量分隔面的编辑

1. 选择体量上任意面，单击“修改 形状图元”上下文选项卡下“分割”面板中的“分割表面”按钮，表面将通过 UV 网格（表面的自然网格分割）分割所选表面，如图 10-8 所示。

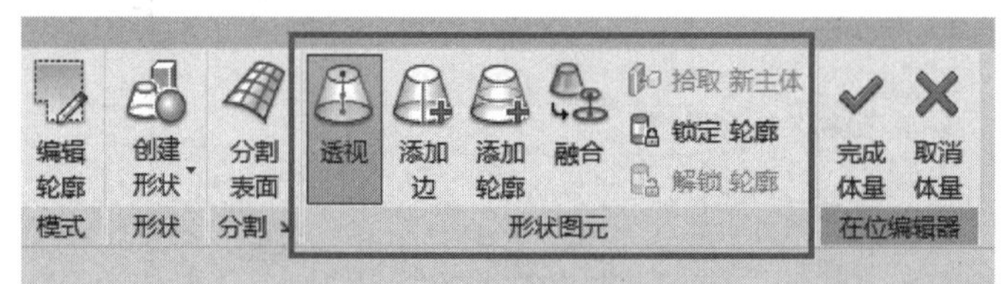

图 10-6 体量形状编辑工具

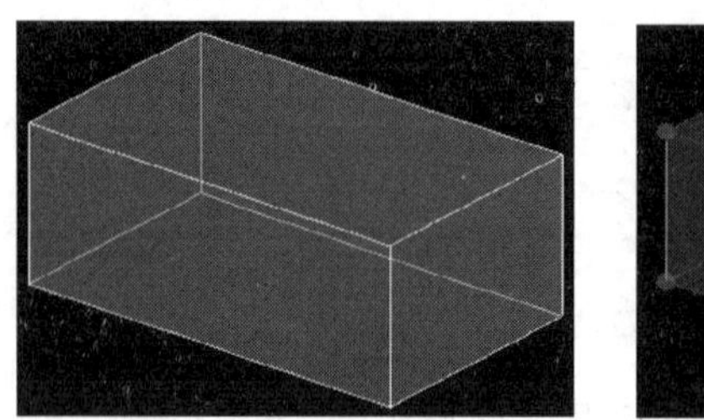

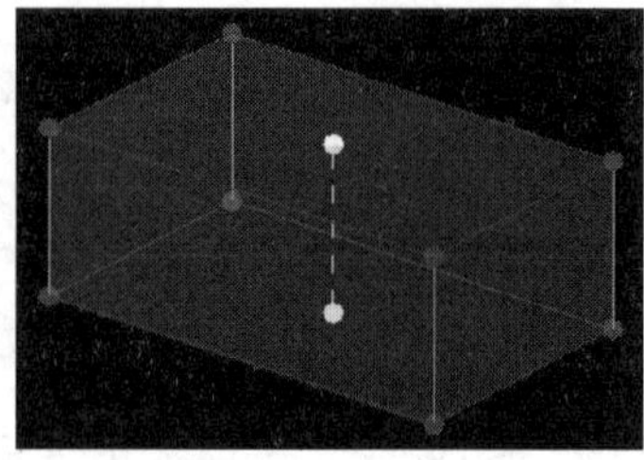

图 10-7 体量与体量透视图

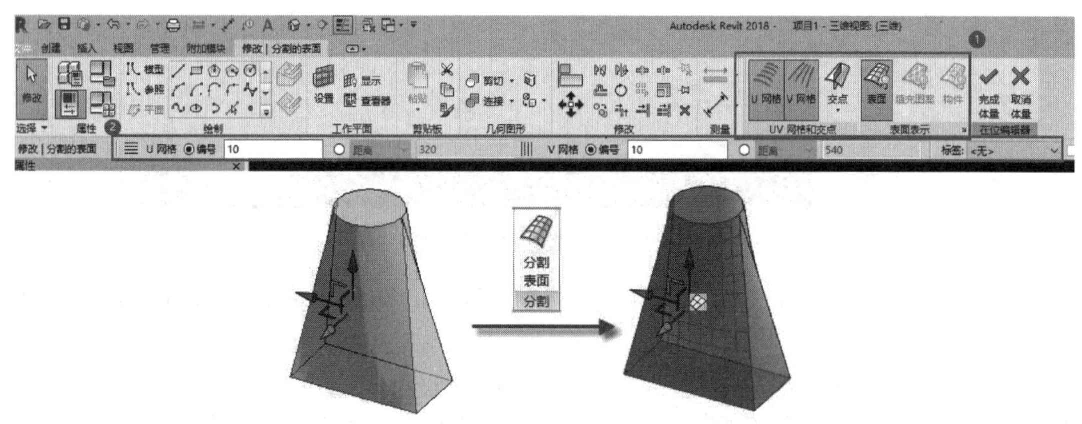

图 10-8 体量分割面设置

2. UV 网格彼此独立，并且可以根据需要开启和关闭。默认情况下，最初分割表面后，U 网格和 V 网格都处于启用状态。

3. 单击“修改 分割表面”选项卡下“UV 网格”面板中的“U 网格”按钮，将关闭横向 U 网格，再次单击该按钮将开启 U 网格，关闭、开启 V 网格操作相同。

4. 选择被分割的表面，在选项栏可以设置 UV 排列方式：“编号”即以固定数量排列网格。

10.1.1.4 分割面的填充

1. 选择分割后的表面，单击“属性”窗口中的“类型选择器”下拉按钮，可在下拉列表中选择填充图案，默认为“无填充图案”，可以为已分割的表面填充图案，如图 10-9 所示。

2. 选择填充图案，在“属性”窗口的“边界平铺”属性用于确定填充图案与表面边界相交的方式：空、部分或悬挑。

3. 所有网格旋转：即旋转 UV 网格即为表面填充图案。

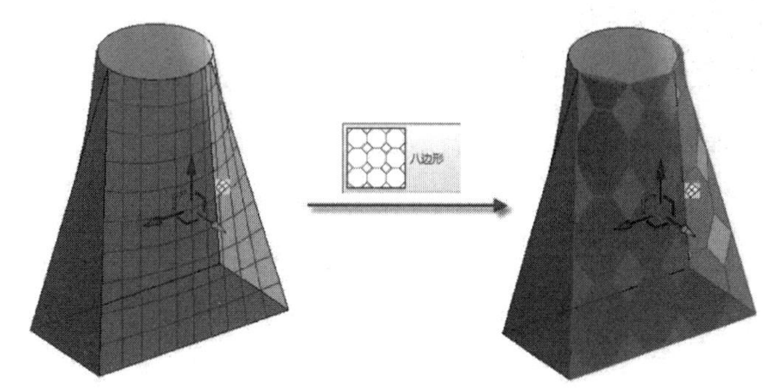

图 10-9　网格填充图案设置

4. 网格的实例属性中 UV 网格的“布局”“距离”的设置等同于选择分割过的表面后选项栏的设置，如图 10-10 所示。

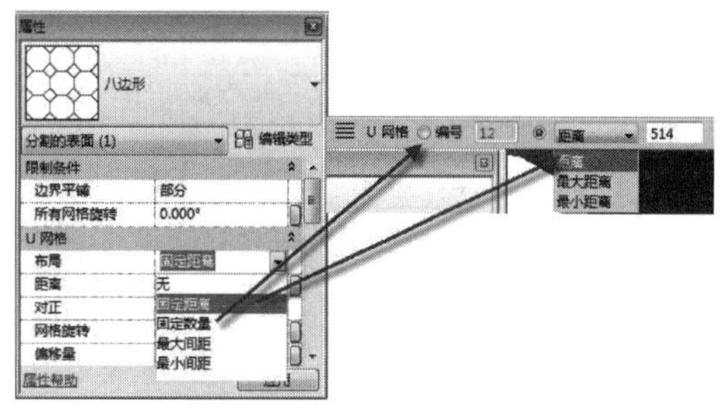

图 10-10　体量网格设置

10.1.2　创建体量族

体量族与内建体量创建形体的方法基本相同，但由于内建体量只能随项目保存，因此在使用上相对体量族有一定的局限性。而体量族不仅可以单独保存为族文件随时载入项目，而且在体量族空间中还提供了如三维标高等工具并预设了两个垂直的三维参照面，优化了体量的创建及编辑环境。

在应用程序菜单中选择“新建”→“概念体量”命令，在弹出的“新建概念体量-选择样板文件”对话框中双击“公制体量.rft”族样板，进入体量族的绘制空间，如图 10-11 和图 10-12 所示。

10.1.3　体量面模型应用

Revit 2018 的体量工具可以帮助我们实现初步的体块穿插的研究，当体块的方案确定后，“面模型”工具可以将体量的面转换为建筑构件，如墙、楼板、屋顶等，以便继续深入方案，如图 10-13 所示。

10.1.3.1　在项目中放置体量

下面介绍在项目中放置体量：

1. 如果在项目中绘制了内建体量，完成体量皆可使用“面模型”工具细化体量方案。

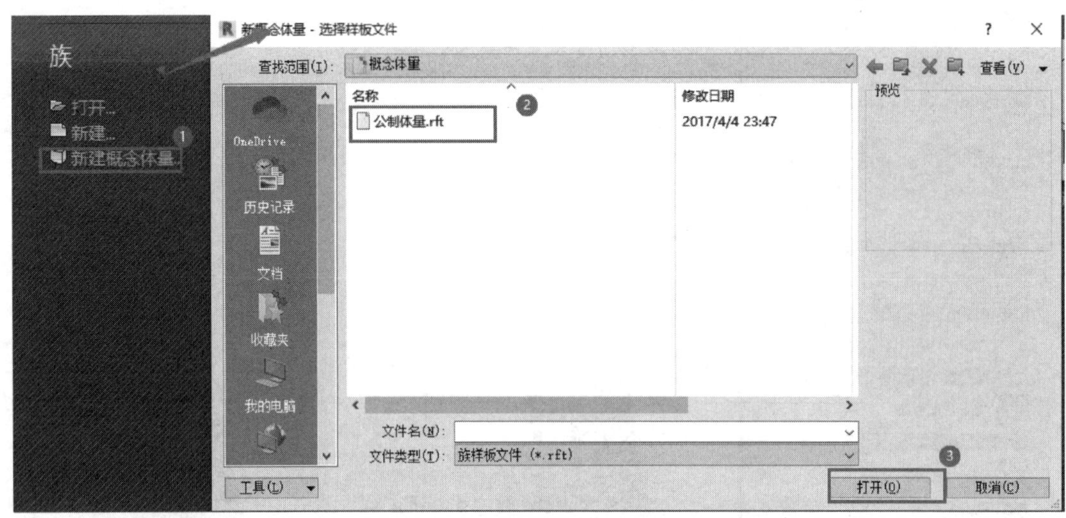

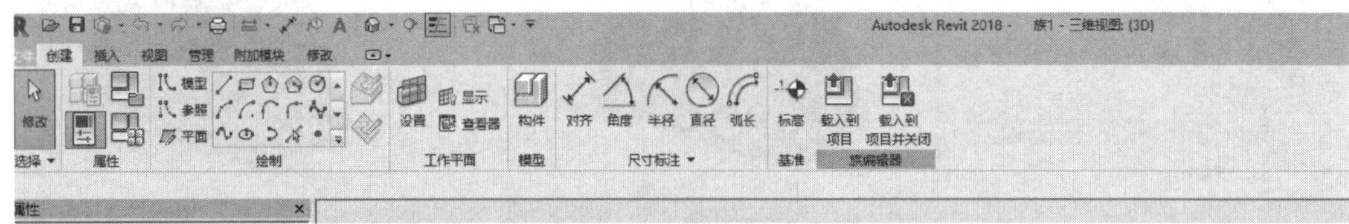

图 10-11　体量功能选项卡

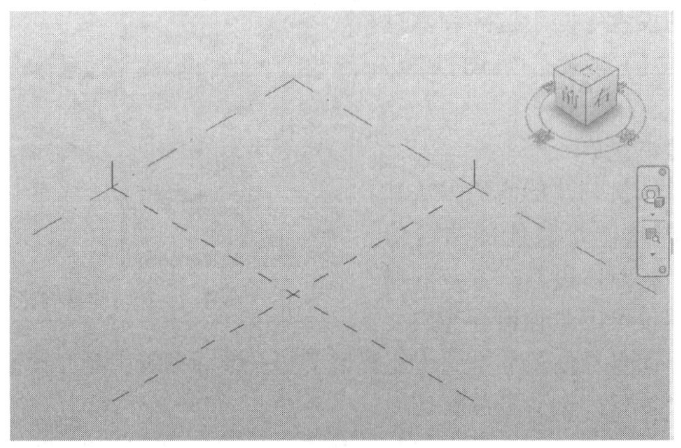

图 10-12　体量三维编辑视图

图 10-13　体量功能面板

2. 如需使用体量族，需单击“体量和场地”选项卡下“概念体量”面板中的“放置体量”按钮，如未开启“显示体量”工具，将自动弹出“体量-显示体量已启用”提示对话框，直接关闭即可自动启动“显示体量”，如图 10-14 所示。

3. 如果项目中没有体量族，将弹出如图 10-15 所示的 Revit 提示对话框。单击“是”按钮将弹出“打开”对话框，选择需要的体量族，单击“打开”按钮即可载入体量族，如图 10-15 所示。

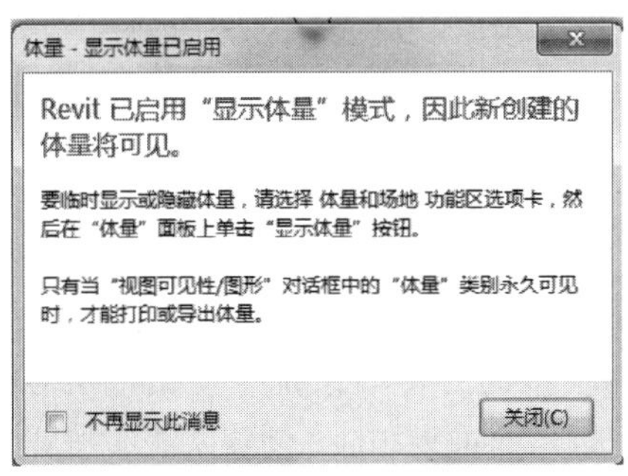

图 10-14 显示体量工具对话框

图 10-15 提示对话框

4. 光标在绘图区域可能会是不可用“⃠”状态，因为“放置 体量”选项卡下“放置”面板中的“放置在面上”工具默认被激活，如项目中有楼板等构件或其他体量时可直接放置在现有的构件面上。

5. 如不需要放置在构件面上，则需要激活“放置 体量”选项卡下“放置”面板中的“放置在工作平面上”工具。

10.1.3.2 创建体量的面模型

1. 可以在项目中载入多个体量，如体量之间有交叉可使用“修改”选项卡下“几何图形”面板中的“连接”→“连接几何图形”按钮，依次单击交叉的体量，即可清理掉体量重叠部分，如图 10-16 所示。

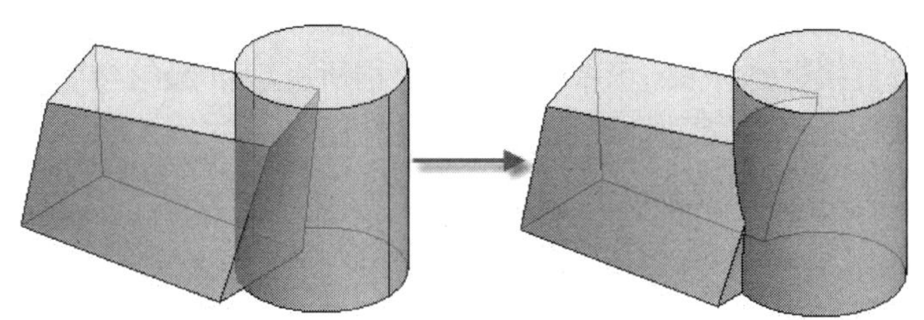

图 10-16 体量的几何图形连接命令

2. 选择项目中的体量，单击“修改 体量”上下文选项卡下“模型”面板中的“体量楼层”按钮，将弹出“体量楼层”对话框，将列出项目中标高名称，勾选各复选框并单击“确定”按钮后，Revit 将在体量与标高交叉位置生成符合体量的楼层面，如图 10-17 所示。

3. 进入“体量和场地”选项卡下的“概念体量”面板，单击“面模型”→“屋顶”按钮，在绘图区域单击体量的顶面，然后单击“放置面屋顶”选项卡下“多重选择”面板中的“创建屋顶”按钮，即可将顶面转换为屋顶的实体构件。在“属性”面板中可以修改屋

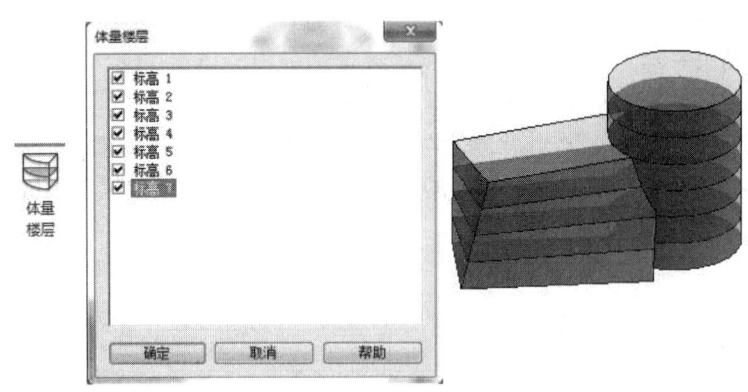

图 10-17　体量楼层

顶类型。

4. 单击“体量和场地”选项卡下“面模型”面板中的“幕墙系统”按钮，在绘图区域依次单击需要创建幕墙系统的面，并单击“多重选择”面板中的“创建系统”按钮，即可在选择的面上创建幕墙系统，如图 10-18 所示。

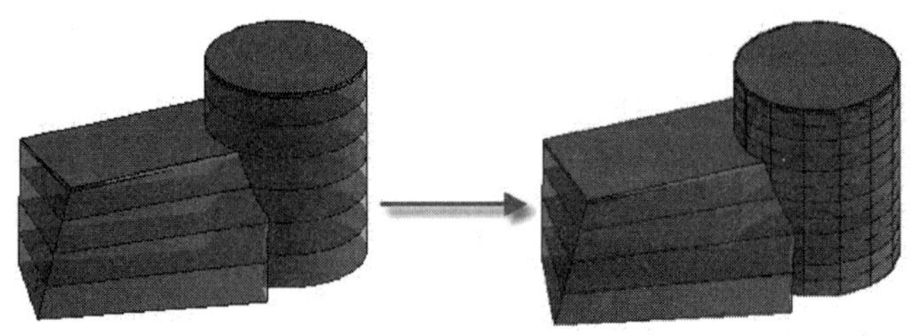

图 10-18　幕墙系统的创建

5. 单击“体量和场地”选项卡下“面模型”面板中的“墙”按钮，在绘图区域单击需要创建墙体的面，即可生成面墙。

6. 单击“体量和场地”选项卡下“面模型”面板中的“楼板”按钮，在绘图区域单击楼层面积面，或直接框选体量，Revit 将自动识别所有被框选的楼层面积，单击“放置面楼板”即可在被选择的楼层面积面上创建实体楼板。

10.2　族的创建及应用

10.2.1　创建族的名词概念

10.2.1.1　族类型

点【创建】→【属性】→【族类型】，在弹出对话框中，可以添加自己所需要的参数，如图 10-19 所示。

10.2.1.2　类型参数和实例参数

1. 类型参数和实例参数的区别，其说明见表 10-1。

注意：当参数生成后，不能修改参数的“规程”和“参数类型”，但可以修改“参数名称”“参数分组方式”和“类型/实例”。

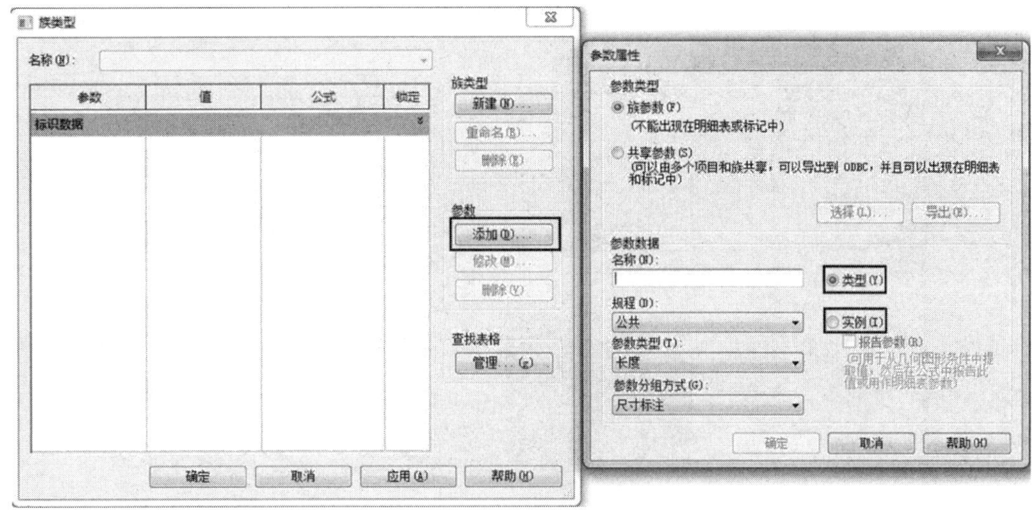

图 10-19　族参数的添加

类型/实例的区别　　**表 10-1**

编号	参数	区别
1	类型参数	是对同类型下个体之间共同的所有信息进行定义；如果同一个族的多个相同的类型被载入到项目中，类型参数的值一旦被修改，所有的类型个体都会有相应变化
2	实例参数	是对实例与实例之间不同的所有信息进行定义；如果同一个族的多个相同类型被载入到项目中，其中一个类型的实例参数的值一旦被修改，只有当前被修改的这个实体会相应变化，该族其他类型的这个实例参数的值仍然保持不变，在创建实例参数后，所创建的参数名将自动加上“默认”两字

例如，打开“公制常规模型 .rft”，用拉伸创建，然后定 x 为类型参数，y 为实例参数，如图 10-20 所示。

图 10-20　参数类型

2. 载入到项目中，放置两个族 1，选择其中一个族 1，点击编辑类型，修改类型参数尺寸 x，就会发现同一类型的族都会因改变了类型参数而全部改变了尺寸，如图 10-21 所示。

3. 同上放置两个族 1，选择其中一个族 1，左边属性栏有一个尺寸 y，修改实例参数 y 就只能修改你当前选取的族的尺寸，对其他族不会产生影响，如图 10-22 所示。

通过以上方法可以很容易区分实例参数和类型参数。

10.2.2　系统族的创建及应用

10.2.2.1　系统族的概念和设置

在 Revit 中预定义并保存在样板和项目中，系统族中至少应包含一个系统族类型，除此以外的其他系统族类型都可以删除。可以在项目和样板之间复制和粘贴或者传递系统族类型。

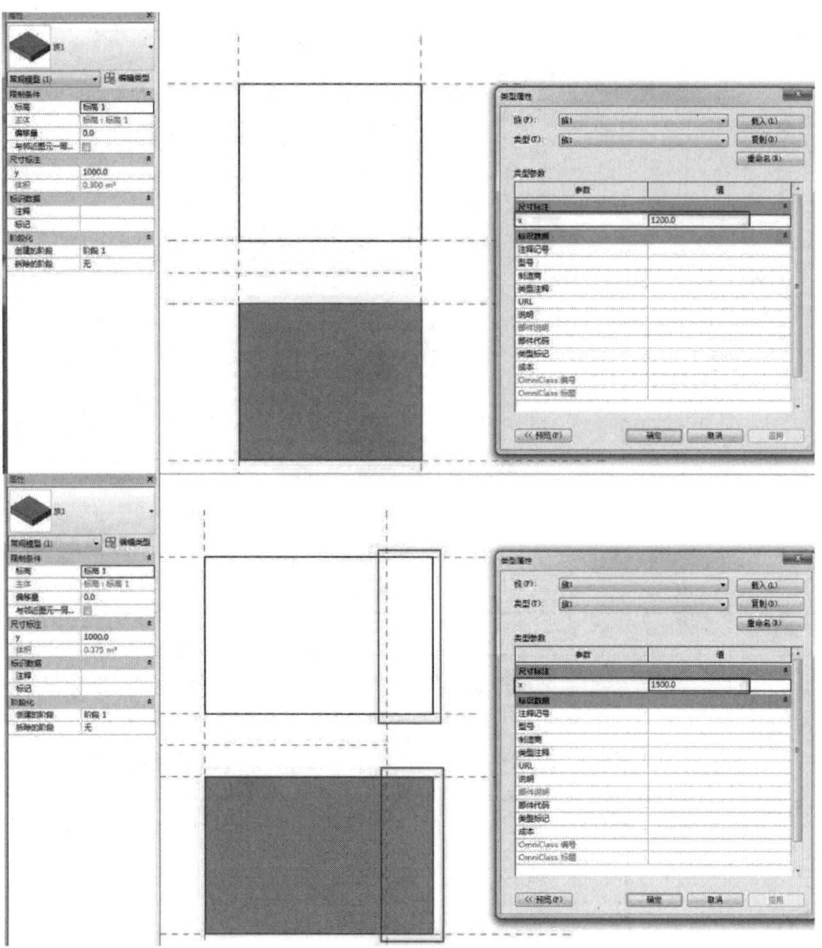

图 10-21　类型参数示例

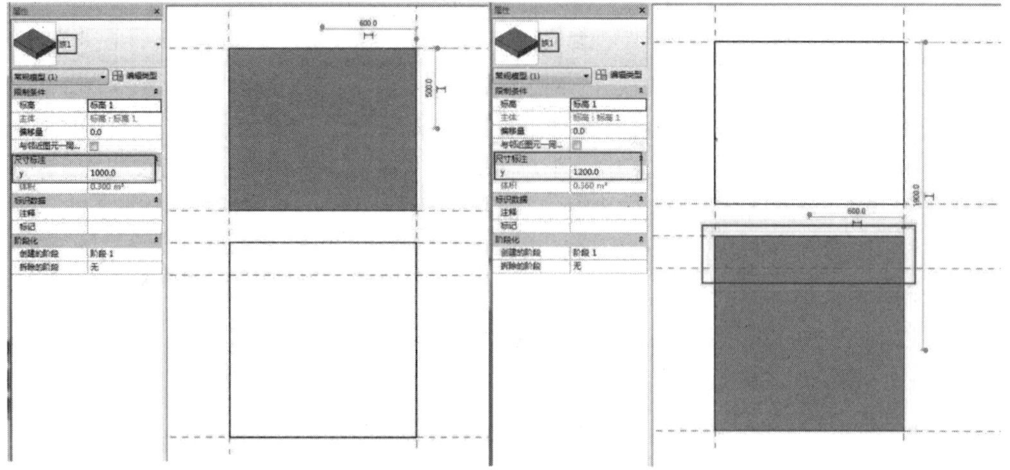

图 10-22　实例参数示例

系统族包含基本建筑图元，如墙、屋顶、天花板、楼板及其他要在施工场地使用的图元。标高、轴网、图纸和视口类型的项目和系统设置也是系统族。

10.2.2.2 系统族的查看

使用项目浏览器来查看项目或样板中的系统族和系统族类型。

10.2.2.3 系统族的类型创建和修改

1. 创建墙体类型

在“属性”选项卡中单击“编辑类型”按钮，弹出“类型属性”对话框，单击“复制”按钮，创建一个新的墙类型。

2. 创建墙材质

单击“管理”选项卡下“设置”面板中的“材质”按钮，弹出“材质”对话框。选择需要的材质，单击“确定”按钮，完成材质的创建。

3. 修改墙体构造

选择墙，在“属性”选项卡中单击“编辑类型”按钮，弹出“类型属性”对话框。单击类型参数中“构造”下的“结构-编辑”按钮，弹出“编辑部件”对话框，我们可以通过在“层”中插入构造层来修改墙体的结构。

10.2.2.4 系统族的删除

删除系统族类型的两种方法：

1. 在项目浏览器中选择并删除该类型：展开项目浏览器中的“族”，选择包含要删除的类型的类别和族，单击鼠标右键，在弹出的快捷菜单中选择“删除”命令，或按【Delete】键，即可从项目或样板中删除该系统族类型。

2. 使用“清除未使用项”命令：单击“管理”选项卡下“设置”面板中的“清除未使用项”工具，弹出“清除未使用项”对话框。该对话框中列出了所有可从项目中卸载的族和族类型，包括标准构件和内建族，如图 10-23 所示。

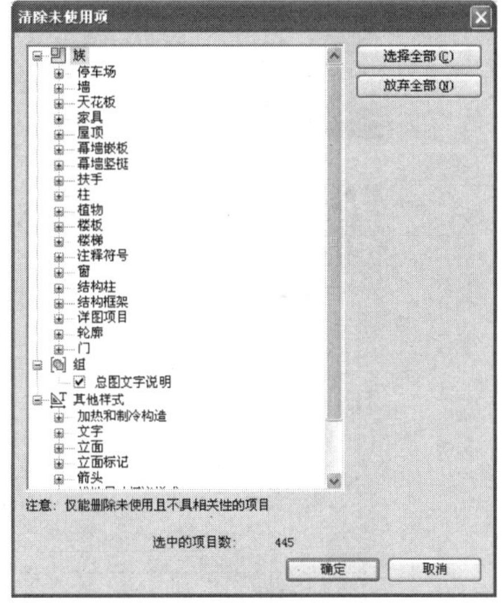

图 10-23　清除未使用项窗口

选择需要清除的类型，可以单击“放弃全部”按钮，展开包含要清除的类型的族和子族，选择类型，然后单击“确定”按钮。

10.2.2.5 系统族项目间的传递

1. 系统族类型在项目间传递的两种方法：

在项目或样板之间复制墙类型。

1）打开包含要复制的墙类型的项目或样板，再打开要将类型粘贴到其中的项目，选择要复制的墙类型，单击“修改 \ 墙”选项卡下“剪贴板”面板中的“复制到剪贴板”按钮。

2）单击“视图”选项卡下“窗口”面板中的“切换窗口”按钮。

3）选择视图中要将墙粘贴到其中的项目。

2. 在项目或样板之间传递系统族类型

分别打开项目 1 和项目 2，把项目 1 切换为当前窗口，单击“管理”选项卡下“设置”面板中的“传递项目标准”按钮，弹出“选择要复制的项目”对话框，“复制自”选择“项目 2”。单击“放弃全部”按钮，仅选择需要传递的系统族类型，然后单击“确定”按钮。

10.2.3 内建族的创建及应用

项目内创建的族，在项目内应用，无法转存为单独族文件在项目间传递。

10.2.3.1 内建族的创建

1. 创建内建族，在“建筑”选项卡下“构建”面板中的“构件”下拉列表中选择“内建模型”选项，在弹出的对话框中选择族类别为“常规模型”，输入名称，进入创建族模式，如图 10-24 所示。

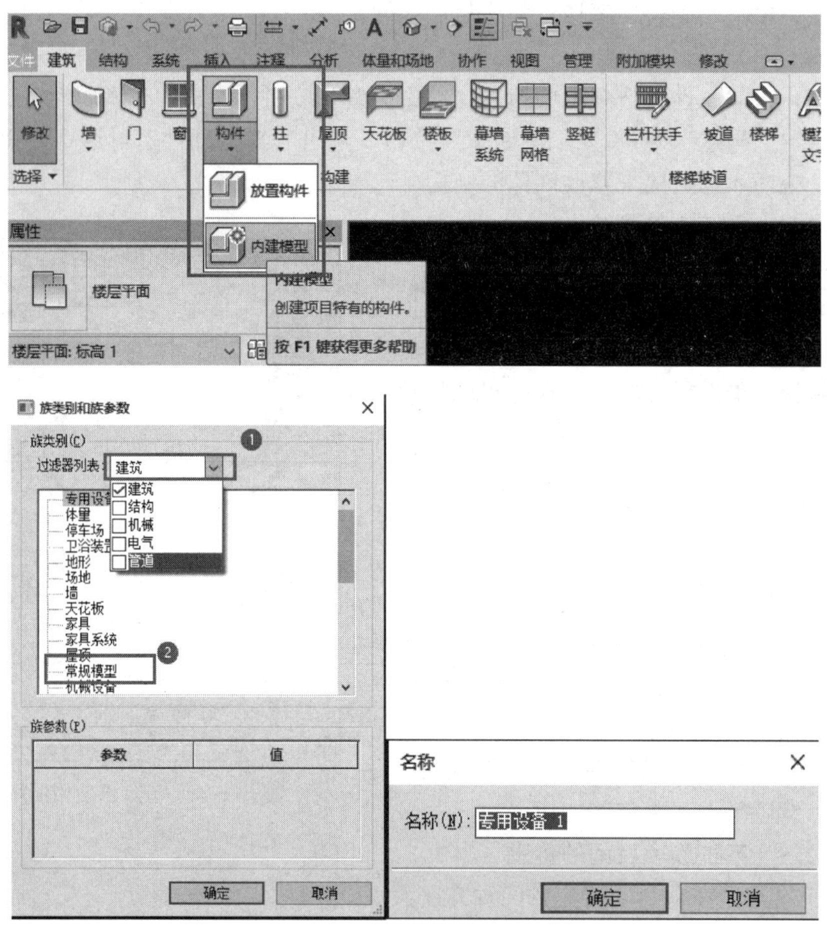

图 10-24 族类别和族参数

2. 单击“创建”选项卡下“形状”面板上的“拉伸”“融合”“旋转”“放样”“放样融合”和“空心形状”等建模工具为族创建三维实体和洞口，如图 10-25 所示。

10.2.3.2 内建族的编辑

1. 复制内建族：单击“修改”上下文选项卡下“剪贴板”面板中的“复制-粘贴”按钮，单击视图放置内建族图元。

图 10-25　创建族功能区

2. 删除内建族：在项目浏览器中展开“族”和族类别，选择内建族的族类型。（也可以在项目中，选择内建族图元）然后单击鼠标右键，在弹出的快捷菜单中选择“删除”命令。

3. 查看项目中的内建族：可以使用项目浏览器查看项目中使用的所有内建族。展开项目浏览器的“族”，此时显示项目中所有族类别的列表。该列表中包含项目中可能包含的所有内建族、标准构建族和系统族。

10.2.4　标准构件族的创建及应用

标准构件族是用于创建建筑构件和一些注释图元的族。构件族包括在建筑内和建筑周围安装的建筑构件，例如窗、门、橱柜、装置、家具和植物。此外，它们还包含一些常规自定义的注释图元，例如符号和标题栏等。它们具有高度可自定义的特征，构件族是在外部 . rfa 文件中创建的，并可导入（载入）到项目中。

标准构件族的创建方式与内建筑的创建方式一样，在此不再赘述。

10.2.4.1　构建族在项目中的使用

1. 使用现有的构件族

Revit 中包含大量预定义的构件族。这些族的一部分已经预先载入到样板中，单击“插入”选项卡下“从库中载入”面板中的“载入族”按钮。

2. 查看和使用项目或样板中的构件族

单击展开项目浏览器中的“族”列表，直接点选图元拉到项目中，或者单击项目中的构件族，在“属性”面板中修改图元类型。

单击展开项目浏览器中的“族”列表，用鼠标右键单击构件族，在弹出的快捷菜单中选择“创建实例”命令，此时在项目中创建该实例。

10.2.4.2　构建族的创建流程

1. 在开始创建族之前，先规划族

1）需要确定族是否需要适应多个尺寸？

2）如何在不同视图中显示族？

3）该族是否需要主体？以此确定用于创建族的样板文件。

4）如何确定建模的详细程度等？

2. 创建族的构架

1）定义族的原点（插入点）。

2）视图中两个参照平面的交点定义了族原点。通过选择参照平面并修改它们的属性可以控制那些参照平面定义原点。

3）设置参照平面和参照线的布局有助于绘制构件几何图形。

3. 添加尺寸标注以指定参数化关系。

1）测试或调整构架。

2）通过指定不同的参数定义族类型的变化。

3）在实心或空心中添加单标高几何图形，并将该几何图形约束到参照平面。调整新模型（类型和主体），以确认构件的行为是否正确。

4）重复上述步骤直到完成族几何图形。

4. 设置族的可见性

1）选择已经创建的几何图形，单击“属性”面板中的“可见性设置”按钮，弹出“族图元可见性设置”对话框，在“族图元可见性设置”对话框中，选择要在其中显示该几何图形的视图：平面/天花板平面视图、前/后视图、左/右视图。

2）选择希望几何图形在项目中显示的详细程度：粗略、中等、精细。其详细程度取决于视图比例。

3）保存新定义的族，然后将其载入项目进行测试

10.2.4.3 标准构件族创建的方式

1. 拉伸

通过拉伸可创建拉伸形式族三维模型，包括实心形式和空心形式。实心形式和空心形式创建方法一致。

选择【创建】选项卡的【形状】面板，点【拉伸】命令。

步骤操作：

1）将视图切换至相关平面，如参照标高。

2）执行上述操作。

3）绘制拉伸截面，如图 10-26 所示。

4）设置选项栏参数。

5）单击完成，完成拉伸体创建，如图 10-27 所示。

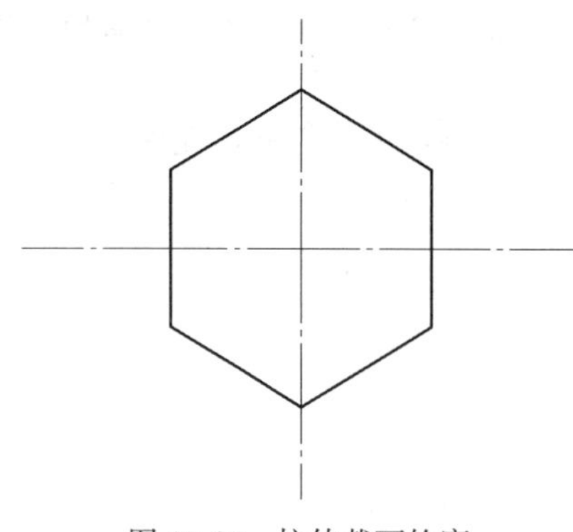

图 10-26 拉伸截面轮廓

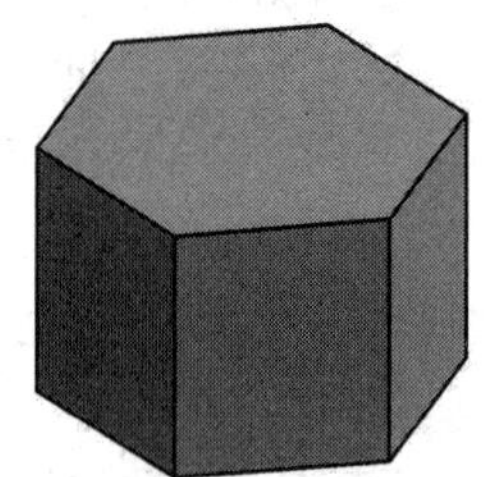

图 10-27 拉伸三维效果

2. 融合

通过融合可创建融合形状族三维模型，包括实心形式和空心形式。选择【创建】选项卡的【形状】面板，点【融合】命令。

操作步骤：

1）将视图切换至相关平面，如参照标高。

2）执行上述操作。

3）绘制融合底部截面。

4）在上下文选项卡中单击“编辑顶部”，切换至顶部截面绘制截面。

5）绘制融合顶部截面，如图 10-28 所示。

6）设置选项栏参数。

7）单击完成，完成融合体，如图 10-29 所示。

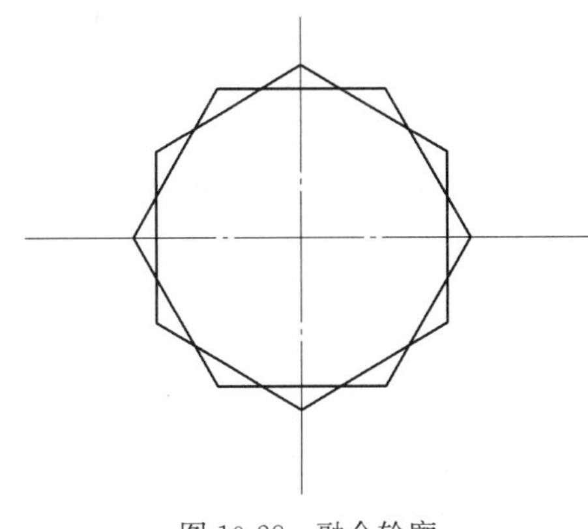

图 10-28　融合轮廓

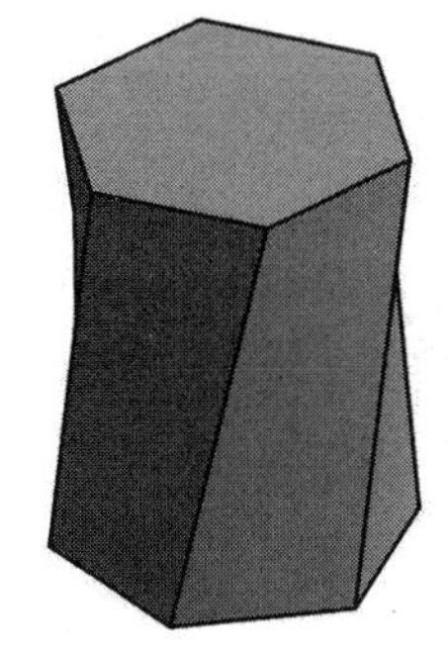

图 10-29　融合三维效果

3. 旋转

通过旋转命令可创建旋转形式族三维模型，包括实心形式和空心形式。实心形式和空心形式绘制方法一致。

选择【创建】选项卡【形状】面板点【旋转】命令。

操作步骤：

1）将视图切换至相关平面，如参照标高。

2）执行上述操作。

3）使用边界绘制旋转体截面。

4）在上下文选项卡中单击 轴线【轴线】，绘制旋转轴线，如图 10-30 所示。

5）再绘制 边界线【边界线】，如图 10-31 所示。以轴线为中心旋转。

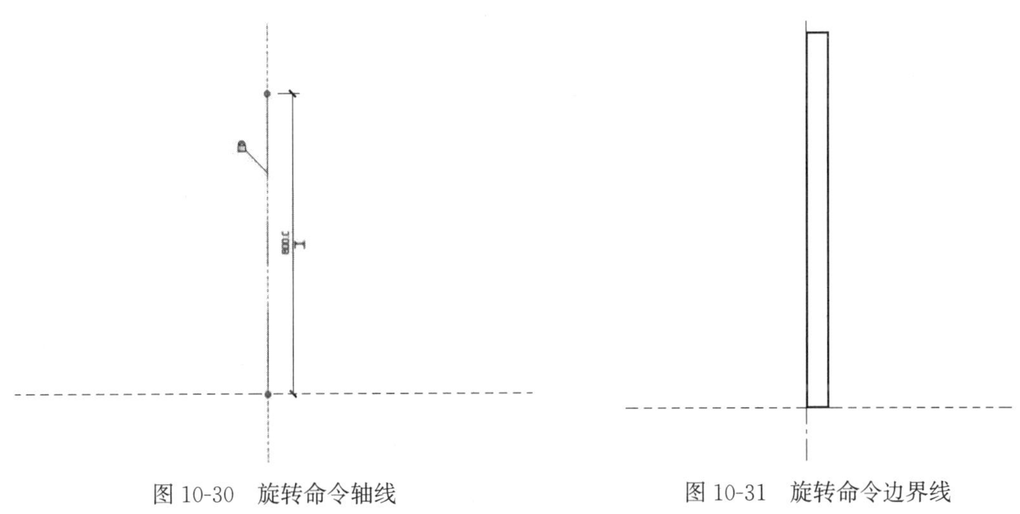

图 10-30　旋转命令轴线

图 10-31　旋转命令边界线

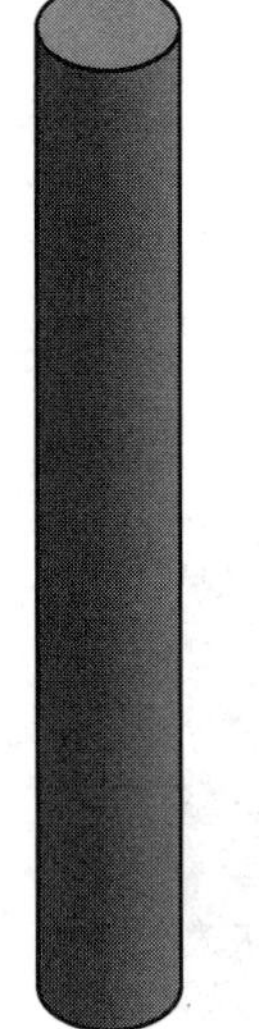

图 10-32 旋转三维效果

6）单击完成，完成旋转体的创建，如图 10-32 所示。

4. 放样

通过放样命令可创建放样形式族三维模型，包括实心形式和空心形式。实心形式和空心形式创建方法一致。

选择【创建】选项卡【形状】面板，点【放样】命令。

操作步骤：

1）将视图切换至相关平面，如参照标高。

2）执行上述操作。

3）在上下文选项卡中单击 绘制路径 【绘制路径】或 拾取路径 【拾取路径】，进入路径创建工作界面。

4）使用上下文选项卡中的绘制工具，绘制放样路径草图，单击完成放样路径的创建。

5）创建放样轮廓。

在轮廓选择器中选择轮廓文件，如图 10-33 所示。如果族文件中没有轮廓族，可以载入轮廓族或单击“编辑轮廓”进入轮廓编辑界面，绘制轮廓草图。

6）单击完成，完成放样体的创建。

5. 放样融合

通过放样融合命令可创建放样形式族三维模型，包括实心形式和空心形式。实心形式和空心形式创建方法一致。

选择【创建】选项卡【形状】面板，点【放样融合】命令。

操作步骤：

1）将视图切换至相关平面，如参照标高。

2）执行上述操作。

3）在上下文选项卡中单击 绘制路径 【绘制路径】或 拾取路径 【拾取路径】，进入路径创建工作界面。

4）制工具绘制放样路径草图，单击完成放样路径的创建，如图 10-34 所示。

图 10-33 轮廓面板

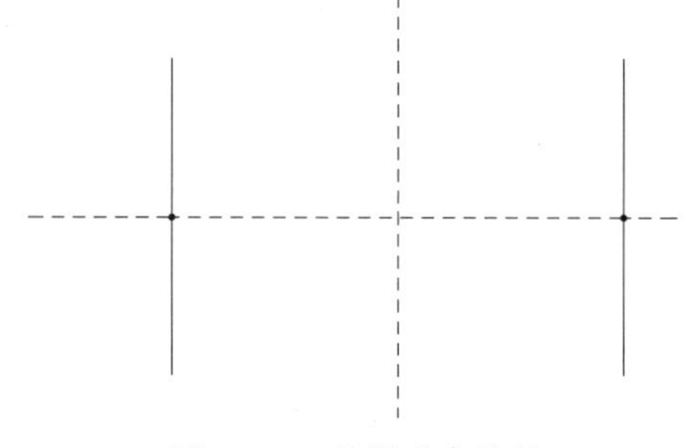

图 10-34 放样融合路径

5）分别选择或创建轮廓 1 和轮廓 2 形状，创建方法与放样相同，如图 10-35 所示。

6）单击完成，完成放样融合体的创建，如图 10-36 所示为两个不同轮廓融合。

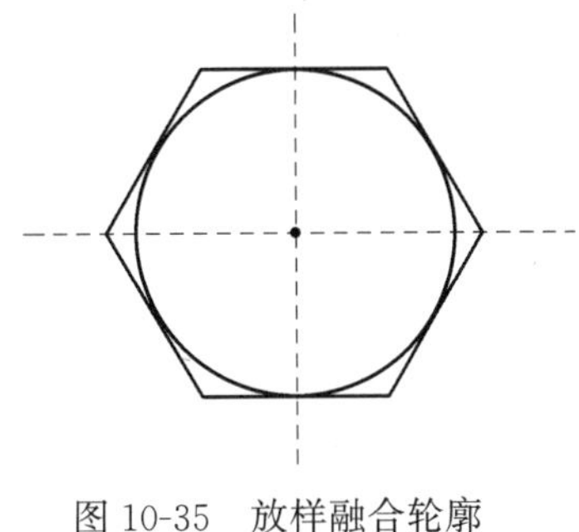

图 10-35 放样融合轮廓

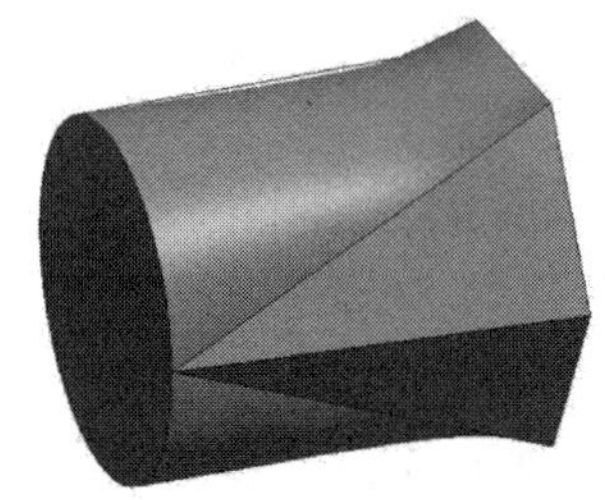

图 10-36 放样融合效果

10.3 工作平面的创建及应用

“参照平面”和“参照线”是在族的创建过程中最常用的工作平面，它们是辅助绘图的重要工具。在进行参数标注时，必须将实体“对齐”在“参照平面”上并且锁住，由“参照平面”驱动实体，如图 10-37 所示。该操作方法应严格贯穿整个建模过程。“参照线”主要用在控制角度参变上。

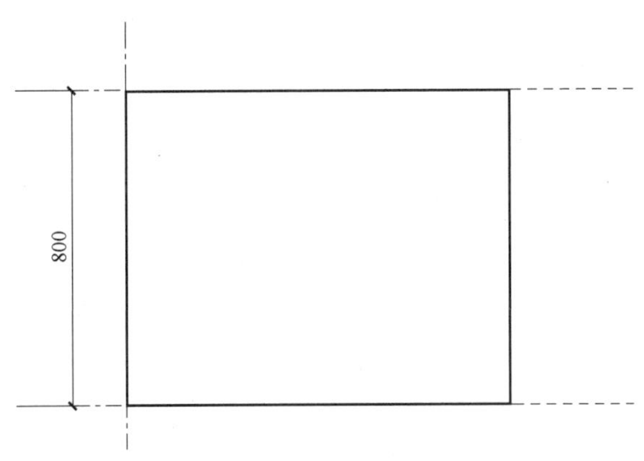

图 10-37 参照平面尺寸标注

通常在大多数的族样板（RFT 文件）中已经建有三个参照平面，它们分别为 X、Y 和 Z 平面方向，其交点是（0，0，0）点。这三个参照平面被固定锁住，并且不能被删除。通常情况下不要去解锁和移动这三个参照平面，否则可能导致所创建的族原点不在（0，0，0）点，无法在项目文件中正确使用。

10.3.1 参照平面

10.3.1.1 绘制参照平面

单击 Revit 界面左上角的【应用和程序按钮】按钮，点【新建】→【族】命令，选择“公制常规模型 . rft”族样板，单击【打开】，创建一个“常规模型”族，单击功能区中【常用】→【基准】→【参照平面】，如图 10-38 所示。将鼠标移至绘图区域，单击即可指定“参照平面”起点，移动至终点位置再次单击，即完成一个“参照平面”的绘制。可以快速移动鼠标绘制下一个“参照平面”，或按两下“Esc”键退出。

图 10-38　参照平面命令面板

10.3.1.2　参照平面的属性

1. 是参照

对于参照平面，“是参照”是最重要的属性。不同的设置是参照平面具有不同的特性。选择绘图区域的参照平面，打开“属性”对话框，单击“是参照”下拉列表，如图 10-39 所示。

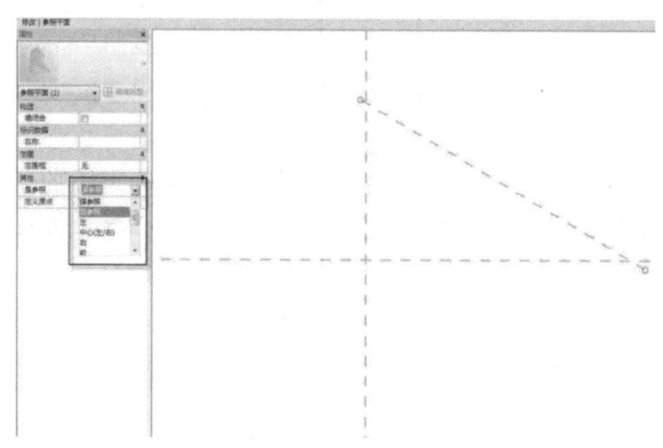

图 10-39　是参照属性

表 10-2 说明了“是参照”中各选项的特性。

“是参照”各选项特性表　　**表 10-2**

参照类型	说明
非参照	这个参照平面在项目中将无法捕捉和标注尺寸
强参照	“强参照”的尺寸标注和捕捉的优先级最高。创建一个族并将其放置在项目中。放置此族时，临时尺寸标注将显示在“强参照”上。如果放置永久性尺寸标注，几何图形中的“强参照”将首先高亮显示
弱参照	“弱参照”的尺寸标注优先级比“强参照”低。将族放置到项目中并对其进行尺寸标注时，可能需要按“Tab”键选择“弱参照”
左 中心(左/右) 右 前 中心(前/后) 后 底 中心(标高) 顶	这些参照，在同一个族中只能用一次，其特性和“强参照”类似。通常用来表示样板自带的三个参照平面：中心(左/右)、中心(前/后)和中心(标高)。还可以用来表示族的最外端边界的参照平面：左、右、前、后、底和顶

2. 定义原点

“定义原点”用来定义族的插入点。Revit 族的插入点可以用参照平面定义。

选择“中心（前/后）”参照平面，其“属性”对话框中的“定义原点”默认已被勾选，如图 10-40 所示。族样板里默认的三个参照平面勾选了“定义原点”，一般不要去更改。在族的创建过程中，常利用样板自带的三个参照平面，即族默认的（0，0，0）点作为族的插入点。在建模开始时，就应计划好以这一点作为族的基准点，以创建高质量的族。如果想改变族的插入点，可以先选择要设置插入点的参照平面，然后在“属性”对话框中勾选“定义原点”，这个参照平面即成为插入点。

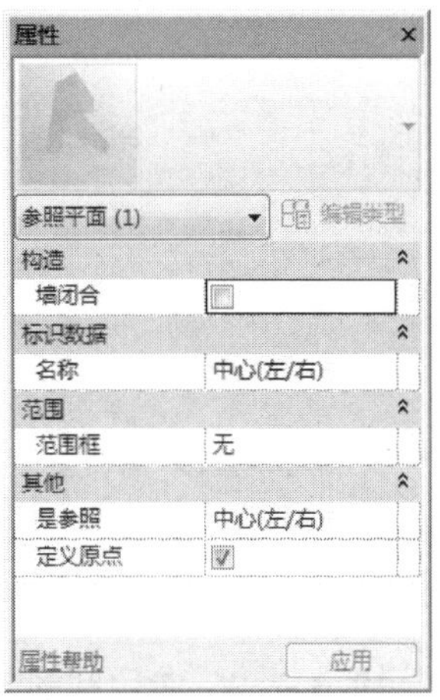

图 10-40　参照平面属性

3. 名称

当一个族里有很多参照平面时，可命名参照平面，以帮助区分参照平面。选择要设置名称的参照平面，然后在“属性”对话框中的“名称”里输入名字。

注意：参照平面的名称不能重复。参照平面被命名后，可以重命名，但无法清除名称。

10.3.2　参照线

“参照线”和“参照平面”的功能基本相同。主要用于实现角度参变。要实现参照线的角度自由变化，要做以下几步。

10.3.2.1　绘制参照线

1. 单击功能区中【常用】→【基准】→【参照线】按钮，如图 10-41 所示。默认以直线绘制。

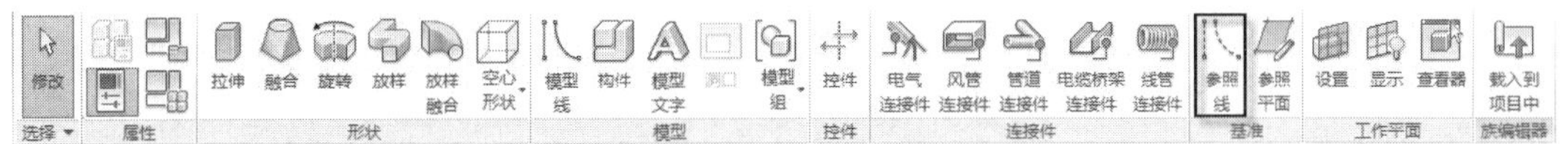

图 10-41　参照线按钮

2. 将鼠标移至绘图区域，单击即可指定“参照线”七点，移动至终点位置再次单击，即完成这一条“参照线”的绘制。可以继续移动鼠标绘制下一条“参照线”，或按两下“Esc”键退出，如图 10-42 所示。

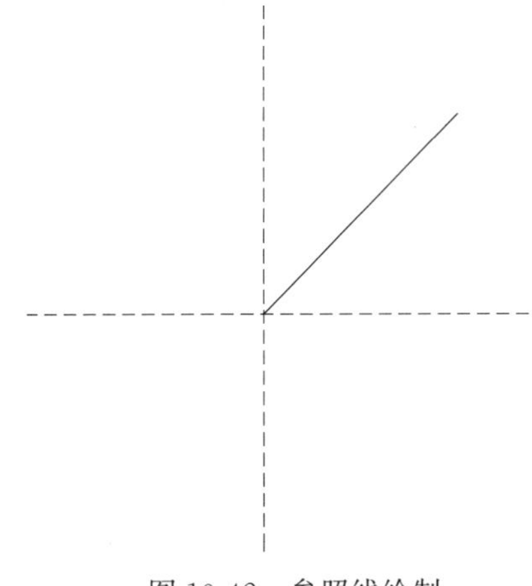
图 10-42　参照线绘制

3. 单击功能区中【修改】选项卡中【对齐】按钮，如图 10-43 所示。

首先选择垂直的参照平面，然后选择参照线的端点，如果选不到端点可以用【Tab】键进行切换选择。这时将出现一个锁形状的图标图标，默认是打开的，单击一下锁，锁住，使这条参照线和垂直的参照平面对齐锁住，如图 10-44 所示。同理，将参照线和水平的参照平面对齐锁住。

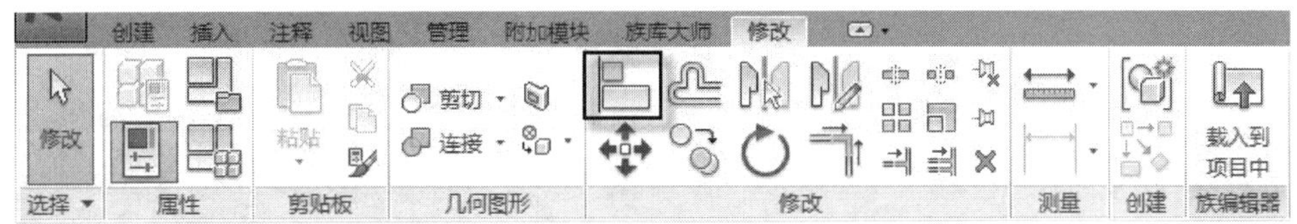

图 10-43　对齐锁住按钮

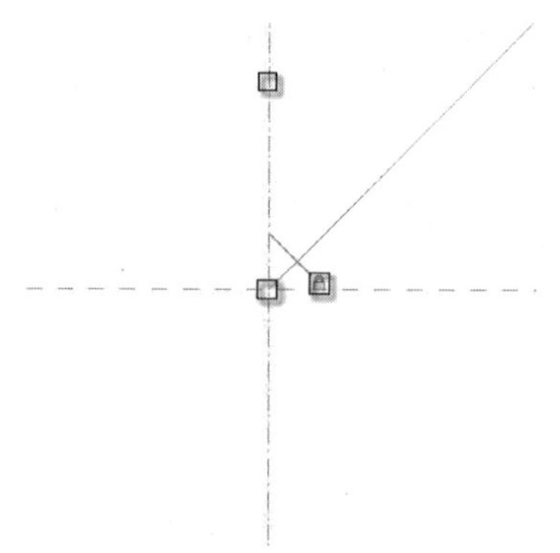

图 10-44　参照线原点对齐锁定

10.3.2.2　参照线的应用

1. 单击功能区中【注释】→【尺寸标注】→【角度】，如图 10-45 所示。

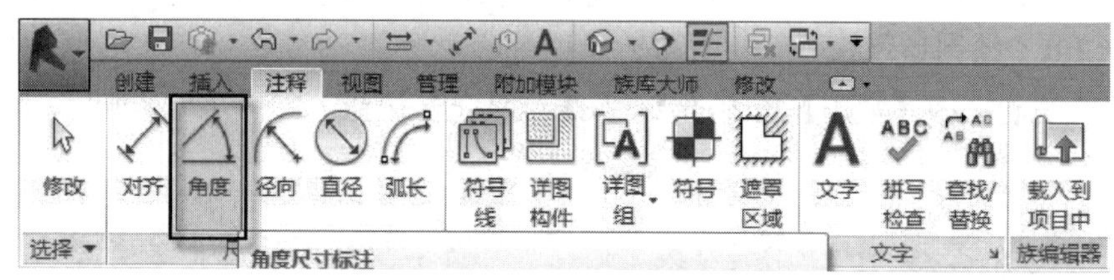

图 10-45　角度

2. 选择参照线和水平的参照平面，然后点选合适的地方放置尺寸标注，按两下“Esc”键退出尺寸标注状态，如图 10-46 所示。

3. 给夹角标签上参数。单击刚刚标注的角度尺寸，在选项栏中单击【标签】→【添加参数】，打开“参数属性”对话框，输入参数名“角度”，如图 10-47 所示。如果之前已经在“族类型”对话框中添加了“角度”参数，只要在“标签”的下拉列表中选择这个参数即可。

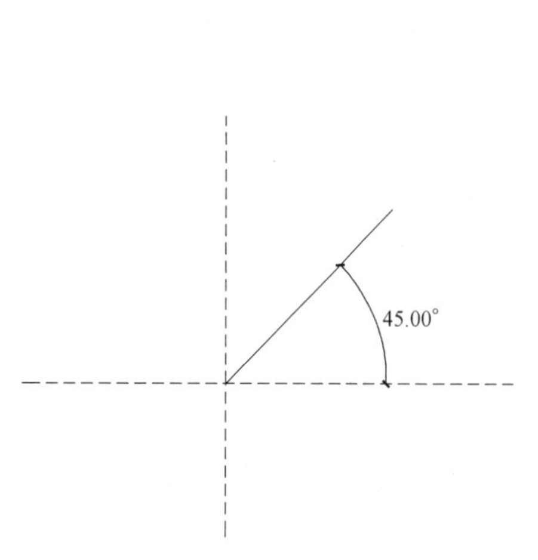

图 10-46　参照线角度标注

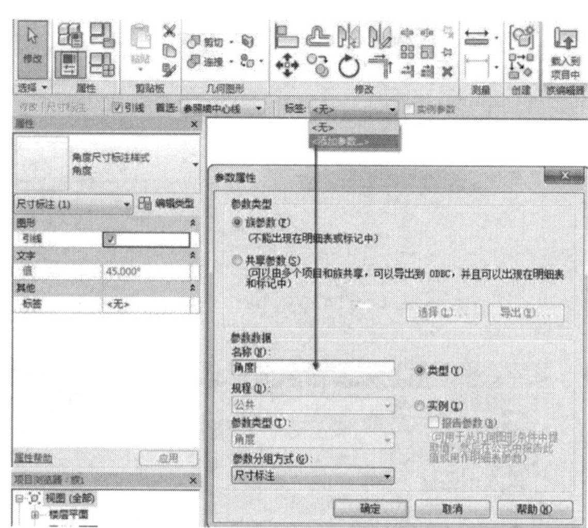

图 10-47　尺寸参数的添加

改变参数值，则参照线的角度也会有相应的变化。在“族类型”对话框中将“角度”的值改为60°，单击“应用”，则绘图区域的尺寸标注标为60°，并且参照线的角度也随之改变，如图10-48所示。此时，直接在绘图区域用鼠标拖动参照线，也能改变角度。同时“族类型”对话框中的参数值也会有变化。建议尽量避免这样做，因为当编辑对象逐渐复杂，允许用鼠标驱动参变的模型会因为鼠标的误操作而损坏模型。避免误操作的方法是在“族类型”窗口中勾选“锁定”键。

“参照线”和“参照平面”相比除了多个两个端点的属性，还多了两个工作平面。如图10-49所示。切换到三维视图，将鼠标移动到参照线上，可以看到水平和垂直的两个工作平面。在建模时，可以选择参照线的平面作为工作平面，这样创建的实体位置可以随参照线的位置而改变。

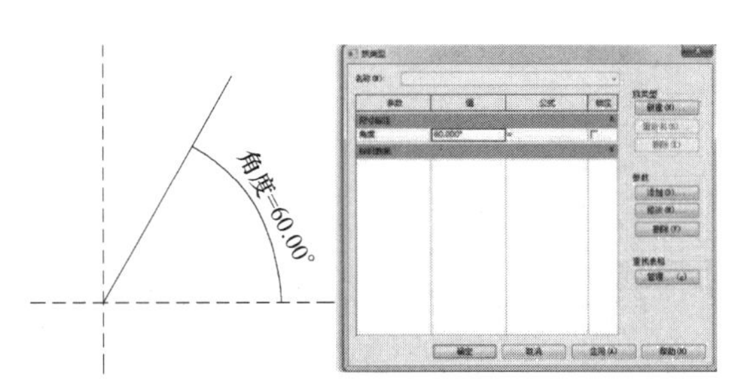

图10-48　角度参数参照线

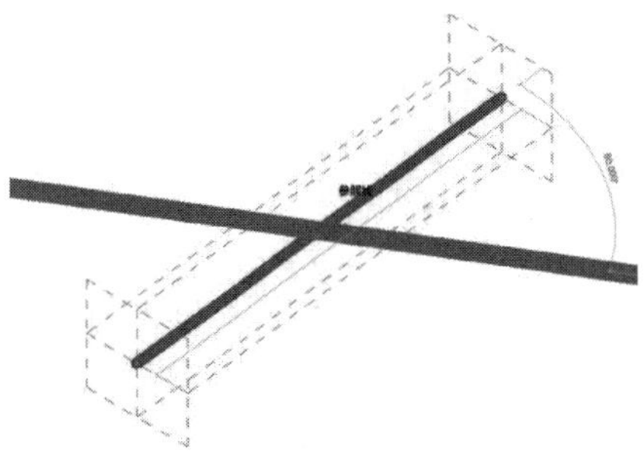

图10-49　参照线工作平面

注意：如果实体只需要进行角度参变，应先绘制参照线，把角度参数标注在参照线上，然后选择参照线的一个工作平面作为工作平面，再绘制所需要的实体，这样可以避免一些潜在的过约束。

10.4　族的案例教程

10.4.1　创建标记族

以门标记族为例介绍门/窗标记族创建的方法：

1. 打开Revit 2018软件，在软件首界面“族”选择“新建”，弹出“新建-选择样板文件”对话框，选择“注释”文件夹内“公制门标记”，单击“打开”按钮，如图10-50和图10-51所示。

2. 单击“创建”选项卡下“文字”面板中的“标签”按钮，打开“修改|放置标签”的上下文选项卡。单击“对齐”面板中的 和 按钮，单击参照平面的交点，以此来确定标签位置，单击“属性”面板上的“编辑类型”，弹出“类型属性”对话框。可以调整文字大小、文字字体、下划线是否显示等，如图10-52所示。

3. 将标签添加到窗标记。在“编辑标签”对话框的“类别参数”列表框中选择“类型名称”选项，单击 按钮，将“类型名称”参数添加到标签，单击“确定”按钮，如图10-53所示。

4. 载入到项目中进行测试。

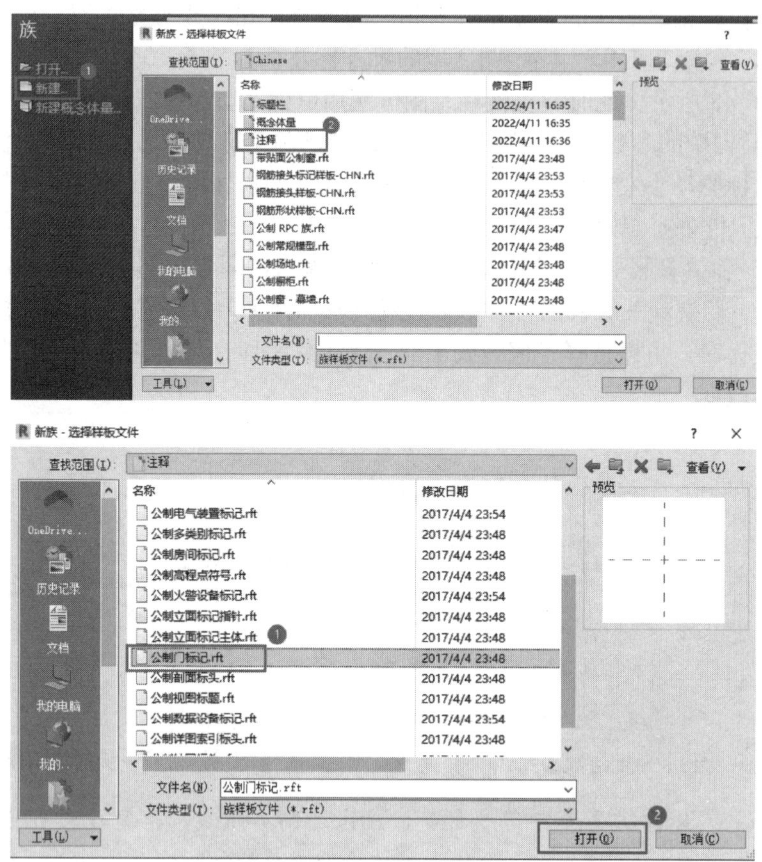

图 10-50　公制门标记样板族创建步骤

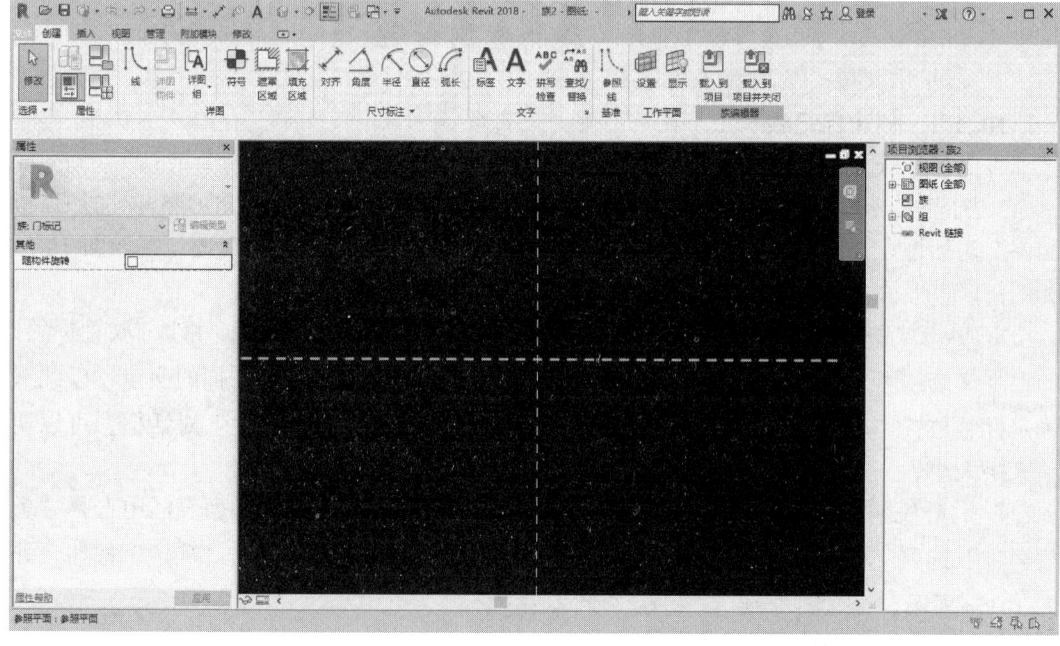

图 10-51　公制门标记样板族界面

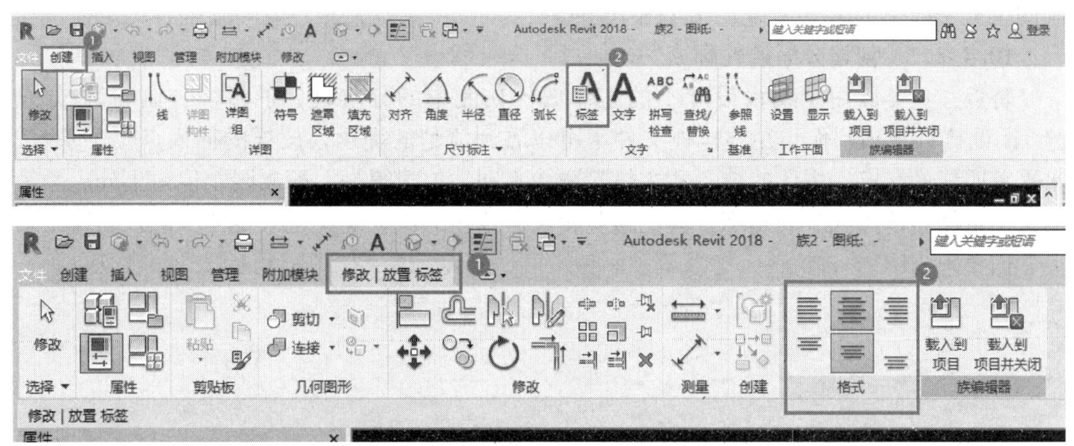

图 10-52　标签的创建

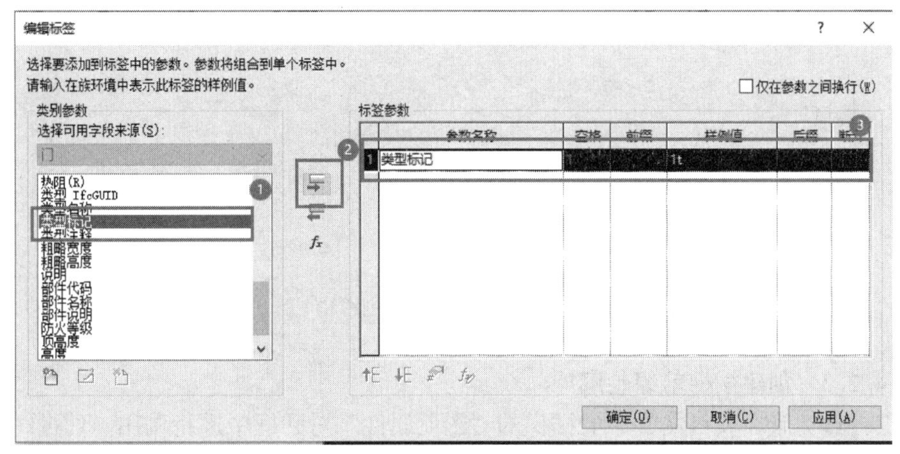

图 10-53　编辑标签

10.4.2　创建轮廓族

轮廓族的分类：主体轮廓族、分隔条轮廓族、楼梯前缘轮廓族、扶栏轮廓族和竖梃轮廓族。

这些类别轮廓族在载入项目中时具有一定的通用性。当绘制完轮廓族后，可以在“族属性”面板中选择“类别和参数”工具，在弹出的“族类别和族参数”对话框中，可以设置轮廓族的“轮廓用途”：选择“常规”可以使该轮廓族在多种情况下使用，如墙饰条、分隔缝等；选择“墙：饰条”或其他某一种时，该轮廓只能被用于墙饰条的轮廓中。

在绘制轮廓族的过程中可以为轮廓族的定位添加参数，但添加的参数不能再被载入的项目中显示，但修改参数仍在绘制轮廓族时起作用，所以定义的参数只有在为该轮廓族添加不同的类型时有用。

10.4.2.1　创建主体轮廓族

特点：这类族用于项目设计中的主体放样功能中的楼板边、墙饰条、屋顶封檐带、屋顶檐槽。使用“公制轮廓 主体 . rft”族样板来制作。在族样板文件中可以清楚的提示，放样的插入点位于垂直、水平参照线的交点，主体的位置位于第二、三象限，轮廓草图绘制的位置一般位于第一、四象限（图 10-54）。

10.4.2.2　创建分隔条轮廓族

特点：这类族用于项目设计中的主体放样功能中的分隔缝，通过“公制轮廓 分隔缝.rft”族样板来制作。在族样板文件中可以看到清楚的提示，放样的插入点位于垂直、水平参照线的交点，主体的位置和主体轮廓族不同，位于第一、四象限，但由于分隔条是用于在主体中消减部分的轮廓，因此绘制轮廓族草图的位置应该位于主体一侧，同样在第一、四象限（图 10-55）。

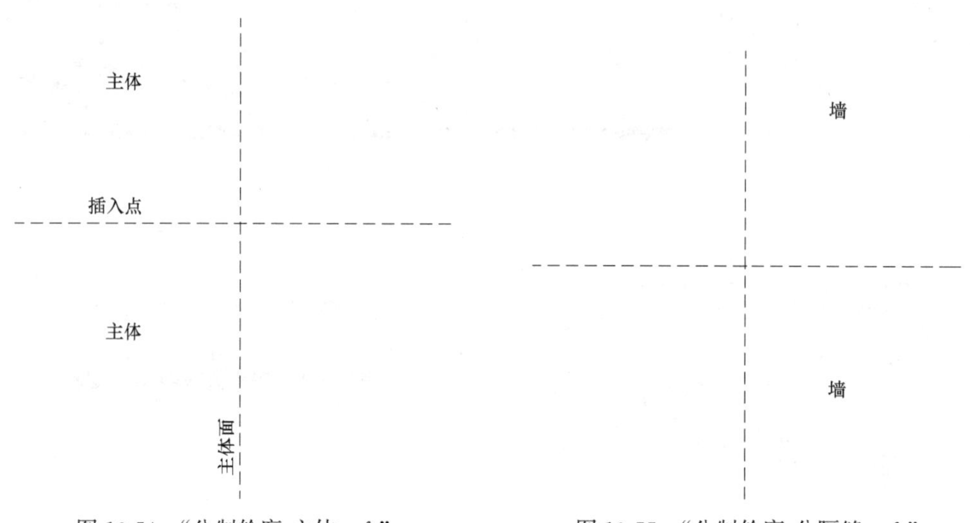

图 10-54　“公制轮廓 主体.rft”　　图 10-55　“公制轮廓 分隔缝.rft”

10.4.2.3　创建楼梯前缘轮廓族

特点：这类族在项目文件中的楼梯的“图元属性”对话框中进行调用，通过“公制轮廓 楼梯前缘.rft”族样板来制作。这个类型的轮廓族的绘制位置与以上的不同，楼梯踏步的主体位于第四象限，绘制轮廓草图应该在第三象限（图 10-56）。

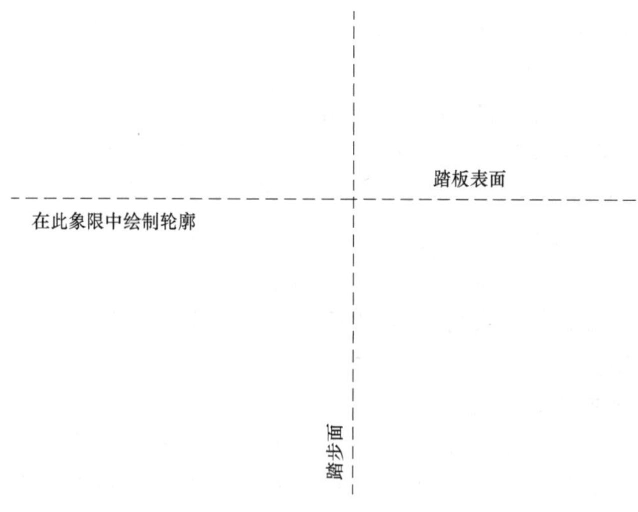

图 10-56　“公制轮廓 楼梯前缘.rft”

10.4.2.4 创建扶栏轮廓族

特点：这类族在项目设计中的扶手族的“类型属性”对话框中的“编辑扶手”对话框中进行调用。通过“公制轮廓 扶栏 . rft”族样板来制作。在族样板文件中可以清楚看到提示，扶手的顶面位于水平参照平面，垂直参照平面则是扶手的中心线，因此我们绘制轮廓草图的位置应该在第三、四象限（图 10-57）。

10.4.2.5 创建竖梃轮廓族

特点：这类族在项目设计中矩形竖梃的“类型属性”对话框中进行调用。通过“公制轮廓-竖梃 . rft”族样板来制作。在族样板文件中的水平和垂直参照线的焦点是竖梃断面的中心，因此我们绘制轮廓草图的位置应该充满四个象限（图 10-58）。

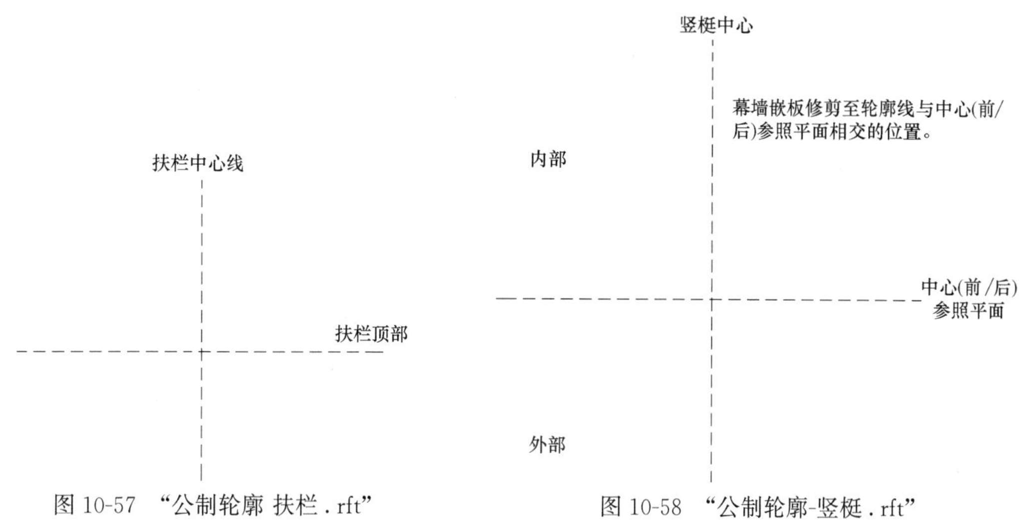

图 10-57 “公制轮廓 扶栏 . rft”　　图 10-58 “公制轮廓-竖梃 . rft”

10.4.2.6 轮廓族实例

1. 选择族样板：启动 Revit 软件，单击软件界面左上角的【应用程序菜单】按钮，在弹出的下拉菜单中依次单击【新建】→【族】，在弹出的“新族-选择样板文件”对话框中选择“公制轮廓-分隔条 . rft”，单击“打开”。

2. 使用【创建】选项卡下【详图】面板中的【直线】命令，如图 10-59 所示，绘制图形，如图 10-60 所示。

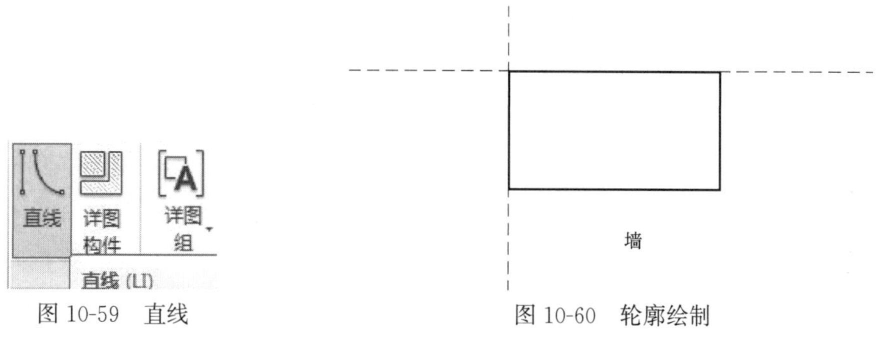

图 10-59 直线　　图 10-60 轮廓绘制

4. 载入到项目中，单击墙分隔条，点击【放置分隔条】上下文选项卡下【图元】面板中【图元属性】工具下【类型属性】命令，在弹出的“类型属性”对话框中“构造”→

“轮廓”一栏中就可以选择刚才载入的“族 1”进行墙分隔缝进行设置，如图 10-61 所示。

4. 回到族编辑器，在视图上添加参照平面，单击【注释】面板的【尺寸标注】命令为其添加尺寸标注（图 10-62）。

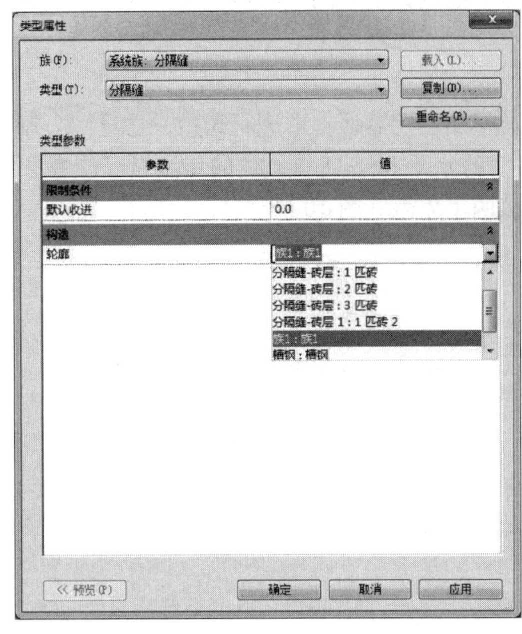

图 10-61　“族 1”

60

墙

图 10-62　尺寸标注

5. 按 Esc 键结束尺寸标注，选择标注的尺寸，选项栏中【标签】后下拉箭头，点击【添加参数】命令，在弹出的“参数属性”对话框中，为尺寸标注添加“高度”参数，点击确定，如图 10-63 所示。

注意：取消一定要按两次 Esc。

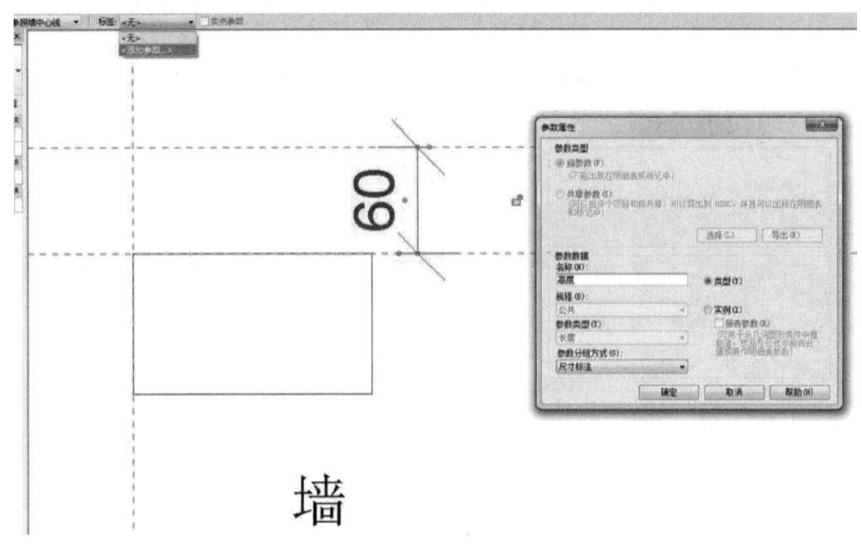

图 10-63　标签添加

6. 把该族载入到项目中，无论在实例参数还是在类型参数中，都找不到“高度”这个数值，这说明在轮廓族中定义的参数在项目中是不起作用的。但如果想在这个族中添加新类型，则可以通过定义尺寸来定义不同的类型，类型 1 定义的高度为“60.0”，如图 10-64 所示，也可以再新建一个类型，定义尺寸为“50.0”，所以定义的尺寸在创建新类型的时候是有用的。

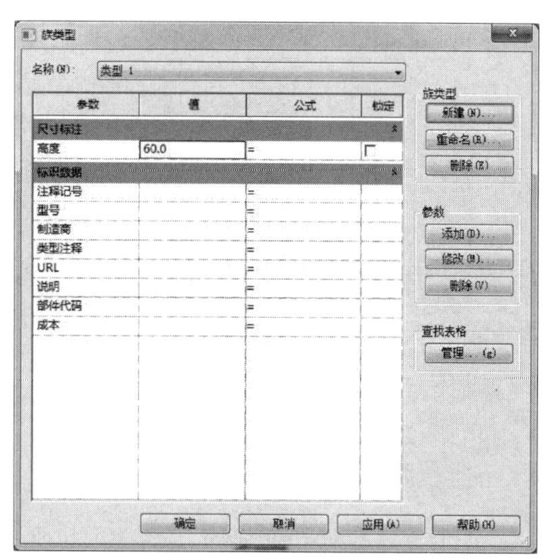

图 10-64 “高度”参数

10.4.3 创建门族

10.4.3.1 门主体创建

1. 打开 Revit 2018 软件，在软件首界面“族”选择“新建”，弹出“新建-选择样板文件”对话框，选择“公制门 .rft”，单击“打开”按钮，如图 10-65 和图 10-66 所示。

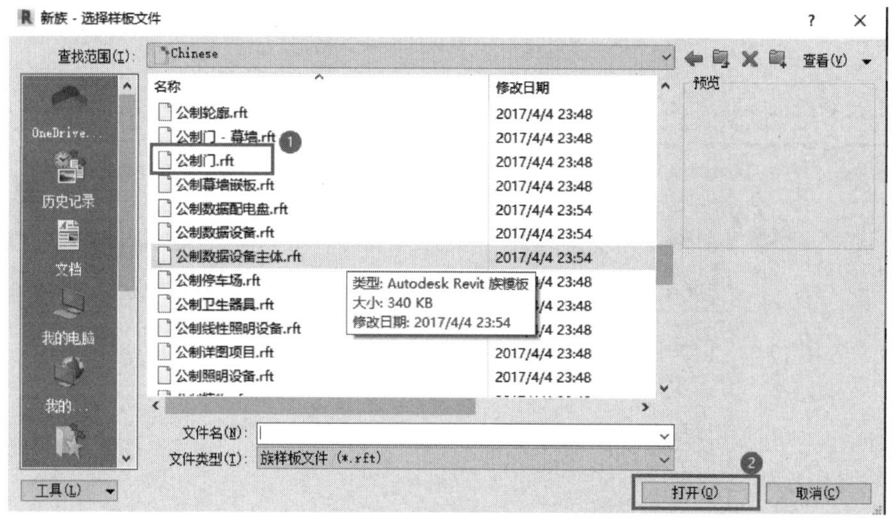

图 10-65 公制门样板创建门族步骤

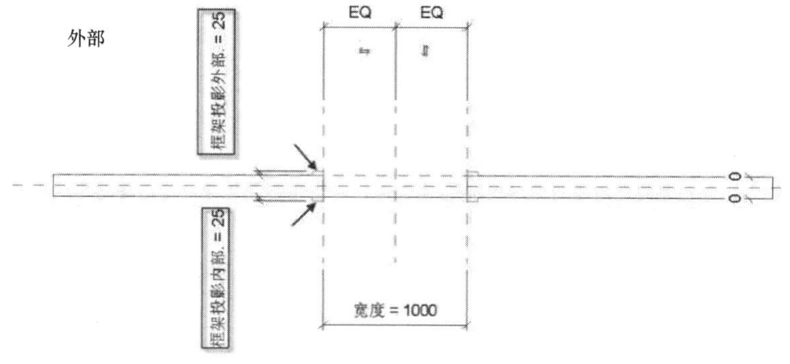

图 10-66 公制门样板族界面

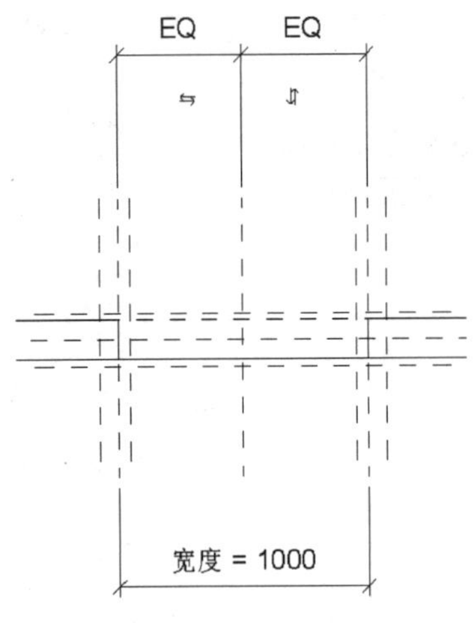

图 10-67　参照平面绘制

2. 绘制门套相关参照平面。以墙为基准，分别向两侧绘制参照平面，此参平面作为门套贴脸厚度参照平面。以门洞为基准，分别向两侧绘制参照平面，此参照平面作为门套贴脸宽度参照平面和门套厚度参照平面，如图 10-67 所示。

3. 先测量 （DI）要添加的相关参数，如图 10-68 所示，再添加门套尺寸相关参数，包括：门套厚度、门套贴脸宽度和门套贴脸厚度，如图 10-69 所示。

4. 使用放样工具一次创建门套放样路径、门套放样轮廓，并生成放样三维模型。

1）门套放样路径：沿门洞参照平面绘制，如图 10-70 所示。

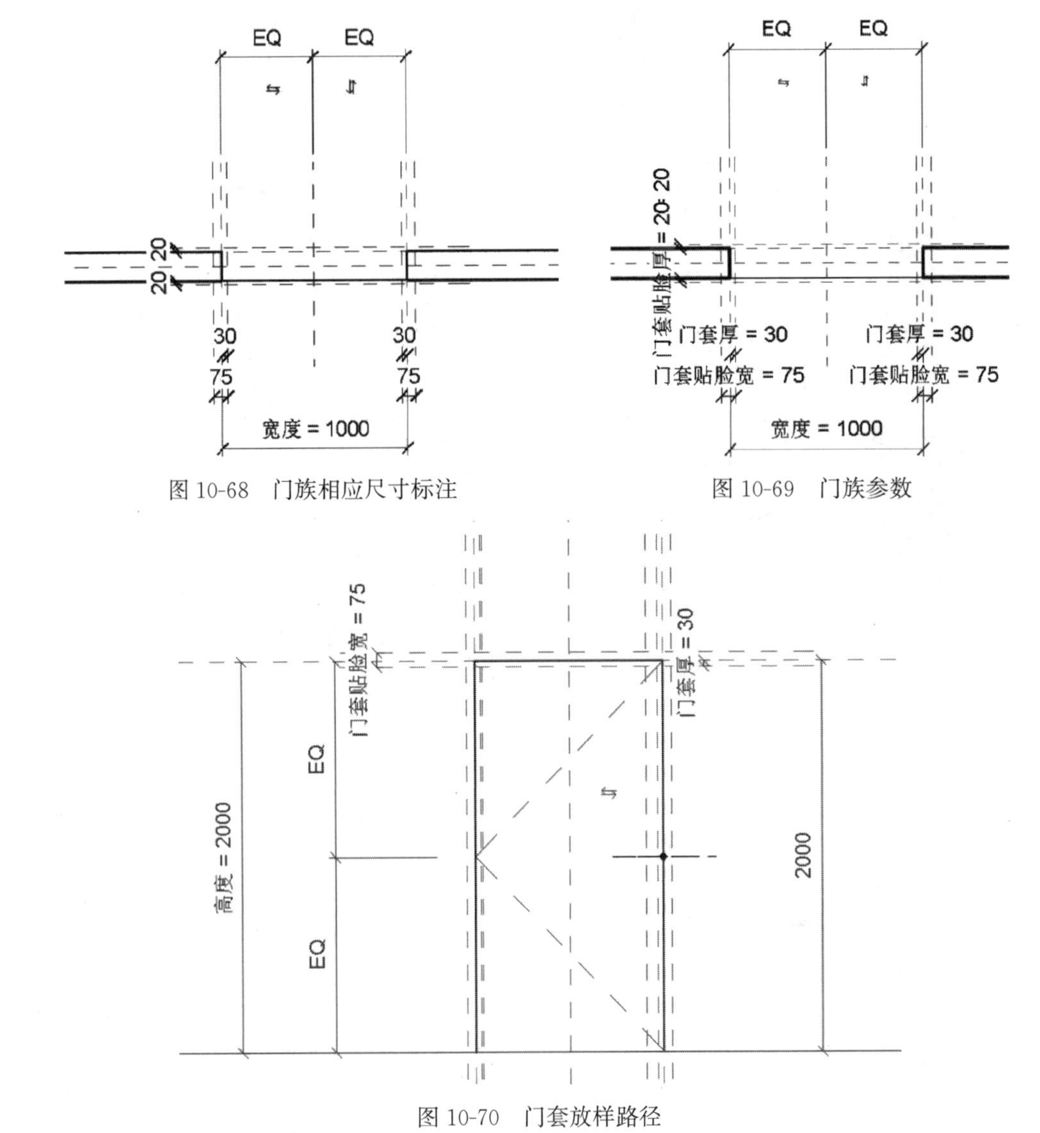

图 10-68　门族相应尺寸标注

图 10-69　门族参数

图 10-70　门套放样路径

2）门套放样轮廓：相关草图应参照平面保持锁定状态，如图 10-71 所示。

5. 完成门套绘制后，如图 10-72 所示。

6. 使用拉伸命令绘制门板，并设置相关参数（厚度 50mm），如图 10-73 所示。

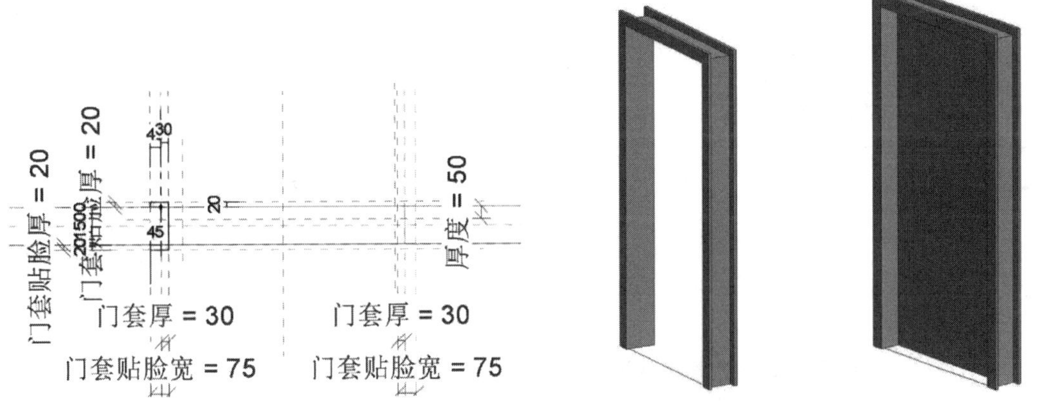

图 10-71　门套放样轮廓　　图 10-72　门框三维效果　图 10-73　门族三维效果 1

7. 选择放样模型，以及拉伸门板进行可见性设置，如图 10-74 所示。

10.4.3.2　嵌套族

门套为嵌套族，载入门锁文件。

将试图切换到参照标高平面视图，点击放置构建按钮（快捷键：CM）防止门锁，调整门锁相应位置（距离贴面厚以及标高偏移量），如图 10-75 所示。

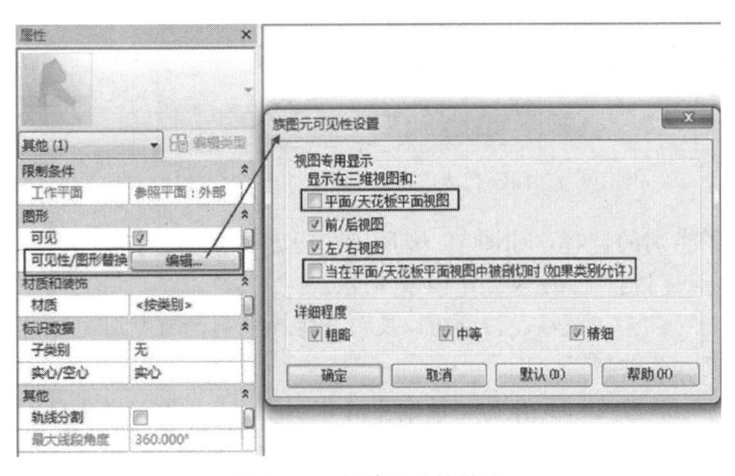

图 10-74　门族可见性设置

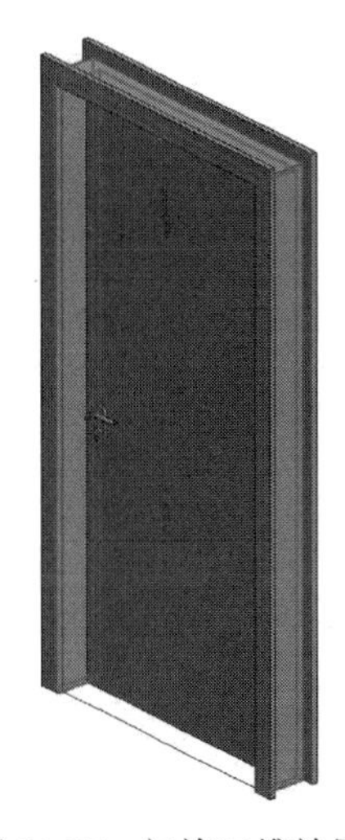

图 10-75　门族三维效果 2

1. 对门锁添加相应材质，如图 10-76 所示。

2. 由于把手是从族中载入进来的，我们需要把把手跟门相关联，选择“门锁”→“类型属性关联把手材质”以及“面板厚度”，如图 10-77 所示。

10.4.3.3　门表达处理

使用符号线，参照标高平面视图和立面是图中绘制相关表达符号线，注意符号线

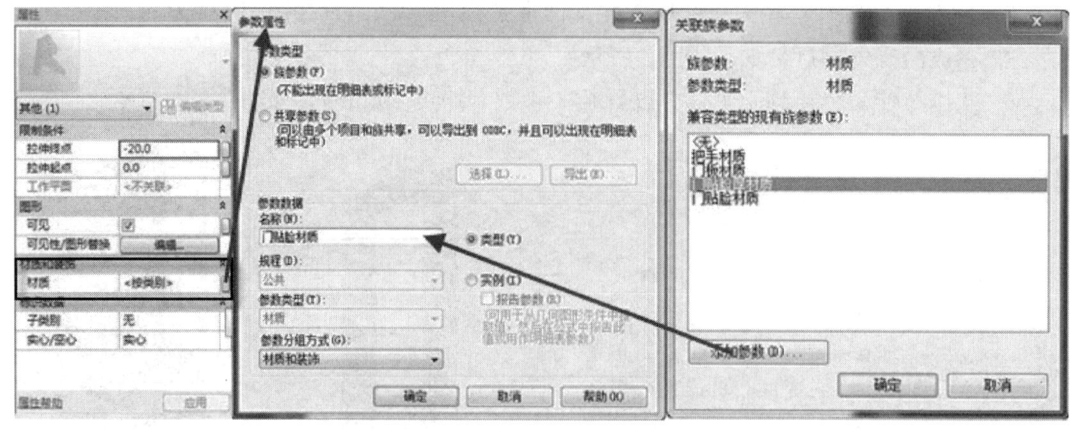

图 10-76　材质参数关联设置

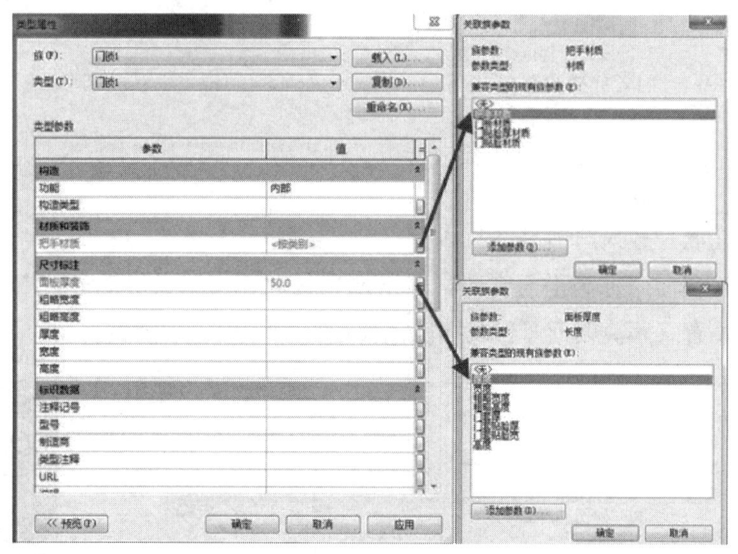

图 10-77　门嵌套族应用

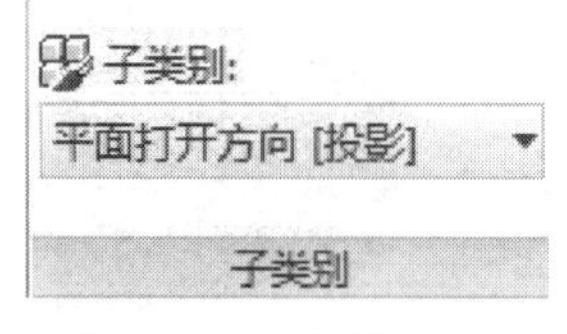

图 10-78　符号线子类别

子类别的选择，如图 10-78 所示。门族平面表达如图 10-79 所示。门族立面表达如图 10-80 所示。

注意：门板、门贴脸以及门套厚和钥匙的可见性勾选掉平面相关视图。

将族文件另存为“单扇平开木门 . rfa”，载入到项目中时平面会以施工图纸表达方式一样。

10.4.4　窗的创建

窗的创建与门的创建基本一致，在此仅简要列举创建关键步骤。

窗的创建步骤：

1. 使用“公制窗 . rft”样板，它跟“公制门 . rft”样板相似，窗比门多一个“默认窗台高度”参数设置。

2. 使用拉伸命令依次绘制窗框、窗扇框和玻璃（要求跟绘制门板一样）。

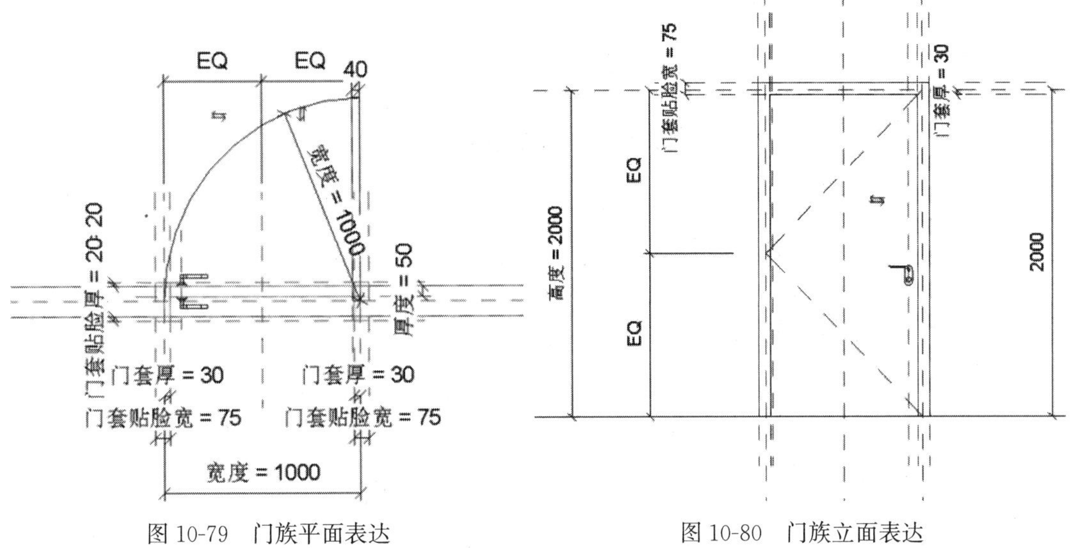

图 10-79　门族平面表达　　　　图 10-80　门族立面表达

3. 添加相关材质参数相互对应，窗模型完成。

4. 窗表达，使用符号线绘制两条平分墙线，绘制完成，可见性为默认状态。

5. 完成后，将文件保存为“推拉窗 . rfa”，载入到项目中测试。

参考文献

[1] 周哲敏，刘占省，王竞超，王欢欢. BIM技术在国内外的发展及使用情况研究［J］. 工业建筑，2017：1473-1479.

[2] 何铭新，李怀健主编. 土木工程制图（第4版）［M］. 武汉：武汉理工大学出版社，2015，07.

[3] Eastman C M. The use of computers instead of drawings in building design［J］. AIA Journal，1975，63（3）：46-50.

[4] Li X，Wu P，Shen GQ，et al. Mapping the knowledge domains of Building Information Modeling（BIM）：A bibliometric approach［J］. Automation in Construction，2017，84：195-206.

[5] 何清华，钱丽丽，段运峰，李永奎. BIM在国内外应用的现状及障碍研究［J］. 工程管理学报，2012，26（01）：12-16.

[6] 温全. 绿色建筑中BIM全流程应用价值系统研究［D］. 大连理工大学，2021，06.

[7] Miettinen R，Paavola S. Beyond the BIM utopia：Approaches to the development and implementation of building information modeling［J］. Automation in Construction，2014：43.

[8] 李昂，石振武. BIM技术在建筑工程项目中的应用价值［J］. 经济师，2014（01）：62-64.